周　期　表

			13 (3 B)	14 (4 B)	15 (5 B)	16 (6 B)	17 (7 B)	18 (0)
								2 He 4.002602 ヘリウム
			5 B 10.806〜 10.821 ホウ素	6 C 12.0096〜 12.0116 炭　素	7 N 14.00643〜 14.00728 窒　素	8 O 15.99903〜 15.99977 酸　素	9 F 18.998403163 フッ素	10 Ne 20.1797 ネオン
10 (8)	11 (1 B)	12 (2 B)	13 Al 26.9815384 アルミニウム	14 Si 28.084〜 28.086 ケイ素	15 P 30.973761998 リン	16 S 32.059〜 32.076 硫　黄	17 Cl 35.446〜 35.457 塩　素	18 Ar 39.792〜 39.963 アルゴン
28 Ni 58.6934 ニッケル	29 Cu 63.546 銅	30 Zn 65.38 亜　鉛	31 Ga 69.723 ガリウム	32 Ge 72.630 ゲルマニウム	33 As 74.921595 ヒ　素	34 Se 78.971 セレン	35 Br 79.901〜 79.907 臭　素	36 Kr 83.798 クリプトン
46 Pd 106.42 パラジウム	47 Ag 107.8682 銀	48 Cd 112.414 カドミウム	49 In 114.818 インジウム	50 Sn 118.710 スズ	51 Sb 121.760 アンチモン	52 Te 127.60 テルル	53 I 126.90447 ヨウ素	54 Xe 131.293 キセノン
78 Pt 195.084 白　金	79 Au 196.966570 金	80 Hg 200.592 水　銀	81 Tl 204.382〜 204.385 タリウム	82 Pb 207.2 鉛	83 Bi* 208.98040 ビスマス	84 Po* (210) ポロニウム	85 At* (210) アスタチン	86 Rn* (222) ラドン
110 Ds* (281) ダームスタチウム	111 Rg* (280) レントゲニウム	112 Cn* (285) コペルニシウム	113 Nh* (278) ニホニウム	114 Fl* (289) フレロビウム	115 Mc* (289) モスコビウム	116 Lv* (293) リバモリウム	117 Ts* (293) テネシン	118 Og* (294) オガネソン
64 Gd 157.25 ガドリニウム	65 Tb 158.925354 テルビウム	66 Dy 162.500 ジスプロシウム	67 Ho 164.930328 ホルミウム	68 Er 167.259 エルビウム	69 Tm 168.934218 ツリウム	70 Yb 173.045 イッテルビウム	71 Lu 174.9668 ルテチウム	
96 Cm* (247) キュリウム	97 Bk* (247) バークリウム	98 Cf* (252) カリホルニウム	99 Es* (252) アインスタイニウム	100 Fm* (257) フェルミウム	101 Md* (258) メンデレビウム	102 No* (259) ノーベリウム	103 Lr* (262) ローレンシウム	

備考：超アクチノイド（原子番号104番以降の元素）の周期表の位置は暫定的である．

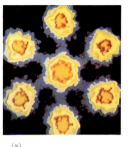
(a)

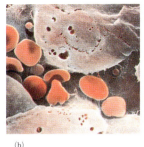
(b)

(c)

口絵I 原子の大きさからアンドロメダ星雲の大きさまでの測定対象．このような測定値は科学的表記法で表すのが便利である．(a) ウラン原子の電子顕微鏡写真．それぞれのスポットが1個のウラン原子を表している．それぞれの原子の間隔は 3.4×10^{-10} m である．(b) 肝臓毛細血管中の赤血球．赤血球の直径は 8.5×10^{-6} m である．(c) アンドロメダ星雲の端から端までの距離は20 000光年，すなわち 3.0×10^{17} m である．

木材 $0.7\,\mathrm{g/cm^3}$
コーン油 $0.925\,\mathrm{g/cm^3}$
プラスチック $0.93\,\mathrm{g/cm^3}$
水 $1.00\,\mathrm{g/cm^3}$
タール $1.02\,\mathrm{g/cm^3}$
グリセリン $1.26\,\mathrm{g/cm^3}$
ゴム $1.34\,\mathrm{g/cm^3}$
コーンシロップ $1.38\,\mathrm{g/cm^3}$
銅 $8.9\,\mathrm{g/cm^3}$
水銀 $13.6\,\mathrm{g/cm^3}$

口絵II 密度の違いにより，それぞれの物質はシリンダー内で異なる位置を占める．

口絵III 白色光がプリズムにより屈折して，連続した虹色に見える．

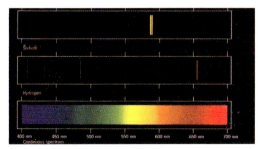

口絵IV 電球の白色光がプリズムを通過すると連続スペクトルが得られる．水素やナトリウムなどの原子が励起状態から基底状態に戻るときに光を放出する．この光はプリズムを通過すると何本かの線になるが，これをその元素の原子スペクトルという．

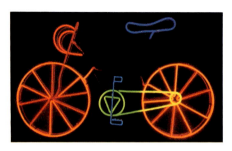

口絵 V　この自転車を描くのに使っているネオン灯は希ガス混合物を含んでいる．

口絵 VI　この花火の赤色，青色，黄色はそれぞれストロンチウム，銅，ナトリウム塩の励起光でつくられている．

口絵 VII　これらの容器中にはそれぞれ 1 mol ずつの元素が入っている．上：炭素(12.0 g)，臭素(79.9 g)，中：銅(63.6 g)，硫黄(32.1 g)，アルミニウム(27.0 g)，下：水銀(201 g)，ホウ素(10.8 g)．

(a)

(b)

(c)

(d)

口絵VIII いろいろな反応様式．(a) 加熱すると金属ナトリウムは塩素ガスと反応して塩化ナトリウムになる．その際，熱と光を出す．(b) 鉄を酸化還元反応で硫酸と反応させると硫酸鉄(II)と水素ガスが生成する．(c) ヨウ化ナトリウム溶液を硝酸銀溶液に加えるとヨウ化銀の黄色沈殿ができる．(d) 原子炉の炉心部の青い光は，水中をβ線が高速で移動するときに放射される．

口絵 IX　ルシャトリエの法則．(a) 二酸化窒素（NO₂，褐色）と四酸化二窒素（N₂O₄，無色）が注射器の中に封入され，次の化学平衡が成立している．
$$2NO_2 \rightleftharpoons N_2O_4$$
(b) 圧力を高めると，平衡は右に移動し，注射器の中の気体の物質量は減少し，色は薄くなる．

pH 4.4　　pH 3.2　　　　pH 6.0　　　pH 7.6　　　　pH 8.2　　　pH 10.0
メチルオレンジ　　　　　ブロモチモールブルー　　　　フェノールフタレイン

口絵 X　一般的な酸・塩基指示薬

(a)　　　　　　　　　　　(b)　　　　　　　　　　　(c)

口絵 XI　フェノールフタレインを指示薬とした滴定．(a) フラスコ中の濃度不明の酸の溶液にフェノールフタレイン指示薬を2滴加え，これに正確な濃度のわかっている水酸化ナトリウム水溶液をビュレットを使って，少しずつ加える．(b) 滴定が中和点に近づくと，指示薬の色が変りはじめる．(c) フラスコ中の溶液を混合したとき，フェノールフタレインのピンク色が消えなくなったとき，その滴定は中和点（終点）に達したことになる．

生命科学のための
基礎化学

無機物理化学 編

Chemistry and the Living Organism
Molly M. Bloomfield

伊藤俊洋・伊藤佑子・岡本義久
北山憲三・清野　肇・松野昂士　共訳

丸善出版

Chemistry and the Living Organism, 5th Edition

by

Molly M. Bloomfield

Originally published by John Wiley & Sons, Inc., New York.

Copyright © 1977, 1980, 1984, 1987, 1992 by John Wiley & Sons, Inc. All rights reserved.
No part of this publication may be photocopied, recorded or otherwise reproduced, stored in a retrieval system or transmitted in any form or by any electronic or mechanical means without the prior permission of the copyright owner and publisher.

This translation published under license with John Wiley & Sons International Rights, Inc. through Japan UNI Agency, Inc., Tokyo.
The Japanese translation published in 2 volumes by Maruzen Co., Ltd. Tokyo.
Copyright © 1995 by Maruzen Co., Ltd.

Printed in Japan

原著序

　本書は，一般化学，有機化学，生化学の基本的な内容を，楽しみながら読み進んで行くうちに，容易に理解できるように編集されている．この第5版の中では，これまでの4版で取り上げてきた基本的な事項については，多少の改訂を加えながら，ほとんど省略されることなく取り上げられている．各章の目次は，できるだけ今の時代に合った表現に改めているし，それぞれの章の冒頭で述べるショートストーリーは，科学や技術の最新の進歩を反映するように内容も改訂してきた．これらの新鮮な題材を取り入れることにより，学生が化学を学ぶということに対して，確固とした姿勢をもって臨めるように配慮してきたつもりである．

　本書は，ライフサイエンスやその関連領域を専攻する学生に対応できるように，意図して編集されている．この手の教科書を書くことの難しさは，この中で取り上げているトピックスが，読者にとって適切であるかどうか，十分な確信が得られていないことである．そこで一つの解決策として，一つの事項に対してできるだけ多くのトピックスを紹介し，担当の教師が自分のカリキュラムの内容に応じて，そのトピックスを適宜選別できるようにした．この版では，最初の12章の内容は，従来のものとあまり変えないようにしてある．モルの概念（5章）の後に，気体の法則，モル体積，理想気体の法則，グレアムの気体流出の法則（以上6章）などが解説されている．放射能や核エネルギー（7章，8章）の内容は，原子の構造，化学結合，化学式の解説の後に扱われている．これらの内容が，化学平衡（9章），溶液（10章，11章），酸と塩基（12章）の解説の前に出てくるので，講義を論理的に展開するのに多少工夫が必要かもしれない．第4版の18章で取り上げた21の元素については，このテキストでは他の多くの章の中に分散して扱っている．

　学生の個人的な，あるいはアルバイト先などで経験する職業的な生活にとって，多くの基本的な事柄が，化学と密接に関係していることを伝えるために，パノラマという新しいトピックス欄を設定した．この欄は，化学の本質と関連したディスカッションを伴うかたちでテキスト全般にわたって随所に入れてある．さらに，章の扉のショートストーリーとして，五つの新しい話題を取り上げた．それは，アルコール障害，食生活と脳神経化学の関係，家屋内へのラドンガスの浸入汚染，生命の起源などである．

　このテキストは，対話形式で，学生自身の日常生活に関連した題材に基づいて化学

の基礎が述べられている．それぞれの章では，その章で学ぶべき事項を最初に整理して提示してあるので，学生は，その章で何を学ぶべきか，あらかじめ心の準備ができるようになっている．数学的な記述を伴う内容は，常に解答をつけた例題として解説し，それぞれの例題には，引き続き練習問題がセットされており（その練習問題の解答は巻末の付録に掲載），学生の理解度のチェックができるようになっている．さらに先へ勉強を進めるために，それぞれの章末には，その章のまとめと大切な公式などが整理されている．

この版では，章末にたくさんの問題が載っているが，これらの問題は，復習問題と研究問題に別れており，前者はその章でとくに大切な事項や数式を使って解決する問題であり，後者は実際の生活の現場での化学の応用力を試している問題である．それぞれの復習問題は，そのセクションの鍵となる問題なので，学生は，もしこれらの問題が解けない場合には，その章を改めて読み直さなければならない．さらに，六つの章で，総合問題が設けられており，これらの問題を解くには，それまでに学んだ前の章の専門的な知識も動員しなければならない．第4版で始めた包括的な用語解説は，この5版では，さらにその内容や項目を拡大した．

謝辞

この教科書を上梓するにあたっては，多くの人たちの援助と協力をいただいた．とくに次の人たちには，深く感謝の意を表したい．

ウイリアムレイニーハーパーカレッジの Joseph Bauer，ケメケタコミュニティーカレッジの Mike McNicholas，グッドサマリタン病院の William Lloyd 博士，オレゴン州立大学の Brian Dodd，Christopher Mathews，Jean Peters，ウエストバージニア技術研究所の Dorothy B. Kurland，クヤホガコミュニティーカレッジの Norbert Kurnath，スカイラインカレッジの Steven Ruis，エリイコミュニティーカレッジの Gerald Berkowitz，ユニオン大学の Carol Leslie，フェラムカレッジの Jim Bier，イースタンユタカレッジの Stephen Ott，エルミナカレッジの Laurence Stephens．

それぞれの章の扉の物語をまとめるのには，その道のエキスパートの力をお借りした．とくに次の方たちに感謝の意を表したい．

コラバリス診療所の John Ladd 博士，グッドサマリタン病院の Michael Huntington 博士，オレゴン州立大学の Brain Dodd 教授，マサチューセッツ工科大学の Judith Wurtman 教授．

Mike McNicholas 教授は，パノラマで取り上げた題材の調査と研究を精力的に行った．パノラマの執筆にはコルバリ内科の James Gallant 博士と，オレゴン州立大

学のLloyd Bodyfelt教授があたった．Michael教授は章末の練習問題とその解答の作成にも携わった．

　John Wiley社の方々では，Jenifer Atkinsが多くの美しい写真を探してくれたし，テキスト内容の文章のチェックにはConnie Parksが働いてくれた．Joan Kalkutはこの版の出版に伴う多くの困難な局面で力になってくれた．

　夫のStefanの協力がなかったらこの本はできなかっただろう．夫は私のコンピュータレベルを上のグレイドまで引き上げてくれたし，いつも時間をつくっては，彼の洗練された言語で文章を直してくれた．

　私は，また私の子供たち，RebeccaとJonにも感謝したい．彼らは，自分たちの母親が化学の教科書を書くことに生きがいを感じているということを知っていて，"このような生活もそれほど悪くないもんだ"と考えていると思っている．

オレゴン州Corvallisにて

Molly M. Bloomfield

訳者序

　本書は，米国でとくにライフサイエンスを専門に勉強しようとする大学生を対象にして書かれた化学の入門書である．原著のタイトルは，Chemistry and the Living Organism (Fifth Edition), by Molly M. Bloomfield (John Wiley & Sons, Inc.)で，無機化学，物理化学，有機化学，生化学の基本的な内容を含んでいて，原著では1冊にまとめられている．日本の大学の一般化学の教科書のレベルでまとめられているが，ライフサイエンスを視野に入れて後半では生化学の内容が充実しているのが特徴である．翻訳本では，"生命科学のための基礎化学 無機物理化学編"と"有機・生化学編"の2分冊とした．

　本書でとくに注目されるのは，学生の学問への動機づけを重要視しており，さまざまな工夫がなされていることである．各章の扉には，かなりのページ数を割いて，化学がいかに私たちの日常生活に結び付いているかをセンセーショナルなトピックスとして紹介している．思わず胸が高鳴り，身をのり出して読ませる緊迫感がある．いずれも人間の健康上の問題が基本におかれており，私たち自身 Living Organism の一員として地球上でいかに生活して行くべきか，さまざまな視点で考えさせてくれる．それぞれの章の冒頭で，日常生活を素材にした切り口から導入をはかり，引き続きその章の具体的学習目標を箇条書きにまとめ，学生に安心感を与えている．本題に入ってからも，具体的な化学的事項の学習の進行，論理の展開の中で，タイミングよく科学エッセイをコラム（パノラマ）として載せている．さまざまな科学史，トピックス，科学スキャンダルなどが紹介されており，学生を飽きさせないような，生き生きとしたサービス精神で講義が組み立てられている．日本の大学では，近年授業中の私語の問題が大きく取り上げられており，90分の授業の中で，いかに話の中に引き込み，集中させるかが，重大な課題になってきている．本書のような教材をあらかじめ学生の手元に届けられることになると，息抜きの話題も，短時間に効率よく導入できるであろう．1冊の書物を書き上げてしまうと，改訂はおっくうなものであるが，本書は，改訂のたびに，常にその時代のもっとも話題性のあるテーマを取り入れて，新鮮さを保つような努力が払われている．

　近年の生化学領域の進歩は目ざましく，勉強するべき内容は膨大であり，生化学の教科書は巨大化の一途をたどっている．本書の後半では，生化学の重要事項を厳選し，

現代のもっともホットなサイエンストピックスと関連させて紹介することにより，生化学へのスムースな導入をはかっている．

　日本の若者の理科離れが問題にされて久しくなるが，これは大学入学までの教育体系にも問題があり，とくに受験教育の歪みがまともに反映されているように思われる．長年の理科教育の歪みを大学 1 年次の講義で，すぐに取り返すことは至難の業であるが，少なくとも受験というストレスから解放されて，真に学問をする楽しさを味わうべき 1 年次生が，胸をおどらせ，目を輝かせながら，化学の世界へ入って行くきっかけになれば，本書を紹介するものとしてこれに優る喜びはない．

　本書は，日本の大学でとくにライフサイエンスに関連をもつ学部・学科の学生にとっては格好の教科書になるであろうし，化学に関心をもつ高校生，あるいは，すでに社会人になっている方で，多少ともライフサイエンスに関心をもっていて，化学の基礎知識を身につけたいと願っている人達にとっても楽しい読み物になるであろう．

　原本は 2 色刷で，視覚的にもなかなか華やかな教科書であるが，日本の学生にできるだけ経済的負担をかけないようにとの配慮から，翻訳本は，カラー写真 8 ページを除いて特に必要な箇所だけを 2 色刷とした．できあがった本書の仕上がり具合は，原本に比べて視覚的にも決して見劣りするものではなく，相当に重量感のあるものに仕上がっている．

　本書の訳出は，1〜4 章を清野肇，5〜8 章を松野昴士，9〜12 章を北山憲三，13〜16 章を岡本義久，17, 18 章を伊藤俊洋，19〜22 章を伊藤佑子で分担して行った．全体の統一をとるなどの作業は伊藤俊洋と伊藤佑子が行った．

　短時間に複数の人間で手分けして訳したので，多少調子の異なる箇所があるかもしれない．日米の国情の違いを配慮して，日本の学生向けに多少意訳して読みやすくする努力もした．諸先生の忌憚のないご意見やコメントをいただければと念じている．本訳書出版にあたり，丸善㈱の小野栄美子，中村俊司両氏に大変お世話になった．ここに厚くお礼申し上げる．

　1995 年　早春

訳者を代表して

伊　藤　俊　洋

本書を読む前に

なぜ化学を勉強するのか

　化学は，物質の組成やその相互作用を研究する学問である．この定義は，化学という複雑な学問領域を，簡潔に，しかも適切に表現しているようにみえるが，一方では，化学の研究対象が，広く私たちの実生活と密接に結び付いていることも意味している．例えば，私たちは，家庭で何のためらいもなく水道水を飲むことができるが，それは，あらかじめ，公共機関などによる水質検査などで，その水道水の安全性が，確かめられているからである．最近は，パーマネントプレスのシャツなどが市販されており，家庭でアイロンを使う頻度が少なくなっている．これらは，いずれも化学技術の発展の恩恵によるものといえよう．私たちの日常生活の中でのできごとをもう少し取り上げてみると，私たちは毎朝，肌触りのよいシーツの中で目を覚ますが，これらのシーツは，化学合成繊維か，あるいは，綿花を化学処理してつくられた綿繊維でつくられたものであるし，目覚めと同時に，ほとんどが化学繊維の布地でできた衣類を着て，フッ素入り歯磨きで歯を磨き，各種のミネラルやビタミンで補強された朝食を食べる．それから，車を使って学校まで行くが，それらはエンジンルームで発生するエネルギーを使ってのことであり，学生によっては，自転車を使って通学する場合もあるが，そのエネルギーは，筋肉の中で起っている化学反応によってつくり出されるものである．いま，あなたが読んでいる本書の紙は，パルプを化学的に処理してつくり出されたものであるし，これらの印刷インキも各種の化学薬品がブレンドされたものである．化学は，それが試験管内や工場内での人為的反応であっても，広く自然界を支配する化学反応であっても，常に私たちの日常生活全般にわたって，広く，深く，関係をもっているといえる．

　化学は，このような人間の外面的な生活と密接に関係しているのみならず，人間一人一人の内面的な生命活動とも深い関係をもっている．ホルモンとよばれる化学物質は，ヒトの身長，体重，体格，性的特徴までも支配している．あなたの健康は，あなたが食べている食物の化学組成に依存しており，あなたを病気から守る薬剤類も典型的な化学物質といってよい．血液は，あなたが摂取する食物と，それをもとに体内で合成される化学物質によって形成され，その供給のバランスが適度に保たれるときに，

長期間にわたって健康を維持することができる．

　化学は，あなたの行動や，情動にも強く関係している．記憶の多くは，化学反応を介して起るし，多くの思考や経験は，脳の中に，化学物質として蓄積されていると考えられている．実際には，まだ説明できていないことはたくさんあるが，それでもはっきりいえることは，生命活動のほとんどのことが，化学反応または化学物質によって説明されるということである．化学の基礎知識は，あなたが自分の生活をよりしっかりとコントロールし，また，あなたの住んでいる環境をよりよく保ち，自然と好ましい関係をもち続けるための指針を与えてくれるはずである．

　このテキストは，あなたが化学の本当の基礎知識を身につけるための助けとなるようにさまざまな方向からプログラムされている．それぞれの章の冒頭では，あなたの普段の生活の中や，生活環境の中で，遭遇するであろうさまざまな問題に焦点をあて，その際，適確な判断を下すために，化学の基礎知識が，いかに大切であるかを紹介し，その解決策をも考察している．

　このテキストでは，化学の特殊用語を注意深く選別し，定義し，解説すると同時に，数学的な式や，化学の理論を化学の初心者でもマスターしやすいように，できるだけかみ砕いて，平易に解説している．本書をすべて終了したとき，無機化学，有機化学，生化学の基礎をマスターしたことになるはずである．現代の化学は，日に日に変貌を遂げているダイナミックな学問領域であり，近年の目覚ましい発展のようすを目のあたりにすると，新しい化学的物質観が，次の世代の人間社会の価値観に強い影響を与えるであろうことを予感させている．

目次

化学のバックグラウンド

1 物質の構造と性質　3

物質の性質

1.1 物質とは何か？　5
1.2 物質の組成　6
1.3 物質の分類：単体，化合物，混合物　7
1.4 元素の名称と記号　9
1.5 物質の三つの状態　10
1.6 物理的変化と化学的変化　10

物質の測定

1.7 科学的方法　12
1.8 正確さと精密さ　13
1.9 有効数字　14
1.10 換算係数法　15
1.11 SI単位系　16
1.12 長さ　18
1.13 質量　22
1.14 体積　24
1.15 温度　26
1.16 密度と比重　29
　　章のまとめ　32
　　復習問題　33
　　研究問題　34
　　　パノラマ 1-1　名称と記号　9
　　　パノラマ 1-2　ボディイングリッシュ　19
　　　パノラマ 1-3　薬剤単位系　20
　　　パノラマ 1-4　体温の変化　27
　　　パノラマ 1-5　比重　29

パノラマ 1-6　比重と醸造　　*31*

2　エネルギー　　*36*

エネルギー

2.1　エネルギーとは何か？　　*38*
2.2　運動エネルギー　　*38*
2.3　ポテンシャルエネルギー　　*41*
2.4　熱エネルギー　　*43*
2.5　状態変化　　*47*
2.6　電磁エネルギー　　*47*
　　　マイクロ波（*49*）　赤外線（*49*）　紫外線（*50*）　X線とγ線（*50*）

エネルギーの保存

2.7　エネルギー保存の法則（選択）　　*51*
2.8　エントロピー（選択）　　*52*
　　章のまとめ　　*57*
　　復習問題　　*57*
　　研究問題　　*58*
　　　パノラマ 2-1　カロリーと運動　　*43*
　　　パノラマ 2-2　適度な運動こそが重要　　*45*
　　　パノラマ 2-3　なぜ日焼け止めを使うのか　　*50*
　　　パノラマ 2-4　蒸気による火傷　　*54*

3　原子の構造　　*60*

原子の構造

3.1　原子の内部構成　　*62*
3.2　原子番号と質量数　　*63*
3.3　同位体　　*65*
3.4　原子量　　*65*

電子配置

3.5　原子の量子力学模型　　*67*
3.6　電子配置　　*70*
3.7　イオンの形成　　*73*

元素の周期表

3.8　周期表　　*73*

- 3.9 周期と族　75
- 3.10 金属，非金属およびメタロイド　78
- 3.11 周期律　80

  原子の大きさ (80)　イオン化エネルギー (81)　電子親和力 (82)
- 3.12 生命に必要な元素　82

  章のまとめ　85

  復習問題　86

  研究問題　88

  パノラマ 3-1　ルミネセンス　68

  パノラマ 3-2　周期表　74

  パノラマ 3-3　セレン —— 必須でもあり毒でもある元素　85

4　原子の結合　90

化学結合
- 4.1 オクテット則　92
- 4.2 イオン結合　92
- 4.3 ルイスの点電子図　95
- 4.4 化学式　97
- 4.5 共有結合　97
- 4.6 多重結合　99
- 4.7 電気陰性度　102
- 4.8 極性分子と非極性分子　103
- 4.9 水素結合　107

化学式と命名法
- 4.10 多原子イオン　108
- 4.11 酸化数　109
- 4.12 化合物の命名　111
- 4.13 化学式の書き方　114

  章のまとめ　116

  復習問題　117

  研究問題　118

  パノラマ 4-1　体内に重要なイオン　95

  パノラマ 4-2　味と分子の形　104

  パノラマ 4-3　医薬品として使われるイオン化合物　108

  パノラマ 4-4　通俗名　112

5 化学反応式とモル　*120*

化学反応式
- 5.1　化学反応式の書き方　*121*
- 5.2　化学反応式のつり合わせ方　*123*
- 5.3　酸化数を用いる酸化還元反応のつり合わせ方（選択）　*127*

モルと化学計算
- 5.4　モルの概念　*132*
- 5.5　式量　*136*
- 5.6　モルを用いる問題の解き方　*137*
- 5.7　化学反応式を利用する計算　*139*
  - 章のまとめ　*143*
  - 復習問題　*143*
  - 研究問題　*145*
  - 総合問題　*147*
    - パノラマ 5-1　酸化と還元　*128*
    - パノラマ 5-2　写真　*131*
    - パノラマ 5-3　アボガドロ　*133*
    - パノラマ 5-4　アボガドロ数とモル　*138*

6 物質の三つの状態　*149*

物質の状態
- 6.1　固体　*151*
- 6.2　液体　*154*

気体の性質に関する法則
- 6.3　圧力の単位　*156*
  - mmHg（*157*）　気圧（*157*）　トル（*158*）　パスカル（*158*）
- 6.4　ボイルの法則（圧力と体積の関係）　*159*
- 6.5　シャルルの法則（体積と温度の関係）　*162*
- 6.6　モル体積　*164*
- 6.7　理想気体の法則　*165*
- 6.8　グレアムの気体流出の法則　*167*
- 6.9　ヘンリーの法則　*168*
- 6.10　ドルトンの分圧の法則　*170*

目次　　xiii

　6.11　呼吸作用に関与する気体の拡散　　*173*
　6.12　気体分子運動論　　*175*
　　　章のまとめ　　*175*
　　　復習問題　　*177*
　　　研究問題　　*178*
　　　　パノラマ 6-1　ハイムリッヒの処置　　*161*
　　　　パノラマ 6-2　高圧室　　*168*
　　　　パノラマ 6-3　高所での呼吸　　*170*
　　　　パノラマ 6-4　血圧　　*174*

7　原子と放射能　　*181*

　放射能
　7.1　放射能とは何か？　　*183*
　7.2　α線（α粒子）　　*185*
　7.3　β線（β粒子）　　*187*
　7.4　γ線　　*188*
　7.5　半減期　　*190*
　7.6　原子核変換　　*194*

　原子核とエネルギー
　7.7　核分裂　　*196*
　7.8　原子炉　　*199*
　7.9　核廃棄物　　*201*
　7.10　核融合――捕らえられた太陽　　*202*
　　　章のまとめ　　*203*
　　　復習問題　　*203*
　　　研究問題　　*204*
　　　　パノラマ 7-1　マリー・キュリー　　*185*
　　　　パノラマ 7-2　トリノの聖骸布　　*190*
　　　　パノラマ 7-3　リーザ・マイトナー　　*197*

8　放射能と生物　　*206*

　生細胞に対する放射線の影響
　8.1　電離放射線　　*209*
　8.2　放射線量　　*212*
　8.3　放射線の検出――放射線計測　　*215*

8.4　放射線防護　　*217*
　　8.5　バックグラウンド放射線　　*218*

放射性核種と医学
　　8.6　医学的診断　　*219*
　　8.7　診断に利用されている放射性核種　　*223*
　　8.8　放射線治療　　*226*
　　　　章のまとめ　　*227*
　　　　復習問題　　*228*
　　　　研究問題　　*228*
　　　　　　パノラマ 8-1　低温殺菌　　213
　　　　　　パノラマ 8-2　磁気共鳴断層診断技術（MRI）　　222
　　　　　　パノラマ 8-3　ラジオアイソトープ（RI）ジェネレータ（カウ）　　224

9　反応速度と化学平衡　　*230*

化学反応の速度
　　9.1　活性化エネルギー　　*232*
　　9.2　発熱反応と吸熱反応　　*233*
　　9.3　反応速度に影響を与える因子　　*237*
　　　　反応物の性質（*237*）　　反応物の濃度（*239*）　　固体の表面積（*240*）
　　　　反応の温度（*240*）　　触媒（*243*）

化学平衡
　　9.4　化学平衡とは何か？　　*245*
　　9.5　平衡定数（選択）　　*247*
　　9.6　平衡の移動　　*248*
　　　　濃度の変化（*248*）　　温度の変化（*250*）　　触媒（*250*）
　　9.7　ルシャトリエの原理　　*251*
　　　　章のまとめ　　*254*
　　　　復習問題　　*255*
　　　　研究問題　　*256*
　　　　総合問題　　*258*
　　　　　　パノラマ 9-1　ホメオスタシス　　233
　　　　　　パノラマ 9-2　低温症：眠るような死　　238
　　　　　　パノラマ 9-3　過酸化水素　　244
　　　　　　パノラマ 9-4　サングラス　　253

10　水，溶液，コロイド　*261*

水

- 10.1　水分子の形　*264*
- 10.2　水の性質　*264*
    - 高い融点と沸点（264）　氷の密度（264）　表面張力（265）
    - 大きい蒸発熱（267）　大きい融解熱（267）　大きい比熱（267）

三つの重要な混合物

- 10.3　懸濁液　*269*
- 10.4　コロイド　*269*
- 10.5　コロイドの性質　*270*
- 10.6　溶液　*272*
- 10.7　電解質と非電解質　*273*
- 10.8　溶質の溶解に影響を与える因子　*275*
- 10.9　イオン結合性固体の溶解度　*276*
    - 章のまとめ　*278*
    - 復習問題　*278*
    - 研究問題　*279*
        - パノラマ 10-1　圧力と相変化　*266*
        - パノラマ 10-2　融解熱　*268*
        - パノラマ 10-3　冷湿布と温湿布　*275*

11　溶液の濃度　*280*

濃度

- 11.1　飽和溶液と不飽和溶液　*281*
- 11.2　モル濃度　*283*
- 11.3　パーセント濃度　*285*
    - 重量/体積パーセント（285）　ミリグラムパーセント（286）
- 11.4　ピーピーエム（ppm）とピーピービー（ppb）　*287*
- 11.5　当量　*290*
- 11.6　希釈　*292*

溶液の性質

- 11.7　束一的性質　*295*
- 11.8　浸透　*295*

- 11.9 容量オスモル濃度　297
- 11.10 等張溶液　297
- 11.11 透析　300
  - 章のまとめ　302
  - 復習問題　303
  - 研究問題　304
    - パノラマ 11-1　生物学的濃縮　288
    - パノラマ 11-2　尿　293
    - パノラマ 11-3　ピーター・パイパーのピクルス　296
    - パノラマ 11-4　静脈注射液と電解質のバランス　299
    - パノラマ 11-5　マグネシウムイオンの下剤効果　300

12　酸と塩基　306

酸と塩基

- 12.1 酸と塩基（ブレンステッド-ローリーの定義）　308
- 12.2 酸と塩基の強さ　311
- 12.3 酸の命名　312
- 12.4 中和反応　315
- 12.5 水のイオン化　318
- 12.6 水のイオン積 K_w　318

酸と塩基の濃度の測定

- 12.7 pH 目盛り　319
- 12.8 滴定　323

緩衝系

- 12.9 緩衝剤とは　327
- 12.10 体液中の pH の調節　327
  - 章のまとめ　331
  - 復習問題　332
  - 研究問題　333
  - 総合問題　334
    - パノラマ 12-1　排水管洗浄剤の酸と塩基成分　309
    - パノラマ 12-2　制酸剤　314
    - パノラマ 12-3　ベーキングパウダー　316
    - パノラマ 12-4　pH バランスシャンプー　320

付録　*337*
　Ⅰ　数の指数表示　*337*
　Ⅱ　有効数字の使い方　*340*
　Ⅲ　各章の練習問題の解答　*343*

用語解説　*350*

写真の出典　*369*

索引　*371*

有機・生化学編目次

生命に必要な元素

13 炭素と水素：飽和炭化水素
　　　生命に必要な元素／飽和炭化水素
14 炭素と水素：不飽和炭化水素
　　　アルカンとアルキン／環式化合物中の炭素
15 含酸素有機化合物
　　　アルコールとエーテル／アルデヒド／ケトン／カルボン酸およびエステル
16 含窒素有機化合物
　　　アミンおよびアミド／環式化合物

生命の化合物

17 炭水化物
　　　炭水化物／単糖類／二糖類／多糖類
18 脂質
　　　単純脂質／単純脂質の化学的性質／複合脂質／ステロイド／生体膜
19 タンパク質
　　　タンパク質／タンパク質の構造
20 酵素，ビタミンおよびホルモン
　　　酵素／代謝性触媒／ビタミン／酵素活性の調節／酵素活性の阻害
21 代謝
　　　細胞のエネルギー／消化／炭水化物の代謝／脂質の代謝／タンパク質の代謝
22 核酸
　　　DNA／RNA／タンパク質合成

化学のバックグラウンド

1

物質の構造と性質

　ジャンはバックパックの中をもう一度最後の点検をしながら，気分の高揚と寒さのために身震いした．10分もすればジャンは行程8時間のフード山（標高3424 m）＊登山のために編成されたパーティーに合流できるだろう．この山の登山では，周到な計画を立て，好天と幸運に恵まれた場合，これまでに多くの登山者が登頂の喜びとすばらしい眺めを満喫することができた．しかし，突然の嵐，計画の不備，経験不足または明らかな不運が重なると，この行程の登山といえども，パーティーに重傷を伴うアクシデントや場合によっては死をもたらすこともあった．

　ジャンは体の熱を保持するとともに汗を通す特別の着衣と，防水，防風の上着を点検した．次にジャンは突然の嵐から身を守るビバークザックをもっていることを確認した．ジャンは1日6000カロリーを供給する十分な高エネルギー食をもっていた．また，激しい発汗と山の乾燥した空気による脱水を防ぐための十分な水ももっていた．

＊　米国オレゴン州北西部の火山．

ジャンはバックパックにヘルメット，アイスアックス，登山用ロープをとりつけ，地図，コンパス，高度計をもっていることを確認した．パーティーの位置を地図上で見極めるには，コンパスと高度計の精密な読みが必要である．このことが嵐の中で致命的な失敗を犯すか，無事に山小屋に帰還できるかを決める．高度計は，気圧を測定して海抜（高度）を示すようになっている．このため，登山者は高度計を気象条件の変化を予測するのにも使用する．

ジャンのパーティーは，全員山行の前夜と朝に高度計の読みを書き留めていた．その読みは1830 mの出発地点ではどちらも変化がなく，天候の変化は予想されないことを示していた．

登山行程の大部分を雪がしまっていて雪崩の危険の少ない夜の間に登れるように，パーティーは午前1時にロッジを出発した．行程の最初は2103 mのシルコックス小屋までスキーリフトをたどって行った．小屋のところで，一行は少量の水と軽食をとった．この間，グループのリーダーの一人であるクリスは慎重に高度計を読み，コンパスでロッジの方角を調べた．全員がそれぞれの地図にクリスが調べた2103 mと176度を記入した．雪で視界がなくなったとき，このコンパスの読みに従ってロッジまで帰り着くことができる．

パーティーはクレーターロックを迂回し，ホッグバックリッジに向かって険しい道を登った．イルミネーションサドルで，もう一度コンパスを読んだ．ホッグバックリッジに着くと，パーティーは休息をとった．クリスは再びコンパスと高度計を慎重に読んだ．方向を失ってしまうとこの地点からまっすぐジグザグキャニオンとよばれる地域に下って，遭難することがあるとクリスはいった．

氷を溶かして飲み，食事をした後に，ジャンは頭痛と吐き気を覚えた．ジャンはこのようにふらついている自分を叱咤し，とにかく登り続けようと決心した．しかし，クリスがメンバーの中に誰か足どりの確かでないものはいないか注意してみるとジャンがよろめいているのに気づいた．そして，ジャンは頭痛がますますひどくなり，足を前に出すのが難しいことを打ち明けた．クリスは，ジャンが高山病——生命にかかわる可能性もある油断のならない状態——にかかっていると説明した．ジャンがこのまま登り続けると肺に水がたまり，脳が膨張しはじめる．このような症状の併発を防ぐには，できるだけ早く下山しなければならない．ほかにも二人同じような症状が現れているメンバーがいた．三人は，第2グループのリーダーのジョーにつき添われて山を下りはじめた．

2987 mの地点まで下ってきたとき，風が強くなりはじめた．雲が山の周りを取り巻きはじめて，ジャンは高度計が上昇していることに気づいた．太陽が輝く美しい朝だったのに，暗くなり，風が出て，寒くなってきた．いったい何が始まったのだろうか．突然，雲が下りてきて彼らを取り巻き，雪が降り出した．ジャンは手の先が見えなくなっているのに気づいてショックを受けた．ジョーが絶えずコンパスをチェックし，全員がザイルで体をつないでゆっくりと山を下っていった．ジャンは恐ろしかったが，たとえ雪洞の中で嵐が止むのを待つことになったとしても，そのときに必要なものをすべてもっていることを再確認した．登りの途中でとったコンパスの読みを確信しているジョーは，グループを下へと導き続け，ついに，ジャンは雲の外に出て，ロッジをまっすぐ見下ろせる場所にいることに気がついた．何とすばらしい眺めだろう．頂上まで行けなかったのは残念だったけれど，登山に参加でき

たことにジャンは感謝していた．彼女がロッジまで無事に帰還できたのは，パーティーが行った注意深く，正確な測定のお陰であることを，ジャンはわかっていた．

注意深く，正確な測定が登山に不可欠であるのと同じように，すべての科学や医学にとっても重要である．科学者の仮説は，注意深く，正確な測定によって得られたデータによって裏づけられていなければならない．医師の診断は，臨床検査室で得られたデータの正確さに依存している．この章では，私たちの周囲の世界を記述し，正確に測定するために必要な用語を紹介する．

=== 学習目標 ===

この章を学習した後で，次のことができるようになっていること．
1. 質量を定義し，与えられた二つの物体のどちらが大きい質量をもっているかを識別する．
2. 次の用語を定義する：単体，化合物，原子，分子．
3. 化合物と混合物の違いを述べる．
4. 均一混合物と不均一混合物の違いを述べ，それぞれ三つずつ例をあげる．
5. 物質の三つの状態（固体，気体，液体）について説明する．
6. 化学的変化と物理的変化の違いを述べる．
7. 精密な測定と正確な測定の違いを述べる．
8. 長さ，質量，体積，温度の単位を，メートル法と SI 系で述べる．
9. 実験データについて，正しい有効数字で計算を行う．
10. メートル系と英国系の間で，測定値の換算を行う．
11. 密度，比重を定義し，ある物質の質量と体積が与えられたときにその値を計算する．

物質の性質

1.1 物質とは何か？

物質は私たちが住む世界をつくりあげている．化学は物質の構造，性質そして相互作用について研究する学問である．私たちは空間の一部を占め，有限の質量をもつものを**物質**（matter）と定義する．もちろん，質量とは何かを知っていなければ，この定義はよくわからないだろう．おそらくあなたは質量の概念について一般的なフィーリングをもっており，れんがと羽根のどちらの質量が大きいか言うことができるだろう．物体の**質量**（mass）とは，その物体を動かすのがどれだけ難しいかを，またその物体が動いているなら，その速度や方向を変えるのがどれだけ難しいかを示す尺度である．例えば，ボーリングのボー

1 物質の構造と性質

図 1.1 この宇宙飛行士は，宇宙空間では体重がないが，地上と同じ質量をもっている．

ルは風船より大きな質量をもっているので，押しにくい．ある物体の質量は，それが宇宙のどこにあっても一定である（図1.1）．軌道を周回している宇宙船の船室内で，ボーリングのボールと風船が無重力状態で浮かんでいる状態を考えてみよう．風船は計器パネルに損害を与えることなく跳ね返るが，ボーリングのボールは装置に大きな損害を与えるだろう．

おそらくあなたには質量という言葉より重量という言葉の方が，なじみが深いだろう．しかし，この二つの言葉の間の違いは，はっきりしていないだろう．**重量**(weight)というのは，物体にかかる力あるいは重力の尺度である．これに対して，物体の質量というのは，重力とはかかわりがない．だから決して変化しない．例えば，月の重力は地球の重力のおよそ 1/6 なので，地球上で体重 81 kg の宇宙飛行士は，月面では 13.5 kg の体重しかないけれども，地球と月のどちらでも質量は同じである．しかし，質量と重量という言葉をあまり厳密な区別をしないで使うのが通例なので，本書でもそのようにする．

1.2 物質の組成

物質は**原子**（atom）とよばれる極めて小さな粒子から成り立っている．原子の直径はおよそ 80 億分の 1 インチ（0.00000002 cm または 2×10^{-8} cm——この表示がよくわからない場合は付録 I を参照）である．そんなに小さいものを想像することは非常に難しい．例えば，本書の 1 ページは原子約 500 000 個分の厚みがある．

紀元前400年の昔，ギリシャ人は原子を分割できないものと考えた．しかし，最近の90年にわたる多くの科学者たちの研究によって，原子がより小さな粒子からできていることが明らかになった．現在では数多くの原子より小さな粒子が確認されているが，そのうち**陽子**（proton），**中性子**（neutron），**電子**（electron）の三つだけが私たちの議論に重要である．それぞれの原子に特定の化学的性質を与えているのは，これらの原子を構成している粒子の数と，その配列の仕方である．これらの三つの重要な粒子については，3章でもっと詳しく論じることにしよう．

1.3　物質の分類：単体，化合物，混合物

物質は単体，化合物，これらの混合物に分類される（図1.2）．**元素**（element）は，加熱，粉砕，酸との接触といった通常の化学的手法では，より簡単な物質に分解することができない物質である．現在109個の元素が知られており，このうち重いいくつかは人工的につくられたものである．

原子（atom）はある元素の性質をもつ最小の単位である．**分子**（molecule）は二つあるいはそれ以上の原子が結合した化学的単位である．分子をつくりあげている原子は同種の元素であることも，異なった元素であることもある．例えば，大気中の酸素は，二つの酸素原子を含んだ分子であることが認められており，水の分子は2個の水素原子と1個の酸素原子とからなっている（図1.3）．

二つあるいはそれ以上の異なった元素が結合すると**化合物**（compound）ができる．化合物の性質はそれをつくりあげている元素の性質とは全く異なっている．例えば，

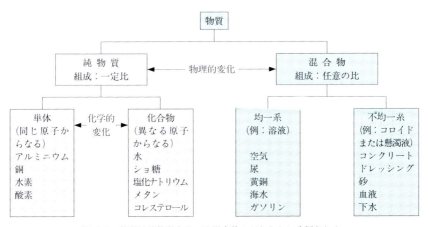

図1.2　物質は純物質あるいは混合物のどちらかに分類される．

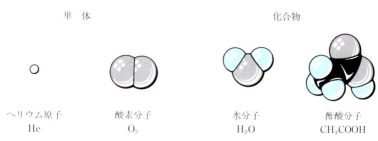

図 1.3 ある限られた単体（例えばヘリウム）は単原子で存在しているが，ほかの多くの単体（例えば酸素）は分子の形で存在している．化合物（例えば水や酢酸）は二種以上の元素からつくられる分子として存在している．

先程述べたように，水素分子は，普通気体で燃やすことができるが，水素の 2 原子は，私たちが呼吸する酸素の 1 原子と反応して，水とよばれる化合物を形成する．しかし，水は燃やすことはできないし，生物は水を呼吸して生きていくことはできない（魚は水を呼吸しているじゃないか，と考えるかもしれないが，魚はえらで水を沪過してその中に溶け込んでいる酸素を呼吸しているだけである）．

化合物は化学的手段によって，より簡単な物質へと分解される．Joseph Proust (1754〜1826) は，炭酸銅が天然に生じたものでも，実験室で合成されたものでも同じ重量パーセントの銅を含んでいることを認めた．この発見が**定比例の法則**（law of definite proportion）として知られる一般則のもととなった．この法則は，物質がどのようにつくられても，あるいは破壊されても，次の事実が常に成立するということを述べている．化合物は特定の元素の定まった重量比からできている．

混合物（mixture）は，任意の割合で混合された二つあるいはそれ以上の物質（単体でも化合物でもよい）からなっているという点で化合物と異なっている．物質が化学的に結合して化合物を形成すると，違う性質をもつ新しい物質が生じる．しかし，混合物では個々の物質がそれぞれの性質を保持している．

例えば，砂糖入りのコーヒーは砂糖とコーヒーの混合物である．あなたのコーヒーカップの中の砂糖とコーヒーの割合は，あなたの希望でどのようにでも変えられる．私たちが呼吸している空気，飲む水，その上を歩いている大地，車に入れるガソリン，いずれも種々の物質の混合物である．混合物には**均一な**（homogeneous）混合物と，**不均一な**（heterogeneous）混合物とがある．均一というのは，一様で，その中のある成分が他の成分と見分けがつかないことを意味する．不均一とは，混合物中の成分が他の成分と区別できることを意味する（図 1.2）．例えば，砂糖を入れてよくかきまぜたコーヒーは均一な混合物である．砂糖の分子はコーヒー中に一様に分散していて，どの一口も同じ味がする．一方，

砂糖を入れた後十分かきまぜてなくて，砂糖が完全に溶けていないコーヒーは不均一な混合物である．両方を少しずつ味わってみれば，その違いがきっとわかるだろう．

1.4 元素の名称と記号

元素の記号（symbol）はその元素の名前の省略形あるいは短縮形である．表1.1に生命にかかわりの深い元素の名称と記号を示してある（本書の表紙裏には現在知られているすべての元素の名称と記号が示してある）．通常，元素記号はその元素の名称の最初の一字で示す．例えば，水素（hydrogen）はH，炭素（carbon）はC，酸素（oxygen）はOである．複数の元素の名前が同じ字で始まることがある．そのような場合，名称の最初の二字が記号として使われる．この場合，最初の字を大文字，2番目を小文字とする．例えば，コバルト（cobalt）はCo，カルシウム（calcium）はCaである．塩素（chlorine）とクロム（chromium）は，はじめの二字が同じなので，記号はそれぞれ塩素がCl，クロムがCrとなることに注意しよう．

表 1.1 生命にとって大事な元素

ヒ素	As	水素	H	酸素	O
ホウ素	B	ヨウ素	I	リン	P
カルシウム	Ca	鉄	Fe	カリウム	K
炭素	C	マグネシウム	Mg	セレン	Se
塩素	Cl	マンガン	Mn	ケイ素	Si
クロム	Cr	モリブデン	Mo	ナトリウム	Na
コバルト	Co	ニッケル	Ni	硫黄	S
銅	Cu	窒素	N	亜鉛	Zn
フッ素	F				

■パノラマ 1-1■

名称と記号

もう気がついていることだろうが，元素に使われている化学記号の中には，英語の名前とはっきりした関係のないものがたくさんある．その理由は，多くの元素やそれから誘導される化合物が何世紀も前から知られており，本来ラテン語や，ギリシャ語や，ドイツ語でつけられた名前があるからである．同様に，多くの元素の化学記号も，英語以外の言語でつけられた名前から得られている．このような元素のうちの二つをあげると，ナトリウムとカリウムがある．どちらも人間の生命にとって重要な元素である．

ナトリウム（sodium）という名前は，ソーダ（soda，炭酸ナトリウム）を多量に含んでいる植物のアラビア語の名前 suwwad に由来している．この植物は海水と混合すると，アルカリ性の溶液をつくる．中世に，頭痛の治療薬をラテン語で sodanum といった．私たちがナトリウムに用

いている記号，Na は，ヘブライ語とラテン語の双方に由来すると考えられている．昔，アルカリ性の物質に対して，neter（ヘブライ語）と，nitrum（ラテン語）という名前が用いられていた．15世紀のヨーロッパではこれらのアルカリ性の物質は，しばしば natron とよばれていた．natron のうちの金属は，のちに natrium（Na）と名づけられた．-ium という接尾語は金属を意味する．

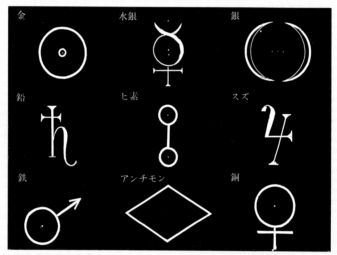

元素の錬金術記号

カリウム（K，potassium）はそれが発見された灰にちなんで名前がつけられた．植物を燃やすと木灰が後に残る．この灰を水で抽出して，抽出液を鉄のポットに入れて水を蒸発させると固体が残る．この固体はポタッシュ（potash）とよばれた．この金属を表す化学記号はカリウムを意味するドイツ語およびスカンジナビア語，kalium からきている．

1.5 物質の三つの状態

どんな物質でも環境を変えることにより，三つの相（気相，液相，固相）で存在することができる．これらの三つの状態では，その物質をつくりあげている粒子間の距離，粒子間の引力，粒子の運動量が異なっている．物質は，固体が融解し，液体が蒸発するといったように，一つの状態から別の状態に変化することができる．

1.6 物理的変化と化学的変化

ここでは，物質が受ける二つのタイプの変化，物理的変化と化学的変化について学

習する(図1.4).物質が受ける物理的変化の一般的な例には,水が沸騰して蒸気になる,砂糖がコーヒーに溶ける,ハンバーガーの脂肪が皿の上で固まる,木材が斧で割られる,などといったことがある.**物理的変化**(physical change)は,物質がその形

図1.4 物理的変化 [(a)と(b)] は形の変化を意味し,化学的変化 [(c)と(d)] は物質の基本的性質の変化を意味する.

を変えても，その化学的な性質は変らない変化である．例えば，水は氷の形をとっていても，水の形をとっていても，蒸気の形をとっていても，どの場合でもその化学的性質を保持している．水が沸騰して蒸気となるとき，水は単に物理的変化を受けただけで，蒸気を集めて冷却すれば元の状態に戻ることができる．同じように，ろうそくから垂れるろうは物理的変化を受けているのであって，冷却すれば液体から固体に戻る．ろうは液体のときも固体のときも，同じ化学的特性を保っている．

化学的変化が起るのは，卵を焼くとき，自転車を雨の中に放置してさびてしまうとき，キャンプファイヤーで木を燃やすとき，停止信号から車を加速するとき，食物を消化するときなどである．**化学的変化**(chemical change)では出発物質(reactant，反応物)が"消費されて"，その代りに異なった物質（product，生成物）が形成される．フライドエッグは，原料の生卵とは明らかに外観も味も違っている．皿の上のフライドエッグはもはや生卵には戻らない．同じように，キャンプファイヤーから煙を集めても，煙の中の物質は決して火の中に入れた木材の性質をもっていない．したがって，"物理的変化は単なる形態の変化であり，一方，化学的変化はそれに含まれる物質の基本的な化学組成の変化である"という違いを理解しなければならない．

物質の測定

1.7 科学的方法

化学は物質の組成や相互作用を研究する学問である．物質の性質に関するある特定の疑問に応えるために，化学者は物質の挙動を観察する．このような観察は，実験結果に再現性があるかどうかをみるために，繰り返し実験ができるように，たいていの場合，常に厳重にコントロールされた実験室の条件下で行われる．再現性があるというのは，実験が繰り返されるたびに同じ結果が得られる，ということである．化学者は実験の間中，観察されたデータを注意深く記録する．科学者が，集められたデータに一定のパターンがあることに気づくと，なぜ物質がそのような挙動を示すかを説明する仮説をたてる．この仮説は，さらに実験を重ねて検証される．実験によって得られたデータが，仮説が正しくないことを示せば，その仮説は捨てられ，別の仮説がたてられる．しかし，もし仮説を支持するデータが得られれば，仮説は科学的理論あるいは法則——すなわち，物質の挙動を説明する統一理論または数学的関係——となる．このような理論は，その理論が正しくないことを示すデータが得られるようにならない限り，何年も時には何世紀にもわたって科学者に受け入れられる．

観察，仮説をたてる，仮説の検証，科学理論をたてる，という自然研究のこの注意深い方法は**科学的方法**（scientific method）とよばれる．私たちはそれぞれ，科学者がするほど厳密ではなくても，同じような方法で周囲のことを処理している．医者は，病気の患者の診断と治療に科学的方法を用いている．彼らは，血液検査をしたり，体温や血圧や心電図の測定をして，病気に関するデータを集める．次に診断（彼らの仮説）を下し，処置を指示して仮説の検証を行う．その処置によって患者の容態が変らなければ，医者は仮説を捨て，さらに検査を行い，場合によっては試験的な手術を行ってデータを集めなければならない．その上で，改めて診断を下して，処置を指示する．

1.8　正確さと精密さ

仮説の検証にあたっては，物質の挙動についての注意深い測定がしばしば必要となる．実験室で集められた実験データが役に立つかどうかは，その正確さと精密さに左右される．**正確な**（accurate）測定とは，正しい測定ということで，つまり真の値により近い値が得られれば，その測定はより正確であるということである．正確な測定が測定器具に依存しているということは理解できるだろう．測定器具は慎重に目盛りを定め（校正し），良い作動状態になければならない．時速100 kmで走っているときに，時速90 kmを示す速度計は正確とはいえない．この速度計はスピード違反を犯す原因となるだろう．

精密な（precise）測定とは，繰り返し測定を行って，近接した測定値が得られる再現性のある測定のことである．例えば，風呂場の体重計で繰り返し体重をはかって61.5 kg, 61.8 kg, 61.3 kgという結果が得られれば，それはダイエットを始めようか，あるいはデザートを食べないようにしようとしている女性にとって信頼してもよい，かなり精密な測定といえる．しかし，精密な測定が必ずしも正確な測定であるとは限

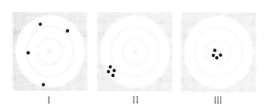

図 1.5　三つの標的は精密さと正確さの関係を説明している．標的Ⅰを射た射手は精密でも正確でもない．標的Ⅱの射手は精密だがあまり正確ではない．標的Ⅲの射手は精密で正確である．

らない．この女性が病院の体重計では 57.8 kg であったとすれば，彼女の家の風呂場の体重計はかなり精密だが，あまり正確ではなかったことになる（図 1.5）．

1.9 有効数字

実験データをどんな形でかくかは，行われた測定の精密さを示す．科学者は測定を行う場合，確かな数字のすべてに，不確かな数字を 1 桁加えて記録する．このような測定で得られる数字を**有効数字**（significant figures または significant digits）という．例えば，木のブロックの長さを次の二つの物差しではかるとする．

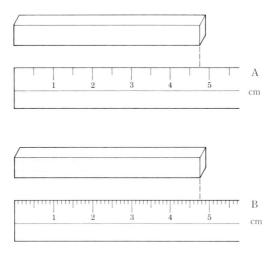

物差し A を使うと，ブロックが 4 センチメートル（cm）以上の長さであることがわかり，全体の長さを，10 分の 1 cm のオーダーで 4.8 cm と推定できる．ほかの人は，物差し A を使ってブロックをはかり，4 cm を越す長さを 4.7 cm あるいは 4.9 cm と推定するかもしれない．したがって，私たちが記録した 4.8 cm という測定値は，0.1 cm だけ不確かであるということになる．この測定値の有効数字は 2 桁である（1 桁は確かな数字で，もう 1 桁は不確かである）．

物差し B を使うとブロックの長さが 4.7 cm 以上であることがわかる．そして，もっとも近い長さを 100 分の 1 cm の単位で推定して，4.74 cm とする．この測定値はおよそ 0.01 cm だけ不確かである．だから，4.74 cm という測定値は，3 桁の有効数字をもっている．

実験室でデータが集められてしまうと，そのデータについての計算の過程で，精密

さは増やすことも減らすこともできない．したがって，化学の計算の過程で有効数字を見失わないようにすることが極めて大切である．とくに計算機を使う場合は注意しなければならない．付録IIは数学的な計算の過程でどのようにして有効数字を保っていくかを説明している．

1.10 換算係数法

　科学のどんな分野でも，必要な計算を行う場合に用いられる数値の測定単位を見失わないようにすることが，極めて重要である．例えば，ただ15という数値をかくだけではなく，15グラム (g)，15フィート (ft)，15ガロン (gal) のように，15という数値の測定単位がどんな単位であってもかくべきである．こうすることによって，計算の途中での混乱を防ぐだけでなく，問題を解くためにやらなければならない計算の段階を心に留めておくことができる．例えば，ある物体の速度を求める計算をしなければならないとしよう．速度が，通常1時間当りのマイル(mi/hr)，1秒当りのフィート (ft/s)，1秒当りのメートル (m/s) などの単位ではかられることを知っていれば，速度を求めるには距離の測定値（適当な単位での）を時間の測定値（適当な単位での）で割る必要があることがわかるだろう．そこで，本書の問題を計算するときに，数値に適切な測定単位をつけることを忘れなければ，解くのがずっと容易になるだろう．

　化学の計算を行う際に，私たちは"1"という数値の二つの性質を利用する．第1の性質は，どんな数でも，1を掛けても元の数のままであるということである．より一般的には，どんな種類の量でも，1を掛けても元のままである．例えば，

$$36 \times 1 = 36$$

$$7 個のリンゴ \times 1 = 7 個のリンゴ$$

$$92 マイル/時間 \times 1 = 92 マイル/時間$$

　1という数値の2番目の性質は，2/2, 156/156のように，すべての数をその数自身の商の形でかくことができるということである．例えば，1という数値は，5個のリンゴ/5個のリンゴ，156頭のらくだ/156頭のらくだ，などとかくことかできる．

　さらに一歩先に進むと，どんな等式でも，式の一方の辺でもう一方の辺を割って得られる比は1に等しい．このことがなぜ正しいかを，次のおなじみの等式で考えてみよう．

$$12 インチ = 1 フィート$$

式の両辺を右辺 (1 ft) で割ると，次のようになる．

$$\frac{12 \text{ in}}{1 \text{ ft}} = \frac{1 \text{ ft}}{1 \text{ ft}} \qquad \frac{12 \text{ in}}{1 \text{ ft}} = 1$$

同じようにして，(12個の卵/1ダースの卵)，(60 min/1 hr) などによって，1という数値を表すことができる．1に等しいこのような比を，**単位係数** (unit factor) または**換算係数** (conversion factor) という．換算係数は本書の計算の大部分を行うための鍵である．記憶しなければならないのは，換算係数の分子と分母は常に同じ量を示さなければならない，ということである．問題中で与えられた単位を答えに求められている単位に変えるために，換算係数を用いる．

単位係数または換算係数が，計算にどのように用いられるかを理解するために，簡単に解ける問題をやってみよう．2フィートは何インチか？ あなたはすぐに 2×12＝24 という計算をやって，24インチと答えるだろう．しかし，"2"という長さから出発して，"24"という長さが同じだ，と答えるまでの間に，あなたは何をしたのだろうか．実際にあなたがやったことは，上で述べた換算係数を使った，ということである．換算係数を使って問題を解くには，まず問題で与えられた値 (2 ft) から出発し，問題で要求されている単位で答えを導く換算係数をそれに掛ける．

$$2 \text{ ft} \times \frac{12 \text{ in}}{1 \text{ ft}} = \frac{2 \times 12}{1} \frac{(\text{ft})(\text{in})}{(\text{ft})} = 24 \text{ in}$$

最初の (2 ft) が，最後の (24 in) と同じ長さであることを，あなたは確信しているだろう．あなたがやったことは，最初の長さに単位係数，すなわち1という数値を掛けたことである．問題中のそれぞれの数値の測定単位を忘れないようにすれば (いま私たちがやったように)，分子と分母の同じ単位は消され，要求されている測定単位が答えとともに残る．

1.11 SI 単位系

世界中の科学者は，物質の測定に長い間メートル法を使ってきた．しかし，1960 年パリで開催された科学者の国際会議で，とくに選ばれた一組の単位が提案された．この選ばれた一組の単位は普遍的な自然の定数に基づいており，**SI** (systeme internationale) **単位系** (system of units) とよばれ，世界のどこでも容易にデータを変換できる手段として科学者に受け入れられている．表 1.2 に SI 系の基本単位を示す．本書では，より一般的なメートル法単位だけでなく，SI 系単位も使用する．

米国人にとってなじみ深い英国系の単位を使う場合*，4クォートが1ガロン，12インチが1フィート，16オンスが1ポンドになる．これは，小さい単位を大きい単位と

---

* 本書は米国で出版された教科書なので，英国系単位とメートル系単位の間の換算について詳しく述べているが，日本の学生諸君にとってはこの部分はあまり重要ではない．

する数値の間に一定の関係がなく,使うには複雑な単位系である.これに対して,メートル系とSI系のどちらも,すべての単位はその下の単位の10倍になっている,という大きな利点がある.10の累乗倍あるいは累乗分の一を表すために,標準接頭語が用いられる.数を示す接頭語というのは,新しいことではないだろう.誰でも,三輪車 (tricycle),三脚 (tripod),トリオ (trio) などの言葉についている tri- という接頭語が三を示すことを知っている.同じように,メートル系およびSI系で使われるキロという接頭語は,1000を意味する.1キロメートルは1000メートルで,1キログラムは1000グラムである.メートル系で使われている10進法は英国系の単位よりもずっと計算をらくにする.表1.3にメートル系とSI系で使われる接頭語を示す.図1.6は生物学的なものの相対的な大きさを,これらの単位で示している.

本書の表紙裏にメートル系と英国系の一般的な換算係数が掲載してある.1.12節と1.15節で,メートル系単位と英国系単位の間の換算の例をいくつかみることにしよう.

表 1.2 SI 基本単位

量	名称	記号
長さ	メートル	m
質量	キログラム	kg
時間	秒	s
温度	ケルビン	K
物質量	モル	mol
電流	アンペア	A
光度	カンデラ	cd

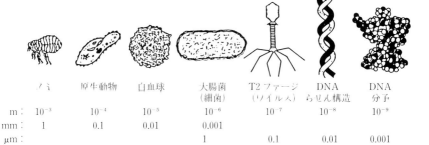

図 1.6 メートル系を使って大きさの比較を行う.ノミの大きさはDNA分子の大きさの10^6倍である.ここにあげられている大きさはおおよそのものである.

[Adapted from Figure 2-2 in Arthur Kornberg, *For the Love of Enzymes*, copyright © 1989, Harvard University Press, Cambridge Used by permission]

18   1 物質の構造と性質

表 1.3 メートル系と SI 系で用いられる一般的接頭語

接頭語	記号	大きさ	例[a]
キロ	k	$1\,000 = 10^3$	キロメートル,km $= 1\,000$ メートル
ヘクト	h	$100 = 10^2$	ヘクトメートル,hm $= 100$ メートル
デカ	da	$10 = 10^1$	デカメートル,dam $= 10$ メートル
			メートル,m(基本単位)
デシ	d	$0.1 = 10^{-1}$	デシメートル,dm $= 0.1$ メートル
センチ	c	$0.01 = 10^{-2}$	センチメートル,cm $= 0.01$ メートル
ミリ	m	$0.001 = 10^{-3}$	ミリメートル,mm $= 0.001$ メートル
マイクロ	μ	$0.000001 = 10^{-6}$	マイクロメートル,μm $= 0.000001$ メートル
ナノ	n	$0.000000001 = 10^{-9}$	ナノメートル,nm $= 0.000000001$ メートル

[a] SI 系とメートル系との間の換算係数は正確な数値であるから必要に応じて有効数字を何桁とってもよい.

1.12 長さ

SI 系の長さの単位は**メートル**(meter)である(この単位のつづりは,国際的には metre が好まれている.しかし,米国では meter がつづりとして使われている).この単位は,1790 年に北極点から赤道までの距離の 1000 万分の一と定義された.この基準

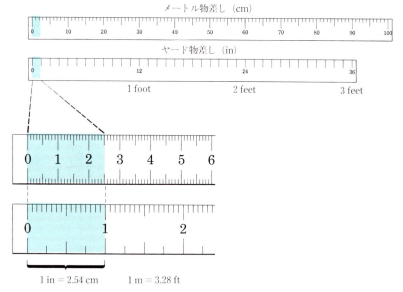

図 1.7 1 メートルは 1 ヤードよりほんのわずか長く,1 インチは 2.5 センチメートルよりやや長い.

はそれ以来3回定義し直されたが，その長さはほとんど変っていない．1メートルは3.28フィートであり，したがって1ヤードよりわずかに長い（図1.7）．

1キロメートルは町と町の間の距離のように，大きな長さをはかるために使われる（1キロメートル＝0.621マイル）．1キロメートルは1000メートルである．メートルより小さな長さに普通使われる単位は，ミリメートルとセンチメートルである（口絵Ⅰ参照）．

$$1 センチメートル (cm) = 10 ミリメートル (mm)$$
$$1 メートル (m) = 100 \text{ cm}$$
$$1 \text{ m} = 1000 \text{ mm}$$
$$1 \text{ m} = 3.28 \text{ ft}$$

■パノラマ 1-2■

ボディイングリシュ

あなたは，英国系の長さの単位がどのようにして使われるようになったか，不思議に思ったことはないだろうか．興味深いことに，これらの単位の多くは，人間の身体に関係がある．古代の人間がある特定の長さを伝える必要が起きたとき，彼らは測定の基準としてしばしば自分自身の身体を使った．もっとも古い測定単位はエジプトのパピルス文書に残されている．それによる

ヘンリー1世

と,腕尺(cubit)の記号として前腕の図が使われている.腕尺は,ひじから中指先端までの長さと定義されていた.10世紀に,1インチはエドガー王の親指の指関節間の長さと定められた.皇帝シャルルマーニュは1フィートを皇帝自身の足の長さとするという法令を発布した.そしてヘンリー1世は1ヤードを王の鼻先から指先までの長さと定めた.1マイルは,最初,ローマの兵士が駆け足で1000歩走る距離だった.これは5000フィートに相当する.16世紀にイングランドのベス女王はこれに280フィートを足し,その結果,1マイルは5280フィートとなり,これは8ファーロング(furlong)に相当する.

このような"基準"は,実際的ではないことがわかるだろう.基準は,問題となっている単位の正確な大きさを定めるために,チェックできる基準点によって定義されることが必要である(まだエドガー王が生きていたときでさえ,王をあちこちに引っぱりまわしながらインチで正確に測定することは全く不可能であった).この問題を解決する試みとして,フィートが大麦の粒に基づいて再定義された.1フィートは穂の中央から取られた大麦の粒の端から端までの36粒分の長さと特別に標準化された.したがって,1インチは,並べられた大麦3粒分の横幅と再定義された.もちろん,すべての大麦の粒が同じ長さではない.だから,この基準化には多くの問題が残されていた.

今日の基準インチは,他の英国系の単位とともに,もっとずっと再現性のあるものである.これらの尺度は,米国の標準局にある原器によって規定されている.しかし,一つの単位から別の単位に換算するために使われなければならない換算係数については,いまだに多くの混乱が生じている.メートル系は各種の尺度の唯一の基礎単位であり,その換算係数はすべて10の累乗であるので,メートル系は疑いもなく,もっとも優れた単位系である.

▍パノラマ 1-3 ▍

薬剤単位系

私たちが注意しなければならないのが,英国系の単位をメートル系の単位に換算することだけなら,それほど厄介なことではない.しかし,あなたたちの多くは,職業上薬剤の注文を聞き,調剤したり溶解したりすることが必要になるだろう.このためには,薬業界で使われている別の単位系の知識が要求される.医師や,薬剤師や病院は,すべてのほかの単位系をメートル系に変えようとしている薬業界に所属しているが,過去の面影がいまだに生き残っている.これらの単位系のうちでもっともしばしば出会うのは,重量の薬剤単位系である.薬剤単位系は数世紀前に英国で始まり,薬剤の製造,保存,調剤などで,重量および体積の単位として使われてきた.いまだにこの単位を使用している医師や病院があるので,この単位やそれに相当するメートル系の単位に慣れておくことが重要である.一般に使われている薬剤単位系とそれに対応するメートル系単位を下に示す.

固体	液体
メートル系　薬剤系	メートル系　薬剤系
60 mg = 1 グレイン (grain)	1 mL = 15 ミニム (minims)
4 g　 = 60 グレイン または 1 ドラム (dram)	4 mL = 1 液量ドラム (fluid dram)
30 g　 = 1 オンス (ounce)	30 mL = 1 液量オンス (fluid ounce)

例題 1-1

1. 4 m は何 cm か．

[解] 問題を次のようにかき直すことができる．
$$4\,\mathrm{m} = (\ ?\ )\,\mathrm{cm}$$
問題は，メートルをセンチメートルに変えることを要求しているのだから，これら二つの単位間の関係を示す換算係数を考えなければならない．

1 m＝100 cm の関係から，二つの換算係数をかくことができる．
$$\frac{1\,\mathrm{m}}{100\,\mathrm{cm}}\quad と \quad \frac{100\,\mathrm{cm}}{1\,\mathrm{m}}$$
二つのうち 2 番目の換算係数は，単位を消すと答えの単位としてセンチメートルが導びかれるので，ここでは 2 番目の換算係数を使うのが正しい．
$$4\,\mathrm{m} \times \frac{100\,\mathrm{cm}}{1\,\mathrm{m}} = \frac{4 \times 100\,\mathrm{cm}}{1} = 400\,\mathrm{cm}$$

2. ある新生児の体長は 18.2 in である．しかし，病院の記録にはセンチメートルでかかなければならない．この新生児の体長は何 cm か．

[解]
$$18.2\,\mathrm{in} = (\ ?\ )\,\mathrm{cm}$$
インチとセンチメートルの間の関係は，1.00 in＝2.54 cm である．この関係から必要な換算係数が得られる．
$$18.2\,\mathrm{in} \times \frac{2.54\,\mathrm{cm}}{1.00\,\mathrm{in}} = 18.2 \times 2.54\,\mathrm{cm} = 46.2\,\mathrm{cm}$$

3. 白血球の直径は 42 μm である．これは何 in か．

[解] この問題は，次の関係を尋ねている．
$$42\,\mathrm{\mu m} = (\ ?\ )\,\mathrm{in}$$
この換算を行うために，次のようないくつかの換算係数が必要になる：マイクロメートル（μm）とメートル（m）との関係，メートルとセンチメートル（cm）との関係，センチメートルとインチ（in）との関係．
$$1\,\mathrm{\mu m} = 10^{-6}\,\mathrm{m},\ 1\,\mathrm{cm} = 10^{-2}\,\mathrm{m},\ 1\,\mathrm{in} = 2.54\,\mathrm{cm}$$
この問題を解くために，単位が消えることを確認しながら，換算係数を連続的に使うことができる．
$$42\,\mathrm{\mu m} \times \frac{10^{-6}\,\mathrm{m}}{1\,\mathrm{\mu m}} \times \frac{1\,\mathrm{cm}}{10^{-2}\,\mathrm{m}} \times \frac{1\,\mathrm{in}}{2.54\,\mathrm{cm}} = 17 \times 10^{-4}\,\mathrm{in} = 0.0017\,\mathrm{in}$$

練習問題 1-1

1. 次の換算をしなさい（表紙裏の換算係数を使用しなさい）．
   (a) 48 mm = (?) cm
   (b) 3.2 m = (?) mm
   (c) 0.03 km = (?) m
   (d) 635 cm = (?) in
   (e) 7.5 mi = (?) km
   (f) 27.3 m = (?) yd

2. ボストンマラソンのコースは 26.2 マイル (mi) である．Alberto Salazar は 1982 年のレースに，2 時間 8 分 51 秒のタイムで優勝した．
   (a) このコースは何 km か．
   (b) Salazar は 1 mi を平均何分で走ったか．
   (c) Salazar は 1 km を平均何分で走ったか．

1.13 質量

メートル系の質量の単位は，**グラム** (gram) である．SI 系の質量の基準は，正確に 1 キログラム（1000 グラム）の白金のブロックで，フランスにある国際度量衡局の地下に保管されている．一般に使われている質量単位は，キログラム，グラムおよびミリグラムである（図 1.8(a)）．

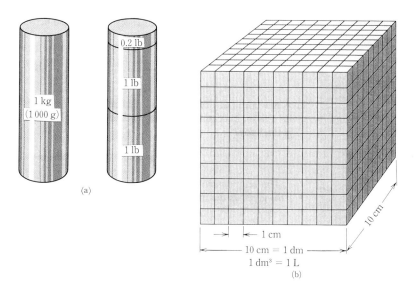

図 1.8 (a) SI 系で 1 kg の質量の円筒は英国系では 2.2 ポンド (lb) である．(b) 箱は 1 L の体積をもっている（体積 = 10 cm × 10 cm × 10 cm = 1000 cm³ = 1000 mL = 1 L）．

1.13 質量　23

図 1.9　実験室用てんびん

$$1 \text{ kg} = 1000 \text{ g}$$
$$1 \text{ g} = 1000 \text{ mg}$$
$$1.0 \text{ kg} = 2.2 \text{ lb}$$

試料の質量は図1.9に示すようなてんびんを使って，その試料の重量を基準質量をもつ物質の重量と比較することによって測定する．

例題 1-2

1. 0.024 g は何 mg か．

[解]　1 g = 1000 mg であることはわかっているので，グラムとミリグラムとの関係を示す二つの換算係数をかくことができる．

$$\frac{1 \text{ g}}{1000 \text{ mg}} \quad \text{または} \quad \frac{1000 \text{ mg}}{1 \text{ g}}$$

問題は，0.024 g =（?）mg を尋ねているので，2番目の換算係数を用いる．

$$0.024 \text{ g} \times \frac{1000 \text{ mg}}{1 \text{ g}} = 0.024 \times 1000 \text{ mg} = 24 \text{ mg}$$

2. 子供に与える薬剤のラベルには子供の体重 1 kg 当りの投与量がかいてあることが多い．16.5 lb の幼児の体重は何 kg か．

［解］
$$16.5 \text{ lb} = (?) \text{ kg}$$

ポンドとキログラムの間の関係は，1.00 kg = 2.20 lb である．

正しい換算係数を使って，次のように計算できる．

$$16.5 \text{ lb} \times \frac{1.00 \text{ kg}}{2.20 \text{ lb}} = \frac{16.5}{2.20} \text{ kg} = 7.50 \text{ kg}$$

3. 医師が 0.1 g の薬剤を投与するよう処方した．25 mg の錠剤何錠が必要か．

［解］この問題では，次の関係から得られる二つの単位係数を使う必要がある．

$$1 \text{ g} = 1000 \text{ mg} \quad \text{および} \quad 1 \text{ 錠} = 25 \text{ mg}$$

したがって，正しい換算係数を使って，次の結果が得られる．

$$0.1 \text{ g} \times \frac{1000 \text{ mg}}{1 \text{ g}} \times \frac{1 \text{ 錠}}{25 \text{ mg}} = 4 \text{ 錠}$$

練習問題 1-2

1. 次の換算をしなさい．
   (a) 235 μg = (?) mg
   (b) 3.2 kg = (?) g
   (c) 0.005 kg = (?) mg
   (d) 0.34 kg = (?) oz
   (e) 681 g = (?) lb
   (f) 30.0 oz = (?) g
2. 妊娠期間 26 週間で体重 832 g の未熟児が誕生した．この児の体重は何 lb か．

1.14 体積

物体の体積を，長さの単位のどれかを使って表すことがしばしばある．例えば，箱の体積を計算するのに，長さ×幅×高さの掛け算を行う．体積の SI 単位は立方メートルで，m^3 で表す．これは大きな単位で，$1 m^3$ の体積をもつ箱は，およそ 1060 クォート (qt) のミルクを入れることができる．したがって，多くの実用的な目的のためには，メートル法の体積単位である**リットル** (L) を用いる．これは，1 クォートよりほんの少し大きい（図 1.8 (b)）．

$$1 \text{ m}^3 = 1000 \text{ リットル (L)}$$
$$1 \text{ L} = 1000 \text{ ミリリットル (mL)}$$
$$1 \text{ mL} = 1 \text{ 立方センチメートル } (\text{cm}^3 \text{ または cc})$$
$$1 \text{ L} = 1.06 \text{ qt}$$

実験室で体積をはかる器具であるシリンジやピペットには，立方センチメートルかミ

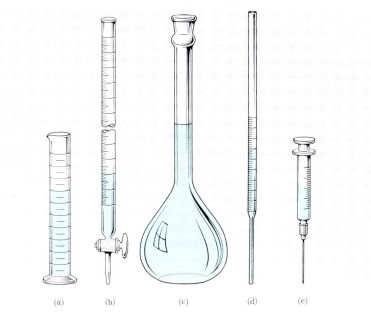

図 1.10 体積測定に通常使われる実験室用器具：(a) メスシリンダー，(b) ビュレット，(c) メスフラスコ，(d) ピペット，(e) シリンジ．

リリットルのどちらかがかいてあることが多い（図1.10）．

例題 1-3

1. 1人の患者が 2.65 qt の尿を排せつした．この尿は何 L か．
   [解]
   $$2.65 \text{ qt} = (\text{?}) \text{ L}$$
   クォートとリットルの間の関係は，1.06 qt=1.00 L である．
   したがって，次のように計算できる．
   $$2.65 \text{ qt} \times \frac{1.00 \text{ L}}{1.06 \text{ qt}} = \frac{2.65 \times 1.00}{1.06} \text{ L} = 2.50 \text{ L}$$

2. びんの中に 0.075 L の抗生物質が入っている．1回の投与量を 5.0 mL とすれば，何回分が含まれるか．
   [解] この問題を解くために，二つの換算係数が必要である．
   $$1 \text{ L} = 1000 \text{ mL} \quad \text{および} \quad 1\text{回の投与量} = 5 \text{ mL}$$
   正しい換算係数を使って，次の結果が得られる．

$$0.075 \, \text{L} \times \frac{1000 \, \text{mL}}{1 \, \text{L}} \times \frac{1 \, \text{回}}{5.0 \, \text{mL}} = 15 \, \text{回}$$

練習問題 1-3

1. 次の換算をしなさい.
    (a) 2.5 L = (?) mL
    (b) 345 mL = (?) L
    (c) 25 mL = (?) cc
    (d) 343 gal = (?) L
    (e) 5.3 L = (?) qt
    (f) 945 mL = (?) pint
2. 12 oz 入りのビール 3 本を 1 ドルで買うのと,1 L 入りのビール 1 本を 1 ドルで買うのとどちらが得か(ヒント:12 oz は何 L か).

1.15 温度

物質の温度をはかるために,これまで多くの器具が開発されてきた.おそらく,あなたがもっともなじみ深いのは細いガラス管の先に水銀だめがついた水銀温度計だろう.ガラス管には温度計のために選ばれた特別の尺度に従った目盛りが刻まれている.米国の人たちは**華氏**(°**F**, Fahrenheit)目盛りで表された温度に慣れている.これは英

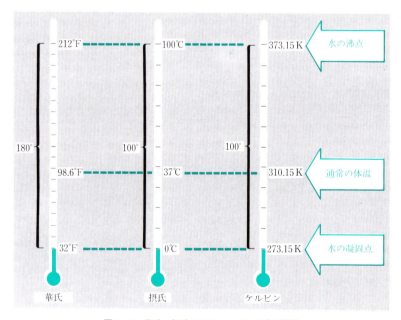

図 1.11 華氏,摂氏およびケルビン温度の関係

表 1.4 華氏温度と摂氏温度の比較

	華氏	摂氏
冬の寒い日	$-5°F$	$-21°C$
水の凝固点	$32°F$	$0°C$
室温	$68°F$	$20°C$
正常な体温	$98.6°F$	$37°C$
夏の暑い日	$100°F$	$38°C$
水の沸点	$212°F$	$100°C$

国系の単位の一部である．この単位では，水の凝固点は $32°F$，沸点は $212°F$（その差は180度）である．メートル系では**摂氏**温度目盛り（$°C$, Celsius）が使われている（正式には centigrade）．摂氏温度では水の凝固点は $0°C$，沸点は $100°C$ と定められている（その差は100度）．これは，摂氏目盛りの1度は，華氏目盛りの1度の2倍に近いことを意味する（摂氏5度は華氏9度に等しい）（図1.11，表1.4）．

摂氏温度と華氏温度間の換算を行うには次の式を使う．

$$°C = \frac{5}{9}(°F - 32) \quad \text{または} \quad 1.8 \times °C = °F - 32$$

摂氏と華氏の間の換算式が覚えにくい場合には，次の 40/40 法を使った方がよいかもしれない．

1. 出発温度に40を加える．
2. $°F$ から $°C$ の場合には 5/9 を掛ける(華氏からのときが，9分の5であることを忘れないように)．$°C$ から $°F$ の場合には 9/5 を掛ける．
3. 40を引けば答が得られる．

■パノラマ 1-4■

体温の変化

あなたは友達,とくにやせた友達のなかに,暑い夏でも少しも暑がらない人がいるのに気がついたことがあるだろうか．彼らは他の人たちが暑さで汗だくになっていても，きゅうりのように涼しい顔をしてすわっている．また，あなたは太った友達が暑さや湿気に弱いことにも気づいているだろう．この理由は，やせた人の方が太った人より体重当りの散熱が効果的だからである．したがって，彼らは体温を低レベルに保つことができる．同じ理由で，やせた人は冬の寒さに弱く，厚着をしなければならない．

誰にとっても，"正常"といえる特定の体温はないが，口腔内ではかる体温計の読みの平均値,$98.6°F$ $(37.0°C)$ が一応の目安として用いられている．この温度は，体がどれだけの熱を生み出すか，また，どんな速度でこの熱が体から失われるかによって変化する．朝起きたときの体温は $36°C$ あるいはそれ以下であるかもしれない．時間がたつにつれて，活動力は増加し熱の生産も増加する．肉体労働や精神的なストレスは，身体が熱を失うよりも速い速度で熱を生み出し，体温

は 38℃ を越えることもある．過激な運動をする人は 40℃ 以上の体温になることもあり得る．

体は過剰な熱のおよそ 80％ を，皮膚を通して失う．残りは肺から吐き出される水蒸気の蒸発で失われる．過激な運動をしている人の皮膚が紅潮するのは，皮膚の毛細血管に過剰な血液が送られるからで，これは冷たい外気に触れると鎮まる．

非常に寒いときには，身震いするなど，筋肉が余分な働きをして体温を上昇させることができる．体外の温度が非常に低いとき，体は血管を収縮させ血液を皮膚の表面から遠ざけて体温を維持する．そうすると，不幸にも皮膚は凍って凍傷を起こすこともある．

3 番目の温度単位は SI 系の**ケルビン**（**K**, Kelvin）である．ケルビン温度はケルビンとよばれ，°K ではなく K で示す．ケルビンの 1 度の大きさは摂氏の 1 度と同じである．水の凝固点はケルビンでは 273.15 K，沸点は 373.15 K と定められており，その差は摂氏の場合と同じ 100 ケルビンである．水の凝固点に対して 273.15 という数値がなぜ選ばれたか，不思議に思うかもしれない．この数値は，ケルビン温度の 0 度が理論的に到達できる最低温度となるように，実験的に定められたものである．このため 0 K は**絶対零度**（absolute zero）として知られている．

ケルビンと摂氏の間の温度の換算には，次の式を使う．

$$K = \text{°C} + 273.15$$

例題 1-4

1. 69.8°F ＝ (?)℃

[解]

$$1.8 \times \text{°C} = \text{°F} - 32 \quad \text{だから}$$
$$1.8 \times \text{°C} = 69.8 - 32$$
$$\text{°C} = 21$$

40/40 法の 3 段階を使って，答えをチェックすると，

(1) 69.8 ＋ 40 ＝ 109.8
(2) 5/9 × 109.8 ＝ 61
(3) 61 － 40 ＝ 21

2. 45℃ ＝ (?)°F

[解]

$$1.8 \times \text{°C} = \text{°F} - 32 \quad \text{だから}$$
$$1.8 \times 45 = \text{°F} - 32$$
$$\text{°F} = 113$$

40/40 法の 3 段階を使って，答えをチェックすると，

(1) 45 ＋ 40 ＝ 85
(2) 9/5 × 85 ＝ 153

(3) $153 - 40 = 113$

3. $20℃ = (?)K$

[解] 　　　　　　　　$K = ℃ + 273.15$　だから

　　　　　　　　　　$K = 20 + 273.15$

　　　　　　　　　　$K = 293.15 = 293$　（正しい有効数字桁数に丸める）

4. $345 K = (?)℃$

[解] 　　　　　　　　$345 K = ℃ + 273.15$

　　　　　　　　　　$℃ = -345 + 273.15$

　　　　　　　　　　$℃ = 71.85$　または　72

練習問題 1-4

1. 次の換算を完成させなさい．
   - (a) $-85℉ = (?)℃$
   - (b) $40.5℃ = (?)℉$
   - (c) $132℉ = (?)℃$
   - (d) $32.0℃ = (?)℉$
   - (e) $142 K = (?)℃$
   - (f) $37℃ = (?)K$

2. Alberto Salazar は，1982年のボストンマラソンに優勝した直後に倒れた．そのときの彼の体温は $41.0℃$ であった．この体温は華氏何度か．

3. 鉛は $621℉$ で融解する．この融点を摂氏温度およびケルビン温度に換算しなさい．

1.16　密度と比重

　ある物質の**密度**(density)は，その物質の単位体積当りの質量と定義されている（g/cm^3 と表されることがもっとも多い）．物質の体積は温度変化に伴って変化するので，密度も温度によって変化する．したがって，いくつかの物質の密度を比較するときは，すべて一定の温度で測定しなければならない．

$$密度 = \frac{質量}{体積}$$

　物質の密度は，質量と体積の測定値から計算される．物体が不定形であるときは，排除した水の体積で測定できる．銅の密度は室温で 8.92 g/cm^3，鉄は 7.86 g/cm^3，炭酸カルシウムは 2.71 g/cm^3，水は 1.00 g/cm^3，空気は 0.0012 g/cm^3 である（口絵Ⅱ参照）．

■パノラマ 1-5■

比重

　あなたは，なぜある物体は水に浮かび，ある物体は沈むのだろうと考えたことがあります

か. 物体が水の中におかれたとき，その物体はある量の水を排除する. 排除された水の重量は物体を浮上させる力と等しい. 排除された水の重量が，物体自体の重量より大きいときは物体は水に浮かぶ. 砂糖のように水に溶ける固体を水に加えると，溶液の密度は高くなり，その比重は1.00（純粋な水に対する値）以上になる. このことは，排除される液体の重量も増加し，物体を浮かばせる力もより大きくなることを意味する. 液体の比重が高くなればなるほど物体は浮かびやすくなる.

私たちはこのことを尿の比重の測定に利用することができる. 重量のわかったハイドロメーター*とよぶ球形の器具を尿試料中に入れる. ハイドロメーターが高く浮かべば浮かぶほど，排除されたメーター自身の重量と等しい液量は少なく，尿の密度は大きい. ハイドロメーターに刻まれた，あらかじめ校正されている比重目盛りを読めばその尿の比重を読み取ることができる.

正常な尿の比重は，1.002から1.030の間である. 尿の比重がこの正常範囲より低いときは，身体から尿への水の流れが異常に多いことを示す（尿崩症とよばれる病気と関連がある場合が多い）か，あるいは腎臓が尿を濃縮する機能を失っている（おそらく尿管の損傷のため）ことを示している可能性がある.

身体が，発汗，発熱，嘔吐，下痢など尿以外の形で過剰の水分を失っている場合にはいつでも，比重の読みが高くなる. グルコース，タンパク質などの尿中の成分の濃度が高いと高比重を引き起す. この原因としては，真性糖尿病，脱水，副腎機能不全，肝炎，うっ血性心不全などである可能性がある.

* 比重測定用浮秤.

例題 1-5

1. 5.00 cm³ の試料の質量が44.5 g であるとして，ニッケルの密度を計算しなさい.
[解]
$$\text{ニッケル密度} = \frac{44.5 \text{ g}}{5.00 \text{ cm}^3} = 8.90 \text{ g/cm}^3$$

2. 42.5 g のある液体試料の密度が1.70 g/cm³ であるとして，体積を求めなさい.
[解] 密度の値をこの問題を解くための換算係数として用いることができる.

$$42.5 \text{ g} \times \frac{1.00 \text{ cm}^3}{1.70 \text{ g}} = 25.0 \text{ cm}^3 \quad \text{または} \quad 25.0 \text{ mL}$$

練習問題 1-5

1. 6.10 cm³ の鉛の試料の質量が68.9 g であった. 密度を求めなさい.
2. 3.6 g のある液体試料の密度を1.2 g/cm³ として，体積を求めなさい.
3. 縦 3.00 cm，横 5.50 cm，高さ 2.00 cm の鉛の塊の質量を求めなさい（1.の鉛の密度を使用しなさい）.

ある物質の密度を表すために用いられる数値は，密度の測定に用いられた単位によって変る. 質量をグラム，体積を立方センチメートルで測定すれば，水の密度を示す数値は1.00であり，質量をポンド，体積をガロンとすれば8.34となる. 異なる単位

で密度を測定することによって生じる問題を避けるために，密度に代って比重を計算することができる．比重（specific gravity）は，ある物質の密度と，水の密度（同じ単位で測定した）との比である．

$$\text{比重} = \frac{\text{物質の密度}}{\text{水の密度 }(1.00\text{ g/cm}^3, 4\text{°C})}$$

比重から，その物質が水よりどれだけ密度が高いかがわかる．そのために比重は，ほかの液体の密度を水の密度と比較するときによく用いられる．例えば，エタノールの比重は 0.789 である．これは，エタノールの密度が水より低いことを意味する．四塩化炭素の比重は 1.59 で水よりも密度が高く，エタノールの密度のおよそ 2 倍である．

■パノラマ 1-6■

比重と醸造

自家製のビールをつくろうとすると，いつ発酵を止めてびん詰めを始めればよいかを知る必要がある．ビールをびんに詰めるとき，栓をする前にそれぞれのびんに少量の砂糖を加える（この工程をプライミングとよんでいる）．この砂糖は最終製品に発泡性をもたせるための二酸化炭素源として働く．プライミング用の砂糖を加えるときにビールの中にまだ発酵できる砂糖が残っていると，余分な二酸化炭素が発生する．これは，熟成の途中で栓を開けたびんに生じる．

初期発酵の完了を確かめる手段としてビールの比重を経時的に調べる．発酵過程のはじめにはビールの比重は普通 1.035 から 1.042 である．イーストが，溶けている砂糖を発酵してアルコールと二酸化炭素にするにつれて，溶液中の砂糖が減少するために液体の比重は低下する．ビールの密度は下がり，ハイドロメーターは液体中により低く沈むようになる．発酵が止まると比重は一定値を保つ．このときの比重は 1.005 から 1.017 である．この時点で，びん詰めを始めても大丈夫だということがわかる．

例題 1-6

50.0 mL の尿の試料の質量は 50.5 g である．(a) この尿の密度はいくらか．(b) 比重はいくらか．(c) この尿の密度は水より高いか，低いか．

[解] (a) 密度 = $\frac{\text{質量}}{\text{体積}}$ = $\frac{50.5\text{ g}}{50.0\text{ cm}^3}$ = 1.01 g/cm^3　　（注：1 mL = 1 cm^3）

(b) 比重 = $\frac{\text{試料の密度}}{\text{水の密度}}$ = $\frac{1.01\text{ g/cm}^3}{1.00\text{ g/cm}^3}$ = 1.01

(c) この尿の密度は水よりわずかに高い．

練習問題 1-6

200 mL のエチレングリコールの試料の質量は 222 g である．

(a) このエチレングリコールの密度はいくらか.
(b) 比重はいくらか.
(c) 水とエチレングリコールのどちらが密度が高いか.

章のまとめ

空間の一部を占め,有限の質量をもつものをすべて物質という.物体の質量とは,運動の速度や方向をどれだけ変えにくいかの尺度である.物体の重量とは,その物体にかかる重力の尺度である.物体の重量は変り得るが,質量は常に一定である.純物質は,一種の元素からなる単体か,二種あるいはそれ以上の元素が一定の質量比で結合した化合物のどちらかである.原子はある元素の性質をもつ最小の単位である.分子は化学的に結合した二つあるいはそれ以上の原子を含む.混合物は任意の割合で混合した二つあるいはそれ以上の物質からなる.混合物は,均一な場合と不均一な場合とがある.物質は,固体,液体,気体の三つの状態で存在することができる.物質は,その形態が変る物理的変化,および化学的組成が変る化学的変化を受ける.

科学者は,科学的方法によって自然および物質の挙動に関する理論をつくる.理論を支持するために集められるデータは,正確かつ精密でなければならない.測定の精密さは,測定値の記録に用いられる有効数字の桁数によって示される.科学者は,メートル系を改良した SI 系の単位を使って物質を測定する.すべての SI 単位とその副単位との間には 10 の累乗倍の関係がある.そして 10 の何乗かを表すために接頭語が用いられる.密度は物質の単位体積当りの質量を示し,比重は水の密度に対する物質の密度の比を示す.

重要な式

$$1.8 \times ℃ = °F - 32 \qquad [1.15]^*$$

$$K = ℃ + 273.15 \qquad [1.15]$$

$$密度 = \frac{質量}{体積} \qquad [1.16]$$

$$A の比重 = \frac{A の密度}{水の密度} \qquad [1.16]$$

---

* 節番号を示す.

復習問題

1. 物体の質量と重量の違いは何か. [1.1]*
2. (a) 単体と，(b) 化合物の例を二つずつあげなさい. [1.3]
3. 原子と分子の違いは何か. [1.3]
4. 台所にある普通の食品で，(a) 均一なものと，(b) 不均一なものの例を二つずつあげなさい. [1.3]
5. 次のそれぞれについて，物理的変化か化学的変化かを述べなさい. [1.6]
   (a) 丸太が燃える   (b) ミルクが酸っぱくなる
   (c) 塩が水に溶ける   (d) スキーのゴーグルが曇る
   (e) 雪が溶ける   (f) 白墨が折れる
6. 二人の研究者が別のてんびんを使って同じ鉄くず試料の質量をはかり次の結果を得た．二人の測定値は次の通りである. [1.9]

	台ばかり	分析用てんびん
鉄くず	10.4 g, 10.2 g	10.3507 g, 10.3509 g

   (a) どちらのはかりが精密か．どちらが正確か．理由をつけて答えなさい.
   (b) それぞれの測定値の有効数字は何桁か.
7. 次の測定値の有効数字はそれぞれ何桁か. [1.9]
   (a) 0.0125 g   (b) 150 mL
   (c) 12.060 km   (d) 10.7 m
   (e) 4 005.00 cm³   (f) 3.20×10^{-2} mg
   (g) 3 000 mg   (h) 0.00250 mm
   (i) 1 604.732 kg
8. 次の換算をしなさい. [1.12–1.14]
   (a) 450 g を kg に   (b) 1 563 m を km に
   (c) 16 cm を mm に   (d) 1.5 kg を g に
   (e) 15 mL を L に   (f) 127 mm を m に
   (g) 0.07 g を mg に   (h) 22.4 L を mL に
   (i) 0.3 m を cm に   (j) 67 cm を m に
   (k) 125 mg を g に   (l) 12 m を cm に
   (m) 456 μg を mg に   (n) 1.3 m を mm に
   (o) 7.5 dL を L に   (p) 5 mg を g に
   (q) 36 cL を dL に   (r) 46 km を m に
   (s) 0.95 kg を g に   (t) 0.02 L を mL に
   (u) 361 cm を m に
9. 次の換算をしなさい. [1.12–1.14]
   (a) 5.4 m を ft に   (b) 1 060 m を ft に
   (c) 76.2 cm を in に   (d) 85 km を mi に
   (e) 3.5 qt を mL に   (f) 15.6 L を qt に

---
* 節番号を示す.

34　1　物質の構造と性質

- (g) 2.0 gal を L に
- (h) 6.0 oz を g に
- (i) 105 g を lb に
- (j) 100 m を yd に
- (k) 14.5 oz を g に
- (l) 7.7 lb を kg に
- (m) 2.5 ft を cm に
- (n) 1.80 km を ft に
- (o) 227 mg を lb に
- (p) 1760 mL を gal に
- (q) 1.27 m を in に
- (r) 0.55 lb を g に
- (s) 5.0 pt を L に
- (t) 4.7 L を pint に
- (u) 275 mL を pint に

10．次の換算をしなさい． [1.15]
- (a) 71°F を ℃ に
- (b) 90.0℃ を °F に
- (c) 151 K を ℃ に
- (d) −11℃ を °F に
- (e) −49°F を ℃ に
- (f) 302°F を K に

11．次に示す各化合物の沸点は何 K か． [1.15]
- (a) 二酸化ケイ素　1610℃　(b) エタノール　78.5℃　(c) 硫化水素　−60.7℃

12．次の三つの液体について，以下の値を求めなさい．(1) 密度，(2) 比重，(3) 液体 250 mL の質量，(4) 液体 1.0 g の体積（mL）． [1.16]
- (a) 液体 A：100 mL，質量 79 g
- (b) 液体 B：1 L，質量 1.1 kg
- (c) 液体 C：500 mL，質量 490 g

13．水銀 15.0 mL は 204 g である．密度を求めなさい．水銀 250 mL は何 kg か． [1.15]

研究問題

14．次のそれぞれについて，もっとも適当な答えを選びなさい．
- (a) 鉛筆1本の質量：5 mg，5 g，5 kg
- (b) 人の体重：90 mg，90 g，90 kg
- (c) アスピリンの錠剤：400 mg，400 g，4 kg
- (d) コーヒーカップの容積：25 mL，250 mL，2.5 L
- (e) ティースプーンの容積：5 mL，50 mL，0.5 L
- (f) 1 qt のミルク：10 mL，0.1 L，1 L
- (g) 鉛筆の長さ：15 mm，15 cm，15 m
- (h) フットボール競技場の長さ：92 cm，92 m，92 km

15．研究室の同僚が長さ約 10 in の鉄棒をミリメートル刻みのある物差しでできるだけ正確にはかろうとしている．測定値として次のどれが適当か．

25.65 cm，25.6 cm，25 cm，256.5 mm，256 mm

16．サンフランシスコ郊外のフリーウェイの道路標識に，"ロサンゼルス，412 マイル"とかいてあった．これは何 km か．

17．12 ft×10 ft の長方形の寝室の床に敷くためには，何平方ヤードのじゅうたんが必要か．

18．太さ 0.1 mm の光ファイバーは，患者の静脈に挿入し，心臓まで到達させることができる．光ファイバーがここまで運んだレーザー光で，凝固した血液を破壊する．この光ファイバーの太さは何 in か．

研究問題　35

19. ソフトドリンクの16 ozびんの値段は62セントである．同じ飲料の1 Lびんは50セントで売られている．どちらを買う方が得か．
20. 薬剤1.5 mLを注射したい．注射器にはcm³の目盛りがうってあるとすれば，どこまで薬剤をとればよいか．
21. ワインは750 mL入りのびんで売られている．750 mLびん中にはワインが何L入っているか．また，それは何qtか．
22. ある看護婦は，患者に24時間で3 Lの点滴を行わなければならない．1時間に何cm³の割合で点滴すればよいか．
23. サーカスの"ドリー・ディンプル"が，生命をおびやかす心臓障害で体重を減らさなければならなくなった．彼女は14ヶ月間に553 lbから152 lbまで減量した．1ヶ月当りの平均減量は何kgか．
24. ある車は，ガソリン1 L当り35 miの燃費でハイウェイを走る．ハイウェイを850 km走るためには，何Lのガソリンが必要か．
25. 6.0 ft×40 ft×12 ftのプールを完全に満たすためには何Lの水が必要か．
26. 普通のコーラの12 oz缶は，ティースプーン12杯分の砂糖を含んでいる．ティースプーン1杯分の砂糖が4.0 gだとすれば，12個の缶の中には何lbの砂糖が含まれるか．ある学生が毎日コーラを2缶ずつ飲むとすれば，1年間に何lbの砂糖を消費することになるか．
27. 耳の感染症の治療薬，アンピシリンの1日分の投与量は，体重1 kg当り100 mgである．耳の感染症にかかった体重22 lbの幼児に対する1日分の投与量はいくらか．
28. ある看護婦が，体重180 lbの患者に適量のアトロピン硫酸塩を投与しなければならない．アトロピン硫酸塩錠剤のびんのラベルには体重1 kg当りの投与量は20 mgとかいてある．錠剤1個には5グレインのアトロピン硫酸塩が含まれているとすればこの患者には何錠与えればよいか．
29. マッコウクジラはこれまで棲息した動物のうちで，もっとも大きな脳（約9 kg）をもっている．このクジラは呼吸を1時間半も止めて，1.5 kmもの深さまで潜ることができる．
    (a) マッコウクジラの脳の質量はおよそ何gか．
    (b) マッコウクジラが潜ることができる深さは何mか．また何miか．
30. 肉に食い込んだ足指の爪の治療で，77 Kの液体窒素（N_2）を足指に噴霧する．凍った皮膚は死んではく離し，爪は傷つかずに残るのでは，外科手術で爪を取り除く必要がなくなる．液体窒素の温度を，(a) 摂氏，(b) 華氏で求めなさい．
31. テレビニュースの天気予報担当者が，パリの気温は22℃，ローマは32℃といった．パリとローマの気温は華氏何度か．
32. ダイヤモンドの融点はすべての単体中でもっとも高く，3 350℃である．ダイヤモンドの融点を (a) 華氏および (b) ケルビンで求めなさい．
33. カリフォルニアに住む夫婦が熱い浴槽中で，過温症か熱射病によって死んでいるのが発見された．医師や浴槽製造業者は，浴槽温度を40℃以上に加熱しないようすすめている．この夫婦の浴槽中の水温は46℃だった．医師や浴槽製造業者がすすめている浴槽の最高温度，およびこの夫婦の浴槽温度を華氏で求めなさい．
34. ガソリンの比重は水より大きいか小さいか．理由をつけて答えなさい．
35. ある水試料の質量が25℃で455 gであった．水の25℃における密度を0.997 g/mLとして，この水試料の体積をmL，およびLで求めなさい．
36. ミルク1 galは8.09 lbである．ミルクの密度をg/cm³で求めなさい．
37. ある患者の尿の比重が1.025であった．この尿30.41 gの体積は何mLか．

2

エネルギー

　81才になっても元気なハンナ・シーガルはクリーブランドにある自分の家に一人で住んでいた．彼女は地方図書館で奉仕しているが，火曜日のブリッジゲームと金曜の夜のビンゴは決して忘れない．それが，12月はじめのある日は全くようすが違っていた．その朝彼女は当惑し，眠そうなぼんやりしたようすで図書館にやってきた．ハンナがよろよろと書棚の間を歩いているのをみた図書館員は，彼女のようすが突然変わったのに気づき，病院に連れていくことに決めた．彼女の状態は病院に行く途中の車の中でもおかしく，病院に着くとすぐに昏睡状態に陥った．救急室の医師は脈拍を調べ，ハンナの家族に生きる見込みは少ないと告げた．回復できても，心拍維持装置をつけて病院生活を送らなければならないだろうと彼は続けた．幸いなことに，機敏な看護婦がハンナの体に触れると異常に冷えていることに気づいた．特別な体温計を使ってハンナの体温をはかると，89°F（32℃）だった．ハンナは循環器系の病気ではなく，体内の温度が低下する低温症（hypothermia）にかかったのだった．この症状は，すぐに患者を暖めて，脱水を防ぎ体内の化学的なバランスを回復するための静脈注

射をしないと,生命にかかわることがある.12時間治療を行った後,ハンナの体温は正常に戻った.数日後,ハンナは以前の活動を続けられるかどうかを心配しながら退院することができた.

低温症は,通常の体温98.6°Fからわずか6°F (37℃から3℃)低下しただけで起る生命の危険を伴う症状である.驚くべきことに,人間は手や足の温度が40°Fから50°F (22.2℃から27.8℃)に低下しても生きていられるが,身体の中心部の温度がわずかに低下しても死に至ることがある.低温症は体内でエネルギーを生み出す速度よりもエネルギーを失う速度が速くなると,すぐに発症する.すべての末端の血管を収縮させて温かい血液の流れが内部器官に向かうようになると,まず手足が影響を受ける.体温がたった3°F (1.7℃)低下しただけで,手先の器用さが失われて,生存に必要な基本的な仕事をすることができなくなる.さらに,体温の低下につれて,脳が感覚を失う.中枢神経の機能が低下し,混乱が続き,言語が不明瞭でしどろもどろになり,発作を起して最終的には昏睡状態となり死に至る.

低温症は何世紀もの間,寒さに対する十分な備えがなかった登山者やスキーヤー,船乗りなどの死の原因と診断されてきた.このタイプの低温症を暴露性低温症という.ごく最近になって,低温症は,室内にいても,室温が65°F (18℃)以下なのに,十分な衣類を身に着けていない老人に起る一般的な症状であることが認められるようになった.この型の低温症を偶発性低温症とよぶ.甲状腺の機能不全,フェノチアジン(精神病,吐き気などの治療に広く用いられている薬)の副作用も偶発性低温症の原因となることがある.若い人は,皮膚を通って流れる血液の量を調節し,また身震いすることによって熱の損失を打ち消すことができる.理由はわからないが,老人には熱の生産を約5倍増やす身震いがしばしばできない.また,年配の人は,低温症が始まったときに寒さの感覚を失っているようである.一般に,家庭内において老人が死んでいるのがみつかった場合,その死は自然死か,または転倒によるものとされてきた.現在では,低温症が死の本当の原因であることも多いのではないかと考えられている.

冷たい環境中での体温の保持が人間にとって必要であるということは,生体系と環境の間の複雑なエネルギー相互作用のほんの一例である.これらの相互作用の理解にはそこに含まれる異なったタイプのエネルギーと,起り得るエネルギーの変化について調べることが必要である.

===== 学習目標 =====

この章を学習した後で,次のことができるようになっていること.

1. エネルギーという用語を定義する.
2. 運動エネルギーとポテンシャルエネルギーの違いを説明し,それぞれについていくつかずつ例をあげる.
3. 次のどちらの分子が大きな運動エネルギーをもっているかを述べる:20℃の水中の分子と,100℃の水中の分子.
4. カロリーという用語を定義し,実験データを使って食品のカロリー数を計算する.
5. 発熱と吸熱という用語を定義し,吸熱的な物理的変化と発熱的な物理的変化の例をあげる.
6. 五つのタイプの電磁エネルギーについて説明し,それらを波長が増加する順序に,またエネルギーが増加する順序に並べる.

エネルギー

2.1 エネルギーとは何か？

　エネルギーはいつでも話題に上がるトピックである．あるときは地中から得られる石油や石炭に関して，世界のエネルギー供給の問題として話題にあがる．あるときは核エネルギー問題が議論される．それが核反応装置から得られる平和的な核エネルギーの場合も，核兵器によってもたらされる破壊的な核エネルギーの場合もあるが，またあるときは，"今日はもうエネルギーがなくなった！"というように，もっと個人的な言葉として使われることもある．あなたは日常エネルギーという言葉を使っているが，エネルギーとは何かということについて，あいまいな観念しかもっていないだろう．ある朝あなたはエネルギーに満ちあふれ，すぐに仕事を終わらせることができそうな感覚で目覚め，その日の終わりにはエネルギーを消耗することによって仕事を終わらせているだろう．何かをなし遂げる能力——仕事をする能力——それがまさに**エネルギー**（energy）の定義である．エネルギーは，例えば物体をある場所からもう一つの場所に動かしたり，化学結合を開裂させたりあるいは形成したり，また原子から電子を取り除いたりするといった，さまざまな変化を引き起す能力である．流れる水や，山の頂上にある岩や，車の中のガソリンや，腕の筋肉などは，どれも変化を起させる能力をもっている．したがって，どれもエネルギーをもっている．

2.2 運動エネルギー

　エネルギーはいろいろな形態をとることができるが，しばしば運動のエネルギーと位置のエネルギーに分類される．運動によって生じるエネルギーには**運動エネルギー**（kinetic energy）という名前がつけられている．時速 32 km で走っている車，空中を突進している石，ボイラーの水蒸気，どれも運動によって生じるエネルギー，運動エネルギーをもっている．走っている車は，駐車している車に衝突すると大きな損害を与える．石は窓ガラスを壊す．そして水蒸気は蒸気機関のピストンを押すことができる．車も石も運動しているため運動エネルギーをもっていることは明らかだが，水蒸気については不思議に思うかもしれない．石も車も，その運動を私たちがみることができる大きな物体である．もし私たちが原子のレベルで物を見ることができる"超顕微鏡"を使うことができれば，私たちはすべての物質が絶えず運動していることがわ

かるだろう．水蒸気中の水の分子は非常に速く運動しており，このため大量の運動エネルギーをもっている（図2.1）．

運動エネルギーは測定することができる．その値は運動している粒子の質量と速さすなわち速度によって決まる．あなたは，ある物体のもつ運動エネルギーについて直感的に正しい概念をもっている．例えば，大リーグの投手が投げる野球のボールより8才の少年が投げるボールの方が受け止めやすいと思うだろう．どちらの場合もボールは同じ質量をもっているが，異なる速度で飛んでくる．したがって，異なる運動エネルギーをもっている．子供が投げたボールは，ずっと遅い速度で飛んでくるので運動エネルギーは小さく，手にあまり衝撃を与えない（図2.2）．二つ目の例を示そう．駐車している車に，どちらも時速 8 km で走ってくるとしたら，自転車と，ダンプカーのどちらに衝突された方がまだましだと思うだろうか．この例では，物体の速度は同じである．しかし，ダンプカーは質量がずっと大きいので，ずっと大きい運動エネルギーをもっている．そのため，ずっと大きなことをすることができ，車のフェンダーを壊すだろう．

野球のボールも，車も，ダンプカーも，私たちが質量や速度をはかることができる物体である．したがって，その運動エネルギーを計算することができる．しかし，水蒸気中の水分子のように，見ることができない粒子の運動エネルギーはどうやって測定することができるのだろうか．物質の温度をはかると，その粒子の運動エネルギーを求めることができる．科学的には，**温度**（temperature）は平均運動エネルギーの尺

図 2.1 水蒸気がもっている運動エネルギーは蒸気機関を動かすことができる．

図 2.2　どちらのボールが受け取りやすいか．

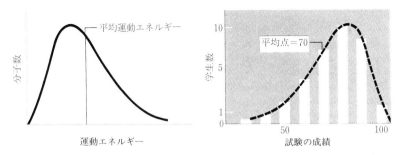

図 2.3 各学生がそれぞれ特定の試験の成績をもつのと同じように,各気体分子は任意の温度で特定の運動エネルギーをもっている.しかし,学生の成績に平均値があるように気体分子の運動エネルギーにも平均値がある.温度はこの平均運動エネルギーの尺度である.

度である.平均運動エネルギーという言葉を使ったのは,すべての人が同じではないのと同様に,すべての分子の速度は違っているからである.どんな温度でも,分子の中のいくつかは非常に速く動いており,またあるものは非常にゆっくりと動いている.そして大部分の分子はその間の速度で動いている.しかし,私たちが学生のあるグループの平均的な行動や成績についていうことができるように,私たちは原子や分子のあるグループについて,その平均的な挙動を考えることができる(図 2.3).分子のグループの平均運動エネルギーが増加すると,その物質の温度は上昇する.鍋の中のお湯の温度が高いほど,手にひどい火傷をするし,野菜は早く煮えるということをあなたは経験から知っているだろう.より熱いお湯は,より大きな運動エネルギーをもっているため皮膚に損傷を与えたり,野菜を煮たりする能力が高いことがわかっただろう.

2.3 ポテンシャルエネルギー

空中を飛んできた石は運動エネルギーをもっており,窓にあたるとそれを壊すことができる.崖の上にある岩もエネルギーをもっており,仕事をする能力がある.石が崖の上から下を通るトラックの上に落ちれば,大きな損害を与える(図 2.4).崖の上の岩は,**ポテンシャルエネルギー** (potential energy) または位置エネルギーをもっているという.このようなエネルギーはそのまま利用することはできないが,そのエネルギーは蓄えられており,エネルギーの形を変えれば仕事をする能力をもっている.例えば,ダムに蓄えられた水はポテンシャルエネルギーをもっている.ダムを調節しながら放水すれば,水はタービンを回し,電気エネルギーを生むことができる.ダムが崩壊して,水が調節なしに開放されれば,水はその通路にあるすべてのものを破壊

図 2.4 上の写真の岩はポテンシャルエネルギーをもっている．この岩が丘を滑って通過中のトラックの上に落ちれば，大きな損害を与える（写真下）．

するエネルギーを示す．

　私たちが食べる食物は，ポテンシャルエネルギーをもつ物質のもう一つの例である．食物中に蓄えられているエネルギーは，**化学エネルギー**（chemical energy）とよばれる．食物の分子が私たちの体内で壊され（代謝され）て，より低い化学エネルギーをもった簡単な分子になるときに放出されたエネルギーを利用することにより，私たちは筋肉を収縮させたり，体の熱を保ったりすることができる．

2.4 熱エネルギー

エネルギーは,一つの場所から別の場所へ,電気,音,熱などのいろいろな形で伝達される.熱は温度の差によって,一つの場所から別の場所へ伝達されるエネルギーである.科学者は,はじめ熱をカロリーという単位ではかっていた. **1 カロリー** (cal, calorie) は,水 1 g の温度を摂氏 1 度上昇させるために必要なエネルギーの量である.カロリーは現在では,熱エネルギーの SI 単位,**ジュール** (J, joule) で表され,次のように定義されている.

$$1 \text{ cal} = 4.1840 \text{ J}$$

■パノラマ 2-1■

カロリーと運動

ラジオやテレビや雑誌などの減量についての広告を見飽きてはいないだろうか.米国人は痩せたいという欲望に取りつかれている.問題は,多くの人々が非活動的な生活をし,余分な体重をつけるような食習慣をもっているということである.短期間のダイエットで確かに余分な体重を減らすことができるが,このようなダイエットでは,減った体重がそのまま保てることはめったにない.そのうえ,このようなダイエット食は必要なミネラルや栄養素をあまり含んでいない.もっとも賢明な減量法は,バランスのとれた低カロリーダイエットと適度の運動プログラムとの組合せである.

それは少なく摂って,たくさん消費するということである.脂肪 1 ポンド (0.454 kg) はおよそ 3500 kcal を含んでいる.もし,1 日 1500 kcal を摂取して 2200 kcal を消費すれば,5 日間で脂肪を 1 ポンド減らすことができる.毎日運動すれば,エネルギー消費は増え,減量はもっと速く進むだろう.早く減量できるだけでなく,筋肉をつくることもできる.筋肉が増加すると,その結果代謝速度が速くなり,低い体重を維持することが容易になる.

平均的な大人は,安静時に体重 1 kg 当り 1 時間に約 1 kcal を代謝する.毎日の活動によるカロリー消費は人によって異なる.典型的な学生の 1 日のエネルギー消費は 2300 から 3100 kcal である.次の表は活動とエネルギー消費の関係を示している.

活動	体重 68 kg (150 lb) の大人のエネルギー消費 (kcal/hr)
睡眠	80
着席	100
歩行(時速 4 km)	324
サイクリング(時速 8.8 km)	330
スキー(滑降)	486
バスケットボール	564
水泳(クロール)	636

物質 1 g の温度を 1℃ 上昇させるために必要な熱量は，物質の**比熱容量**（specific heat capacity），またはもっと一般的には**比熱**（specific heat）とよばれる．

$$比熱 = \frac{cal}{g \times ℃}$$

液体の水の比熱はもっとも高いものの一つで，1 cal/g ℃（1 桁に丸められている）である．これは，水の温度を変化させるには，大量の熱エネルギーが必要であることを意味する．例えば，1 cal の熱エネルギーは，エタノール（比熱 0.586 cal/g ℃）の温度変化に対しては，同量の水に対するより約 2 倍の効果がある．

ある物質の温度を変化させるのに必要な熱量は，その物質の質量，比熱そして温度の変化量（ΔT =終りの温度－初めの温度）による．

$$カロリー = 質量 \times 温度変化（\Delta T）\times 比熱$$

$$cal = g \times \Delta T \times \frac{1\,cal}{g\,℃} \quad (水の場合)$$

この式を使って，コーヒーを入れるためにカップの水（250 g）を 25℃ から 100℃ まで加熱するのに必要なカロリー数を計算することができる．この場合，

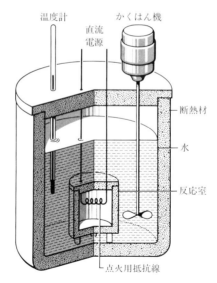

図 2.5　熱量計は，断熱容器中の水に囲まれた反応室からなっている．反応室中で試料を燃やし，周囲の水をかくはんしてその温度変化を測定する．

$$\Delta T = 100℃ - 25℃ = 75℃$$
$$\mathrm{cal} = 250 \mathrm{~g} \times 75 ℃ \times \frac{1 \mathrm{~cal}}{\mathrm{g}℃}$$
$$= 18750 \mathrm{~cal}$$

カロリーは非常に小さいエネルギー単位なので、**キロカロリー**（kcal, kilocalorie）とよばれる 1000 cal 単位を使う方が便利なことがしばしばある．ダイエットをするときに使う食品の大カロリー（Calorie, 大文字に注意）は，正しくはキロカロリーである．スナック菓子のポテトチップ 1 オンス（28.35 g）入りの袋には 160 大カロリー，つまり 160 キロカロリーが含まれている．

ポテトチップやその他の物質のカロリー量をはかるために使われる装置（図 2.5）は，**熱量計**（calorimeter）とよばれる．テストされる試料を反応室（内室）に入れ，完全に燃焼する．この燃焼で放出される熱が外室の水を温めるので，水の上昇温度から伝達されたカロリー数を計算することができる．

安静時に，生命の基礎的過程を毎日維持するために必要な 1 日当りのエネルギーの最低量を**基礎代謝率**（basal metabolism rate, BMR）という．このエネルギー量は個人によって異なり，体重 55 kg の女性は 1 日約 1400 kcal 必要であり，体重 65 kg の男性は 1 日約 1600 kcal 必要である．これ以上のカロリーは，体温を維持したり，働くために必要なエネルギーを供給したり，あるいは脂肪として蓄積される．およそ 3500 kcal を余分に摂取すると，1 ポンドの脂肪が生じる．

■ パノラマ 2-2 ■

適度な運動こそが重要

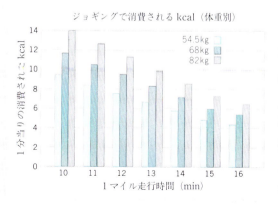

運動プログラムと良識的なダイエットの組合せの効果については前に述べた．余分な体重を減らしたい人にとっても，現在の体重を維持して，心臓血管の状態をよくしようと思っている人にとっても，規則的な運動が大切である．いくつかの研究によって，1週間2000から3000 kcalの運動によるエネルギーの消費が理想的な量であることがわかっている．驚いたことに，1週間当り4000 kcal以上を消費するほど運動をしている人は，心臓血管の状態が低下する可能性がある．このような高レベルの運動は，筋肉や骨の損傷も引き起しかねない．メリーランド大学での研究で，毎週平均40マイル(64 km)を走るランナーのグループと運動をしない対照群とを比較した．彼らの，年齢，体重，身長は両群ともほぼ一致していた．ランナー群は，対照群より，背骨の低部で骨の密度が9.7%少なくなっていた．適度な運動こそが大切である．

運動による1分間当りのカロリーの消費に影響を与える二つの主な因子は，体重と運動のペースである．もしあなたが体重68 kgで，6.4 km/hrのペースで歩くとしたら，あなたは運動により1分間当り6 kcalを消費することになる．このペースで毎日1時間歩くと，360 kcal/日を余分に消費することになる．これは，1週間に2000から3000 kcal，という理想的な運動量の範囲に入る（360 kcal/日×7日/週＝2520 kcal/週）．体重82 kgの人が同じペースで歩くと，1分間に8.0 kcalを消費する．1日1時間ずつ歩けば，1週間に3360 kcalとなり，理想的な範囲をやや越えることになる．

例題 2-1

1. 10個のピーナッツを，1000 gの水を入れた熱量計中で燃やしたら，水の温度が50℃上昇した．ピーナッツ1個が含む平均エネルギー量はいくらか．

[解]
$$\text{cal} = \text{g} \times \Delta T \times \text{比熱}$$
$$= 1000 \text{ g} \times 50℃ \times \frac{1 \text{ cal}}{\text{g}℃}$$
$$= 50000 \text{ cal}\ (10\text{ ピーナッツ分で})$$

よって，ピーナッツ1個当り5000 calあるいは5 kcal

2. 水150 mL（15℃における水の密度＝1.0 g/mL）の温度を，15℃から20℃まで上昇させるには何カロリー必要か．

[解] まず，水の質量を計算しなければならない．
$$150 \text{ mL} = \frac{1.0 \text{ g}}{1 \text{ mL}} = 150 \text{ g}$$

次に，
$$\text{カロリー} = 150 \text{ g} \times 5℃ \times \frac{1 \text{ cal}}{\text{g}℃}$$
$$= 750 \text{ cal}$$

練習問題 2-1

1. 体の脂肪 1.2 kg 中には何 kcal のエネルギーが含まれているか.
2. 暑い日に一杯の冷たい水を飲むと, 生き返った心地がする. もちろん, いったん体内に入ると, 水はすぐに体温まで温められる. 体内で, 500 g の水が 4℃ から 37℃ まで加温されるとき, 何 kcal のエネルギーが水に移されなければならないか.

2.5 状態変化

状態変化（change in state）は, ある物質が一つの状態から別の状態に移るとき, 例えば, 固体が融解する, 液体が蒸発する, といったときに起る. 状態変化は, その過程を起すためにエネルギーが加えられなければならない（融解, 沸騰の場合のように）か, またはエネルギーが除かれなければならない（凝縮, 凝固の場合のように）かのどちらかの物理的変化である. 熱が加えられたときにのみ起る変化を**吸熱的**（endothermic）変化, 熱が発散されると起る変化を**発熱的**（exothermic）変化という. したがって, 融解は吸熱過程であり, 凝固は発熱過程である.

2.6 電磁エネルギー

光は私たちの周囲にあるエネルギーのもう一つの形態である. 私たちがみる光は, 低エネルギーのラジオ波から高エネルギーの X 線や γ 線に至る, 広い範囲の電磁エネルギーのほんの小部分に過ぎない. 私たちが白色光としてみているものは, 実際には虹の中に現れる色のスペクトル全体からなっている. 図 2.6 は, この可視スペクトルの電磁スペクトル（electromagnetic spectrum）中における位置を示している（口絵Ⅲ参照）.

光波は山と谷をもち, 海面の波と比較することができる. 光の**波長**（wavelength, ギリシャ文字の λ で表される）は, 一つの山から次の山まで, 谷から谷まで, あるいは山と谷の中央から中央までの距離である（図 2.7）. それぞれの光の波長は特定のエネルギーレベルに対応する. 光の波長が長くなればなるほど, エネルギーは低くなる. この関係は次式により数学的に表される.

$$E = \frac{k}{\lambda}$$

ただし, E は電磁放射のエネルギー, k は光の速度が関係する定数である. 図 2.6 に示されている可視スペクトルを見てみよう. もっとも高いエネルギーをもち, もっとも

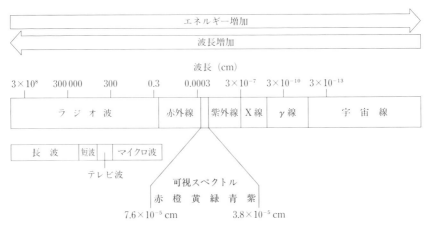

図 2.6 電磁スペクトル．可視光線はこのスペクトルのほんの一部に過ぎない．

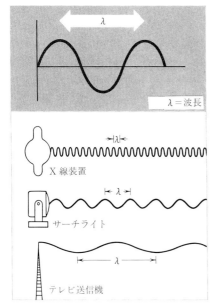

図 2.7 光は波として伝わる．光の波長は山から山までの距離と定義される．それぞれの光の波長は特定のエネルギーと対応し，波長が長くなればなるほど，エネルギーは低くなる．

短い波長をもつ可視光は紫の領域にあり，赤い光は可視光線の中でもっとも低いエネルギーともっとも長い波長をもっている．

可視スペクトルの青の領域のエネルギーは，黄疸や過ビリルビン血症にかかった幼

児の治療に用いられる．この病気にかかった子供の肝臓は，赤血球の分解によって生じる化合物，ビリルビンを排せつすることができない．治療しないでいると，ビリルビン濃度が高くなり，神経障害を起して死ぬことがある．これらの幼児の過剰のビリルビンは皮膚の下に集まり，皮膚の色を黄色くする．しかし，皮膚に青い光のエネルギーをあてると，ビリルビン分子は排せつできる形に変えられる．

マイクロ波

あなたは，ラジオやテレビの信号を送ってくる長波長で低エネルギーの電磁波の利用についてはおなじみのことだろう．もう少し波長の短い電磁波である**マイクロ波**（microwave）は，迅速な調理の手段としてよく使われている．マイクロ波は，食品中の分子に運動を起させ，食品を均一に加熱する．これは，食品表面の分子をまず加熱し，それから徐々に食品の中の分子を加熱する従来の調理法とは全く異なっている．マイクロ波オーブン（電子レンジ）は食品のすべての部分を同時に均一に加熱するので，調理時間は大幅に短縮される．

赤外線

赤外（infrared，IR）部の放射は目で見ることはできない．しかし，熱として感じることができ，温度計で検出することができる．太陽からの赤外線は私たちを暖め，赤外線を放射する電気器具はレストランで料理を保温するために使われている．赤外線は普通の写真フィルムには影響を与えないが，特殊なフィルムは温かい物体から放射される赤外線を検出することができる．このようなフィルムは発電所による熱汚染の地域を調べたり（図2.8），ある地域の植物密度地図を作製したりするために使われている．ある種の蛇は，獲物が放射する低密度の赤外線を感知できるセンサーをもっている．蛇はこのセンサーを使って，暗やみの中でも獲物の位置を正確に知って捕えたり，居心地のよい温度の隠れ場所を知ることができる．

図2.8 赤外線感光フィルムに記録されたコネチカット河畔の発電所からの熱放射．発電所と熱いエンジン室をもつ石油タンカーは左下にあり，堤を下っている輝いた雲は発電所の冷却装置から放出された温水である．

紫外線

　紫外線 (ultraviolet, UV) は可視光線より短い波長をもち，したがって高いエネルギーをもっている．紫外線は浸透性で，ある種の生体系に変化を生じさせたり，細胞に回復不能な損傷を与えたりして，生物組織に害を及ぼす．幸いにも，太陽から地球にやってくる紫外線の大部分は，成層圏のオゾン層で吸収され，私たちには到達しない．ある波長の紫外線はバクテリアを殺す力が非常に強いので，殺菌装置の多くは，この種の紫外線を利用している．一方，これは驚くべきことであるのかも知れないが，紫外線はくる病の防止に必要なビタミンDを皮膚の内部で生産しており，私たちの体にとって重要なものでもある．

X線とγ線

　X線 (X ray) とγ線 (gamma ray) は非常に短い波長をもち，高エネルギーで，浸透力が強い．地球上では，X線は特別につくられたX線管によって発生させられるが，γ線は天然源から得られる．もっとも波長の短いX線は，鋼鉄の壁を通過することができ，γ線は厚さ25 cmの鉛の板を通過することができる．X線は軟組織を通過できるが骨や歯を通過しにくいので，非常に有効な医科や歯科の診断手段となる．しかし，X線やγ線のような高エネルギーの放射線が細胞内を通過すると，通常の化学過程を破壊して細胞の異常増殖や死を招くことがある．放射線の影響は回を追うにつれて大きくなるので，X線に繰り返し身を曝すことは厳重に制限しなければならない．がん細胞は普通の細胞よりX線やγ線に対して敏感なので，ある種のがんの治療にX線やγ線を用いることができる．医療用の照射装置は，健常な細胞の損傷を極小にするため，放射線の過度の浸透を制限し，がんの部位だけに照射を集中できるように設計されている．

■パノラマ 2-3■

なぜ日焼け止めを使うのか

　紫外線に皮膚を曝し過ぎると，日焼けとよぶおなじみの火傷を生じる．太陽や，日焼け室のような紫外線源に長時間曝すと，皮膚にしわや厚い腫瘍（角質組織）を生じる．そして，皮膚がんを起す場合もある．一つの火膨れができただけでも，とくに進行の速い皮膚がんである悪性の黒色腫になる可能性が子供の場合は，大人の2倍ある．

　皮膚の細胞は，紫外線による損傷に対して防御策をもっている．第1に，皮膚表面の死んだ細胞の硬い層が紫外線をいくぶん吸収する．第2に，日光に曝されると，皮膚の中の細胞がメラニ

ンとよばれる皮膚色素を生産するきっかけになる．この色素は紫外線を遮る作用をもっている．皮膚の中のメラニンが増えた状態を私たちは日焼けとよんでいる．しかし，効果的な日焼けができるのに3日から5日かかるだけでなく，日焼けができても，日焼けによって減る紫外線の量は半分だけである．皮膚の早過ぎる老化や皮膚がんの可能性を防ぐために，日焼け止めを使う必要がある．日焼け止めクリームやローションは，もっとも有害な短波長の紫外線が皮膚に到達するのを防ぐ化学物質を含んでいる．

エネルギーの保存

2.7 エネルギー保存の法則（選択）*

エネルギーはある形から別の形へと変えられて，最終的には熱エネルギーとなる．例えば，電気エネルギーは，炉やストーブやトースターの中で熱エネルギーに変えられ，電灯の中では光エネルギーと熱エネルギーに変えられる．ガスがストーブや炉の

---

* この節（選択節）を飛ばして学習しても，後の理解の妨げにはならない．

中で燃えるとき,化学エネルギーが熱エネルギーに変えられる.また,車のエンジンの中でガソリンが燃えると,化学エネルギーが機械的エネルギーと熱エネルギーに変えられる.エネルギーはある形から別の形へと変えられるが,宇宙の総エネルギー量には変りはない.エネルギーはつくられることも壊されることもなく,ただ形を変えるだけである.言い換えると,ある反応あるいは過程の初めと終わりで,エネルギーの総量は同じでなければならない.これが,**エネルギー保存の法則**(law of conservation of energy),あるいは**熱力学第一法則**(first law of thermodynamics)である.

ガソリンが燃えて車を動かすエネルギーが供給されることを知っているだろう.しかし,車を動かすために使われているエネルギーは,このうちのわずか20%ほどでしかないことを知れば驚くかもしれない.残りのエネルギーは何をしているのだろうか(エネルギー保存の法則によれば,それは消えてしまうわけではない).この場合,残りのエネルギーは,熱エネルギーとして失われてしまうのである.失われてしまうというのはこのエネルギーが何も有効な仕事をしないという意味である.ガソリンが車を動かすエネルギーを供給するのと同じように,私たちが食べる食物は私たちの細胞のためのエネルギーを供給する.この場合も,食物の中の化学エネルギーのうち私たちの細胞が使えるエネルギーへの変換は100パーセント有効ではない.例えば,ショ糖の分子から供給されるエネルギーのうちおよそ44パーセントだけが,細胞が仕事をするために使えるエネルギーに変換される.残りのエネルギーは最終的には熱エネルギーとなり,私たちの体温を維持するのに役に立つ(実際には,どんなタイプの系でも,いくらかの無駄な熱エネルギーを生じる).多くの人々にとって不幸なことに,身体もエネルギー保存の法則に従わなければならない.身体が必要とするより多くの食物エネルギーをとると,この余分のエネルギーは消えてしまわずに,組織内に,主として望ましくない脂肪として蓄積される.この余分な蓄積を除くためには,身体が要求するより少ない食物エネルギーをとらなければならない.そうすれば,細胞は身体の活力を維持するためのエネルギー源として脂肪組織を使い始める.

2.8 エントロピー (選択)*

あらゆる自然の過程でエネルギーが保存されるとしたら,地球上の生命を維持するために,なぜ絶えず太陽からのエネルギーの供給が必要なのだろうか.熱力学第一法則によれば,エネルギーの総量は不変であるが,この法則はエネルギーの質について

---

* この節(選択節)を飛ばして学習しても,後の理解の妨げにはならない.

は何もいっていない．一点に集められたエネルギーだけが仕事をすることができ，仕事は生命の維持に欠かすことはできない．太陽からのエネルギーは極めて集中した光エネルギーの形で私たちに到達する．しかし，このエネルギーはすぐにより分散された形のエネルギーである熱に変換される．

このことをちょっと考えれば，自然に（自発的に）起る過程は，一方向だけに進む傾向があることがわかるだろう．ほうっておけば，水は常に低い方へ流れ，熱は熱い方から冷たい方に移り，ガスは高圧のところから低圧のところに流れ，人間は老いて行く．水が高い方に流れるのを見たらびっくりするだろう．しかし，それでもなお，自然に起る過程が逆方向に進むのを妨げているのは何なのか考えるかもしれない．系の最後の状態が最初の状態よりも低いエネルギーレベルにあることがわかれば，この問いに対する答えは明らかである．水は高いポテンシャルエネルギーから低いポテンシャルエネルギーへと下方に向かって流れ，熱は運動エネルギーの高い方から低い方に向かって流れる．すべての物質は，より低いエネルギーの状態に到達するという一般的な傾向があることは当然なことである．

しかし，系のエネルギーには依存していないようにみえるほかの自発的な過程が存在する．例えば，グラスの中の水にインクを1滴落としたとしよう．インクはすぐに液中に広がり始め，最後には水を均一な色にする（図2.9）．この過程は確かに一方向だけに起る．もし，グラスの中の色のついた液体が突然変化して，色が液の中を動い

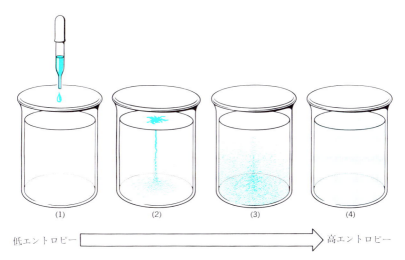

図 2.9 グラスの中の水に落とされたインクは低エントロピーの状態（液滴）から高エントロピーの状態（水中に広がった）にすばやく変化する．

て集まり一点の色素となるのを見たら驚くに違いない．しかし，この過程でどんなエネルギーの変化が起ったかを指摘することはできない．

■パノラマ 2-4■

蒸気による火傷

沸騰している水の入った鍋のふたにうっかり触ったことのある人は誰でも，蒸気による火傷を痛みとともに覚えていることだろう．しかし，沸騰している同じ量のお湯に手をつけた場合に起る火傷はそれほどひどくはない．

沸騰水に皮膚が触れたときに何が起るのか考えてみよう．水の温度が皮膚の温度と同じになるまで，熱はすばやく皮膚に移る．皮膚の温度を37℃とすれば，水温は63℃変化することになる．水が失ったカロリーは皮膚に移って，火傷を生じさせる．もし，火傷が10gの沸騰水によって起るとするならば，カロリーは次のように計算できる．

$$カロリー = 10\,g \times cal/g℃ \times 63℃ = 630\,cal$$

今度は，同じ量の100℃の水蒸気が皮膚に触れた場合について考えよう．水蒸気が温度を下げる前に気相から液相への相変化が起らなければならない．この変化は凝縮とよばれる．水の場合，この変化の際非常に大量のエネルギーが放出される．1gの水蒸気が凝縮して水になると540 cal が放出される．したがって，10gの水蒸気は液相になるだけで，5400 カロリー（10g × 540 cal/g）を失う．凝縮によって生じた水は体温と同じ温度になるまでエネルギーを失う．水蒸気の総エネルギー損失はこの二つの過程の合計である．

$$5400\,cal + 630\,cal = 6030\,cal$$

これでわかるように，放出された大きなエネルギーのために，蒸気による火傷は沸騰水による火傷よりひどくなるのである．

この例から，自発的な反応の方向を決める因子には，エネルギーレベルのほかにもう一つあるという結論が得られる．この因子は系の乱雑さあるいは無秩序の度合いである．系の無秩序さを表す用語は**エントロピー**（entropy）である．より乱雑，あるいはより無秩序であるほどエントロピーは大きい．すべての自発的な反応は，より乱雑で，より無秩序で，よりエントロピーの大きな方向に向かって進行する．これで，最初は小さな液滴であったインクが，液中で自発的にエントロピーを増加しながら，インク分子が乱雑で，無秩序な方向に広がったことがわかる．インクの小滴を広がらせた推進力は，系のエントロピーを増加させようとする傾向である．

宇宙のエントロピーは増加しつつあるというのが**熱力学第二法則**（second law of thermodynamics）である．この法則は，あらゆる科学や私たちの個々の生活と密接な関係がある．童謡の作者でさえ，次の歌をかいたとき，熱力学第二法則に対する直感をもっていた．"おうさまのおうまをみんな あつめても，おうさまのけらいをみんな

図 2.10 童謡の作者はエントロピーの概念を直感的に理解していた.

あつめてもハンプティを もとにはもどせない*, 卵が割れるというのは不可逆な過程で, 卵各部の無秩序さが増大するため, エントロピーが増加するということが容易に理解できる（図 2.10）.

* いったんこわれたら, 元へ戻らないという卵の特質を擬人化した唄.

Humpty Dumpty sat on a wall,	ハンプティ・ダンプティ　へいにすわった
Humpty Dumpty had a great fall.	ハンプティ・ダンプティ　ころがりおちた
<u>All the king's horses,</u>	おうさまのおうまをみんな　あつめても
<u>And all the king's men,</u>	おうさまのけらいをみんな　あつめても
Couldn't put Humpty together again.	ハンプティを　もとにはもどせない

ここで, 自然に起る過程の中に, 元へ戻ることができるものがあるのではないかという疑問が起きるかもしれない. 水は丘の上の貯水池へポンプで上げることができ, 熱は冷蔵庫内で冷たいところから熱いところへポンプで送られ, 空気は低圧のところから高圧の自転車のタイヤの中へポンプで送られる. これらの例のキーワードはポン

---

* マザー・グースのうた「ハンプティダンプティへいにすわった」の一部. 日本音楽著作権協会（出）許諾第 9466043-401 号.

プである.これは,一見"可逆的"過程と見えるそれぞれの場合でも,実際にはエネルギーを生み出すもう一つの反応と結びつかなければならないことを意味している.水を上げたり,冷蔵庫を運転したりするには電気エネルギーが必要であり,自転車の空気入れを押す力を筋肉に与えるためには化学エネルギーが必要である.しかし,これらのエネルギーを生み出すために必要な反応ではエントロピーは増加している.だから,水を丘の上に上げるために必要な二つの反応(水をポンプで上げる過程と,ポンプを動かすために必要なエネルギーを発生させる過程)を考えれば,両方の過程を合せた全エントロピーは増加することになる.

エントロピーを意識することは,生物の機能を理解するために極めて重要である.生物は非常に複雑な構造をもった細胞からできている.したがって,これらの細胞には分解し,エントロピーが増加するという自然の傾向がある(図 2.11).構造を維持し,生物系を機能させるためには,エントロピーを増加させる自然の力に対抗するエネルギーが加えられなければならない.私たちは,生物が食べる食物から得られるこのエ

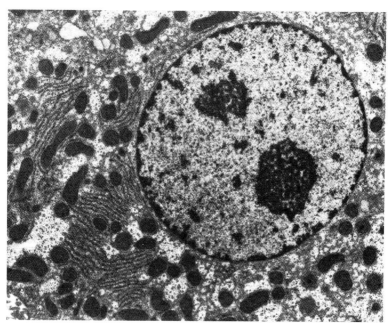

図 2.11 生物中に見られる高度に組織化された複雑な構造を示す肝細胞の電子顕微鏡写真.この細胞が正常に機能するためには,これらの複雑な構造が破壊する自然の傾向に対抗するため,すなわちエントロピーの増加に抗するために絶えずエネルギーを消費しなければならない.

ネルギーが，もともとは太陽からやってきたことを学ぶであろう．この系の組み合された反応について考えれば，生物の複雑な構造をつくりあげ，維持している生命過程が太陽のエネルギー生産反応に依存していることがわかるだろう．私たちそれぞれの身体が，遠く離れた太陽の上での巨大なエントロピー増加にのみに依存して複雑な構造を維持し，機能しているのは驚くべきことである．

章のまとめ

エネルギーは，物体に変化を起させ，あるいは仕事をさせる能力である．運動エネルギーは物体の運動のエネルギーで，温度は物質の粒子の平均運動エネルギーの尺度である．ポテンシャルエネルギーは貯蔵されたエネルギー，あるいは位置エネルギーである．エネルギーにはいろいろな形がある．熱エネルギーは，温度の差によりある場所から別の場所に運ばれるエネルギーで，カロリー単位ではかることができる．電磁放射は波として伝わるエネルギーで，波長が短いほど高エネルギーである．すべての波長の電磁波は，多くの用途をもっており，生物に対してよい影響と悪い影響の両方を示す．

重要な式

$$比熱 = \frac{\mathrm{cal}}{\mathrm{g} \times {}^\circ\mathrm{C}} \qquad [2.4]$$

$$カロリー = \mathrm{g} \times \Delta T \times 比熱 \qquad [2.4]$$

$$エネルギー = \frac{k}{\lambda} \qquad [2.6]$$

復習問題

1. 次の各組のどちらが大きい運動エネルギーをもっているか． [2.2]
   (a) 水 100 g と水蒸気 100 g
   (b) 25 m/hr で走っている車と 50 m/hr で走っている車
   (c) どちらも 100 m を 12 秒で走っているフットボールのラインバックと短距離走者
2. 次の各組のどちらが大きいポテンシャルエネルギーをもっているか． [2.3]
   (a) 山の雪と海水中の雪
   (b) 揺れている振り子が上にきたときと下にきたとき
   (c) いっぱいに引かれた弓矢と引かれていない弓矢
3. 次のそれぞれは何 cal か． [2.4]
   (a) 3.5 キロカロリー   (b) 125 大カロリー
   (c) 0.01 kcal   (d) 0.05 kcal

(e) 146 J (f) 135 kJ

4. 次のそれぞれの状態で移動する熱量を cal および kcal で計算しなさい. [2.4]

水の質量	初めの温度	終わりの温度
(a) 25.0 g	20.0℃	27.0℃
(b) 50.0 g	24.0℃	32.0℃
(c) 1000 g	25.0℃	76.0℃
(d) 500 g	45.0℃	23.0℃

5. 次のそれぞれは発熱変化か吸熱変化か. [2.5]
   (a) 水の沸騰　　　　　　　　(b) 氷の形成
   (c) 水の蒸発　　　　　　　　(d) 雪の融解
   (e) 水の凝縮

6. オレンジ色の光と黄色の光では，どちらが多くのエネルギーをもっているか. [2.6]

7. 次を (a) エネルギーが増加する順および，(b) 波長が増加する順に並べなさい. [2.6]
   X線，短波，紫外線，黄色い光，マイクロ波

研究問題＊

8. 次の状態にあるスキーヤーのポテンシャルエネルギーと運動エネルギーについて論じなさい.
   (a) リフトの列に並んで立っている.
   (b) 頂上に向かうリフトに乗っている.
   (c) 山の頂上に立っている.
   (d) 下に向かって滑降している.

9. 4粒のカシューナッツを熱量計中で燃やしたところ，1000 g の水の温度が 25℃ から 69℃ に変化した．カシューナッツ 1 粒から何 kcal のエネルギーが生じたか．何大カロリーか．

10. バター 10 g を燃やしたところ，熱量計中の水 1000 g の温度が 20℃ から 90℃ まで上昇した．バター 1 g から何 kcal の熱エネルギーが生じたか．

11. 60 L の水を入れたバスに，完全に体を浸した．1 時間後，水の温度が 32.0℃ から 33.5℃ まで上昇した．この人は 1 時間で何 kcal を体から失ったか．

12. アイスクリーム 1 パイントは 600 kcal を含んでいる．
   (a) アイスクリーム 1 パイントを食べた後，どのくらい歩けば (4km/hr で) 全 kcal を消費できるか．
   (b) (体重を維持するのに必要な食物に加えて) 毎週アイスクリーム 1 パイントを食べ続けると 1 年後に体重はどのくらい増えているか．

13. 50.0 g の未知の金属試料の温度を 0℃ から 100℃ まで上昇させるのに 300 kcal 必要とした．この金属の比熱は何 cal/g℃ か．

14. 仕事率は，特定時間内に使用されたエネルギーの量を示す用語である．電気的な仕事率はワットで表されることが多い．定義によれば，1 ワット (W) は 1 秒当り 1 J の仕事率に等しい．60 W の電球を 6 時間つけたら，何 cal のエネルギーが消費されるか．

15. 英国熱量単位 (British thermal unit, Btu) は，水 1 ポンドを温度 1°F 上昇させるのに要するエネルギーと定義されている．1 Btu は何 cal か．

＊　アステリスクをつけた問題は，本章の選択節からの出題である．

16. 米国では，一人が年間約 3.60×10^8 Btu のエネルギーを直接間接に使用している．石炭 1 ポンドが 1.33×10^4 Btu に相当するとしたら，一人の年間需要をまかなうためには，何トンの石炭を燃やさなければならないか．

17. ガス湯沸し器は 1 時間当り 38 000 Btu に設定されている．50 ガロンの水の温度を 55°F から 140°F に上昇させるために必要な時間を求めなさい．

18. ある一家は，140°F に設定された湯沸し器から，毎日 50 ガロンのお湯を使用している．湯沸し器の温度を 120°F にしたら，年間何 Btu のエネルギーを節約できるか．

19. 晴れた日に次のどちらの場所の方がより日焼けするだろうか．理由をつけて答えなさい．ロッキー山脈の夏スキー，デラウェアビーチの水泳．

20. 紫外線は，長波長の UV-A と短波長の UV-B の 2 種類に分類することができる．どちらの紫外線が皮膚がんを発生させやすいか．理由をつけて答えなさい．

*21. 原子力発電所では，核反応で放出されたエネルギーのうち 40% だけが電気エネルギーに変換される．このことはなぜ熱力学第一法則に違反しないのか．

*22. 角砂糖が水に溶けるときの砂糖分子のエントロピー変化について説明しなさい．

3

原子の構造

　1918年，16才だったルース・アダムスは，やっと就職できたので興奮していた．ルースはニュージャージー州オレンジにある，時計や計器のダイヤルに発光塗料を塗る Radium Luminous Materials 社に採用されたのだった．これは，厳重な精密さを要求される骨の折れる仕事である．仕事を始められるようにと，ルースに先輩の婦人が，ブラシの穂先を唇と舌の上で回してそろえるやり方を教えてくれた．彼女が使う塗料は，この会社の社長が発明したもので，りん光性の硫化亜鉛に少量のラジウムと接着剤が含まれたものであった．

　その時には，ルースだけでなく，誰も放射性物質の人体に及ぼす危険性について知らなかった．しかし，間もなく体内に入ったラジウムの危険性が，はっきりと一般の注目を集めるようになった．1925年，ニューヨークタイムスは，5人の時計ダイヤル塗装工が死亡し，10人が骨組織の崩壊する"ラジウム壊死"におかされていると報じた．しかしなお，ラジウムの性質と人間の組織に及ぼす影響については，ほとんど知られていなかったので，その会社は，裁判になったとき，少量のラジウムは健康のためになると申し立てた．

1920年代に死亡した時計ダイヤル塗装工は，重症の貧血，副鼻腔の腫瘍，あごやその他の骨の骨髄の炎症など，さまざまな症状にかかっていた．この会社で働いていた婦人のうちの何人かは元気だが，多くの人は20年から30年後に骨のがんにかかって死亡した．ルース・アダムスは，結婚するまでの6年間，時計ダイヤル工場で働いていた．彼女はその後約25年間は，健康でいたが，その後，全身に広がった骨のがんで死亡した．

ラジウムに曝された婦人たちの障害や死は，骨組織，とくに身体のために血球を生産する骨髄組織の破壊によってもたらされたものである．ラジウムが，なぜほかの組織に集まらずに骨に集まるのか不思議に思うかもしれない．この章で，ラジウム（Ra）が骨や歯の主成分であるカルシウム（Ca）と非常によく似た化学的性質をもっていることを，この章で学ぶであろう．不幸にも，身体は毒のあるラジウムと大切なカルシウムの違いを識別することができない．したがって，両方の元素は骨に蓄積され，放射性のラジウムが害を及ぼすことになる．なぜラジウムとカルシウムがよく似た化学的性質をもっているのかを理解するためには，原子の構造を学ばなければならない．

学習目標

この章を学習した後で，次のことができるようになっていること．

1. 原子の構造を説明し，原子を構成する三つの粒子，その相対質量，電荷，原子中の位置を列挙する．
2. 原子番号と質量数を定義し，任意の元素の原子番号と質量数が与えられれば，その元素の原子中の陽子，中性子，電子の数をいえる．
3. ある元素の同位体がどのように異なるかを説明する．
4. 原子量を定義する．
5. ボーアの原子模型について説明し，エネルギーレベル1から7までの最大電子数を示す．
6. 基底状態と励起状態の原子の違いについて述べる．
7. 周期表を使って，ある元素の元素記号，原子番号，原子量，電子配置について述べる．
8. 陽イオンと陰イオンを定義する．
9. 周期表中のある元素が与えられたとき，その元素と同じ周期あるいは同じ族の別の元素の名前をあげる．
10. 代表的元素の原子の価電子の数を述べる．
11. 周期表中の元素を，金属，非金属，メタロイド，典型元素，遷移元素，内部遷移元素に区別する．

原子の構造

3.1 原子の内部構成

1章で,原子はたくさんの種類の粒子からなるが,**陽子**(proton),**中性子**(neutron),**電子**(electron)の3種の粒子(表3.1)だけに注目すると述べた.陽子と電子は電気を帯びた粒子であるが,中性子は中性である(つまり,電荷をもっていない).陽子は正電荷(1+)をもった最小の粒子で,その正電荷は電子の負電荷(1−)によってちょうど打ち消される.面白いことに,Benjamin Franklinが初めて正(positive)と負(negative)という言葉を使ったのは,電子と陽子の発見の50年以上前のことである.

表 3.1 原子内の粒子

粒子の名前	存在する場所	電荷	記号	相対質量 (u)
陽子	原子核	1+	p, $_1^1$p, $_1^1$H	1
電子	原子核の周囲	1−	e, e$^-$, $_{-1}^0$e	$\dfrac{1}{1837}$
中性子	原子核	0	n, $_0^1$n	1

図 3.1 原子の大部分はただの空間である.原子核を二塁ベース上にいるノミと考えると,もっとも近い電子はスタンドの最上段にある小さなほこりの粒となる.

陽子は別の陽子を反発し（同じ電荷は反発し合う），電子を引きつける（異なる電荷は引きつけ合う）．原子は，陽子と中性子を含む密度の高い小さな原子核をもっている．陽子は互いに反発し合うと述べたので，原子核を一つに保っている力は何かと不思議に思うかもしれない．原子核の力は完全には解明されていないが，正の陽子同士を結びつけておくために，中性子が重要な役割を果していると考えられている．電子は原子核をとりまく領域に存在するが，原子の大部分はただの空間である．原子を構成する粒子の相対的位置をわかりやすくするために，大きな野球のスタジアムを想像してみよう．二塁ベース上にいるノミが原子核であるとすると，もっとも近い電子はスタンドの最上段のあたりにいることになる（図3.1）．

3.2 原子番号と質量数

　ある原子がどの元素であるかを決めるのは，原子核中の陽子の数である．1.3節で，元素は通常の化学的方法ではそれよりも簡単な物質に分解することができない物質であると定義した．もっと正確にいうと，**元素**（element）とは，原子核中に同数の陽子をもつ原子だけからなる物質である．ある元素の**原子番号**（atomic number，Z）は，その元素のすべての原子の原子核中の陽子数を示す（元素の原子番号の表は本書の表紙裏にある）．

　陽子の電荷は電子の電荷をちょうど打ち消すので，元素の原子番号はその元素の中性の原子の中に存在する電子の数も示している．例えば，ナトリウムの原子番号は11であり，中性のナトリウム原子は原子核中に11個の陽子，原子核の周囲に11個の電子をもっている．中性子をいくつもっていても，元素の特性はその数には関係なく常に原子核中の陽子数すなわち原子番号によって決められる．

　陽子，電子および中性子は極めて小さな粒子である．陽子と中性子の質量は1.7×10^{-24} g であり，電子はこれよりずっと軽く，その質量は陽子の1837分の1である．実際，原子中の電子の質量は，陽子と中性子の質量に比べて非常に小さいので，原子の質量を計算する場合は無視される．原子の**質量数**（mass number）は，原子核中の陽子数と中性子数の和に等しい．

$$質量数 = 陽子数 + 中性子数$$

すなわち，
$$M = p + n$$

化学者は，原子の原子番号と質量数を表すために，しばしば簡便法を用いる．例えば，炭素（C）原子は6個の陽子と6個の中性子をもっており，その原子番号Zは6，質量数Mは12である．質量数12の炭素を，炭素12，^{12}Cあるいは$^{12}_{6}$Cと表す．ここ

で，上付きの数字は質量数，下付きの数字は原子番号である．一般に，$^M_Z X$ という記号は，元素記号が X，質量数が M，原子番号が Z であることを表す．

例題 3-1

1. 次の元素の陽子数，中性子数，電子数を答えなさい．
   (a) $^{14}_{6}C$
   (b) コバルト-60
   (c) ^{235}U

[解] (a) 本書の表紙裏の表を用いて，この元素が炭素であることがわかる．記号 $^{14}_{6}C$ からは，質量数が 14，原子番号が 6 であることがわかる．原子番号からは陽子の数と原子の中の電子の数がわかる．

$$p = 6,\ e^- = 6$$
$$M = p + n \quad \text{だから}$$
$$14 = 6 + n$$
$$8 = n$$

(b) コバルトを調べると，原子番号は 27 である．問題から質量数は 60 である．原子番号から次の値が得られる．

$$p = 27,\ e^- = 27$$
$$60 = 27 + n$$
$$33 = n$$

(c) U は原子番号 92 のウランである．問題のウラン原子は質量数 235 である．原子番号から

$$p = 92,\ e^- = 92$$

質量数から

$$235 = 92 + n$$
$$143 = n$$

2. 78 個の中性子をもつヨウ素原子を表す記号を，三つの方法でかきなさい．

[解] 表紙裏の表から，ヨウ素の元素記号は I で，原子番号は 53 であることがわかる．したがって，この原子の質量数は

$$M = 78 + 53 = 131$$

3 種類の異なるかき方は，次の通りである．

$$\text{ヨウ素-131},\ ^{131}I,\ ^{131}_{53}I$$

練習問題 3-1

1. 次の各原子の陽子，中性子，電子の数を述べなさい．
   (a) ^{222}Ra   (b) クロム-51   (c) $^{203}_{80}$Hg
2. 陽子15個と中性子16個をもつ原子の原子番号，質量数および記号を答えなさい．

3.3 同位体

19世紀のはじめ，John Daltonは，ある元素のそれぞれの原子は全く同じであるという考えに基づいた原子説を発表した．それから100年もたたないうちに，Frederick Soddyはネオンが1種類ではなく2種類の原子からなっていることを示して，この説の一部が誤っていることを証明した．ネオン原子のあるものは20の質量数をもっており，あるものは22の質量数をもっている（質量数21の3番目のタイプのネオンも存在する）．ネオンの原子番号は10だから，各ネオン原子は原子核中に10個の陽子をもっていなければならない．Soddyは，原子核中に異なった数の中性子を含む元素の原子を表すために，**同位体**（isotope）という言葉をつくった．ネオンの同位体は次の通りである．

	原子番号	質量数	pの数	nの数
ネオン-20	10	20	10	10
ネオン-21	10	21	10	11
ネオン-22	10	22	10	12

3.4 原子量

原子は非常に小さくて軽いので，少数の原子の質量を測定するのはあまり実際的ではないが，異なる元素の相対質量を求めることは可能である．相対質量の基準として，もっとも一般的な炭素の同位体の質量が，12 **原子質量単位**（u, atomic mass unit）と定められた．炭素-12の1原子の質量は，間接的な方法によって1.992×10^{-23} g（何と小さな値だろう！）と測定されている．したがって，1原子質量単位はこの質量の1/12であり，$1\,\text{u} = 1.660 \times 10^{-24}$ g である*．もし，別の元素の同位体が炭素-12同位体の1/2の質量をもっていれば，その原子質量単位での質量は6である．炭素-12同位体の2.84

---

* 1原子質量単位にドルトンという用語（John Daltonにちなんで）を用いている科学者もいる．
   1ドルトン＝1 u．

表 3.2 いくつかの元素の同位体の存在度

同位体	天然存在度	同位体	天然存在度
水素-1	99.99%	ケイ素-28	92.21%
水素-2	0.01%	ケイ素-29	4.70%
炭素-12	98.89%	ケイ素-30	3.09%
炭素-13	1.11%	塩素-35	75.53%
窒素-14	99.63%	塩素-37	24.47%
窒素-15	0.37%	亜鉛-64	48.89%
酸素-16	99.76%	亜鉛-66	27.81%
酸素-17	0.04%	亜鉛-67	4.11%
酸素-18	0.20%	亜鉛-68	18.57%
フッ素-19	100.00%	亜鉛-70	0.62%
		臭素-79	50.54%
		臭素-81	49.46%

倍の質量をもつ同位体の質量は，$2.84 \times 12 = 34.08$ u である．

大部分の元素は，少なくとも 2 種類の天然に存在する同位体をもっている．だから，これらの元素のどの試料も，異なった同位体の混合物である．表 3.2 には，いくつかの元素の天然に存在する同位体の存在度をパーセントで示してある．例えば，塩素原子 1 個の質量を尋ねられたとする．表 3.2 によれば，どの同位体を選ぶかによって，1 個の塩素原子の質量はあるときは 35 u，またあるときは 37 u となる．どの塩素試料も両方の塩素原子を含んでいるので，この質問に次のように答えることができる．試料中の原子の 75.53% が 35.0 u の質量をもち，24.47% が 37.0 u の質量をもっているとすれば，この試料から得られる塩素原子の平均質量は次のようになる．

$$(35.0 \text{ u} \times 0.7553) + (37.0 \text{ u} \times 0.2447) = 35.5 \text{ u}$$

したがって，この試料の全質量に関する質問に，私たちは各塩素原子が 35.5 u の質量をもつものとして対処することができる．この値を塩素の原子量という．もっと一般的にいうと，ある元素の**原子量** (atomic weight) とは，その元素の天然に存在する同位体の質量の存在度を考慮した平均で，原子質量単位 u で表されたものである（このような値は本来なら"原子質量"とよばれるべきであることに注意しなさい．しかし，この言葉はめったに使われない）．各元素の原子量の表は本書の表紙裏にある．

例題 3-2

存在度を考慮した平均の計算はそれほど難しいことではない．教師は，ある科目の最終成績を判定するために，しばしばこれと同じことを行う．例えば，最終成績の決定に対し，2 回の中間試験のそれぞれが 25% ずつ，最終試験が 50% を占めるとしよう．

あなたが最初の中間試験で76点，2回目の中間試験で64点，最終試験で90点を取ったとすれば，この科目のあなたの成績は80点になる．この最終成績は，各回の試験の結果にその試験の成績に占める割合を掛け，その積を足すことによって計算できる．

$$76 \times 25\% = 76 \times 0.25 = 19$$
$$64 \times 25\% = 64 \times 0.25 = 16$$
$$90 \times 50\% = 90 \times 0.50 = \underline{45}$$
$$80$$

元素の原子量の計算にも同じような方法が使われる．各同位体の質量に存在度を掛け，その積を足すと原子量が得られる．例えば，ホウ素には，ホウ素-10 とホウ素-11 の 2 種類の同位体があり，その存在度は 19.6% と 80.4% である．したがって，ホウ素の原子量は次のように求められる．

$$10.0 \text{ u} \times 19.6\% = 10.0 \times 0.196 = 1.96$$
$$11.0 \text{ u} \times 80.4\% = 11.0 \times 0.804 = \underline{8.844}$$
$$10.804 \text{ u} \quad \text{または} \quad 10.8 \text{ u}$$

練習問題 3-2
表 3.2 を用いてケイ素の原子量を計算しなさい．

電子配置

この章のはじめで，どの元素の原子も，小さくて密度の高い正の原子核とこれを取り囲む負の電子からなる，と述べた．中性の原子は原子核中の陽子と同数の電子をもっている．だから，中性の原子の電子数は，その元素の原子番号と同じになる．陽子も電子も，もっとも解像度の高い顕微鏡でも見ることができないほど小さいので，原子核の周りの電子の配置を説明するには，種々の模型に頼らなければならない．

3.5 原子の量子力学模型

1900 年代はじめに，Niels Bohr は，惑星モデルとよばれる最初の原子模型を提出した．Bohr の理論は，Ernest Rutherford の実験データに基づいていた．何年にもわたってこの理論は修正されたが，私たちにとっては，Bohr の簡単な模型の方が理解しやすい．彼は，原子を小さくて密度の高い原子核と，太陽の周りを惑星が回っているように，原子核の周りを軌道に沿って動いている電子とでできているように描いた．この模型では，

表 3.3　原子内のエネルギー準位

エネルギー準位番号	1	2	3	4	5	6	7
理論的に可能な最大電子数	2	8	18	32	50	72	98
天然に実際に見出されている最大電子数	2	8	18	32	32	18	8

電子は原子核の周囲のある特定の位置だけしか占めることができない．これらの位置はあるエネルギーの値に相当するので，**エネルギー準位**(energy level)あるいは**エネルギー殻**(energy shell)とよばれている．原子核にもっとも近い電子は，可能なもっとも低いエネルギー状態にある．電子が原子核から遠くなればなるほど高いエネルギー状態にある．

原子内のエネルギー準位には番号がつけられており，1 番目のエネルギー準位は核にもっとも近いものである．エネルギー準位の番号が増えるほど，核から遠いところにあり，より大きなエネルギーをもった電子が存在する．各エネルギー準位には，収容できる電子の数に限りがある．しかし自然界では，この最大値が実現されていないことがある（表 3.3）．

Bohr によって提出された原子の惑星型模型は，後に得られた実験データのいくつかを説明できなかった．1920 年代の終わりに，Erwin Schrödinger, P. A. M. Dirac, Werner Heisenberg らは，**量子力学模型**(quantum mechanical model)とよばれる新しい原子模型を提出した．この模型は複雑な数学的概念に基づいており，ここでは，Bohr が提出した原子についての考え方を変えたこの理論のごく一部だけに触れることにする．

■パノラマ 3-1■

ルミネセンス

元素あるいは化合物が外部からエネルギーを吸収して励起され，次にそのエネルギーを光として放出するとき，冷光を発する(luminescent)という．ルミネセンスには二つの種類がある．一つは蛍光(fluorescence)で，元素あるいは化合物に供給されていたエネルギーが止まったとき，発光が止まるもの．もう一つはりん光(phosphorescence)でエネルギーの供給が止まった後も，短い間発光が続くものである．ルミネセンスには身近なものがたくさんある．洗濯用の増白剤や光沢剤には，洗濯の過程で衣類に染着する蛍光染料が利用されている．これらの染料は太陽光中の紫外線からエネルギーを吸収して，可視領域の光を発する．衣類は，反射と蛍光の組み合せにより，衣類上に達するより多くの可視光を発するため，衣類は"輝いている"ように見える．自転車や自動車が夜に目立つように張りつける赤い反射テープは赤くない光を吸収して私たちが見る赤-橙の光を発するような化合物を含んでいる．時計についている発光ダイヤルは粉末のりん光体と混合したごく少量の放射性物質を含んでいる．放射性物質は少量のエネルギーを絶えず放出しており，このエネルギーはりん光体中の原子に吸収される．これらの原子中の電子が基底状態に戻るときに可視光を発し，これが時計のダイヤルのかすかな輝きとして見える．

3.5 原子の量子力学模型

生物には，ルミネセンスを性的誘引，防御，狩りなどに利用しているものがある．蛍は配偶者を誘引する光を発する化学物質を使用している．この化学物質は電子が基底状態に戻るときに発光し蛍のまたたきを産み出している．緑色植物は食糧を生産するためにこの逆の過程を利用している．太陽光のエネルギーがクロロフィルとよばれる植物の緑色色素の分子中の電子を励起する．この電子が基底状態に戻るとき，エネルギーを光としては放出しない．その代りに，エネルギーは糖の分子中に化学的エネルギーとして捕らえられる．太陽のエネルギーを使って二酸化炭素と水から糖を生産するこの過程は光合成とよばれている．

Bohrの原子は電子が原子核の周りの軌道を動いていると説明しているが，実際には電子の正確な位置や速度は示せないことがわかった．したがって，電子の位置を定まった道筋に沿っているものとしては説明できない．その代り，1個または2個の電子を見出す確率の高い特定の領域を示すことはできる．これらの確率の高い領域が**原子軌道**（orbital）として知られている．

1番目のエネルギー準位は1個の原子軌道を含み，それは1s軌道とよばれる．この軌道で示される確率の高い領域は原子核を中心とする球形である（図3.2）．2番目のエネルギー準位には四つの原子軌道がある．そのうちの一つは球形で2s軌道とよばれる．ほかの三つの軌道は互いに直交するダンベルに似た形をしている（図3.2）．これらの軌道は2p軌道といい，2s軌道よりやや高いエネルギーをもっている．

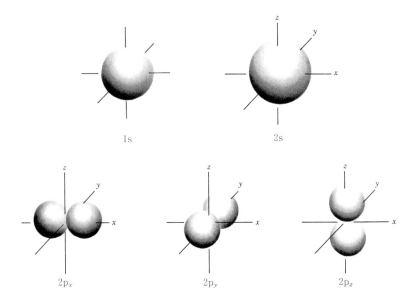

図 3.2　1s, 2s, 2p 軌道についての確率の高い領域(電子がもっとも発見されやすい場所)の表示.

　これより高いエネルギー準位は，それぞれ1個のs軌道と3個のp軌道をもっている．それに加えてさらに2種類の軌道がある．すなわち，第三エネルギー準位からはじまる五つのd軌道と，第四エネルギー準位からはじまる七つのf軌道である．本書ではd軌道とf軌道の形については触れない．

　軌道中にどのように電子が存在するかを説明するのに，もっとも低いエネルギー準位から埋めていくことのほかにいくつかの規則がある．第1に，各軌道は逆向きのスピンをもつ2個の電子しか収容できない（電子は軸の周りを自転しているかのようにふるまう．科学者はこの自転の方向を示すのに，時計回りには↑，反時計回りには↓の矢印を使う）．第2に，電子は同じエネルギーのほかの軌道が空いていれば，対にならない．すなわち，同じエネルギーのすべての軌道が少なくとも1個の電子をもっているときにのみ対をつくる．図3.3は二つあるいはそれ以上の電子をもつ原子中の相対的なエネルギー準位を示している．

3.6　電子配置

　ある元素の原子中の電子の配列すなわち**電子配置**（electron configuration）を示す

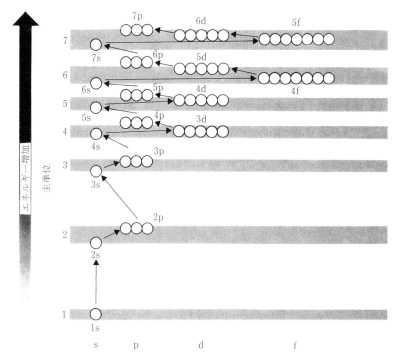

図 3.3 電子が原子軌道を満たしていく順序は，1s 軌道からはじまって矢印の方向にしたがう．

方法が二つある．例としてホウ素（原子番号 5）を使ってみよう．原子番号からホウ素の中性原子は 5 個の電子をもっていることがわかる．図 3.3 を使うと，電子のうちの 2 個が 1s 軌道に，さらに 2 個が 2s 軌道に入り，残りの電子は 2p 軌道に入ることがわかる．そこで，この電子配置を次のようにかくことができる．

$$B \quad 1s^2 2s^2 2p^1$$

ホウ素の電子配置を示す 2 番目の方法は，各軌道を円で，各電子を矢印で示す軌道図（orbital diagram）を用いることである．

$$\begin{array}{cccccc}
 & 1s & 2s & 2p_x & 2p_y & 2p_z \\
B & \text{⇅} & \text{⇅} & \text{↑} & \bigcirc & \bigcirc
\end{array}$$

例題 3-3

1. 炭素 C の軌道図および電子配置を示しなさい．

   [解] 炭素の原子番号は 6 で，中性の炭素原子は 6 個の電子をもっている．図 3.3 を指標として使い，軌道を満たすことができる．1s 軌道に 2 個の電子を入れると 4

個の電子が残る．次に 2s 軌道を 2 個の電子で満たす．次の電子は $2p_x$ 軌道にある．最後の電子は $2p_x$ 軌道で対をつくらず，同じエネルギーの別の 2p 軌道にある．

```
           1s    2s    2p_x   2p_y   2p_z
    C     (↑↓)  (↑↓)   (↑)    (↑)   ( )       または    1s²2s²2p²
```

2． カルシウム Ca の軌道図および電子配置を示しなさい．

[解] カルシウムの原子番号は 20 で，中性のカルシウム原子は 20 個の電子をもっている．図 3.3 を指標として使い，軌道を満たすことができる．1s 軌道に 2 個の電子を入れ，2s 軌道を 2 個の電子で満たす．さらに，三つの 2p 軌道を 6 個，3s 軌道を 2 個，三つの 3p 軌道を 6 個の電子で満たすと，電子が 2 個だけ残る．図 3.3 から 4s 軌道が 3d 軌道よりエネルギー準位が低いことがわかるので，4s 軌道を 2 個の電子で満たすとカルシウムの電子配置が完成する（3d 軌道は原子番号 21 から 30 までの元素で満たされて，次に原子番号 31 から 36 までの元素によって 4p 軌道が満たされることに注意しなさい）．

```
          1s    2s    2p_x   2p_y   2p_z    3s    3p_x   3p_y   3p_z    4s
   Ca    (↑↓)  (↑↓)  (↑↓)   (↑↓)   (↑↓)   (↑↓)  (↑↓)   (↑↓)   (↑↓)   (↑↓)
```

または

$$1s^2 2s^2 2p^6 3s^2 3p^6 4s^2$$

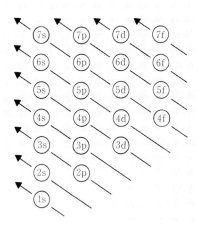

図 3.4 電子が原子軌道を満たしていく順序を記憶するには，図の下からはじまって矢印の方向に従えばよい．

図 3.3 に従えば，電子配置を決めることはそれほど難しくないかもしれない．しかし，この図がない場合はどうしたらいいだろうか．図 3.4 は副殻の順序を覚える方法を示している．副殻をエネルギー準位が増加する順に並べ，一番下からはじめて斜めの矢印の順にたどればよい．図 3.4 を使って練習問題 3-3 をやってみなさい．

練習問題 3-3
次の元素の中性原子について軌道図と電子配置を描きなさい．
(a) ナトリウム　(b) リン　(c) 塩素

3.7　イオンの形成

通常の原子では，すべての電子はもっとも低いエネルギー準位にある．このような原子は**基底状態**（ground state）にあるという．原子が外部からエネルギー（熱や光のような）を吸収するといくつかの電子はより高いエネルギー準位に飛び上がることがある．このようなことが起るとき，そのような電子は二つの軌道の間のエネルギーの差に等しい量のエネルギーを吸収する．通常のエネルギー準位より高い準位に一つあるいはそれ以上の電子をもつ原子は**励起された原子**（excited atom）という．励起された原子は不安定であり，エネルギーを通常は放射エネルギー（UV，IR，可視光）の形で放出して元の低エネルギー準位に戻る．電子があるエネルギー準位から別のエネルギー準位に落ちるときに放出される光は，二つのエネルギー準位間のエネルギー差に相当する特定のエネルギーあるいは波長をもっている（口絵IV, V, VI参照）．

もし十分なエネルギーが原子に供給されると，電子の一つが完全に原子から離れ，原子がもっている陽子数より電子が一つ少ない原子ができる．この新しい粒子はもはや中性の原子ではなく，正電荷をもった陽イオンとよばれる粒子である．イオン（ion）は原子が電子を失ったり獲得したりしたときに生じる正または負の電荷をもった粒子である．陽イオンは**カチオン**（cation），陰イオンは**アニオン**（anion）とよばれる．

元素の周期表

3.8　周期表

ラジウムについて論じたときに，各元素の化学的性質はその元素の電子配置によると述べた．すべての元素の電子配置を記憶することは確かに厄介である．しかし元素

の類似性が容易にわかるようなかき方があることを心に留めておくとよい．この方法は元素の性質の**周期性**（periodicity）すなわち反復性を利用するものである．この周期性は電子が s, p, d, f 軌道を満たして行くことから生じる．このような周期性を示す性質には，原子の体積，熱伝導度，電気伝導度，硬度などが含まれる．この結果としてできる元素の配列は，**元素の周期表**（periodic table of the elements）として知られている．1871 年以来，各元素についての大量の情報を示す 700 種類以上の周期表が提案されている．現在好まれている周期表の一つが表紙裏に示されている．

▌パノラマ 3-2▐

周期表

　本書の表紙裏に示されている元素の周期表は，19 世紀の多くの研究者たちの努力を示している．1800 年代の化学者たちは，生物学者が動植物をその類似性によって分類するのとよく似た方法で，既知の元素間の論理的な順序を見出すことを試みていた．

　元素間のパターンを認めた最初の化学者は Johann Döbereiner であった．彼は元素のうちの

Dmitri Mendeleev

いくつかが三つずつのグループに分けられることを見出し，これを三つ組元素（triad）とよんだ．Döbereiner はリチウム，ナトリウム，カリウム，また塩素，臭素，ヨウ素の性質に類似性を認めた．しかし，この三つ組元素のモデルをほかの元素まで拡張するという試みは成功しなかった．1864年，イギリスの化学者 John Newlands は元素を八つのグループに配列して，これを音楽の8音程になぞらえてオクターブとよんだ．この配列では，8番目の元素は最初の元素に非常によく似た化学的性質をもっていた．しかし，カルシウムを越えるとこの配列はどうしてもうまくいかなかった．ロンドン化学会（Chemical Society of London）のメンバーはこの論文に納得せず，論文の掲載を拒絶した．

1869年ロシアの化学者 Dmitri Mendeleev とドイツの化学者 J. L. Meyer は別々に，今日の周期表のもととなる，ずっとよい方法を提案した．Mendeleev はまだ知られていない元素の存在や性質をどうやって予測するかも示したので，名声のほとんどは彼に与えられた．Mendeleev は既知の元素を原子量が増加する順に配列することによって，八つの"族"でできた表を作成した．Mendeleev は Newlands と違って，カルシウムを越える元素についても，表中に空白を残すことによってその性質を適合させた．彼は表中のいくつかの空白は，存在するはずだがまだ発見されていない元素によるものであると信じていた．彼は表中の空白から，ガリウム，スカンジウム，ゲルマニウムの存在を予想することができた．約45年後に H. G. J. Moseley が Mendeleev の表を若干修正して，元素を原子量順ではなく，原子番号の順に配列するようにした．これによって，Mendeleev の表にいくらか残されていた不規則性が完全に除かれることとなった．

この周期表を詳しく調べてみよう．各元素はその元素に関する情報とともに下図のように表示されている．表には，全元素の元素記号，原子番号，原子量がかかれている．

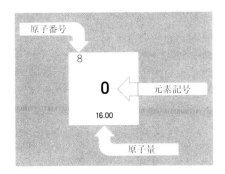

3.9 周期と族

周期表の横の各列は**周期**（period）とよばれる．周期には，電子が存在している原子

の七つのエネルギー準位に相当する1から7までの番号がつけられている．このことは，第四周期の元素はどれでもその最外殻電子が第四エネルギー準位にあるということを意味する．例えば，周期表でナトリウムをみつけてみよう(元素記号 Na，原子番号 11)．ナトリウムはその最外殻のエネルギー準位に1個しか電子をもっていない．ナトリウムは周期表の第三周期にあるから，第三エネルギー準位に1個の電子をもっていることになる．

周期表の各行は族（group または chemical family）とよばれる．Mendeleev は各族のそれぞれの元素は類似した化学的挙動を示すことに注目した．原子間の化学反応は最外殻のエネルギー準位にある電子間の相互作用を伴う．この最外殻のエネルギー準位にある電子の数が元素の化学的性質を決める．これらの最外殻電子を価電子（valence electron）という．同じ族の各元素は同数の価電子をもっている（表3.4）．

周期表の族の番号をつけるいくつかの異なったやりかたがある．国際純正および応用化学連合（International Union of Pure and Applied Chemistry，IUPAC）が提出したのは，各族に左から右に1から18の数字を使って番号をつける方法である（表紙裏の周期表参照）．本書では，IUPAC による番号を用いる．1, 2, 12〜18族は**典型元**

表 3.4 三つの族の電子配置

族番号	族名	元素	原子番号	電子配置 1	2	3	4	5	6	7
1	アルカリ金属	リチウム	3	2	1					
		ナトリウム	11	2	8	1				
		カリウム	19	2	8	8	1			
		ルビジウム	37	2	8	18	8	1		
		セシウム	55	2	8	18	18	8	1	
		フランシウム	87	2	8	18	32	18	8	1
2	アルカリ土類金属	ベリリウム	4	2	2					
		マグネシウム	12	2	8	2				
		カルシウム	20	2	8	8	2			
		ストロンチウム	38	2	8	18	8	2		
		バリウム	56	2	8	18	18	8	2	
		ラジウム	88	2	8	18	32	18	8	2
17	ハロゲン	フッ素	9	2	7					
		塩素	17	2	8	7				
		臭素	35	2	8	18	7			
		ヨウ素	53	2	8	18	18	7		
		アスタチン	85	2	8	18	32	18	7	

素 (representative element または main-group element) である．例えば，2族にはベリリウム (Be)，マグネシウム (Mg)，カルシウム (Ca)，ストロンチウム (Sr)，バリウム (Ba)，ラジウム (Ra) があり，これらの元素の中性の原子はそれぞれ2個の価電子をもっている．これらの2個の電子は，カルシウムでは第四エネルギー準位に，ラジウムでは第七エネルギー準位にある．

3～11族の元素は周期表のほぼ中央にあり，**遷移元素** (transition element) あるいは**遷移金属** (transition metal) とよばれている（図3.5）．これらの元素は，同族内だけでなく，同一周期中でもしばしば類似した化学的性質を示す．この化学的挙動の類似性は，電子が最外殻ではなく，最外殻の内側の準位を埋めていくためである（第四周期の遷移元素では3d軌道が満たされていき，第五周期の遷移元素では4d軌道が満たされていく）．各遷移元素の最外殻のエネルギー準位には，1個または2個の電子しか含まれていない．例えば，鉄 (Fe)，コバルト (Co)，ニッケル (Ni) は周期表の第四列に位置しており，同じ最外殻のエネルギー準位（第四）に2個の電子をもっている．これらの元素がもっている電子の総数は異なるが，その化学的挙動は非常によく似ているため，しばしば同じグループにまとめられる．クロム (Cr) あるいは銅 (Cu) のようにd軌道が完全に満たされるかあるいは半分満たされる場合には，遷移元素の最外殻のエネルギー準位には1個の電子がある．

遷移元素が最外殻のエネルギー準位に同数の電子をもつと，その一つ下の準位の電子数の違いが表れにくくなると述べた．このことは周期表の一番下にある15個ずつの2例，**内部遷移元素** (inner transition element，ランタノイド，アクチノイドともよばれる) では一層顕著になる（図3.5）．これらの列はそれぞれ列の先頭の元素にちな

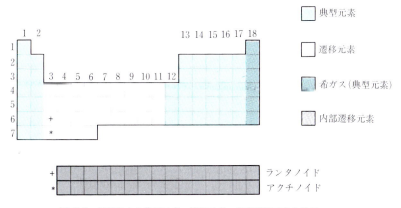

図 3.5 周期表上の典型元素，遷移元素，内部遷移元素の位置

んで名づけられている．内部遷移元素の電子配列の違いは二つの同じ外側の電子配置によってかくされてしまう（これらの元素中の電子は内側の f 軌道——ランタノイド系では 4f, アクチノイド系では 5f——を埋めていく）．その結果，これらの元素は非常によく似た性質をもっている．

周期表の族のあるものは慣用名で知られている．1 族の元素はアルカリ金属(alkali metal), 2 族の元素はアルカリ土類金属(alkaline earth metal), 17 族はハロゲン(halogen)とよばれる．18 族の元素は希ガス(noble gas, rare gas)とよばれる．希ガスのうちのあるものは，酸素あるいはハロゲン族の元素と化合物をつくることができるが，それ以外は極めて反応性に乏しい．ヘリウム (He) を除く希ガスは最外殻のエネルギー準位に 8 個の電子をもっている．これらの元素が化学的に安定なのはこの安定な電子配列のためである．ヘリウムは 2 個の電子しかもっていないが，この 2 個の価電子は第一エネルギー準位を完全に満たしているため，ヘリウムも同様に安定になっている．

上述のように同じ族の元素はよく似た化学的挙動を示す．例えば，塩素(Cl_2)とヨウ素(I_2)は両方ともハロゲン族の元素で，非常に効果的に微生物を殺すので，それぞれ殺菌剤，消毒剤として用いられている．ゲルマニウム (Ge) とケイ素 (Si) は 14 族の元素で，どちらもトランジスター中の半導体として広く用いられている．カルシウムイオン (Ca^{2+}) とマグネシウムイオン (Mg^{2+}) はどちらも 2 族で，せっけんに対して同じような反応を起すので，硬水の原因となる．放射性廃棄物としてとくに関心がよせられているのがストロンチウム-90 とセシウム-137 である．ストロンチウムはラジウムと同様に 2 族に属しているので，カルシウムに似た化学的性質をもっている．大気中のストロンチウムは草の上に落ち，牛に食べられ，この牛のミルクを飲んだ人間の体内に入る．人間の身体は，ラジウムの場合と同様にストロンチウム-90 をカルシウムと間違え，骨や歯に蓄積する．セシウムは 1 族の元素で，多くの生体機能にとって必須の元素であるナトリウムと間違えられ，体内で使用される．

3.10 金属，非金属およびメタロイド

元素の種々の物理的，化学的性質によって，周期表中の元素を金属 (metal) と非金属 (nonmetal) に分類することができる (図 3.6)．金属の多くの性質にはおそらくなじみがあることだろう．金属は一般に光沢があり，密度が高く，展性（ハンマーやロールで薄いはく状にのばすことができる性質）や延性（針金状に引き延ばすことができる性質）がある．金属は一般に高い融点をもち，水銀を除くと室温では固体である．

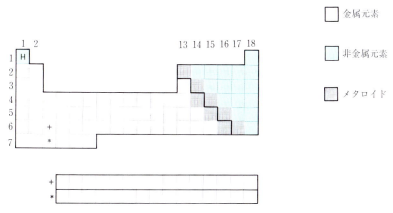

図 3.6 周期表上の金属元素,非金属元素,メタロイドの位置

金属はまた,電気や熱の良導体である.

一方,非金属は低密度で,固体のときはもろい傾向がある.非金属は熱伝導度が低く,グラファイト状の炭素を除くと電気伝導度も低い.大部分の非金属は低融点で,多くは室温で気体である.18族の元素はすべて気体であり,その他の気体状非金属には水素,酸素,窒素,フッ素,塩素などがある.

周期表の中で階段状の線が金属元素と非金属元素を分けている.金属はその線の左側にあり,大部分の金属はこの線ではっきりと分けられる.しかし,金属的な性質をもつ元素と非金属的性質をもつ元素の間には明確な境界はない.階段状の線の隣にある元素は金属と非金属の両方の性質を示すことがある.このような元素は**メタロイド**(metalloid)あるいは**半金属**(semimetal)とよばれている.例えば,ヒ素(As,原子番号33)はもろい灰色の固体である.しかし,切ったばかりのときは金属的な光沢をもっている.ヒ素は金属として酸素や塩素と化合物をつくるが,ほかの化学反応では非金属として作用する.メタロイドのもっとも重要な物理的性質は電気伝導性があることである.メタロイドの電気伝導性は金属の伝導性ほど高くはないので**半導体**(semiconductor)として知られている.とくにケイ素とゲルマニウムでは,この性質を利用して,シリコンチップで集積回路が開発され,卓上計算機やパーソナルコンピュータなどの電子機器がつくられるようになった.

水素が1族の一番上にあるのに金属,非金属の分類に適合しないことに気づいているだろう.水素は外殻電子配置が1族金属と同じだが,通常の条件下では非金属の性質を示す.しかし,非常に高い圧力の下では,水素はアルカリ金属に似た金属的性質を示す.

3.11 周期律

原子のいくつかの物理的，化学的性質は，原子番号の変化とともに周期的に変化する．この事実はしばしば**周期律**（periodic law）といわれている．これらの周期的性質のうちの三つを調べることによって元素の物理的，化学的性質，とくに金属と非金属の化学的性質の違いをよく理解することができる．

原子の大きさ

周期的な関係を示す元素の性質に原子の大きさがある．原子核の周囲の電子の正確な位置を指定することができないので，原子の正確な大きさを測定することは不可能である．それゆえ，原子半径は固体あるいは共有結合性化合物中の隣接した原子核間の距離の半分をとることによって決められる．図3.7をみれば，ごく少数の例外を除いて原子半径は周期表中のある周期に沿って移動するにつれて（例えばLiからFまで）

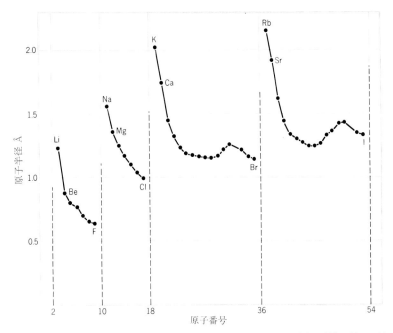

図 3.7　原子半径の周期的傾向のグラフ．少数の例外を除いて，原子半径は周期に沿って減少し，族に沿って原子番号の増加につれて増加する．

減少することがわかる．グラフでは，1族，2族，17族の元素の記号が示されている．これによってある族に沿って下がっていくと原子番号が増加するにつれて原子半径が増加することがわかる．このパターンから得られる結論の一つは，周期表の左側の金属元素は大きな原子半径をもち，右上部の非金属は小さな半径をもつ，ということである．

イオン化エネルギー

元素の2番目の大切な性質はそのイオン化エネルギーである．元素の**イオン化エネルギー**(ionization energy)は，気体状の原子から最外殻のすなわちもっとも引力の弱い電子を取り去るために加えなければならないエネルギーの量である．別の言い方をすれば，イオン化エネルギーは原子核がいかに強く価電子を引きつけているかを示している．価電子に対する引力が強いほどイオン化エネルギーは大きくなる．原子の大

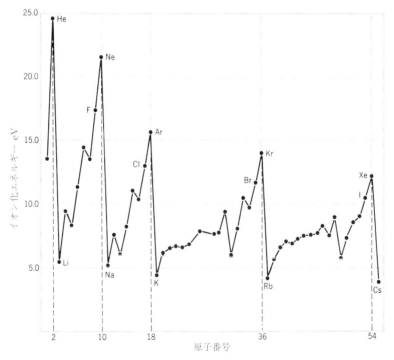

図 3.8　イオン化エネルギーの周期的傾向のグラフ．イオン化エネルギーは周期に沿って増加し，族に沿って原子番号の増加につれて減少する傾向がある．

きさが，原子核がいかに強く価電子を引きつけるかに影響を及ぼすことは容易にわかる．小さな原子では，原子核と価電子は近接しており電気的な引力は強い．より大きな原子では最外殻のエネルギー準位は原子核から遠く離れており，そのため価電子に対する引力はより弱くなる．したがって，一般に周期表の周期に沿って，原子半径が増加するにつれてイオン化エネルギーは減少する傾向にある．これに対して，どの族でも下に下がるにつれて原子半径は増加し，原子核の引力は弱くなってイオン化エネルギーは減少する（図3.8）．

一般に金属は非金属より低いイオン化エネルギーをもっており，そのため金属は非金属より価電子を取り除きやすいことに注意しよう．図3.8は希ガスが非常に安定な電子配置をもち，極めて高いイオン化エネルギーをもっていることを示している．この電子配置は，原子の最外殻のエネルギー準位から電子を取り除くことを極度に困難にしている．

電子親和力

元素の周期的関係を示す3番目の性質として**電子親和力**（electron affinity）がある．元素の電子親和力は中性の気体状原子に電子が加えられたときに放出されるエネルギーの量である．希ガスのような元素は余分な電子に対する親和力を全くもっていない．しかし，一般に周期表を左から右に進み，原子の大きさが減少するにつれて電子親和力は増加し，同族内で上から下に下がって原子の大きさが増加するにつれて電子親和力は減少するという傾向がある．金属の電子親和力は低く，非金属の電子親和力は高い．

3.12 生命に必要な元素

生物は地球上のほかの物質と同様に天然に存在する原子からなっている．しかし，90種の天然元素のすべてが生物中で見出されるわけではない．表紙裏の周期表にはこれまでに生命にとって重要であることがわかっている25の元素が示されている．水素，炭素，窒素および酸素は生物中にもっとも豊富に存在する元素で，身体の中のすべての原子のうちの99.3%を占めている．一方残りの21種類の元素はわずか0.7%でしかない（表3.5）．

表3.5に示すように残りの21元素は二つのグループに分けることができる．一つのグループは7元素を含み，残りのものよりも身体中では高濃度で存在しており，**マクロミネラル**（macromineral）とよばれる．このグループには，カリウム，マグネシウ

表 3.5 生命に必要な元素

元素	体内の全原子数に対する割合(%)	体重 70 kg の人の体内に存在する質量(g)
主元素		
水素	63	7058
酸素	25.4	45348
炭素	9.5	12671
窒素	1.4	2180
マクロミネラル		
カルシウム	0.31	1381
リン	0.22	757
カリウム	0.06	261
硫黄	0.05	181
塩素	0.03	118
ナトリウム	0.03	77
マグネシウム	0.01	27
微量元素		
鉄	<0.01	7
ヨウ素, フッ素, マンガン, 亜鉛, モリブデン, 銅, コバルト, クロム, セレン, ヒ素, ニッケル, ケイ素, ホウ素	<0.01	<1

ム，ナトリウム，カルシウム，リン，硫黄，塩素が含まれる．もう一つの元素グループは非常に少量しか存在しておらず，**微量元素**（trace element）とよばれる．昔は，よい栄養の取り方というと，ビタミン類の重要性ばかりが強調されて，これらの微量元素の重要性の大部分は見落とされていた．今日では微量元素もビタミン類と同じように重要な栄養上の役割を果していることが認められている．その機能は化学的形態や体内のどこに存在するかによってさまざまである．多くの微量元素は，細胞中での化学反応の速度を速めるのに必須な酵素の重要な部分を形成している．酵素は何度も繰り返して使われるので，微量元素が生体中に極めて低い濃度でしか存在していなくても効果がある．ことに遷移金属は化学結合性をもっているので，酵素分子中でとくに重要な働きをしている．

　微量元素は身体の中に極めて少量しか存在しないので，どの元素が生命にとって必須であるかを正確に定めることは非常に難しい．例えば，最近の研究によって，かつては身体に毒だと考えられていたクロム，ヒ素，セレンが重要な役割を果していることが明らかにされた．いくつかの微量元素については，安全で適切な1日の必要量がかなりはっきりとわかっている．しかし，ほかの微量元素については1日の許容量を定めるのに十分なデータがまだ得られていない（表3.6）．

表 3.6 微量元素

元素	1日の必要量[a]	機能
非金属		
フッ素	1.5～4.0 mg[b]	骨や歯に存在；虫歯の予防に重要
ヨウ素	0.15 mg	甲状腺の正常な機能に必要；甲状腺ホルモン中に存在
セレン	男性 0.070 μg 女性 0.055 μg	ある種の動物の白色筋および肝臓の障害，人間の克山病の予防；酵素グルタチオンペルオキシダーゼの成分
ケイ素	不明[c]	動物の骨の成長および結合組織の発達に必要
ヒ素	不明[c]	動物の正常な成長および再生に必要
ホウ素	不明[c]	上皮小体ホルモンの機能強化と Ca^{2+}，P，Mg^{2+} の代謝
金属		
鉄	男性 10 mg 女性 15 mg	ヘモグロビンおよび多くの酵素中に存在；貧血の予防に重要
銅	1.5～3.0 mg[b]	ヘモグロビン，血管，骨，腱，ミエリン鞘の形成に重要な酵素の成分
亜鉛	男性 15 mg 女性 12 mg	多くの酵素，正常な肝機能，DNA 合成に重要
コバルト	不明[c]	ビタミン B_{12} 分子中の一部
マグネシウム	2.0～5.0 mg[b]	数種の酵素，骨と軟骨の成長，脳と甲状腺の機能に重要
クロム	0.05～0.2 mg[b]	インスリンの活性を高め血糖を低下させる
モリブデン	0.075～0.25 mg[b]	数種の酵素の機能に必要
ニッケル	不明[c]	鉄の吸収を助長，動物の適正な成長や再生に必要

[a] 1989 年に栄養食料局，米国立科学アカデミー――国立研究協議会で推奨された1日の量．
[b] 成人に対して安全かつ適正と推定される1日の摂取量．
[c] 人間に対する必要量はまだわかっていない．

　生体内の各微量元素には，身体を正常に機能させる特定の濃度範囲があることを理解することは重要である．微量元素が最低濃度以下だと不足の兆候が現れる．微量元素の濃度が低下し続けると，不足による疾患が起り，死を招くこともある．しかし，各微量元素は安全で適切な濃度範囲を越えると毒となる可能性もある．最近種々の医療上の問題に対する治療薬あるいは予防薬として，食事へのミネラル，とくに亜鉛とセレンの添加による大量摂取が進められている．微量元素の大量摂取の宣伝でいわれていないことは，ビタミン類の大量摂取の場合と同様に，健康に害があるかもしれないということである．さらに，ある微量元素の食物中の濃度は，身体がほかの微量元素を吸収する能力に影響を与える可能性もある．これらの必要な元素の適切な摂取量は，ことさらミネラルを添加しなくても，バランスの良い食生活をしていれば容易に

■パノラマ 3-3■

セレン——必須でもあり毒でもある元素

1857年，馬が毛や蹄をなくす病気がノースダコタ州で報告された．"旋回病(blind staggers)"とよばれたこの病気は牧草を食べるほかの動物にも影響を与えた．その症状には視力障害，筋力の衰え，そしてときには肝臓壊死，呼吸障害による死があった．科学者は，1930年に至るまでこの地域の土壌に大量に存在しているセレンがこの病気を起す元素であることがわからなかった．旋回病にかかった動物は土壌からのセレンが蓄積された植物を食べていたのだった．これと対照的に，1950年代の後半に科学者は，セレンが不足した土壌の地域に住む動物が別の病気にかかることを確認した．これらの地域の牧場では，家畜の飼料にセレンを添加することにより，牛，馬，羊の白色筋病，豚の肝臓病，鶏の膵臓病を防ぐことができた．

セレン不足の土壌で育った食物を摂取している中国のある地方では，22000人もの婦人と子供が克山病とよばれる心筋障害にかかった．この地域の人々をセレン塩で治療したところ，この心臓病はほとんどなくなった．同じように，米国でも土壌中のセレンが不足している地域では心臓病で死ぬ率が高いことが研究で明らかにされている．中国の科学者は成人1日当りのセレンの最低必要量は19 μgであるが，1日に1 mgを摂取すると毒性を示すことを見出している．

セレンはなぜ生命に必須なのであろうか．セレンは細胞膜を保護する酵素，グルタチオンペルオキシダーゼの一部である．この酵素は細胞中の過酸化水素や有機過酸化物の蓄積を防ぐ．このような過酸化物はがん発生の一因であると考えられている．セレンはまた，カドミウムや水銀のような重金属の毒から身体を守ることでも役立っている．

章のまとめ

原子は，正電荷をもつ陽子と電気的に中性の中性子を含む小さくて密度の高い原子核と，負電荷をもつ電子が存在する原子核の周囲の領域とから成り立っている．元素の原子番号は元素の原子の原子核中の陽子の数を示す．質量数は原子核の陽子と中性子の数の合計である．原子核中の中性子数が異なる同種の元素の原子を同位体という．元素の原子量は，その元素の天然に存在する同位体の質量（原子質量単位）の存在度を考慮した平均値である．

原子は，負電荷の電子に囲まれた小さくて密度の高い正電荷の原子核をもっている．電子は，エネルギー準位ともよばれるある特定のエネルギー状態にある．各エネルギー準位内は軌道とよばれる領域で，ここに電子が存在する確率がもっとも高い．一つの軌道は，0, 1, または2個の電子を収容することができる．s, p, dおよびf軌道はそれぞれ独特の形をしており，s軌道以外は三つ以上の軌道からなりたっている．各エネルギー準位はある特定の数以上の電子を収容することができない．そして原子の電子配

置は特定の規則に従って決められる．原子核にもっとも近いエネルギー準位には最低のエネルギーをもつ電子が存在する．電子があるエネルギー準位から別のエネルギー準位に移るためには，二つの軌道間のエネルギー差と等しいエネルギーを吸収もしくは放出しなければならない．原子が外からエネルギーを吸収すると，その原子中の電子は低いエネルギーの軌道からより高いエネルギーの軌道に移ることができる．このような原子は励起されたという．原子が十分なエネルギーを吸収すると，電子の一つが完全に原子から飛び出して正に荷電したイオンを形成する．

元素はその化学的，物理的性質が周期性を示す．すなわち周期的に類似した性質を繰り返す．そのような性質のうち主な三つは，原子の大きさ，イオン化エネルギー，電子親和力である．元素を原子番号の順に並べて周期表をつくると，族とよばれる縦の列の元素は類似した性質を示す．各族の元素は価電子，すなわち最外殻のエネルギー準位の電子の数が同じになる．周期表上の元素は金属と非金属に分類することができ，また典型元素，遷移元素，内部遷移元素に分類することもできる．

重要な式

$$原子番号(Z) = 陽子(p)数 \quad [3.2]$$

$$質量数(M) = 陽子(p)数 + 中性子(n)数 \quad [3.2]$$

復習問題

1. 次の表を完成しなさい． [3.1]

原子中の粒子	存在位置	電荷	相対質量
1.		1+	
2.			1
3.			1/1837

2. 次の表を完成しなさい（原子は中性であると仮定する）． [3.2]

	原子番号	元素記号	質量数	p	e⁻	n
(a)	3		7			
(b)		S				16
(c)				11		12
(d)	26					30
(e)	35		80			
(f)		Sr	88			
(g)		Sn				66
(h)		Hg	200			
(i)	88					138

3. 次の元素の原子について原子番号と質量数を求め，二つの簡便法を用いて各原子を示しなさい．
[3.2]

	名称	pの数	nの数
(a)	塩素（Cl）	17	18
(b)	コバルト（Co）	27	33
(c)	水素（H）	1	2

4. 亜鉛の五つの同位体の各中性原子中の陽子，中性子および電子の数を述べなさい（表3.2）．
[3.3]
5. 問題4．で答えた情報を用いて同位体がどのように異なるかを述べなさい．[3.3]
6. 表3.2を用いて亜鉛と臭素の原子量を有効数字3桁で求めなさい．[3.4]
7. 原子の量子力学模型について説明しなさい．[3.5]
8. 第四エネルギー準位で可能な電子の最大数はいくらか．第六エネルギー準位ではいくらか．
[3.5]
9. 次の表中の空所を埋めなさい．[3.5, 3.6]

		元素記号	原子番号	原子量	電子配置
(a)	リチウム				
(b)	窒素				
(c)	ネオン				
(d)	マグネシウム				
(e)	アルミニウム				
(f)	塩素				

10. 次の各元素の中性原子の電子配置をかきなさい（a, d, fについては軌道図も書きなさい）．
[3.6]
   (a) ベリリウム   (b) ヨウ素
   (c) ケイ素   (d) 硫黄
   (e) セレン   (f) 銅
   (g) マンガン   (h) カルシウム
   (i) ラジウム   (j) カリウム

11. 次の電子配置をもつ原子は何か答えなさい．[3.6]
   (a) $1s^2 2s^2 2p^6 3s^1$
   (b) $1s^2 2s^2 2p^3$
   (c) $1s^2 2s^2 2p^6 3s^2 3p^6 4s^2 3d^3$
   (d) $1s^2 2s^2 2p^6 3s^2 3p^6 4s^2 3d^6$
   (e) $1s^2 2s^2 2p^6 3s^2 3p^6 4s^2 3d^{10} 4p^3$

12. 次のそれぞれが陽イオンか陰イオンかを確認しなさい．[3.7]
   (a) Li^+ (b) Cl^- (c) Br^- (d) Na^+

13. 次の各元素の中性原子の価電子の数を述べなさい．[3.9]
   (a) ルビジウム   (b) インジウム
   (c) リン   (d) クリプトン
   (e) ベリリウム   (f) ケイ素
   (g) 臭素   (h) セレン

88   3 原子の構造

14. 次のそれぞれが (1) 金属か非金属か, (2) 典型元素か遷移元素かを確認しなさい.
[3.9, 3.11]
   (a) ストロンチウム   (b) セレン
   (c) 鉄   (d) ゲルマニウム
   (e) 銅   (f) フッ素
   (g) ケイ素   (h) カリウム

15. 次の各原子グループを原子半径の小さい順に並べなさい.   [3.11]
   (a) B, Al, Ga
   (b) Sn, Sb, Te
   (c) Cd, Si, Ga
   (d) As, P, Cl
   (e) O, F, Cl

16. 次の各原子グループをイオン化エネルギーの低い順に並べなさい.   [3.11]
   (a) Be, Mg, Ca   (b) Te, I, Xe   (c) S, Cl, F

17. 次の各組について, どちらの元素が, (1) 大きな原子半径をもっているか, (2) 大きなイオン化エネルギーをもっているか, を予測しなさい.   [3.11]
   (a) NaとCl   (b) CとO   (c) LiとRb   (d) AsとF
   (e) NeとXe   (f) NとSb   (g) SrとSi   (h) FeとBr

18. 次の各組について, どちらの元素が大きな電子親和力をもっているかを予測しなさい.
[3.11]
   (a) NaとCl   (b) ClとI   (c) CsとCl

研究問題

19. 次の原子の原子番号, 質量数および元素記号を答えなさい.
   (a) 8個の陽子と8個の中性子をもつ原子.
   (b) 90個の陽子と142個の中性子をもつ原子.
   (c) 47個の陽子と60個の中性子をもつ原子.

20. 何個の電子の質量が1gとなるか計算しなさい.

21. 16個の電子を含む基底状態の原子の電子配置を答えなさい.

22. 原子番号116の元素はまだ発見されても合成されてもいない. 元素116はどの族に属すると考えられるか.

23. コバルト-60, 鉄-59, 銅-62の三つの原子に共通しているものは何か.

24. 第六エネルギー準位が完全に満たされている原子中の電子の総数はいくつか. この元素は存在しているか.

25. 天然には, リチウムは質量数7の原子92.58%と質量数6の原子7.42%の混合物として存在している.
   (a) リチウムの各同位体について, 次の事項を計算しなさい.
      (1) 原子番号   (2) 質量数
      (3) 陽子数   (4) 中性子数
      (5) 核の電荷

(b) リチウムの原子量を求めなさい．
26. 次の元素をもっとも金属的なものからもっとも金属的でないものの順に並べなさい．
　(a) 硫黄，塩素，ケイ素，リン
　(b) スズ，ルビジウム，銀，パラジウム
27. 原子番号12のマグネシウムの原子の電子配列を示す．
　　　　　エネルギー準位　　　1　2　3　4　5
　　　　　電子配置　　　　　　2　8　1　　1
この原子が基底状態にあるかどうか理由をつけて答えなさい．
28. 三つの中性原子の原子核に関するデータを示してある．これらのうちのどの二つが類似した化学的性質をもっているか．理由をつけて答えなさい．
　　　　　原子Aは4個の陽子と5個の中性子をもつ．
　　　　　原子Bは8個の陽子と8個の中性子をもつ．
　　　　　原子Cは12個の陽子と12個の中性子をもつ．
29. どちらが大きな半径をもっているか．
　(a) 中性のカルシウム原子とカルシウムイオン（Ca^{2+}）．
　(b) 中性の酸素原子と酸化物イオン（O^{2-}）．
30. どちらが大きなイオン化エネルギーをもっているか．
　(a) ナトリウム原子と1+の電荷をもつナトリウムイオン．
　(b) 1+の電荷をもつマグネシウムイオンと2+の電荷をもつマグネシウムイオン．
31. 塩素原子と1−の電荷をもつ塩化物イオンとではどちらが高い電子親和力をもっているか．理由をつけて答えなさい．
32. カリウム原子の19番目の電子はなぜ第三エネルギー準位ではなく，第四エネルギー準位にあるのか．
33. 第四エネルギー準位にはいくつの軌道があるか．それらは何という軌道か．
34. $3d^9$ という表示で，3, d, 9はそれぞれ何を意味するか．
35. 電子で半分満たされた軌道はとくに安定であるといわれる．この安定性の理由を述べなさい．

原子の結合

　午後の貨物列車がルイジアナ州北東部の小さな町を通過しているとき，そよ風が吹いていた．列車が町を出て2マイルほどのところでしだいにスピードを上げはじめたとき，突然18両の貨車が脱線した．18両の貨車のうちの1両，30トンの塩素を積んだタンク車は横倒しになり，大きな割れめができてしまった．塩素はすぐに気化して黄緑色のガスとなり，タンク車から流れ出て，風に乗って町の方へ運ばれていった．近くの農家に住むハリソン一家は危険が近づいているのに気づかなかった．列車が事故を起してから数分内に塩素の刺激臭が家に立ち込めた．ハリソン夫人は突然呼吸が苦しくなり，二人の幼い子供たちは嘔吐しはじめた．彼女の夫は涙を流しながら納屋から走ってきて，急いで家族を車に乗せた．急いで家を離れるとき，ハリソン夫人は生後11ヶ月になる息子のランディの呼吸がおかしいことに気づいた．彼らが病院へ急ぐ間中，消防署の緊急信号のサイレンが聞こえ，保安官の車が近くの農家から避難してきた人々を助けているのが見えた．

　塩素ガスの死の雲のために，1000人近い人々が家や事務所や学校から避難させられた．何

百頭もの農場の家畜がガスのために死に，この地域の数平方マイルには数日間誰も住めなかった．50人の人が塩素による猛烈な刺激のため病院で治療を受け，ハリソン一家を含む10人が重傷の中毒で入院させられた．不幸にもランディは塩素ガスにより，一家が病院に到着する前に死亡した．

塩素は，室温で黄緑色の気体で，特徴的な窒息性の刺激臭をもつ．低濃度では粘膜や呼吸器系を刺激し，高濃度では呼吸困難を引き起こし，ひどい場合には窒息死する．

もう一つの危険な物質としてナトリウム（Na）がある．この単体はアルカリ金属で，極めて反応性に富んでいるため天然には純粋な状態では見出されない（純粋な形で単離すると，柔らかい銀色の金属なので，ナイフで切ることができる）．ナトリウムを取り扱うときは水に触れないように厳重に注意しなければならない．ナトリウムが水と接触すると，非常に激しく反応して水素ガス（H_2）を発生し，この水素は反応熱によって発火する．

塩素とナトリウムは，両方とも非常に反応しやすく，生体組織にとって極めて危険な元素である．しかし，塩素ガスを入れた容器に新しく切ったナトリウムの小片を落として，容器を温めたとしてみよう．ただちに化学反応が起って，白い粉末ができるのが見られるだろう．この反応の生成物は塩化ナトリウム（NaCl）である．この物質は一般には食塩といった方が通りがよい．しかし，食塩は反応物であるナトリウムと塩素の性質を全くもっていない．事実，食塩は私たちの食物のなかで大切なものの一つである．食塩は私たちの細胞や組織中の水の量を適切に保つために重要な役割を果し，筋肉の収縮や神経の刺激の伝達に必要である（口絵 III(a) 参照）．

塩化ナトリウムは化合物で，異なった元素の反応によってつくられた均一な物質である．この化学的反応は，自然に起る多くのほかの自発的過程と同様に，より安定な物質を生じる．ナトリウムと塩素は両方とも比較的不安定な元素で，自発的に反応して（加熱は反応を速めるだけである）非常に安定な塩化ナトリウムを生じる．

=== 学習目標 ===

この章を学習した後で，次のことができるようになっていること．
1. オクテットについて述べる．
2. イオン結合とイオン結合性化合物について説明する．
3. 共有結合と共有結合性化合物について説明する．
4. 単結合，二重結合，三重結合ついて説明し，それぞれについて例をあげる．
5. 代表的元素でつくられるイオン結合性化合物，共有結合性化合物について点電子図を描く．
6. 電気陰性度を定義し，電気陰性度が周期表上でどのように変化するか説明する．
7. 極性共有結合と非極性共有結合の違いを説明する．
8. 簡単な分子の形を描き，極性か非極性かを予測する．
9. 水素結合について説明する．
10. 多原子イオンを定義し，例をいくつかあげる．

11. 酸化数を定義し，与えられた化合物あるいは多原子イオン中の元素の酸化数を決定する．
12. イオン結合性化合物または共有結合性化合物の名称が与えられたとき構造をかき，構造が与えられたとき名称をかく．

化学結合

4.1 オクテット則

1900年代のはじめ，Richard Abegg, J.J. Thomson, G.N. Lewis，および Irving Langmuir は，新しい原子構造のモデルをつくった．彼らは，1族から17族までの代表的元素が電子を失ったり，獲得したり，共有したりして化学結合をつくる，という観察に基づいたモデルをつくった．このモデルでは，原子の周囲に合計8個の価電子が存在するという結果になった（これは極めて安定な希ガスの電子配置である）．これらの元素が外殻にオクテット——すなわち，8個の価電子——を獲得しようとして反応する傾向は，**オクテット則**（octet rule）とよばれる．この原則には重い元素については多くの例外もあるが，軽い元素（原子番号1から22）の間の反応でつくられる化合物の組成を予測するのに便利であることがわかる．

4.2 イオン結合

元素が安定な電子のオクテットを獲得する方法には二つある．すなわち，電子を獲得したり失ったりする方法と，電子を共有する方法である．一つの原子から他の原子へ電子が移る第1の方法では，電気的に中性な原子がイオンになる．これらのイオンの間の引力を**イオン結合**（ionic bond）とよぶ．このような電子の移動は，塩素のように余分な電子を強く引きつける（電子親和力が高い）元素が，ナトリウムのように価電子に対する引力が弱い（イオン化エネルギーが低い）元素と反応するときに起る．

表 4.1 原子とイオンの電子配置

	原子番号	電子配置 1	2	3		原子番号	電子配置 1	2	3
ナトリウム，Na	11	2	8	1	塩素，Cl	17	2	8	7
ナトリウムイオン，Na$^+$	11	2	8		塩化物イオン，Cl$^-$	17	2	8	8
ネオン，Ne	10	2	8		アルゴン，Ar	18	2	8	8

図 4.1 塩化ナトリウムの生成では，ナトリウム原子が1個の電子を塩素原子に与えて正のナトリウムイオン（Na^+）と負の塩化物イオン（Cl^-）を生じる．

ナトリウムが1個の価電子を失うと，陽イオン Na^+ になる．ナトリウムイオンは周期表上でナトリウムにもっとも近い希ガスであるネオン（Ne）と同数の10個の電子をもっている（8個は外殻）ことに注意しよう．同様に，塩素原子が電子（ナトリウム原子からとれたような）を獲得すると，陰イオン Cl^- になる．このような塩化物イオンは，もっとも近い希ガスであるアルゴン（Ar）と同数の18個の電子（8個は外殻）をもっている（表4.1および図4.1）．

一般に，少数の価電子をもつ元素(1族，2族，3族の金属)は，8個に近い価電子をもつ元素(16族と17族の非金属元素)と反応すると，電子を失う．このような電子の移動で生じたイオンは，異なる電荷の粒子であるので，互いに引きつけ合う．イオン結合を形成するのはこの引力である．例えば，塩素ガスを入れた容器に新しく切ったナトリウムのかけらを入れると，何十億もの原子が反応(すなわち，電子の移動)を起す．陽イオンと陰イオンの間の引力によってこれらのイオンが集まって，**結晶格子**（crystal lattice）とよばれる規則正しい三次元構造をつくる．このイオンの大きな集まり全体を**イオン結合性化合物**（ionic compound）という（図4.2）．塩化ナトリウムの結晶中では，6個の塩化物イオンが1個のナトリウムイオンを囲み，6個のナトリウムイオンが1個の塩化物イオンを囲んでいる．1個の塩化物イオンに対して1個のナトリウムイオンが存在しているので，塩化ナトリウムの結晶は電気的に中性である．つまり結晶格子中のイオンの比が電気的に中性なイオン化合物を生じるということは，常に真実である．

イオン結合性化合物は，識別できるような分子は含んでいない．あるイオンが独占的にもう一つのイオンに引きつけられることなく，それぞれのイオンはそれを取りまいている反対に帯電したすべてのイオンに引かれている．ここで再びイオン結合が物や物質ではなく，単に反対に荷電したイオン間の引力であるということを理解しよう．

一般に，イオン結合性化合物は金属と非金属の間に形成される．代表的な元素については周期表上の族がわかれば，その原子が獲得あるいは失わなければならない電子の数を予測することができ，形成されるイオンの電荷を予測することができる（表4.2）．遷移金属はしばしば2種類以上のイオンを形成することができるので予測する

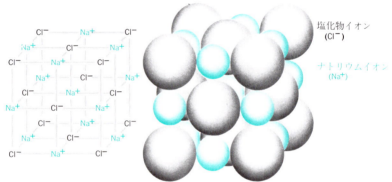

図 4.2 塩化ナトリウムの結晶中では,ナトリウムイオンと塩化物イオンが高密度に配列されている.

表 4.2 典型元素のイオン

1族	2族	13族	15族	16族	17族
Li^+	Be^{2+}	Al^{3+}	N^{3-}	O^{2-}	F^-
Na^+	Mg^{2+}		P^{3-}	S^{2-}	Cl^-
K^+	Ca^{2+}			Se^{2-}	Br^-
Rb^+	Sr^{2+}			Te^{2-}	I^-
Cs^+	Ba^{2+}				

ことが難しい.例えば,銅はCu^+とCu^{2+}のどちらもつくることができる.表4.3に1種類以上のイオンを形成する遷移金属と,その他の金属からできる一般的なイオンのいくつかを示した.

表 4.3　一般的な金属イオン

金属	イオン	金属	イオン	金属	イオン
カドミウム	Cd^{2+}	鉄	Fe^{2+}, Fe^{3+}	ニッケル	Ni^{2+}
クロム	Cr^{2+}, Cr^{3+}	鉛	Pb^{2+}, Pb^{4+}	銀	Ag^{+}
コバルト	Co^{2+}, Co^{3+}	マンガン	Mn^{2+}, Mn^{4+}	スズ	Sn^{2+}, Sn^{4+}
銅	Cu^{+}, Cu^{2+}	水銀	Hg^{2+}, Hg_2^{2+}	亜鉛	Zn^{2+}

■パノラマ 4-1■

体内の重要なイオン

体内には生命にとって必要な多くの元素がイオンの形で存在している．これらのイオンは，エネルギー生産，細胞の構築や維持を含むいくつかの過程で，調節剤として働いている．次の表はこのようなイオンの機能，欠乏した場合の影響，含まれている食品を示している．

イオン	機能	欠乏症	含まれる食品
カルシウム Ca^{2+}	骨の形成，歯の形成，凝血，筋肉の収縮と弛緩，心臓機能	くる病，骨多孔症，歯の形成不全，凝血機能低下	牛乳と乳製品，チーズ，緑色野菜，全粒穀物，卵黄，豆類，ナッツ
ナトリウム Na^{+}	細胞外液中の水分および酸-塩基のバランス	緩衝系中の水分移動の調節およびバランスの不調	食塩，牛乳，肉，人参，ビート，ほうれんそう，セロリ
カリウム K^{+}	細胞，筋肉，神経作用における水のバランス，タンパク質合成	水分のバランス不調，不整脈，心拍停止，組織破壊	全粒穀物，肉，豆，果物，野菜
マグネシウム Mg^{2+}	神経刺激の伝達，ある種の酵素の活性化，筋肉の収縮	筋肉の振顫（しんせん），心臓の痙攣，痙攣，発作と譫妄（せんもう）	乳製品，小麦粉，シリアル，乾燥豆，ナッツ，エンドウ豆，緑色野菜

4.3　ルイスの点電子図

前節で，価電子が一つの原子から別の原子に移って，イオン結合を形成すると述べた．3章では原子の完全な電子配置をどうやって描くかを学んだ．これから先は，主として価電子に注目する．原子の価電子の配置を表すのには**ルイスの点電子図**（Lewis electron dot diagram，G. N. Lewis にちなんで名づけられた）を用いるのが便利である．この図では，各価電子を表すのに点が使われる．元素記号の四つの側面にはそれぞれ二つの点を描く余地がある．どの側面からはじめてもよいが，まず1個ずつ点をおいていく．4個以上の価電子をもつ元素の場合には対にして点をおく．表4.4に第二

表 4.4 第二周期元素の点電子図

元素	記号	原子番号	族	価電子	点電子図
リチウム	Li	3	1	1	Li·
ベリリウム	Be	4	2	2	Be·
ホウ素	B	5	13	3	·Ḃ·
炭素	C	6	14	4	·Ċ·
窒素	N	7	15	5	·Ṅ·
酸素	O	8	16	6	·Ö·
フッ素	F	9	17	7	:F̈·
ネオン	Ne	10	18	8	:N̈e:

周期の元素の点電子図を示す．

例題 4-1

1. リンの点電子図を描きなさい．

   [解] リンは15族，したがって5個の価電子をもっている．元素記号の各側に一つずつ点をおき，次に5番目の点をはじめの四つの点のどれかと対にする（注：次の四つの図はどれも正しい）．

$$··\overset{·}{\underset{·}{P}}· \quad :\overset{·}{P}· \quad ·\overset{·}{P}· \quad ·\overset{·}{P}:$$

2. ルイスの点電子図を用いて，ナトリウムと塩素から塩化ナトリウムができる反応を示しなさい．

   [解] 1個の価電子をもつナトリウムのルイス点電子図は ·Na で，7個の価電子をもつ塩素の点電子図は ·C̈l: である．

$$Na· + ·C̈l: \longrightarrow Na^+ :C̈l:^-$$

3. マグネシウムと塩素の間の反応を点電子図で描きなさい．

   [解] マグネシウムは2族で2個の価電子をもっている．17族の塩素は7個の価電子をもっている．安定な電子のオクテットを獲得するためにはマグネシウムは2個の電子を失い，塩素は1個の電子を獲得しなければならない．したがって，2個の塩素が1個のマグネシウムと反応しなければならない．

$$:C̈l· + ·Mg· + ·C̈l: \longrightarrow Mg^{2+} + 2[:C̈l:^-]$$

（[ ]の前にかいてある2は2個の塩化物イオンがあることを示す）

練習問題 4-1

1. 次の各元素についてルイスの点電子図を描きなさい．
   (a) Rb   (b) Si   (c) I
2. ルイスの点電子図を用いて次の元素間の反応を示しなさい．
   (a) カリウムとヨウ素   (b) マグネシウムとヨウ素

4.4 化学式

化学式（chemical formula）は化合物を示す簡便な方法である．化学式は2種類の情報を含んでいる．すなわち，化学式は化合物中の原子またはイオンの種類と各原子またはイオンの数の比を示している．原子の種類は元素記号で示され，原子数の比は元素記号の後の添字によって示される．イオン結合性化合物の場合は，陽イオンの記号は常に式の前におかれる．

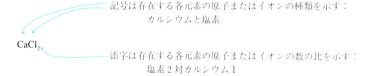

例題 4-2

マグネシウムと塩素からできる化合物の化学式をかきなさい．

[解] 例題4-1で，これらの元素からできる化合物の点電子図を描き，マグネシウム1個に対して塩素2個が必要であることがわかった．したがって，化学式は $MgCl_2$ である．

練習問題 4-2

練習問題4-1の問題2.でできる化合物の化学式をかきなさい．

4.5 共有結合

電子に対する引力が同程度の元素同士はイオン結合を形成できない．オクテットを完成し，安定になるためには電子を共有して**共有結合**（covalent bond）を形成しなければならない．共有結合は，二つの正の原子核が同じ電子を引きつけ，二つの原子核が近接して保たれるときに生じる．二つあるいはそれ以上の原子が共有結合によって

表 4.5 2原子分子として存在する元素

水素	H_2	フッ素	F_2
窒素	N_2	塩素	Cl_2
酸素	O_2	臭素	Br_2
		ヨウ素	I_2

電子を共有すると，**分子**（molecule）とよばれる中性の原子の集団が形成される．

共有結合性化合物（covalent compound）は分子からなり，分子は共有結合によってつながれた原子からなっている．非金属元素は通常共有結合を形成する（非金属は高いイオン化エネルギーをもち，価電子に対する強い引力をもつ元素であることを思い出そう）．

いくつかの非金属元素は単原子では天然に存在せず，その元素の二つの原子が共有結合でつながれた**2原子分子**（diatomic molecule）として存在している（表 4.5）．

例えば，塩素は2原子分子 Cl_2 として存在している．各塩素原子は7個の価電子をもち，安定なアルゴンの電子配置をとるためにはもう1個の電子が必要である．2個の塩

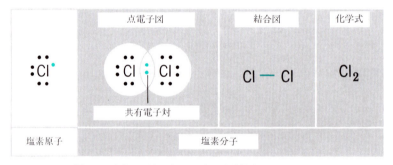

図 4.3 塩素の2原子分子は1個の共有結合をもっている．

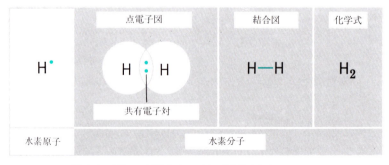

図 4.4 水素の2原子分子は1個の共有結合をもっている．

素原子が1対の電子を共有して(共有結合を形成し)，安定なオクテットをとることができる．共有結合を示す簡便な方法は元素記号の間に短い線を引くことである．この表示法は**結合図**（bond diagram）とよばれる（図4.3）．

水素は，2原子分子 H_2 として存在するもう一つの元素である．おのおのの水素原子は1個の価電子をもち，もっとも近い希ガスであるヘリウムの安定な電子配置となるためには，もう1個の電子が必要である．そこで，2個の水素原子が1対の電子を共有して安定になる（図4.4）．

4.6 多重結合

二つの原子核の間で2対以上の電子対が共有されるときにだけ安定なオクテットをとることがしばしばある．1対の電子が共有される場合には**単（共有）結合**（single covalent bond）が生じ，元素記号の間に1本の線で示される．二つの原子核の間で二つの電子対が共有される場合には**二重結合**（double bond）が形成され，二重線＝で表される．二酸化炭素（CO_2）は二重結合を含む化合物の例である．炭素原子は安定なオクテットをとるためには各酸素原子と二つずつの電子対を共有しなければならない（図4.5）．

窒素は2原子分子 N_2 として大気中に存在する．各窒素原子は5個の価電子をもち，安定なオクテットをとるためには3対の電子を共有する必要がある．2個の窒素原子のそれぞれが，もう一方の原子と3対の電子を共有するときに起るこれら3組の電子対は**三重結合**（triple bond）を形成し，この結合は3本の線≡で表される（図4.6）．大気中の気体の80％を占める窒素は安定で，比較的反応性に乏しい．N_2 としての窒素はその反応性の乏しさのために，ほとんどの生命体が利用できない．大気中の窒素を他の原子と結合させ，他の生物が利用できるようにすることが可能な生物がただ一綱だけある．この生物は，土壌中や，豆やアルファルファのような植物の根に棲

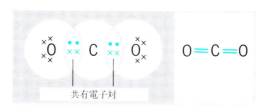

図 4.5　二酸化炭素分子は二つの二重の共有結合をもち，それぞれの原子のオクテットができている．

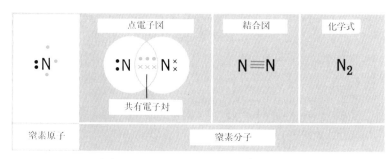

図 4.6 窒素の2原子分子は1個の三重の共有結合をもっている．

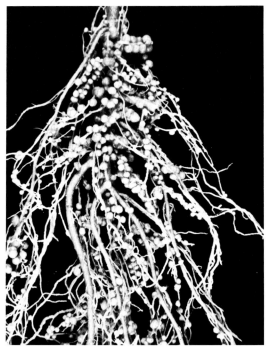

図 4.7 マメ科植物の根は窒素固定バクテリアを含む結節を
もっている．これらのバクテリアは根から供給される養
分を用いて空気中の窒素をアンモニア（NH_3）あるいは
硝酸イオン（NO_3^-）に変換する．

息する細菌である（図4.7）．この細菌は気体状の窒素を植物が利用できるような化合物に変換する．動物はその植物を食べて必要な窒素を得ることができる．

例題 4-3

次の共有結合性化合物について，点電子図と結合図を描きなさい．

(a) 水，H_2O

[解] 酸素は16族なので，6個の価電子をもっている．これは，酸素が安定になるためには2対の電子を共有する必要があることを意味する．水素は1族で，1個の価電子をもっており，ヘリウムの電子配置をもつためには1対の電子を共有する必要がある．したがって，酸素原子は二つの水素原子と1対ずつ電子を共有する．これを表す点電子図は次のようになる．

$$H \curvearrowright \ddot{\underset{..}{O}}: \; H \longrightarrow \overset{H}{\underset{..}{H:\ddot{O}:}}$$

また，結合図は次の通りである．

$$\begin{array}{c} H \\ | \\ H-O \end{array}$$

(これらの図は分子の実際の形を示すものではないことに注意しよう．)

(b) 炭素と臭素からなる化合物

[解] 炭素は14族で，4個の価電子をもち，安定なオクテットとなるためには4対の電子を共有する必要がある．臭素は17族で，7個の価電子をもち，1対の電子を共有する必要がある．よって，炭素は4個の臭素原子のそれぞれと1対ずつ電子を共有しなければならず，点電子図と結合図は次のようになる．

$$\overset{:\ddot{Br}:}{\underset{:\ddot{Br}:}{:\ddot{Br}:\!\overset{..}{C}\!:\ddot{Br}:}} \quad と \quad \overset{Br}{\underset{Br}{Br-C-Br}}$$

練習問題 4-3

次の元素間に形成される共有結合性化合物の点電子図と結合図を描きなさい．

(a) 水素と塩素
(b) 水素と窒素
(c) 炭素と硫黄

4.7 電気陰性度

化学結合中の共有電子に対する原子の相対的引力は，原子の**電気陰性度**（electronegativity）とよばれる．Linus Pauling は，結合エネルギーに基づいて相対的電気陰性度の尺度をつくった（図 4.8）．周期表の各周期中で，もっとも半径の小さい元素がもっとも電気陰性度が高い．すべての元素の中で，フッ素がもっとも電気陰性度が高い．元素の電気陰性度は周期表に沿って左から右にいくにつれて増加し，同族内では，上から下にいくにつれて減少する．例えば，Cl_2 のように二つの同じ原子が共有結合で電子対を共有していると考えてみよう．二つの原子は同じ電気陰性度をもっているから，電子は二つの原子核の間で等しく共有されていると考えられる．このため，正電荷の中心と負電荷の中心は二つの原子核の中央にある．このような結合は**非極性共有結合**（nonpolar covalent bond）とよばれる（図 4.9 a）．

H 2.1																	
Li 1.0	Be 1.5											B 2.0	C 2.5	N 3.1	O 3.5	F 4.1
Na 1.0	Mg 1.3											Al 1.5	Si 1.8	P 2.1	S 2.4	Cl 2.9
K 0.9	Ca 1.1	Sc 1.2	Ti 1.3	V 1.5	Cr 1.6	Mn 1.6	Fe 1.7	Co 1.8	Ni 1.8	Cu 1.7	Zn 1.7	Ga 1.8	Ge 2.0	As 2.2	Se 2.5	Br 2.8
Rb 0.9	Sr 1.0	Y 1.1	Zr 1.2	Nb 1.3	Mo 1.3	Tc 1.4	Ru 1.4	Rh 1.5	Pd 1.4	Ag 1.4	Cd 1.5	In 1.5	Sn 1.7	Sb 1.8	Te 2.0	I 2.2
Cs 0.9	Ba 0.9	La 1.1	Hf 1.2	Ta 1.4	W 1.4	Re 1.5	Os 1.5	Ir 1.6	Pt 1.5	Au 1.4	Hg 1.5	Tl 1.5	Pb 1.6	Bi 1.7	Po 1.8	At 2.0
Fr 0.9	Ra 0.9	Ac 1.0	ランタノイド　1.0～1.2 アクチノイド　1.0～1.2													

図 4.8　電気陰性度を示す周期表

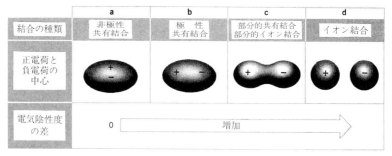

図 4.9　結合の連続性．イオン結合と共有結合の間には明確な断点はなく，非極性共有結合からイオン結合までの連続した範囲がある．

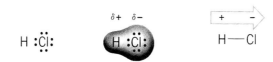

図 4.10 塩化水素分子の極性共有結合の模式図. ギリシャ文字のデルタ(δ)は部分的な電荷を示す.

今度は，二つの異なる原子が電子を共有していると考えてみよう．一つの原子はもう一方の原子より強く電子を引きつけ，そのため電子はより電気陰性度の高い（あるいは電子求引性の）原子の方に近づいていると考えられる．このような結合では，正電荷の中心と負電荷の中心は同じ場所にはなく，電荷の不均等な分布を生じている（図 4.9 b）．この種の結合を**極性共有結合**（polar covalent bond）とよぶ.

例えば，塩化水素 HCl を考えてみよう．塩素は水素より電子親和力が大きく，より電気陰性度が高い元素なので，水素−塩素結合中で共有電子は塩素原子に近い方に引きつけられる．このため，結合の塩素側の末端は部分的に負に帯電し，水素側の末端は部分的に正に帯電する（図 4.10）．そこで，一般に極性共有結合の負の部分はより電気陰性度の高い原子の領域に，正の部分はより電気陰性度の低い原子の領域にあると考えられる．

同じ元素の原子は，正電荷と負電荷の中心が一致した非極性共有結合を形成する．異なる電気陰性度をもつ異種の元素の原子は，電荷の中心が離れた結合を形成する．電気陰性度の違いが非常に大きくなる場合には，電荷は結合の両末端に完全に分かれて，イオン結合が形成される.

私たちは非極性共有結合から完全なイオン結合に至るまでの連続した領域を考えることができる．化合物はこの連続体のどこかに位置している（図 4.9）．結合を形成している元素の電気陰性度の差が 1.7 以上の場合は，その結合は 50% 以上のイオン性をもっている．一般に，金属と非金属の間の結合はイオン性で，非金属間の結合は共有性であるということができる．原子の電気陰性度が同じときには結合は非極性共有結合となり，一方の原子が他方より大きな電気陰性度をもっているときには極性共有結合となる．後述するように，化合物中の結合のタイプは，沸点や溶解度といった化合物の多くの重要な性質を決定する.

4.8 極性分子と非極性分子

分子状化合物の性質や挙動は，分子内の結合のタイプによるだけでなく，分子の形

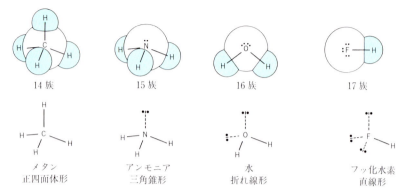

図 4.11 14 族から 17 族までの元素が別の元素と単結合して形成された共有結合性分子の形.

や原子の配列にもよる．分子の形によって影響を受ける性質には，化合物の匂いから生体内での化学反応の調節に分子が果す役割に至るまでのさまざまなものがある．例えば，すべての幻覚剤は脳のある場所に作用すると考えられる．この場所は特定の三次元の形に対しての感受性が，あるいはこの形を"認識できる"可能性がある．ある説によれば，幻覚剤の分子は，それぞれこの三次元の形によく似た特定の領域をもっており，このため幻覚症状を引き起こすのである．

同じ族あるいは同じグループに属する元素は類似した化学的性質をもつという事実をこれまで述べてきた．14 族から 17 族までの非金属については，中心の元素が同じグループの共有結合性化合物は似た形をしている．とくに，分子内のすべての結合が単結合の場合，14 族元素の周りの原子の配列は正四面体形となり，15 族の場合は三角錐形，16 族の場合は折れ線形，17 族の場合は直線になる（図 4.11）．

■パノラマ 4-2■

味と分子の形

"甘いものをみるとやめられない"と誰かがいうのをあなたは何回聞いただろうか．この弱点は，しばしば私たちの"甘い歯 (sweet tooth)"とよばれている．私たちが欲しがる甘味をもつ物質で，もっともよく使われているのは砂糖である．典型的な米国人は平均して 1 日に少なくとも 170 g の砂糖を消費している．たとえ家庭で食品に砂糖を加えなくても，私たちが食べる加工食品中には容易ならない量の砂糖が含まれている．実際，私たちは十分気をつけていても健康保持に必要な量以上の砂糖を間接的に加工食品から摂取している．

問題は，砂糖が"空のカロリー (empty calorie)"をもっているということである．言い換えると，砂糖はエネルギー源としての役割以外に何も栄養価をもっていない．砂糖の豊富な食事

4.8 極性分子と非極性分子　　105

アスパルテームを含む食品

は,脂肪の多い食事と同様に肥満の主な原因である.私たちがあまりにも多くの砂糖を消費するので,人工甘味料が食品添加物として広く用いられるようになった.これらの物質が砂糖に似た味をもっていて,砂糖の代替品として用いられるようになったのは,その分子の形によるのである.

　生物系では物質の三次元分子構造が非常に重要なことがわかっている.その理由は生物系をつくりあげている流体中では,分子が何とか適切な相手を発見し,反応しなければならないからである.何百もある異なった分子の中から反応の相手を認識するのはその特定の構造による.分子は"受容体 (receptor)"分子の受容体結合部位 (receptor site) に適合することによって情報を伝達することができる.この例が天然の砂糖による味蕾*の刺激である.砂糖は味蕾上の受容体結合部位に適合して,脳に甘いという反応を起させる.人工甘味料はその形が同じ場所に適合するようにつくられた分子である.砂糖と違うところは,砂糖のように消化過程で分解されないということである.このために,人工甘味料は余計なカロリーを供給しない.

　現在使用されている 2 種類の無カロリー人工甘味料はサッカリンとアスパルテームである.サッカリンは砂糖の 450 倍も甘く,ほとんどカロリーがない.この化合物を投与された実験用ラットの何匹かががんを発症したので,サッカリンの安全性に疑問がもたれている.しかし,別の実験はこの結果を支持していない.もう一つの甘味料アスパルテームは砂糖の 150 倍の甘さがある.これまでの実験ではアスパルテームは安全であることが示されている.化学者が味のもとになる分子の部分についてもっとわかってくれば,味蕾上の甘みの受容体結合部位にうまく適合する新しい分子がつくられるようになり,私たちの人工甘味料のリストは増え続けるだろう.

　　* 舌面にあって味覚を感じる組織.

表 4.6 分子の形と分子の極性

化合物	化学式	形	結合図	電荷の中心	分子のタイプ
塩化水素	HCl	直線形	$\overset{\delta+}{H}-\overset{\delta-}{Cl}$	(＋ －)	極性
二酸化炭素	CO_2	直線形	$\overset{\delta-}{O}=\overset{}{C}=\overset{\delta-}{O}$	(＋ ±)	非極性
水	H_2O	折れ線形	$\overset{\delta-}{O}$ $\overset{\delta+}{H}$ $\overset{\delta+}{H}$	(－ －)	極性

　分子の形はその分子が極性か非極性かを決定する．分子が極性であるかあるいは非極性であるかということは，生物中でのその分子の挙動や役割にとって大きな意味をもっている．私たちは生体系で極性分子がほかの極性分子を見出し，非極性分子がほかの非極性分子を見出すことを学ぶ．共有結合の場合と同様に，非極性分子中では，正負の電荷の中心は一致し，極性分子中では一致しない．分子中で電荷が分離して，正電荷と負電荷の領域が生じても，極性分子は電気的に中性であることを理解することは重要である．

　分子の形によってその分子が極性か非極性かが決まることをいくつかの例で示す（表 4.6）．どの例でも，形成されている結合はすべて極性であることに注意しよう．すでにみてきたように，塩化水素（HCl）は 1 個の極性結合をもった直線状の分子である．この分子は正末端が水素に負末端が塩素にあり極性である．二酸化炭素（CO_2）も二つの極性二重結合をもつ直線状分子である．しかし，分子中の原子の直線的配列が正電荷と負電荷の中心を一致させているので，二酸化炭素分子全体としては非極性である．水の分子はいま二酸化炭素でみたように，三つの原子と二つの極性結合をもっている．水分子の中央の酸素原子は 2 組の非共有電子対をもっているので，水分子は（直線ではなく）曲がった形をしている．この曲がった形のために正電荷と負電荷の中心が分かれ，水分子は極性になる（図 4.12）．これで，二つ以上の原子をもった分子で

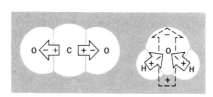

図 4.12　CO_2 と H_2O は両方とも二つの極性共有結合をもっている．しかし，分子の形が違うため，CO_2 の分子は非極性に，H_2O の分子は極性になる．

は，その分子が極性か非極性かを予測するためには分子の幾何学的配置すなわち形を知らなければならないことがわかる．もっと複雑な分子の幾何学的配置についてはより進んだコースで学ぶことになる．

4.9 水素結合

フッ素，酸素，窒素のような電気陰性度が高い原子に結合した水素を含む分子は**水素結合**（hydrogen bonding）という分子間の結合をもっている．ある分子の部分的に正の水素が，近くにいる分子の部分的に負の，フッ素，酸素あるいは窒素に引きつけられる．このような水素結合は普通の共有結合の約1/10の強さをもっている．生体内のある大きな分子は同じ分子内の異なった部分同士で水素結合を生じ，このため分子が折れ曲がっている（分子内水素結合とよばれる）．水素結合は自然界で重要な役割を果している．水素結合は高融点や高沸点などといった，水の異常な性質の原因であり，このため水はすべての生物にとって極めて重要な液体となっている（図4.13）．

これらの性質については10章で述べる．水素結合はまた，生体内の大きな分子の形を決める．もっと身近な例では，スキンクリーム中のラノリンが，なぜ手の皮膚をソフトにするのか，固いキャンディーがなぜべとべとしてくるのか，またなぜ綿の織物は合成繊維の織物より乾燥しにくいのか，などといったことをうまく説明することができる．

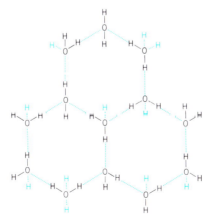

図 4.13　氷の水素結合．水素結合は点線で表されている．

化学式と命名法

4.10 多原子イオン

多原子イオン（polyatomic ion）は，電荷を帯びた共有結合した原子の集まりで，非常に安定なので，ほとんどの化学反応で分解せずに一つの単位として行動する．表4.7にいくつかの多原子イオンとその化学式を示してある．多原子イオンを含む化合物は極めて一般的で私たちの日常生活で中心的役割を果しているので，その名前と式になじまなければならない．そのような一般的な化合物の例は，ふくらし粉として使われる重炭酸ナトリウム（炭酸水素ナトリウム）$NaHCO_3$ や，制酸剤である水酸化マグネシウム $Mg(OH)_2$ である．

表 4.7 一般的多原子イオン

イオンの名称（慣用名）	化学式	イオンの名称（慣用名）	化学式
アンモニウムイオン	NH_4^+	シュウ酸イオン	$C_2O_4^{2-}$
酢酸イオン	$C_2H_3O_2^-$	過マンガン酸イオン	MnO_4^-
炭酸イオン	CO_3^{2-}	過酸化物イオン	O_2^{2-}
炭酸水素イオン（重炭酸イオン）	HCO_3^-	リン酸イオン	PO_4^{3-}
		リン酸水素イオン	HPO_4^{2-}
塩素酸イオン	ClO_3^-	リン酸二水素イオン	$H_2PO_4^-$
クロム酸イオン	CrO_4^{2-}	硫酸イオン	SO_4^{2-}
二クロム酸イオン	$Cr_2O_7^{2-}$	硫酸水素イオン（重硫酸イオン）	HSO_4^-
シアン化物イオン	CN^-		
水酸化物イオン	OH^-	亜硫酸イオン	SO_3^{2-}
次亜塩素酸イオン	ClO^-	亜硫酸水素イオン（重亜硫酸イオン）	HSO_3^-
硝酸イオン	NO_3^-		
亜硝酸イオン	NO_2^-	チオ硫酸イオン	$S_2O_3^{2-}$

■パノラマ 4-3■

医薬品として使われるイオン結合性化合物

イオン結合性化合物を命名し，その化学式を見分ける方法を学ぶことは簡単なことではなく，また，いまの段階では本書の説明以上のことを知ってもあまり役に立たない．あなたたちが将来選ぶ仕事で出会う多くの化合物は本来イオン結合性である．これらの化合物のいくつかを医薬品として使われる例とともに次に示す．

化学式	名称	医薬品としての用途
Al(OH)$_3$	水酸化アルミニウム	制酸剤
CaSO$_4$	硫酸カルシウム	骨折用ギプス
FePO$_4$	リン酸鉄(III)	強化パン中の補鉄剤
FeSO$_4$	硫酸鉄(II)	鉄分欠乏症の治療
KI	ヨウ化カリウム	ぜんそくの治療
K$_2$C$_2$O$_4$	シュウ酸カリウム	血液の保存
HgCl$_2$	塩化水銀(II)	外科用手洗い
MgSO$_4$	硫酸マグネシウム	座浴
NaHCO$_3$	炭酸水素ナトリウム	制酸剤
NH$_4$NO$_3$	硝酸アンモニウム	尿を酸性にする
(NH$_4$)$_2$CO$_3$	炭酸アンモニウム	去痰剤
ZnO	酸化亜鉛	収斂剤
ZrO$_2$	酸化ジルコニウム	毒性つた用軟膏

4.11 酸化数

化学反応における電子の移動を追跡するために,科学者は酸化数という概念を使うことを考え出した.**酸化数**(oxidation number)* は,化学結合に関与している電子がより電気陰性度の高い原子に完全に移ったとしたときに原子がもつであろう電荷と定義される.イオン結合中では,電子は完全に移っているので,酸化数はイオンの電荷に等しくなる.共有結合が形成されると,原子は部分的な正または負の電荷しかもっていないが,完全にイオン結合性であるかのように酸化数を定める.周期表を用い,以下の規則に従えば,酸化数を定めるのはそれほど難しくなく,化学式をかく場合に非常に役に立つ.

規則1. 元素が,異なる元素の原子と結合していないとき,その元素の酸化数すなわち酸化状態は 0 である.

いくつかの元素は自然界で,遊離の原子状態あるいは N$_2$, H$_2$, P$_4$, S$_8$ などのように非極性共有結合分子として存在している.どちらの場合もその元素の酸化状態は 0 である.

規則2. 共有結合では,電子がより電気陰性度の高い方の原子に移ったものとして酸化数を定める.

塩化水素の例を使ってみる(図 4.10).塩素は水素より電気陰性度の高い原子で,酸化数は 1− である.その結果,水素の酸化数は 1+ となる.

---

* **酸化状態**(oxidation state)という言葉が酸化数と互換性をもって使われている.例えば,化合物 HCl 中で水素の酸化数は 1+ であるが,酸化状態 1+ であるともいう.

規則 3. ただ 1 個の原子からなるイオン（単原子イオン）はイオンの電荷と等しい酸化数をもつ．

イオン結合性化合物，塩化ナトリウム NaCl についてはすでに述べた（図 4.1）．塩化ナトリウム中ではナトリウムイオンは 1+ の電荷をもち，したがって酸化数も 1+ である．塩化物イオンの電荷は 1− で，酸化数も 1− である．

規則 4. 化合物中のすべての酸化数の和は 0 である．

イオン結合性化合物も共有結合性化合物も中性である．すなわち，化合物中のすべての電荷の合計は 0 である．例題 4-1 で，マグネシウムと塩素の間の反応について点電子図を描いた．ここで形成されるマグネシウムイオンは 2+ の酸化数をもち，塩化物イオンは 1− の酸化数をもっている．電気的に中性の化合物をつくるためには，各マグネシウムイオンに対して 2 個の塩化物イオンが必要であった．

$$Mg^{2+}：酸化数(2+) \times 1\,原子 = 2+$$
$$Cl^{-}：酸化数(1-) \times 2\,原子 = \underline{2-}$$
$$酸化数の合計 = 0$$

この規則を 2 原子以上を含むイオン（多原子イオン）に拡張し，多原子イオン中の酸化数の合計は多原子イオンの電荷に等しいといえる．例えば，炭酸イオン CO_3^{2-} 中の原子の酸化数は合計 2−，アンモニウムイオン NH_4^+ 中の原子の酸化数は合計 1+ とならなければならない．

原子の酸化数を定めるにあたって，いくつかの一般則をつくることができる．例えば，1 族の金属の酸化数は常に 1+ で，2 族の金属の酸化数は 2+ である．2 種類の元素の原子のみからなる化合物を二元化合物（binary compound）という．非金属が金属と二元イオン結合性化合物を形成するとき，17 族元素（ハロゲン）は酸化数 1− をもち，16 族元素の酸化数は 2−，15 族元素の酸化数は 3− である（表 4.2）．

分子または多原子イオン中で，非金属が他の非金属と結合をつくるとき，酸化数を予測するのはそれほど簡単ではない．フッ素はもっとも電気陰性度の高い元素だから，その酸化数はいつも 1− である．酸素は 2 番目に電気陰性度の高い元素で，たいていの場合（ときどき例外はあるが）酸化数は 2− となる．水素は，金属と二元化合物をつくる場合（例えば，LiH）を除いて酸化数は 1+ である．金属と二元化合物をつくる場合の酸化数は 1− となる．

例題 4-4

次の例の各元素の酸化数を定めなさい．

(a) $KClO_3$

[解] まず知っている元素の酸化数を定め，次いで残りの元素の酸化数を計算によって求める．酸素の酸化数は2−，1(IA)族金属の酸化数は1+だから，

$$K：(1+) \times 1 \text{原子} = 1+$$
$$O：(2-) \times 3 \text{原子} = 6-$$
$$Cl：(\ x\ ) \times 1 \text{原子} = \underline{x\ \ }$$
$$\text{酸化数の合計} = 0$$

酸化数の合計は0とならなければならないから，x は5+となる．したがって，この化合物中の塩素の酸化数は5+である．

(b) $K_2Cr_2O_7$

[解] (a)と同じ手順で，
$$K：(1+) \times 2 \text{原子} = 2+$$
$$O：(2-) \times 7 \text{原子} = 14-$$
$$Cr：(\ x\ ) \times 2 \text{原子} = \underline{2x}$$
$$\text{酸化数の合計} = 0$$

酸化数の合計は0とならなければならないから，$2x$ は12+となる．したがって，各Crの酸化数は6+となる．

(c) CO_3^{2-}

[解] CO_3^{2-} は多原子イオンだから，酸化数の合計はイオンの電荷と等しくならなければならない．

$$O：(2-) \times 3 \text{原子} = 6-$$
$$C：(\ x\ ) \times 1 \text{原子} = \underline{x\ \ }$$
$$\text{酸化数の合計} = 2-$$

酸化数の合計は2−とならなければならないから，x は4+となる．したがって，炭酸イオン中の炭素の酸化数は4+となる．

練習問題 4-4

次の化合物またはイオン中の各元素の酸化数を定めなさい．

(a) $CaCl_2$ (b) H_2SO_4
(c) ClO^- (d) HCO_3^-
(e) MnO_2 (f) PO_4^{3-}

4.12 化合物の命名

二元イオン結合性化合物(2種類の元素のみからなるイオン結合性化合物)はそれらを形成しているイオンによって命名される．陽イオンは元の元素と同じ名前をもって

いる．例えば，Na⁺はナトリウムイオン，Ca^{2+}はカルシウムイオンである．金属が2種類以上の陽イオンを形成するとき（表4.3），そのイオンの酸化数を元素名の後にローマ数字で示す．例えば，Fe^{3+}は鉄(III)イオン，Cu⁺は銅(I)イオンである．酸化数を示すためにローマ数字を使うこの方法は**ストック方式**（Stock system）とよばれる．古いイオンの命名法では，より高い酸化数をもったイオンの名前の語尾に -ic をつけ(日本語では第二〜という)，より低い酸化数をもったイオンの名前の語尾に -ous をつける(日本語では第一〜という)．両方の方式で鉄と銅のイオンを命名すると次のようになる．

Fe^{2+}：鉄(II)イオン，第一鉄イオン　　　Cu⁺：銅(I)イオン，第一銅イオン
　(iron(II) ion, ferrous ion)　　　　　　(copper(I) ion, cuprous ion)
Fe^{3+}：鉄(III)イオン，第二鉄イオン　　Cu^{2+}：銅(II)イオン，第二銅イオン
　(iron(III) ion, ferric ion)　　　　　　(copper(II) ion, cupric ion)

■パノラマ 4-4■

通俗名

健康関連分野で使用される多くの化学物質を，その通俗名でよぶことがしばしばある．そのうちのいくつかの化合物を化学名，化学式とともに下に示した．

通俗名	化学名	化学式
ふくらし粉	炭酸水素ナトリウム	$NaHCO_3$
さらし粉	塩化カルシウム・次亜塩素酸カルシウム	$Ca(ClO)_2 \cdot CaCl_2$
ほう砂	四ホウ酸ナトリウム十水和物	$Na_2B_4O_7 \cdot 10H_2O$
カセイソーダ	水酸化ナトリウム	$NaOH$
シャリ塩	硫酸マグネシウム七水和物	$MgSO_4 \cdot 7H_2O$
石膏	硫酸カルシウム二水和物	$CaSO_4 \cdot 2H_2O$
笑気	酸化二窒素	N_2O
マグネシウム乳剤	水酸化マグネシウム	$Mg(OH)_2$
かん(鹹)水酸	塩酸	HCl
焼き石膏	硫酸カルシウム半水和物	$CaSO_4 \cdot \frac{1}{2}H_2O$
洗濯ソーダ	炭酸ナトリウム十水和物	$Na_2CO_3 \cdot 10H_2O$

陰イオンは非金属の名称からとった接頭語に接尾語 -ide をつけて命名される（日本語では〜化物イオンとする）．例えば，Br⁻は臭化物イオン(bromide ion)，O^{2-}は酸化物イオン(oxide ion)である．二元イオン結合性化合物の名前をかくときには，陽イオンの名前を先にする（日本語では陰イオンを先にする）．例えば，NaBrは臭化ナ

トリウム (sodium bromide)，CaCl₂ は塩化カルシウム (calcium chloride) である．銅は 2 種類のイオンをつくるので，CuO のような化合物を命名するには銅の酸化数を知らなければならない．酸素の酸化数は 2− であるから，酸化数の合計を 0 とするためには銅の酸化数は 2+ とならなければならない．したがって，この化合物の名前は酸化銅(II) (copper(II) oxide) あるいは酸化第二銅 (cupric oxide) である．

二元共有結合性化合物もほぼ同じ方法で命名される．より電気陰性度の低い（より正の酸化数の多い）元素の名前を先におく．2 番目の元素は元の元素の名前に接尾語 -ide をつけて命名する（日本語の場合は順序が逆になる）．分子中の各元素の原子数を示すのに元素名に次のような接頭語を加える．

mono（モノ）　一　　tetra（テトラ）　四
di（ジ）　　　二　　penta（ペンタ）　五
tri（トリ）　　三　　hexa（ヘキサ）　六

"mono" という接頭語は 2 種類の異なる化合物を区別する場合を除いて省略される．例えば，CO は一酸化炭素 (carbon monoxide)，CO₂ は二酸化炭素 (carbon dioxide) である．

多くのイオン結合性化合物は金属と多原子イオンからできている．これらの化合物は金属の名前を先におき，次に多原子イオンの名前をおいて命名する（この場合も日本語では逆になる）．例えば，Na₂CO₃ は炭酸ナトリウム (sodium carbonate)，KHSO₄ は硫酸水素カリウム (potassium hydrogen sulfate) または重硫酸カリウム (potassium bisulfate) である．水酸化物イオン (OH⁻，hydroxide ion) またはシアン化物イオン (CN⁻，cyanide ion) を含む場合を除いて，化合物名の語尾が -ide であれば，それは二元化合物である．酸と有機化合物の命名法については後で述べる．

例題 4-5

次の化合物を命名しなさい．

(a) KBr

[解] KBr は金属カリウムと非金属臭素からできているイオン結合性化合物である．金属イオンの名前を後にして，臭化カリウム (potassium bromide) となる．

(b) Cu₂O

[解] Cu₂O を命名するには，まず銅イオンの酸化数を知らなければならない．酸素の酸化数は 2− である．化合物の酸化数の合計は 0 にならなければならないから，銅イオンの酸化数は次のようにして求められる．

$$\text{O} : (2-) \times 1 \text{原子} = 2-$$
$$\text{Cu} : (x) \times 2 \text{原子} = \underline{2x}$$
$$\text{酸化数の合計} = 0$$

化合物の酸化数の合計は 0 であるから，$2x$ は $2+$ である．したがって，銅の酸化数は $1+$ となり，この化合物の名称は酸化銅(I)(copper(I) oxide)または酸化第一銅(cuprous oxide)である．

(c) HBr

[解] HBr は二元共有結合性化合物である．水素の電気陰性度が低いので，水素を後におく．分子中には各元素は 1 原子ずつしかないので，名称は臭化水素(hydrogen bromide)となる．

(d) CCl_4

[解] CCl_4 は二元共有結合性化合物で，炭素の方が電気陰性度が低い．塩素原子は四つあるので，この化合物の名前は四塩化炭素(carbon tetrachloride)となる．

(e) $CaCO_3$

[解] $CaCO_3$ はイオン結合性化合物で，カルシウム陽イオンと多原子イオンである炭酸イオンを含んでいる(表 4.7)．この化合物の名前は炭酸カルシウム(calcium carbonate)である．

練習問題 4-5

次の化合物を命名しなさい．

(a) MgI_2 (b) FeO
(c) SO_2 (d) H_2S
(e) $NaHSO_4$ (f) $K_2Cr_2O_7$

4.13 化学式の書き方

4.4 節で，化学式は化合物中に存在する各元素の原子の比を示す簡便な方法であると述べた．イオン結合性化合物の化学式をかく場合には，その電気的に中性になるもっとも低い原子数比をかく．正の酸化数がより多い元素の記号を常に先にかく．同じ多原子イオンを二つ以上含む場合は，その多原子イオンの記号を括弧で囲み，例えば $Ca(OH)_2$ のように括弧の後に添字をつける．

例題 4-6

次の化合物の化学式をかきなさい．

4.13 化学式の書き方　115

(a) フッ化ナトリウム

[解] 4.11 節で，ナトリウムは 1 族の金属で，酸化数 1+ の陽イオンを形成し，ハロゲンであるフッ素は酸化数 1− の陰イオンを形成することを学んだ．したがって，おのおののフッ素には一つずつのナトリウムが必要で，その比は 1:1 となり，正しい化学式は NaF である（添字 1 はかかない）．

(b) 酸化鉄(III)

[解] 鉄(III) という名前は鉄イオンが Fe^{3+} で，酸化数が 3+ であることを意味する．酸化物イオン O^{2-} の酸化数は 2− である．酸化数の合計を 0 とするためには，3 個の酸化物イオンに対して 2 個の鉄(III)イオンが必要である．

$$Fe^{3+} : (3+) \times 2 \, 原子 = 6+$$
$$O^{2-} : (2-) \times 3 \, 原子 = \underline{6-}$$
$$合計 = 0$$

ヒント：2 種類のイオンを含む化学式をかくときに使う簡単な方法は，次のように酸化数を"交差させる"方法である．

$$Fe^{③+} \; O^{②-} \longrightarrow Fe_2O_3$$

(c) 酸化カルシウム

[解] カルシウムは 2 族の金属で，酸化数 2+ の陽イオンとなる．酸化物イオン O^{2-} の酸化数は 2− である．交差法を使えば，

$$Ca^{②+} \; O^{②-} \longrightarrow Ca_2O_2$$

しかし，イオン結合性化合物の化学式はもっとも低い数の添字を使ってかかれるので，正しい化学式は CaO となる．

(d) 水酸化マグネシウム

[解] マグネシウムは 2 族の金属で，酸化数 2+ の陽イオンとなる．多原子イオン OH^- の酸化数は 1− である（表 4.7）．したがって，水酸化物イオン 2 個に対してマグネシウムイオン 1 個が必要で，正しい化学式は $Mg(OH)_2$ である（式中に複数の多原子イオンがあるときは，その多原子イオンが括弧で囲まれることを思い出しなさい）．この化合物について交差法を使うこともできる．

$$Mg^{②+} \; OH^{①-} \longrightarrow Mg(OH)_2$$

(e) ヨウ化水素

[解] ヨウ化水素は2種の非金属，水素とヨウ素の間に形成される共有結合性化合物である．名称から分子中には各元素の原子が1個ずつあることがわかり，式はHIとなる．

(f) 五酸化二リン

[解] 名称中の添字は，分子中にリン2原子と酸素5原子があることを示している．したがって，式はP_2O_5である．

練習問題 4-6

次の各化合物の化学式をかきなさい（必要なら，表4.2，4.3，4.7を参照）．

(a) 酸化マグネシウム (b) 塩化ニッケル
(c) 硫化カリウム (d) 三酸化硫黄
(e) 四フッ化ケイ素 (f) 五酸化二窒素
(g) 塩化スズ(IV) (h) 重硫酸第二銅
(i) リン酸カルシウム

章のまとめ

　元素は，電子を失い，獲得し，あるいは共有して価電子を8個とする反応を行うことによってより安定になる．電子がある原子から別の原子に移るとイオンが形成される．これらのイオン間の引力はイオン結合とよばれる．イオン結合性化合物は結晶格子とよばれる規則正しく化合したイオンの一群である．一般にイオン結合は金属と非金属の間に形成される．共有結合は，二つの原子の間で電子が共有されて分子とよばれる電気的に中性の単位をつくるときに形成される．二つの原子は二つの電子を共有して単(共有)結合をつくり，四つの電子を共有して二重(共有)結合をつくることができる．また，六つの電子を共有すると三重(共有)結合となる．生物中で極めて重要なもう一つの結合は水素結合である．水素結合は，水素と隣接する分子上または同じ分子の他の部分のフッ素，酸素，窒素のような電気陰性度の高い原子との間に形成される．

　ある元素の原子が共有結合にかかわっている電子を引きつける傾向をその元素の電気陰性度という．電子が二つの原子の間に均等に共有されているとき，非極性結合が形成される．二つの原子の間に電気陰性度の差があるときには極性結合が形成される．分子の形や分子中の結合のタイプによって分子は極性になったり非極性になったりする．多原子イオンは，共有結合した原子団で，グループとして電荷をもっており，ほとんどの化学反応で一つの単位としてその原子団を保っている．

　酸化数は化学反応における電子の移動を追跡する手段で，化学式をかく場合にも非

常に役に立つ．酸化数は次の規則によって定められる．

1. 種類の異なる元素と結合していない元素の酸化数はどれも 0 である．
2. 中性の化合物では酸化数の合計は 0 である．
3. 単原子イオンでは酸化数はイオンの電荷に等しい．
4. 多原子イオンでは酸化数の合計はイオンの電荷に等しい．
5. 水素の酸化数は 1+ である（金属水素化物の場合を除く．この場合の酸化数は 1− である）．
6. フッ素の酸化数は 1− である．
7. 酸素の酸化数は 2− である（過酸化物 (1−) と少数の他の化合物の場合を除く）．
8. 1 族元素の酸化数は常に 1+ で，2 族元素の酸化数は 2+，3 族元素の酸化数は 3+ である．

復習問題

1. イオン結合と共有結合の間の違いは何か． [4.2, 4.5]
2. 元素のどの族がイオン結合しやすいか．どの族が共有結合しやすいか． [4.2, 4.5]
3. イオン結合性化合物をつくる単位と共有結合性化合物をつくる単位の間の違いは何か．
   [4.2, 4.5]
4. 次の各原子の点電子図を描きなさい． [4.3]
   (a) セシウム (b) ゲルマニウム
   (c) カルシウム (d) ネオン
   (e) ヒ素 (f) アルミニウム
   (g) 硫黄 (h) ヨウ素
5. 単(共有)結合, 二重(共有)結合, 三重(共有)結合の違いについて述べ, それぞれについて例をあげなさい． [4.6]
6. 次の原子間で形成される結合は極性か非極性かを予測しなさい．極性結合ができる場合は, どちらがより電気的に陰性な原子かを示しなさい． [4.7]
   (a) Cl と Cl (b) H と Br
   (c) C と N (d) S と Cl
   (e) N と O (f) P と O
   (g) F と Br (h) O と O
7. 極性結合を含んでいても非極性な分子はあり得るか．理由をつけて説明しなさい． [4.8]
8. 次の分子は極性か非極性かを予測しなさい． [4.8]
   (a) 二フッ化酸素, OF_2 (b) フッ素, F_2
   (c) ヨウ化水素, HI (d) メタン, CH_4
   (e) クロロメタン, CH_3Cl (f) トリクロロメタン, $CHCl_3$

4 原子の結合

9. フッ化水素分子間に水素結合はできるか．理由をつけて答えなさい． [4.9]
10. 次の化合物中の各元素の酸化数を述べなさい． [4.11]
    (a) Na_2S (b) Cl_2
    (c) $HClO_2$ (d) N_2O_4
    (e) $HBrO_3$ (f) $KMnO_4$
    (g) $NaHSO_4$ (h) $Zn(NO_3)_2$
    (i) $Fe_3(PO_4)_2$ (j) SO_4^{2-}
    (k) SO_3^{2-} (l) $Cr_2O_7^{2-}$
11. 次の各組のイオンからできる化合物の正しい化学式をかきなさい． [4.13]
    (a) K^+, CO_3^{2-} (b) Na^+, S^{2-}
    (c) Ca^{2+}, NO_3^- (d) Sr^{2+}, S^{2-}
    (e) Cr^{3+}, Cl^- (f) Fe^{3+}, HPO_4^{2-}
    (g) Cu^{2+}, $C_2H_3O_2^-$ (h) Ba^{2+}, SO_4^{2-}
    (i) Al^{3+}, SO_3^{2-} (j) Sn^{4+}, NO_3^-
    (k) Be^{2+}, F^- (l) Cs^+, Br^-
12. 問題11.でかいた式の各化合物を命名しなさい． [4.12]

研究問題

13. 一般に，二つの原子を(a) イオン結合，(b) 共有結合させるのはどのような条件によるか．
14. 次のそれぞれの違いを述べなさい．
    (a) 原子と元素
    (b) 原子とイオン
    (c) 原子と2原子分子
    (d) 原子と多原子イオン
15. 次のことはなぜ起りにくいか．(a) カルシウムが1+の電荷をもつイオンを形成する．(b) カリウムが2+の電荷をもつイオンを形成する．
16. NaFとMgOの点電子図を描き，これらの化合物中で形成されているイオンが同じ電子配置をもっていることを示しなさい．
17. 次の化合物中の各元素の酸化数を表示しなさい．
    (a) $NaClO_3$ (b) $BaCO_3$ (c) $Na_2S_2O_3$
    (d) $(NH_4)_2S$ (e) $CuIO_3$ (f) HFO
    (g) $Al(H_2PO_4)_3$ (h) $LiClO$ (i) $K_2S_2O_3$
    (j) HNO_2 (k) Mg_2GeO_4 (l) NH_4Cl
18. 次の各セットの化合物の正しい化学式をかきなさい．

	セット1	セット2	セット3
(a)	フッ化リチウム	炭酸アンモニウム	五フッ化ヨウ素
(b)	硫化カリウム	重硫酸カルシウム	セレン化水素
(c)	臭化マグネシウム	重炭酸マグネシウム	四酸化二窒素
(d)	塩化銀	リン酸リチウム	臭化水素
(e)	硫化第二鉄	亜硝酸バリウム	三塩化ホウ素

(f) ヨウ化バリウム　　リン酸二水素マグネシウム　　二酸化硫黄
(g) 酸化アルミニウム　　硫酸鉄(III)　　二硫化炭素
(h) 酸化第一銅　　シアン化カリウム　　二塩化硫黄
(i) 窒化水銀(II)　　クロム酸ストロンチウム　　六臭化二ケイ素
(j) 塩化鉛(IV)　　硝酸ベリリウム　　三フッ化リン
(k) ヨウ化セシウム　　硫酸クロム(III)　　フッ化酸素
(l) 窒化ガリウム　　酢酸ニッケル　　三酸化セレン

19. 次の化合物を命名しなさい．
 (a) NH_4I　　(b) PCl_3　　(c) $Ca(OH)_2$
 (d) CBr_4　　(e) $FeCl_2$　　(f) $(NH_4)_2Cr_2O_7$
 (g) O_2F_2　　(h) $Zn(NO_2)_2$　　(i) P_2O_5
 (j) NaH　　(k) HI　　(l) $NaMnO_4$
 (m) Li_2S　　(n) K_2SO_3　　(o) CaC_2
 (p) $Al_2(SO_4)_3$

20. 以下の分子の点電子図を描きなさい．
 (a) HI　　(b) F_2　　(c) CH_3Cl
 (d) HCN　　(e) OF_2　　(f) PCl_3
 (g) CH_2I_2　　(h) SO_2　　(i) $CHBr_3$

21. 次の各化合物の結合図を描きなさい．
 (a) NH_3　　(b) CCl_4
 (c) HCl　　(d) C_2Br_2
 (e) SF_2　　(f) I_2

22. 以下の化合物中のどちらの元素がより陽性で，どちらがより陰性であるかを示しなさい．
 (a) MgO　　(b) NO　　(c) OF_2
 (d) NH_3　　(e) CH_4　　(f) IBr
 (g) HBr　　(h) CCl_4　　(i) PbS

23. 問題22.の各化合物をイオン結合性化合物，極性共有結合性化合物，非極性共有結合性化合物に分類しなさい．

24. 次のそれぞれの式単位中の各元素の原子はいくつずつあるか．
 (a) $(NH_4)_3PO_4$　　(b) $Al_2(HPO_4)_3$
 (c) $Ca(C_2H_3O_2)_2$　　(d) $Fe_4[Fe(CN)_6]_3$

5

化学反応式とモル

　ベティ・ジョーンズは 45 才になっても，自分の健康については絶大な自信をもっていた．しかし，最後の健康診断を受けてからもう 8 年もたっていることを考えて，あらためて健康診断を受けることにした．検査の結果彼女の血圧は予期に反して 180/120 と高い値を示し，彼女には全く自覚症状がなかったにもかかわらず，高血圧症にかかっていることがわかった．

　さっそく，利尿剤による初期治療が行われたが，正常範囲にまで低下しなかったため，次の段階として医師は α-メチルドーパを処方した．この筋肉弛緩剤は細い動脈を拡張して血圧を下げる働きをする．1ヶ月後にベティは再度医師を訪れ，いつも疲労感と脱力感に悩まされていると訴えた．そのときのベティの血圧は正常範囲内の 140/90 であったが，ヘモグロビン量は正常値 13.5 を大きく下回り，10 であった．さらに詳しい検査により，ベティは溶血性貧血——α-メチルドーパによる赤血球の破壊——であることが判明した．医師はただち

にこの薬の使用を中止し、ほかの平滑筋弛緩剤を処方した。3週間たつかたたないうちに、彼女のヘモグロビンレベルは正常範囲に戻った。

不幸なことに現代医学では、一つの病気に施す治療がほかの病気を引き起こすことがよくある。ここで重要なことは、ベティの赤血球の破壊が起きた実際の原因は何かをはっきりさせておくことである。高血圧症を治療するためにベティに投与された α-メチルドーパは体内で酸素と反応して過酸化水素 H_2O_2 をつくる。大部分の人は過酸化水素を分解して水に変える2種類の酵素——体内の化学反応の速度を調節する分子——をもっているので、投薬により過酸化水素が体内に生じてもそれほど問題にはならない。しかし、少数ではあるがこの2種類の酵素のうちの一つあるいは両方ともをもっていない人がいる。このような人たちは、投薬によって生じた過酸化水素の細胞への有害な作用をもろに受けることになる。

ベティの赤血球中には、赤血球中で過酸化水素を分解するときの主役であるグルタチオンペルオキシダーゼとよばれるセレン含有酵素がなかったので、過酸化水素が蓄積されてしまったのである。過酸化水素は二通りのメカニズムで赤血球に損傷を与える。第1はヘモグロビン中の鉄を Fe^{2+} から Fe^{3+} に変え、これによって血液中で酸素を運ぶヘモグロビンの機能を消失させてしまうこと、第2は過酸化水素が赤血球の膜中の分子と反応して、赤血球そのものを破壊してしまうこと(溶血)である。これがベティを苦しめた溶血性貧血の原因と考えられる。

ここまでに述べてきた各過程——過酸化水素の水への分解、鉄イオンの変化および赤血球の破壊——は化学反応の結果として起きている。このような過程を勉強し、理解するためには、化学反応を表すのに用いられる用語と記号をしっかり身につける必要がある。

===== 学習目標 =====

この章を学習した後で、次のことができるようになっていること。
1. 反応物と生成物の名称から化学反応式をかく。
2. モルを定義する。
3. 化合物の式量を計算する。
4. 物質の質量から物質量を計算する。
5. 物質の物質量から質量を計算する。
6. 与えられた量の生成物をつくるのに必要な反応物の量を決めるために、化学反応式を利用する。

化学反応式

5.1 化学反応式の書き方

化学反応式はどのような化学反応が起きたのかを簡便に表記するのに用いられる。

矢印の左側に出発物質である**反応物**(reactant)の化学式をかき，右側に反応の結果生ずる物質である**生成物**(product)の化学式をかく．

$$\underset{\text{反応物}}{A + B} \longrightarrow \underset{\text{生成物}}{C + D}$$

反応物と生成物はそれぞれ原子，イオン，分子，イオン結合性化合物などのいずれであってもよいが，この章では，主として原子と分子の反応を取り扱うことにする．イオン間の反応については10章で詳しく学習する．

原子は化学反応によって新たに生み出されることもないし，壊されることもない基本単位なので，化学反応式では反応の前後で原子数がつり合っていなければならない．すなわち，反応に関与した各元素について，生成物側の原子数と反応物側の原子数が等しくなるようにしなければならない．これを，法則の形にまとめて"生成物の全質量は反応物の全質量に等しい"としたものが**質量保存の法則**(law of conservation of mass)である．

過酸化水素と水は両方とも水素と酸素から構成されている．しかし，前述のように人体の組織はこれらの化合物のうちの一方が体内に形成されると，大きな影響を受けることになる．すなわち過酸化水素は細胞に重大な損傷を与えるが，水はすべての細胞にとってなくてはならない物質である．過酸化水素と水の生成を化学反応式で表す場合，いずれも反応物は酸素(O_2)と水素(H_2)である．人体組織内でこの反応に必要な水素は，実際には水素分子H_2から供給されるわけではなく水素原子を含むほかの分子から供給されるが，ここでは話を簡単にするため，水素分子を用いることにする．

$$H_2 + O_2 \longrightarrow$$

この式を完成させるには，まず生成物である水または過酸化水素の正しい化学式をかかなければならない．水の化学式はH_2Oである．過酸化水素の化学式はH_2O_2である．このようにして，化学反応式の反応物と生成物は次のようにかかれる

$$\text{過酸化水素：} \quad H_2 + O_2 \longrightarrow H_2O_2$$
$$\text{水：} \quad H_2 + O_2 \longrightarrow H_2O$$

これら二つの式がそれぞれつり合っているかどうか調べてみよう．まずはじめに，過酸化水素が生成する化学反応式について，矢印の両側でそれぞれの元素の原子数を調べてみる．化学反応式中の化学式の前に係数がかいてなければ，係数1ということである．反応物側にも生成物側にも2個の水素原子がある．酸素原子も反応物側と生成物側にそれぞれ2個ずつある．したがって，この化学反応式はつり合っている．

$$H_2 + O_2 \longrightarrow H_2O_2$$

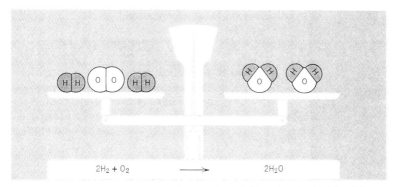

図 5.1 化学反応式の反応物側の各元素の原子数は生成物側の各元素の原子数に等しい. したがって,反応物の質量の総和は生成物の質量の総和に等しい.

水が生成する反応の化学反応式をみてみよう. 矢印の両側にそれぞれ 2 個の水素原子がある. 反応物側には 2 個の酸素原子があるが, 生成物側には 1 個の酸素原子しかない. 化学反応式をつり合わせるために変えられる数字は, 反応物と生成物の化学式が正しくかかれた後では, 反応に関与する物質の化学式の前にある係数だけである. そこで, 化学反応式の生成物側の酸素原子の数を 2 個にするために, 水の化学式の前に係数 2 をかく.

$$H_2 + O_2 \longrightarrow 2H_2O$$

これで酸素原子はつり合った. しかし, 水素原子はつり合わなくなった. すなわち, 生成物側に 4 個の水素原子があるのに対して, 反応物側には 2 個の水素原子しかない. そこで, 反応物側の水素の化学式の前の係数を 2 にすると水素原子もつり合うことになり, 化学反応式が全体としてつり合うことになる(図5.1).

$$2H_2 + O_2 \longrightarrow 2H_2O$$

これら二つの化学反応式を比べてみると, 水および過酸化水素が生成する二つの反応が実際に異なっていることがわかる. 一方の反応では, 1 分子の水素が 1 分子の酸素と結合して 1 分子の過酸化水素が生成している. 他方の反応では, 2 分子の水素が 1 分子の酸素と結合して 2 分子の水が生成している.

5.2 化学反応式のつり合わせ方

化学反応式をつり合わせる手順は複雑なものではなく, 次のステップに従うと簡単に習得できる.

1. 反応物および生成物について正しい化学式をかく．そして，一度かいたら係数以外は決してかき直さない．下付きの数字を変えると別の化合物になってしまうからである．例えば，CO と 2CO はそれぞれ 1 分子および 2 分子の一酸化炭素を表しているのに対し，CO と CO_2 とは全く別の物質である．したがって，これら二つの物質は厳密に区別しなければいけない．一方の一酸化炭素は猛毒であり，他方の二酸化炭素は体の中でつくられたり体から放出されたりしている．
2. 化学反応式をつり合わせるには係数をいじることになるので，もっとも複雑な化学式の係数を 1 とすると容易な場合が多い．
3. 次に各元素をつり合わせる作業を始める．酸素を最後に取り扱うと便利な場合が多い．
4. 多原子イオンは反応によって姿を変えない限り，1 個の単位として取り扱うとよい（多原子イオンは 1 個の元素とみなせるからである）．
5. 化学反応式が完成したら，各元素についてそれらが間違いなくつり合っていることを検証する．

次の例題は化学反応式を完成させるための上記 5 段階の操作を示している．例題で勉強した後，自分で同じ答えが導けるか試してみるとよい．練習すると簡単につり合わせられるようになる．

例題 5-1

1. 次の化学反応式を完成させなさい．
$$Na + Cl_2 \longrightarrow NaCl$$

[解]　ステップ 1：完了している．

ステップ 2, 3, 4：反応物側に 2 個の塩素原子があるのに生成物側には 1 個の塩素原子しかないので，この式はつり合っていない．塩化ナトリウムの化学式の前に係数 2 をおくと，この式の塩素原子に関してはつり合うことになる．

$$Na + Cl_2 \longrightarrow 2NaCl$$

しかし，これでは生成物側に 2 個のナトリウム原子があるのに対し反応物側には 1 個のナトリウム原子しかなく，ナトリウム原子に関してはつり合っていない．そこで，さらに反応物側のナトリウム原子の前に係数 2 をおくと式は完全につり合うことになる．

$$2Na + Cl_2 \longrightarrow 2NaCl$$

ステップ 5：化学反応式の矢印の両側にそれぞれ 2 個のナトリウム原子と 2 個

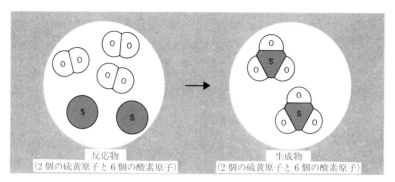

図 5.2 三酸化硫黄の生成を表す化学反応式は 2S + 3O$_2 \longrightarrow$ 2SO$_3$ である.

の塩素原子がある.

2. 硫黄を含む石炭または石油を燃焼させると,汚染物質である三酸化硫黄が大気中に放出される.この反応の化学反応式をかきなさい.

[解] ステップ1:物質が燃焼するということは,その物質が空気中の酸素と反応することである.この場合の反応物は硫黄と酸素(酸素は2原子分子として存在することに注意しよう)で,生成物は三酸化硫黄である.

$$S + O_2 \longrightarrow SO_3$$

ステップ2, 3, 4:化学反応式を上のようにかくと,硫黄原子はつり合うが酸素原子はつり合っていない.酸素原子をつり合わせるためのもっとも小さい数は6である.

$$S + 3O_2 \longrightarrow 2SO_3$$

次に硫黄をつり合わせる.

$$2S + 3O_2 \longrightarrow 2SO_3$$

ステップ5:矢印の両側にそれぞれ2個の硫黄原子と6個の酸素原子がある(図5.2).

3. アルミニウムが硫酸(H$_2$SO$_4$)と反応すると,水素ガスと硫酸アルミニウムが生成する.この反応の化学反応式をかきなさい.

[解] ステップ1:表4.2と4.7から,アルミニウムの酸化数が3+で,Al^{3+}であること,また,硫酸イオン全体の酸化数が2−で,SO$_4{}^{2-}$であることがわかる.これより硫酸アルミニウムの化学式はAl$_2$(SO$_4$)$_3$となる.

$$Al + H_2SO_4 \longrightarrow H_{2(g)} + Al_2(SO_4)_3 \qquad \text{(g)は気体を示す.}$$

ステップ2, 3, 4:Al$_2$(SO$_4$)$_3$の係数を1とする.次にアルミニウムをつり合わせる.

表 5.1　化学反応式 $2Al+3H_2SO_4 \longrightarrow 3H_2+Al_2(SO_4)_3$ の各元素の原子数

元素記号	反応物側の原子数	生成物側の原子数
Al	2	2
H	6	6
S	3	3
O	12	12

$$2Al + H_2SO_4 \longrightarrow H_{2(g)} + Al_2(SO_4)_3$$

次に，硫酸イオン SO_4^{2-} をつり合わせる．

$$2Al + 3H_2SO_4 \longrightarrow H_{2(g)} + Al_2(SO_4)_3$$

最後に水素をつり合わせる．

$$2Al + 3H_2SO_4 \longrightarrow 3H_{2(g)} + Al_2(SO_4)_3$$

　　ステップ5：矢印の両側にそれぞれ2個のアルミニウム原子，6個の水素原子および3個の硫酸イオンがある（表5.1）．

4. 硬水には塩化カルシウム（$CaCl_2$）が溶け込んでおり，そのためせっけんを使うとかすができる．炭酸ナトリウムを加えると硬水を軟化させることができる．それはカルシウムが炭酸イオンと反応して，水に不溶性の炭酸カルシウムになり除去されるからである．この反応の化学反応式をかきなさい．

[解]　ステップ1：$CaCl_{2(aq)} + Na_2CO_{3(aq)} \longrightarrow CaCO_{3(s)} + NaCl_{(aq)}$

　　（aq）は水溶液，（s）は固体を示す．

　　ステップ2, 3, 4：$CaCO_3$ の係数を1とする．これでカルシウムイオンと炭酸イオンはつり合ったが，ナトリウムイオンはまだつり合ってないので，次のようにつり合わせる．

$$CaCl_{2(aq)} + Na_2CO_{3(aq)} \longrightarrow CaCO_{3(s)} + 2NaCl_{(aq)}$$

　　塩化物イオン（Cl^-）についてはすでにつり合ってることがわかる．

　　ステップ5：矢印の両側にそれぞれ1個のカルシウムイオン，2個のナトリウムイオン，2個の塩化物イオンおよび1個の炭酸イオンがある．

練習問題 5-1

5.2節で説明した五つのステップに従って，次の化学反応式を完成させなさい．

(a) $P + O_2 \longrightarrow P_4O_{10}$

(b) $NOCl \longrightarrow NO + Cl_2$

(c) $CH_4 + O_2 \longrightarrow CO_2 + H_2O$

(d) $Ca(OH)_2 + HCl \longrightarrow CaCl_2 + H_2O$　　（注意：H_2O は HOH ともかける）

(e) マグネシウムが酸素ガスと反応して酸化マグネシウムになる.
(f) 硫化鉛(II)が酸素ガスと反応して酸化鉛(II)と気体状二酸化硫黄になる.
(g) 炭酸ナトリウムが硝酸マグネシウムと反応して炭酸マグネシウムと硝酸ナトリウムになる.

5.3 酸化数を用いる酸化還元反応式のつり合わせ方(選択)*

多くの化学反応は,ある原子から他の原子への電子の完全な(イオン結合),または部分的な(共有結合)移動を伴う.これらの反応は**酸化還元**(oxidation-reduction あるいは redox)反応とよばれるもので,自動車のエンジンをスタートさせるときのエネルギー発生源としてのバッテリーの中でも,体内細胞の生命維持のためのエネルギー源としてもこの反応が利用されている.電子の移動を伴う反応において,**酸化**(oxidation)とはある原子が電子を失うことであり,**還元**(reduction)とは他の原子が電子を獲得することである.酸化反応と還元反応とは裏表の関係にある.これらの反応は常に同時に起り,反応量も等しい.すなわち,ある物質が失った電子の数は相手の物質が得た電子の数に等しい.例えば,塩化ナトリウムが生成するとき,ナトリウム原子は1個の電子を失い,塩素原子は1個の電子を獲得することになるが,このことをナトリウム原子が酸化され,塩素原子が還元されたという(口絵VIII(a),(b)).

$$Na \longrightarrow Na^+ + e^- \quad 酸化反応$$
$$Cl + e^- \longrightarrow Cl^- \quad 還元反応$$

電子を獲得する元素(およびこれらの元素を含む物質)を**酸化剤**(oxidizing agent),電子を失う元素(およびこれらの元素を含む物質)を**還元剤**(reducing agent)という.カルシウムと塩素の反応では次のようになる.

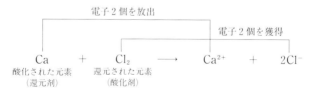

獲得した電子の総数と失った電子の総数は等しくなければならないから,複雑な酸化還元反応をつり合わせるときに酸化数を用いると便利である.やりとりされた電子の数を計算するにあたって,原子の電荷を示すのに酸化数を用いる(たとえ,生じた化合物が共有結合性であっても).次の例題を解く前に,4.11節の酸化数についての説明を復習するとよい.

---

* この節(選択節)を飛ばして学習しても,後の理解の妨げにはならない.

■パノラマ 5-1■

酸化と還元

　酸化反応は酸素が必ず関与する反応であると考えられがちだが,多分これは,この反応が酸素という反応性に富んだ元素の名称にちなんで命名されたためであろう.事実,酸素はエネルギーを生み出すための燃料の燃焼という,もっとも重要な酸化反応で重要な役割を演じている.私たちの生命も,酸素呼吸の過程で細胞内に発生するエネルギーのおかげで保たれている.しかし,これらの反応の多くで酸素が演じた役割をほかの元素に同じように演じさせることができる.ほかの元素または化合物から電子を獲得する能力のある元素は,すべて酸化剤といえる.酸素が燃焼や呼吸の過程で他の化合物を変化させられるのと全く同様に,電子獲得能力をもつ他の元素も別の化合物を変化させられる.

　極端な酸化が起きると,植物も動物もそれが燃焼したときと同じように大きな変化を被り,ついには死んでしまう.実際に,酸化剤はよくその目的(殺菌)で使用される.殺菌剤のほとんどは酸化剤である.例えば,塩素を水道水に加えると,電子を獲得して塩化物イオン Cl^- になる.

$$Cl_2 + 2e^- \longrightarrow 2Cl^-$$

この式は,塩素が酸化数 0 の状態から 1− の状態まで還元されていることを表しているが,このときこれらの電子を供給したものは酸化されたことになる.電子の供給源がたまたま細菌の生命維持に必須な分子であったら,細菌はたちまちのうちに死んでしまうことになる.ほかのハロゲン元素も類似の振舞いを示すことが多い.ヨウ素のアルコール溶液はヨードチンキとよばれ,昔から軽い切り傷や擦り傷の家庭用消毒薬として愛用されてきた.

　多くの化合物には色がある.それは,それぞれの化合物が特定の波長の光によって容易に励起される電子をもっているからである.化合物に白色光をあてると,この特定波長の光は吸収され,吸収されなかった光の波長を色として私たちが見ることになるのである.このような化合物から色を取り去りたいときは,酸化剤を加えて電子を取り去ってやりさえすればよい.このことは,白い衣類のシミ(有色化合物)抜きに役立っている.漂白剤には次亜塩素酸ナトリウム($NaClO$),過酸化水素(H_2O_2)のような酸化剤が含まれている.市販されている漂白剤はほとんど $NaClO$ の 5% 水溶液であるし,多くの漂白剤は次亜塩素酸カルシウムのような化合物を含んでいる(注意:家庭用漂白剤と便器用洗浄剤すなわちアンモニア含有洗浄剤とは,絶対に混合してはならない.これらを混合すると,多量の発熱と塩素のように有害な刺激性の気体の発生を伴う反応が起るからである).過酸化水素は非常に強力な酸化剤であり,漂白剤としてはもちろん,殺菌剤としても極めて有効である.過酸化水素は傷口を消毒したり,毛髪中の黒褐色化合物であるメラニンを酸化脱色して金髪にするのによく用いられる.

　目視で簡単につり合わせられる化学反応式——マグネシウムと酸素ガスから酸化マグネシウムが生成する反応——を例にとってみよう.

　　ステップ 1:反応物と生成物の化学式をかく.

$$Mg + O_2 \longrightarrow MgO$$

　　反応物側には 2 個の酸素原子があるが,生成物側には 1 個しかない.MgO の

前に係数 2 をおく必要がある．こうすると，生成物側に 2 個のマグネシウム原子があるが反応物側には 1 個しかないことになる．そこで，反応物側のマグネシウム原子の前に係数 2 をおくと化学反応式はつり合う．

$$2Mg + O_2 \longrightarrow 2MgO$$

ステップ 2：この結果を酸化数を用いて調べるために，それぞれの元素の酸化数をかき，その元素の酸化数が変化したかを調べ，やりとりのあった電子を示してみる．

$$\underset{\text{酸化数} \quad 0 \qquad 0 \qquad\quad 2+\ 2-}{Mg + O_2 \longrightarrow MgO}$$

結合していない元素の酸化数はゼロである．酸化数が 0 から 2− になるのに酸素原子は 2 個の電子を獲得しなければならなかった（還元すなわち電子の獲得は酸化数を減少させる）．一方，酸化数が 0 から 2+ になるのにマグネシウム原子は 2 個の電子を失わなければならなかった（酸化すなわち電子の放出は酸化数を増大させる）．

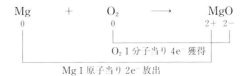

ステップ 3：獲得した電子数と失った電子数が等しくなるように係数を決める．

ステップ 4：化学反応式の残りの部分をつり合わせる．本例題の場合には，すでにつり合っている．

$$2Mg + O_2 \longrightarrow 2MgO$$

例題 5-2

次の酸化還元反応式を完成させなさい．この化学反応式は前の例より複雑であるが，同様にして解ける．

$$SO_2 + HNO_3 + H_2O \longrightarrow H_2SO_4 + NO$$

[解] ステップ1：完了している．

ステップ2：酸化数を計算するとき，化合物の酸化数の合計はゼロであることを思い出すこと．まず，水素と酸素に酸化数を割りあてることからはじめよう．

SO_2 　O：$(2-) \times 2$ 原子 $= 4-$
　　　 S：$(x) \times 1$ 原子 $= \underline{x\ \ }$
　　　　　　　　合計 $= 0$ 　　　よって，$x = 4+$

HNO_3 　H：$(1+) \times 1$ 原子 $= 1+$
　　　　 O：$(2-) \times 3$ 原子 $= 6-$
　　　　 N：$(x) \times 1$ 原子 $= \underline{x\ \ }$
　　　　　　　　合計 $= 0$ 　　　よって，$x = 5+$

H_2SO_4 　H：$(1+) \times 2$ 原子 $= 2+$
　　　　　O：$(2-) \times 4$ 原子 $= 8-$
　　　　　S：$(x) \times 1$ 原子 $= \underline{x\ \ }$
　　　　　　　　合計 $= 0$ 　　　よって，$x = 6+$

NO 　O：$(2-) \times 1$ 原子 $= 2-$
　　　N：$(x) \times 1$ 原子 $= \underline{x\ \ }$
　　　　　　　　合計 $= 0$ 　　　よって，$x = 2+$

したがって，

$$\underset{4+\ 2-}{SO_2} + \underset{1+\ 5+\ 2-}{HNO_3} + \underset{1+\ 2-}{H_2O} \longrightarrow \underset{1+\ 6+\ 2-}{H_2SO_4} + \underset{2+\ 2-}{NO}$$

S 1 原子当り 2e⁻ 放出
N 1 原子当り 3e⁻ 獲得

ステップ3：失った電子数と獲得した電子数とが等しくなる最小の数は $3 \times 2 = 6$ である．

$$\underset{4+}{3SO_2} + \underset{5+}{2HNO_3} + H_2O \longrightarrow \underset{6+}{3H_2SO_4} + \underset{2+}{2NO}$$

$3 \times$（S 1 原子当り 2e⁻ 放出）$= 6e^-$
$2 \times$（N 1 原子当り 3e⁻ 獲得）$= 6e^-$

ステップ4：残っている水素と酸素をつり合わせる．

$$3SO_2 + 2HNO_3 + 2H_2O \longrightarrow 3H_2SO_4 + 2NO$$

練習問題 5-2

次の各酸化還元反応について, ① 酸化された元素と還元された元素とを明らかにしなさい, ② 酸化剤と還元剤とを明らかにしなさい, ③ 酸化数を使って化学反応式を完成させなさい.

(a) $Mg + Br_2 \longrightarrow MgBr_2$
(b) $KCl + MnO_2 + H_2SO_4 \longrightarrow K_2SO_4 + MnSO_4 + Cl_2 + H_2O$
(c) $Cu + HNO_3 \longrightarrow Cu(NO_3)_2 + NO + H_2O$
（ヒント：この化学反応式では, NO_3^- イオンの一部だけが変化する. このことに注意を払うために, HNO_3 は分離して2度かいておくとよい）

▌パノラマ 5-2▐

写 真

もっとも重要な還元反応の例は写真の化学の中にある. 写真技術の基礎になっているのは, 光のエネルギーが AgBr, AgCl のようなハロゲン化銀を元の元素にまで分解する反応である. 写

真のフィルムはアセチルセルロース上にAgBrの微細結晶を極めて多数含むゼラチンのエマルションを塗布したものである．AgBr結晶は同数のAg⁺イオンとBr⁻イオンから構成されている．光子がこのような結晶にあたると，Br⁻イオンの電子の一部が弾き飛ばされ，その結果Br⁻イオンは中性の臭素原子になり，さらに，対をつくってBr₂分子となる．Br⁻イオンから弾き出された電子は，Ag⁺イオンと結合して中性の銀原子となる．これはまさに銀イオンの還元反応であるが，これにより，写真フィルムの光があたった部分に金属銀の黒い小さなシミができ，光があたらなかったAgBr結晶は青みを帯びた黄白色のままで残ることになる．

微細な結晶一つ一つはそれぞれ莫大な数のAgBrを含んでいるが，1秒の何分の一というフィルムの露光時間内には，ごくわずかな量の銀イオンが還元されて金属銀になるに過ぎない．したがって，露光により形成された金属銀の黒いシミも，その集合である写真の像も眼には見えない．しかし，ある理由により，還元された銀原子を含む結晶は還元剤に対して非常に敏感で，このような結晶中に還元されずに残っている銀イオンは，ほかの結晶中の銀イオンに比べて数千倍も速く還元されて金属銀になる．露光したフィルムを還元性の溶液(現像液)に浸すと，光があたった結晶中のすべてのAg⁺イオンは速やかにAg原子に変化するが，光があたらなかった結晶中の銀イオンは実質上なんら変化を被らない．この過程によって，撮影された場面のネガが潜在的にできたことになるが，まだ完成したわけではない．この段階でフィルムを暗室からもち出すと，露光していない臭化銀はただちに露光し，ネガ全体が真っ黒になってしまう．これを防ぐためには，フィルム上の露光していないAgBr結晶を洗い落とし，像をフィルム上に定着させる役目の溶液(定着液)で処理しなければならない．

こうして完成したネガから最終的な写真をつくるには，もう一度，上記の還元過程を繰り返す必要がある．すなわち，AgBrを塗布した紙の上にネガをおき，上から光を照射すれば，光はネガの像の部分は通過せず，ほかの部分(透明な部分)を通過するので，紙上にはちょうどネガと逆転した像ができるはずである．この紙に現像過程と定着過程を施すと，撮影した場面の陽画が得られることになる．

モルと化学計算

5.4 モルの概念

ナトリウム(Na)を塩素ガス(Cl₂)が入っている容器に入れると，ナトリウム原子と塩素原子は化学反応し，塩化ナトリウム(NaCl)という化合物になる．1個のナトリウム原子は1個の塩素原子と反応する．より正確にいえば，2個のナトリウム原子が1個の塩素分子と反応して，イオン結合性化合物である塩化ナトリウムの式単位を2個生ずる(イオン結合性化合物は分子としては存在しないことを思い出すこと)．厳密に決った量の塩化ナトリウムをつくりたいと思っても，ナトリウム原子と塩素原子の1個1個をはかりとることは不可能である．原子はあまりにも小さいので，数えて取り出すことは事実上できない．そこで，ナトリウム原子と塩素原子とを等しい数だけは

かりとることができる単位が考案された．この単位がモルである（口絵Ⅶ）．

1896 年に Wilhelm Ostwald が初めて**モル**(mole)という概念を導入した．モルは"積み重ね"という意味のラテン語 moles に由来している．1 モル(mol：mole の記号)は 12.0000 g の炭素-12 の中に含まれる原子数として定義される．原子 1 個の質量は非常に小さいので，この原子数は非常に大きく，6.02×10^{23} 個である．これがどのくらい大きい数であるかを想像するのは難しいが，$6.02 \times 10^{23} = 602\,000 \times 1\,000\,000 \times 1\,000\,000 \times 1\,000\,000$ とかけば，少しは実感が得られるかも知れない．この数は**アボガドロ数**(Avogadro's number)とよばれており，原子量に関する多くの発見をした 19 世紀の科学者 Amedeo Avogadro にちなんでつけられた名称である．1 mol は 6×10^{23} 個の要素から成り立っているが，この要素は原子，分子，イオン，電子そのほか何であってもよい．1 mol のナトリウム原子は 6×10^{23} 個の原子を含んでいるし，1 mol の塩素分子は 6×10^{23} 個の塩素分子を含んでいる．また，1 mol のマシュマロは 6×10^{23} 個のマシュマロを含んでいる．ちなみに，このマシュマロの量は，何と米国 50 州を 97 km の厚さに覆い尽くすに十分な量である．

■パノラマ 5-3■

アボガドロ

Amedeo Avogadro

法律家はよく深夜のトーク番組でからかわれているが、すべての法律家が悪いわけではなく、優れた人物も大勢いる。しかも、自然科学の分野でも業績を残した人物すらいるのである。ここでは、その例として Amedeo Avogadro をとりあげてみよう。彼は 1776 年 6 月 9 日イタリアのトリノで生まれ、はじめは法律家であったが、後に自然科学者に転向した人物である。Avogadro は、すべての気体は温度の上昇に伴って同じ量だけ膨張するという Gay-Lussac の発見に興味をもち、その内容について考察を進めた結果、いかなる気体も温度が同じならば単位体積当り同数の粒子を含んでいなければならないという結論に達した。彼はこの仮説を 1811 年に公表したが、その中で、彼は粒子が原子であってもよいし、いくつかの原子の組み合せであってもよい旨を述べている。彼は、この原子の組み合せを分子と名づけた。彼の仮説は彼が死んだ 1856 年以降になって、ようやく自然科学界に広く受け入れられるようになった。

いまでは、化学の学生で Avogadro の名前を知らない者はいない。その名前を記念するため、1 mol 中に存在する原子や分子の数 6.02×10^{23} をアボガドロ数とよんでいる。面白いことに、彼のフルネームはこの数と同じくらい長大で、Lorenzo Romano Amedeo Carlo Avogadro di Quaregna e di Cerreto ということである。

さて、1 mol の質量はどのくらいだろうか。1 ダースのレモン、グレープフルーツ、かぼちゃがそれぞれ異なる質量であるのと同じように、1 mol の質量も粒子の種類によって異なる。単原子元素の場合ならば、その 1 mol の原子の質量は、その元素の原子量にグラムをつけたものに一致する。例えば、ナトリウム原子 1 個の質量は 23.0 u (原子量)であり、3.4 節から 1 u は 1.66×10^{-24} g であることがわかる。1 mol のナトリウムがナトリウム原子を 6.02×10^{23} 個含むことから、1 mol の質量は次のように計算される。

図 5.3　ここに示した銅、水銀、鉛、および鉄の試料の質量はそれぞれ異なるが、原子数はすべて等しい。

$$1\,\overline{\text{mol Na}} \times \frac{6.02\times 10^{23}\text{ 個の Na}}{1\,\overline{\text{mol Na}}} \times \frac{23.0\,\overline{\text{u}}}{1\,\overline{\text{個の Na}}} \times \frac{1.66\times 10^{-24}\text{ g}}{1\,\overline{\text{u}}} = 23.0\text{ g}$$

アルミニウムの原子量は 27.0 u なので，1 mol のアルミニウムの質量は 27.0 g であり，この中に 6.02×10^{23} 個のアルミニウム原子が含まれていることになる．同様に，ウラン原子 1 mol は 238 g である（図 5.3）．

例題 5-3

1. 次のそれぞれについて質量を求めなさい．

(a) 1 mol のマグネシウム原子

[解] 表紙裏の表からマグネシウムの原子量が 24.3 u であることがわかる．したがって，マグネシウム原子 1 mol の質量は 24.3 g である．

(b) 3.50 mol の鉄

[解] 鉄の原子量は 55.8 u であるから，1 mol の鉄は 55.8 g である．この関係から鉄の物質量と質量との換算係数が二つかける．

$$\frac{1\text{ mol Fe}}{55.8\text{ g}} \qquad \frac{55.8\text{ g}}{1\text{ mol Fe}}$$

したがって，3.50 mol の鉄の質量は次のようになる．

$$3.50\,\overline{\text{mol Fe}} \times \frac{55.8\text{ g}}{1\,\overline{\text{mol Fe}}} = 195\text{ g}$$

2. 次のそれぞれについて物質量を求めなさい．

(a) 1.80×10^{24} 個の鉛原子

[解] 鉛 1 mol には 6.02×10^{23} 個の原子が含まれている．この関係から，原子数から物質量への換算係数が組み立てられる．

$$1.80\times 10^{24}\,\overline{\text{個の Pb}} \times \frac{1\text{ mol Pb}}{6.02\times 10^{23}\,\overline{\text{個の Pb}}} = \frac{1.80}{6.02} \times \frac{10^{24}}{10^{23}}\text{ mol Pb}$$
$$= 0.299\times 10\text{ mol Pb} = 2.99\text{ mol Pb}$$

(b) 275 g のホウ素

[解] ホウ素の原子量は 10.8 u だから，ホウ素 1 mol の質量は 10.8 g である．換算係数を用いて，次のように求められる．

$$275\,\overline{\text{g}} \times \frac{1\text{ mol B}}{10.8\,\overline{\text{g}}} = 25.5\text{ mol B}$$

練習問題 5-3

1. 次のそれぞれについて質量を求めなさい．

   (a) 0.0500 mol の金 (b) 2.00 mol の亜鉛

(c) 0.100 mol の硫黄 　　　　(d) 2.50×10^{20} 個のマグネシウム原子
2. 次のそれぞれについて物質量（mol）を求めなさい．
   (a) 32.4 g の銀 　　　　　　(b) 980 g のケイ素
   (c) 0.0202 g のネオン　　　 (d) 1.20×10^{25} 個のウラン原子

5.5　式量

　原子が反応して化合物になる過程で，正味の質量の増減はない．分子であってもイオン結合性化合物の式単位であっても，形成される粒子は，その化学式の中にあるすべての原子の原子量の総和に等しい**式量**(formula weight)をもつことになる．例えば，塩化ナトリウム NaCl の式量は 58.5 u ——ナトリウム原子の原子量(23.0 u)に塩素原子の原子量(35.5 u)を加えたもの——である．四塩化炭素 CCl_4 の式量は，炭素原子1個と塩素原子4個の原子量の総和に等しい．

$$C + (4 \times Cl) = CCl_4$$
$$12.0 + (4 \times 35.5) = 154 \text{ u}$$

　いかなる物質でも，その 1 mol の質量は，その物質の式量にグラムをつけた値に等しい．例えば，塩素分子 Cl_2 1 mol は質量 $2 \times 35.5 = 71.0$ g である．塩化ナトリウム NaCl 1 mol は $23.0 + 35.5 = 58.5$ g である．58.5 g の食塩をはかりとったとすると，その中には 6.02×10^{23} 個の NaCl の式単位が含まれていることになる．

例題 5-4

1. 次のそれぞれについて式量を求めなさい．
   (a) KBr
   [解] カリウムの原子量は 39.1 u，臭素の原子量は 79.9 u である．したがって，KBr の式量は $39.1 + 79.9 = 119.0$ u である．
   (b) $Ca(OH)_2$
   [解] 式量はカルシウムの原子量(40.1 u)と多原子イオン OH^- の式量($16.0 + 1.0 = 17.0$ u)の2倍を加えたものである．

   $$Ca + (2 \times OH) = Ca(OH)_2$$
   $$40.1 + (2 \times 17.0) = 74.1 \text{ u}$$

   (c) $Mg_3(PO_4)_2$
   [解] 式量は次のように計算される．

   $$3 \times Mg + \{2 \times [P + (4 \times O)]\}$$

$$3 \times 24.3 + \{2 \times [31.0 + (4 \times 16.0)]\}$$
$$72.9 + 190 = 262.9 = 263 \text{ u}$$

2. Ca(OH)$_2$ 1 mol の質量を求めなさい．

[解] Ca(OH)$_2$ 1 mol の質量は，その式量にグラムをつけた値に等しい．したがって，74.1 g である．

3. KBr 119 g の中には KBr の式単位が何個あるか答えなさい．

[解] KBr 1 mol の質量は 119 g である．1 mol には 6.02×10^{23} 個の粒子が含まれるから，119 g，すなわち 1 mol の KBr には 6.02×10^{23} 個の KBr の式単位が含まれる．

練習問題 5-4

1. 次のそれぞれについて式量(有効数字3桁)を求めなさい．
   (a) I$_2$ (b) HF
   (c) PbS   (d) KClO$_3$
   (e) Al$_2$(SO$_4$)$_3$ (f) C$_4$H$_{10}$
2. 次の物質の 1 mol の質量を求めなさい．
   (a) フッ化水素
   (b) 塩素酸カリウム
   (c) 硫酸アルミニウム
3. 6.02×10^{23} 個の I$_2$ 分子の質量(g)を求めなさい．

5.6 モルを用いる問題の解き方

5.4節で学んだように，モル計算に関する問題では，しばしば量の単位を別の単位に変換するのに換算係数を用いる．例えば，0.45 mol の塩素酸カリウム KClO$_3$ を必要とする場合，何 g はかりとるべきかを考えてみよう．この問題では，物質量から質量に変換する必要があるから，その目的にあった換算係数を組み立てなければならない．KClO$_3$ 1 mol の質量の求め方はすでに学んだ．

$$\text{KClO}_3 \text{ の式量} = 39.1 + 35.5 + (3 \times 16.0) = 122.6 \text{ u}$$

したがって，　1 mol の KClO$_3$ = 122.6 g

この関係から，物質量を質量に変換する換算係数をつくることができる．

$$0.45 \text{ mol KClO}_3 \times \frac{122.6 \text{ g}}{1 \text{ mol KClO}_3} = 55 \text{ g}$$

例題5-5を十分学習し，練習問題5-5を解きなさい．これらの問題を解くとき，次の三つのステップを確認すること．

ステップ1：問題で求められていることを見極める．
ステップ2：変換に必要な換算係数を組み立てる．
ステップ3：答が，求められている単位になるように，量の単位が打ち消されることを確認しながら計算を進める．

■パノラマ 5-4■

アボガドロ数とモル

$6.02×10^{23}$ という数字はどのくらい大きいのであろうか．アボガドロ数とモルに関して議論していると，この数字の大きさについての概念をつい見過ごしてしまいがちである．この数字に比べれば米国の国債だって到底問題にならない．この数字がどんなに大きいかを認識するために，1ペニー銅貨の縁と縁とをくっつけてこの数だけ並べてみよう．何と，$11.4×10^{18}$ km 以上になるのである．これは，120万光年以上に相当し，銀河系の境界よりずっと遠い距離なのである．もし，この数の1ペニー銅貨を全世界50億の人々に均等に分けたとすると，一人一人が1.2兆ドルを受け取ることになる．

逆に，質量がたった12gの1molの炭素の量(かさ)から，原子1個1個の大きさがどんなに小さいかが想像できるであろう．茶さじ1杯の炭素の中に $6.02×10^{23}$ 個の原子があるとは，到底信じ難いことである．もう一歩進めて考えると，この文章の終わりのピリオドの中の原子の数はおよそ $5×10^{18}$ 個ということになる．嘘だと思う人は今すぐ数えてごらん．

例題 5-5

1. 水 9.0 g が入っているフラスコがある．このフラスコ中の水の物質量(mol)を求めなさい．

[解] ステップ1：問題は次のことを求めている．

$$9.0 \text{ g} = (?) \text{ mol の水}$$

ステップ2：水の質量と物質量の関係を求める．

$$H_2O \text{ の式量} = (2 × 1) + 16 = 18$$

したがって，水 1 mol = 18 g

ステップ3：上の関係から，物質量で答えを与える換算係数が組み立てられる．

$$9.0 \text{ g} × \frac{1 \text{ mol } H_2O}{18 \text{ g}} = 0.50 \text{ mol } H_2O$$

2. 塩素が 7.10 g 入っているタンクの中にはいくつの塩素分子があるか答えなさい．

[解] ステップ1：問題は次のことを求めている．

$$7.10 \text{ g} = (?) \text{ 個の } Cl_2 \text{ 分子}$$

ステップ2：問題を解くために，塩素の質量と分子数との関係を以下のように求める．

$$1 \text{ mol } Cl_2 = 2 \times 35.5 = 71.0 \text{ g}$$
$$1 \text{ mol } Cl_2 = 6.02 \times 10^{23} \text{ 個の分子}$$

したがって，

$$71.0 \text{ g } Cl_2 = 6.02 \times 10^{23} \text{ 個の分子}$$

ステップ3：上の関係から，分子数への換算係数を求める．

$$7.10 \text{ g } Cl_2 \times \frac{6.02 \times 10^{23} \text{ 個の分子}}{71.0 \text{ g } Cl_2} = 6.02 \times 10^{22} \text{ 個の分子}$$

練習問題 5-5

1. 次のそれぞれについて，質量(g)を計算しなさい(練習問題5-4で求めた式量を用いること)．
   (a) 0.500 mol の I_2
   (b) 2.82 mol の PbS
   (c) 0.0350 mol の $KClO_3$
   (d) 4.00 mol の $Al_2(SO_4)_3$
2. 次のそれぞれの物質量(mol)を求めなさい．
   (a) 500 g の HF
   (b) 17.4 g の C_4H_{10}
   (c) 1.76 g の $Ca(NO_3)_2$
3. C_4H_{10} 1.45 g の中の分子数を求めなさい．

5.7 化学反応式を利用する計算

　化学反応式は非常に多くの情報を含んでいる．反応物と生成物の種類を示すばかりでなく，反応に関与する物質の量的関係まで示しているからである．次の反応を考えてみよう．

$$2H_2 + O_2 \longrightarrow 2H_2O$$

この反応式から次のことが読みとれる．
　"2個の水素分子が1個の酸素分子と反応して2個の水分子が生成する"，あるいは，"2 mol の水素が 1 mol の酸素と反応して 2 mol の水が生成する"ということになる．このことは"4 g の水素が 32 g の酸素と反応して 36 g の水が生成する"ことを示している．

例題 5-6

次の化学反応式は三つの情報を提供している．それぞれを文章でかきなさい．
$$2Al + 3H_2SO_4 \longrightarrow 3H_2 + Al_2(SO_4)_3$$

[解] (1) 2個のアルミニウム原子が3個の硫酸分子と反応して3個の水素分子と1個の硫酸アルミニウムの式単位が生成する．

(2) 2 mol のアルミニウムが 3 mol の硫酸と反応して 3 mol の水素と 1 mol の硫酸アルミニウムが生成する．

(3) 54 g のアルミニウムと 294 g の硫酸が反応して 6 g の水素と 342 g の硫酸アルミニウムが生成する．

練習問題 5-6

次の化学反応式によって与えられる三つの情報を文章でかきなさい（CH_4 はメタン）．
$$CH_4 + 2O_2 \longrightarrow CO_2 + 2H_2O$$

化学反応に関するいろいろな形の問題を考えるとき，この章で学んだ二つの手順——化学反応式をつり合わせることと，モルに関する計算を行うこと——の両方をあわせて用いることができる．例として，何 mol の水素が 7.0 mol の酸素と結合して水になるかを求めてみよう．水の生成に関する化学反応式について考察した結果，反応物と生成物のモルの関係は明らかになっている．この化学反応式の係数から，反応物と生成物の間で保たれなければならない物質量の比がわかるので，問題を解くための換算係数を組み立てることができる．

$$2H_2 + O_2 \longrightarrow 2H_2O$$

この反応における水素と酸素の物質量の関係を与える換算係数は，

$$\frac{2 \text{ mol } H_2}{1 \text{ mol } O_2} \quad と \quad \frac{1 \text{ mol } O_2}{2 \text{ mol } H_2}$$

である．何 mol の H_2 が 7.0 mol の O_2 と反応するかを知りたいのだから，次のように上記左の換算係数をかければよい．こうすると，元の単位と換算係数の単位が相殺して求める単位が残る．

$$7.0 \text{ mol } O_2 \times \frac{2 \text{ mol } H_2}{1 \text{ mol } O_2} = 14 \text{ mol } H_2$$

次に，6.4 g の酸素を反応に供したとき，何 g の水が生成するかを考えてみよう．この場合は，酸素の質量から水の質量に変換する必要があるが，化学反応式からは酸素と水の物質量の関係しか与えられない．そのため，この問題を解くにあたっては，次の変換の手順に従って，いくつかの換算係数を使わなければならない．

$$O_2 \text{ の質量} \xrightarrow{①} O_2 \text{ の物質量} \xrightarrow{②} H_2O \text{ の物質量} \xrightarrow{③} H_2O \text{ の質量}$$

上記の三つのステップを使って問題を解いてみよう．

1. $6.4\,\text{g O}_2 = (\,?\,)\,\text{mol O}_2$

   $1\,\text{mol O}_2 = 32\,\text{g}$ であるから，物質量に変換する換算係数を組み立てることができる．

   $$6.4\,\text{g O}_2 \times \frac{1\,\text{mol O}_2}{32\,\text{g O}_2} = 0.20\,\text{mol O}_2$$

2. 0.20 mol の酸素の反応から生成する水の物質量を求めなければならない．化学反応式の係数の比から得られる換算係数は，

   $$\frac{1\,\text{mol O}_2}{2\,\text{mol H}_2\text{O}} \quad \text{と} \quad \frac{2\,\text{mol H}_2\text{O}}{1\,\text{mol O}_2} \quad \text{であるから，}$$

   次の操作により結果が得られる．

   $$0.20\,\text{mol O}_2 \times \frac{2\,\text{mol H}_2\text{O}}{1\,\text{mol O}_2} = 0.40\,\text{mol H}_2\text{O}$$

3. H_2O の物質量から H_2O の質量に変換する．

   $1\,\text{mol H}_2\text{O} = (2 \times 1) + 16 = 18\,\text{g}$ であるから，単位が相殺する換算係数を次のように組み立てて計算する．

   $$0.40\,\text{mol H}_2\text{O} \times \frac{18\,\text{g}}{1\,\text{mol H}_2\text{O}} = 7.2\,\text{g}$$

この問題は一連の換算係数を同時に使って，余分な時間と労力を省くこともできる．最終的な答えで要求されている単位以外の単位がすべて相殺されるように換算係数を配列すればよいのである．

$$6.4\,\text{g O}_2 \times \frac{1\,\text{mol O}_2}{32\,\text{g O}_2} \times \frac{2\,\text{mol H}_2\text{O}}{1\,\text{mol O}_2} \times \frac{18\,\text{g H}_2\text{O}}{1\,\text{mol H}_2\text{O}} = 7.2\,\text{g H}_2\text{O}$$

練習問題 5-7 を解く前に例題 5-7 を学習することをすすめる．とくに，化学反応を分析的に検討するとき，ある物質の質量は直接ほかの物質の質量に変換できないので，必ず物質量に変換して考えることを忘れてはいけない．

$$\text{A の質量} \longrightarrow \text{A の物質量} \longrightarrow \text{B の物質量} \longrightarrow \text{B の質量}$$

例題 5-7

1. 2.40 mol の塩化マグネシウム——酸化マグネシウムを塩酸 HCl とともに熱すると得られる化合物（水も生成する）——をつくるとき，何 g の MgO が必要であるか答えなさい．

[**解**] (a) まず，化学反応式をかく．

   酸化マグネシウム＋塩酸 $\longrightarrow$ 塩化マグネシウム＋水

   つり合っていない式：$\text{MgO} + \text{HCl} \longrightarrow \text{MgCl}_2 + \text{H}_2\text{O}$

つり合っている式：MgO+2 HCl ⟶ MgCl₂+H₂O

(b) 次に，2.40 mol の MgCl₂ をつくるのに必要な MgO の質量を求める．そのために，次の変換を行う．

$$\text{MgCl}_2\text{の物質量} \xrightarrow{①} \text{MgO の物質量} \xrightarrow{②} \text{MgO の質量}$$

① 化学反応式から次の換算係数が得られる．

$$\frac{1\text{ mol MgO}}{1\text{ mol MgCl}_2} \quad \text{と} \quad \frac{1\text{ mol MgCl}_2}{1\text{ mol MgO}}$$

② MgO 1 mol の質量は，

1 mol MgO＝24.3＋16.0＝40.3 g であるから，

2 段階目の換算係数は，

$$\frac{1\text{ mol MgO}}{40.3\text{ g}} \quad \text{と} \quad \frac{40.3\text{ g}}{1\text{ mol MgO}}$$

(c) MgO の質量以外のすべての単位を相殺するように換算係数を選択して，この問題を 1 段階の計算で解いてみよう．

$$2.40\ \cancel{\text{mol MgCl}_2} \times \frac{1\ \cancel{\text{mol MgO}}}{1\ \cancel{\text{mol MgCl}_2}} \times \frac{40.3\text{ g MgO}}{1\ \cancel{\text{mol MgO}}} = 96.7\text{ g MgO}$$

2. 数多くの人々が，胃の不調による不快感を和らげるために，制酸剤を使っている．市販されている制酸剤の有効成分は，おおむね水酸化マグネシウム Mg(OH)₂ である．この化合物は胃酸(HCl)と反応して塩化マグネシウム(MgCl₂)と水になる．この種の錠剤 1 錠中に 0.10 g の Mg(OH)₂ が含まれているとすると，1 錠で何 g の胃酸が中和されるか計算しなさい．

[解] (a) まず，化学反応式をかく．

つり合っていない式：Mg(OH)₂＋HCl ⟶ MgCl₂＋H₂O

つり合っている式：Mg(OH)₂＋2 HCl ⟶ MgCl₂＋2 H₂O

(b) 次に，各ステップで必要な換算係数をかく．

$$\text{Mg(OH)}_2\text{の質量} \xrightarrow{①} \text{Mg(OH)}_2\text{の物質量} \xrightarrow{②}$$

$$\text{HCl の物質量} \xrightarrow{③} \text{HCl の質量}$$

① 1 mol Mg(OH)₂＝24.3＋2×(16.0＋1.0)＝58.3 g

$$\frac{1\text{ mol Mg(OH)}_2}{58.3\text{ g}} \quad \text{と} \quad \frac{58.3\text{ g}}{1\text{ mol Mg(OH)}_2}$$

② つり合っている化学反応式の係数から，

$$\frac{1\text{ mol Mg(OH)}_2}{2\text{ mol HCl}} \quad \text{と} \quad \frac{2\text{ mol HCl}}{1\text{ mol Mg(OH)}_2}$$

③ 1 mol HCl = 1.0 + 35.5 = 36.5 g

$$\frac{1\ \text{mol HCl}}{36.5\ \text{g}} \quad と \quad \frac{36.5\ \text{g}}{1\ \text{mol HCl}}$$

(c) 1段階で問題を解くため，①，②，③から目的にあった換算係数を選ぶ．

$$0.10\ \text{g Mg(OH)}_2 \times \frac{1\ \text{mol Mg(OH)}_2}{58.3\ \text{g Mg(OH)}_2} \times \frac{2\ \text{mol HCl}}{1\ \text{mol Mg(OH)}_2}$$

$$\times \frac{36.5\ \text{g HCl}}{1\ \text{mol HCl}} = 0.13\ \text{g HCl}$$

練習問題 5-7

1. 例題5-7の問題1.の反応で，MgCl$_2$ 418 g をつくるには何gのMgOが必要か計算しなさい．
2. 例題5-7の問題2.において，水 0.700 mol が生じたとき，何gの塩酸が中和されたことになるか答えなさい．MgCl$_2$ 0.190 g が生じたときはどうか．

章のまとめ

　化学反応式は，化学反応で起ったことを記述するための簡便な方法である．反応物と生成物の化学式はそれぞれ矢印の両側に示され，つり合っている化学反応式では，生成物側の各元素の原子数と反応物側の対応する各元素の原子数はそれぞれ等しい．

　モルは物質量の単位であり，異なる物質の粒子を等しい数だけはかりとるのに便利である．1 mol はアボガドロ数すなわち 6.02×10^{23} 個の粒子を含む．単原子元素の場合は，その元素の原子量にグラムをつけた量がその元素の原子 1 mol である．化合物の式量は，その化合物の化学式中の各元素の原子量の総和に等しい．化合物 1 mol は，その化合物の式量にグラムをつけた量に等しい．

重要な式

$$物質量 = \frac{物質の質量(\text{g})}{モル質量(\text{g/mol})}$$

復習問題*

1. 次の反応の化学反応式をかきなさい． [5.1, 5.2]
   (a) 水素が臭素と反応して臭化水素になる．
   (b) 炭酸水素カルシウムが加熱によって分解し，炭酸カルシウム，水および二酸化炭素になる．
   (c) 硝酸銀が銅と反応して硝酸銅(II)と銀になる．

＊　アステリスクをつけた問題は，本章の選択節からの出題である．

(d) 水素が窒素と反応してアンモニア(NH_3)になる．
(e) メタンガス(CH_4)と塩素ガスが反応して四塩化炭素と塩化水素になる．

2. 次の化学反応式を完成させなさい．　　　　　　　　　　　　　　　　　　　　　　[5.2]
　(a) $Na + H_2O \longrightarrow NaOH + H_{2(g)}$
　(b) $KClO_3 \longrightarrow KCl + O_{2(g)}$
　(c) $MnO_2 + HCl \longrightarrow Cl_{2(g)} + MnCl_2 + H_2O$
　(d) $C_3H_8 + O_2 \longrightarrow CO_2 + H_2O$
　(e) $NH_3 + O_2 \longrightarrow NO + H_2O$
　(f) $CO_3^{2-} + H^+ \longrightarrow CO_2 + H_2O$

3. 次の化合物の式量を有効数字3桁まで求めなさい．　　　　　　　　　　　　　　　[5.5]

	第1グループ	第2グループ	第3グループ
(a)	水酸化ナトリウム	KCl	$Ca(OH)_2$
(b)	塩化カルシウム	H_2SO_4	$(NH_4)_2SO_4$
(c)	二酸化硫黄	$Mg_3(PO_4)_2$	CH_4
(d)	リン酸ナトリウム	CO_2	HCl
(e)	硫酸バリウム	$NaHCO_3$	$NaNO_3$
(f)	臭化水素	$KMnO_4$	$AgNO_3$
(g)	三フッ化ホウ素	HNO_3	H_2CO_3
(h)	水	$CuSO_4$	$CaCO_3$

4. 次の物質の質量(g)を求めなさい(問題3．で計算した式量を用いること)．　　　　[5.6]

	第1グループ	第2グループ	第3グループ
(a)	水酸化ナトリウム　0.15 mol	KCl　4.20 mol	$Ca(OH)_2$　0.95 mol
(b)	塩化カルシウム　2.50 mol	H_2SO_4　1.50 mol	$(NH_4)_2SO_4$　4.60 mol
(c)	二酸化硫黄　0.80 mol	$Mg_3(PO_4)_2$　0.015 mol	CH_4　12.5 mol
(d)	リン酸ナトリウム　0.50 mol	CO_2　5.50 mol	HCl　0.025 mol
(e)	硫酸バリウム　3.60 mol	$NaHCO_3$　0.32 mol	$NaNO_3$　0.62 mol
(f)	臭化水素　0.020 mol	$KMnO_4$　0.0750 mol	$AgNO_3$　0.50 mol
(g)	三フッ化ホウ素　0.125 mol	HNO_3　0.10 mol	H_2CO_3　6.50 mol
(h)	水　0.0010 mol	$CuSO_4$　0.060 mol	$CaCO_3$　0.0001 mol

5. 次の物質の物質量を求めなさい(問題3．で計算した式量を用いること)．　　　　[5.6]

	第1グループ	第2グループ	第3グループ
(a)	水酸化ナトリウム　0.0120 g	KCl　89.4 kg	$Ca(OH)_2$　407 g
(b)	塩化カルシウム　33.3 g	H_2SO_4　7.35 g	$(NH_4)_2SO_4$　3.3 μg
(c)	二酸化硫黄　2.48 kg	$Mg_3(PO_4)_2$　131 μg	CH_4　148.8 g
(d)	リン酸ナトリウム　0.82 g	CO_2　198 g	HCl　2.19 mg
(e)	硫酸バリウム　2.33 g	$NaHCO_3$　67.2 mg	$NaNO_3$　64.6 g
(f)	臭化水素　52.65 mg	$KMnO_4$　498.8 g	$AgNO_3$　0.68 g
(g)	三フッ化ホウ素　122.4 g	HNO_3　94.5 μg	H_2CO_3　80.6 mg
(h)	水　64.8 μg	$CuSO_4$　3.19 g	$CaCO_3$　1.25 kg

6. 次の化学反応式を用いて以下の問に答えなさい．　　　　　　　　　　　　　　　[5.7]

$$Mg_3N_2 + 6H_2O \longrightarrow 3Mg(OH)_2 + 2NH_3$$

(a) Mg_3N_2 0.10 mol の反応で生成する $Mg(OH)_2$ の物質量を求めなさい．

(b) Mg_3N_2 500 g の反応で生成する $Mg(OH)_2$ と NH_3 の物質量を求めなさい．

(c) $Mg(OH)_2$ 0.060 mol が生成するには，Mg_3N_2 と H_2O がそれぞれ何 g ずつ反応しなければならないか計算しなさい．

(d) $Mg(OH)_2$ 52.2 g が生成するには，何 g の Mg_3N_2 が必要か計算しなさい．

(e) Mg_3N_2 10.0 g と H_2O 14.4 g の反応によって生成する $Mg(OH)_2$ の最大量(g)を計算しなさい．

*7. 次の反応に関して，酸化された元素と還元された元素を明らかにしなさい． [5.3]

(a) $2H_2 + O_2 \longrightarrow 2H_2O$

(b) $H_2SO_4 + 2HBr \longrightarrow SO_2 + Br_2 + 2H_2O$

(c) $2HNO_2 + 2HI \longrightarrow 2NO + I_2 + 2H_2O$

(d) $5NaBr + NaBrO_3 + 3H_2SO_4 \longrightarrow 3Br_2 + 3Na_2SO_4 + 3H_2O$

*8. 問題7．の反応のそれぞれについて，酸化剤と還元剤を示しなさい． [5.3]

研究問題*

9. 次の化学反応式を完成させなさい．

(a) $HCl + Cr \longrightarrow CrCl_3 + H_{2(g)}$

(b) $FeCl_3 + Na_2CO_3 \longrightarrow Fe_2(CO_3)_3 + NaCl$

(c) $PbS + H_2O_2 \longrightarrow PbSO_4 + H_2O$

(d) $C_4H_{10} + O_2 \longrightarrow CO_2 + H_2O$

(e) $CrO_4^{2-} + H^+ \longrightarrow Cr_2O_7^{2-} + H_2O$

10. 次の化学反応式を完成させなさい．

(a) $AgNO_3 + CaCl_2 \longrightarrow Ca(NO_3)_2 + AgCl$

(b) $Fe_2O_3 + H_2 \longrightarrow Fe + H_2O$

(c) $Al(NO_3)_3 + H_2SO_4 \longrightarrow Al_2(SO_4)_3 + HNO_3$

(d) $C_3H_8O + O_2 \longrightarrow CO_2 + H_2O$

(e) $Al + H_2SO_4 \longrightarrow Al_2(SO_4)_3 + H_2$

(f) $Fe_2O_3 + C \longrightarrow Fe + CO_2$

11. 次の計算をしなさい．

(a) 酸素分子 3.6×10^{23} 個の物質量

(b) 塩素分子 1.5×10^{23} 個の質量(g)

12. 質量 10 g の 12 カラット金指輪(50%が金)の中の金の原子数を計算しなさい．

13. 次の物質中の酸素原子数を求めなさい．

(a) $Al_2(CO_3)_3$ 2.0 mol

(b) $C_6H_{12}O_6$ 18 g

(c) $CuSO_4 \cdot 5H_2O$ 1.0 g

14. ワインは発酵作用によってつくられる．すなわち，ブドウに含まれる糖を，酵母の働きで次の

---

* アステリスクをつけた問題は，本章の選択節からの出題である．

ようにエタノールと二酸化炭素に変化させるのである．

$$C_6H_{12}O_6 \xrightarrow{\text{酵母}} 2C_2H_5OH + 2CO_{2(g)}$$
　　糖　　　　　　　　　エタノール

1樽のブドウに含まれる5.00 kgの糖がすべて発酵するとした場合，何kgのエタノールが生成することになるか計算しなさい．

15．アスピリンは次のように，サリチル酸と無水酢酸の反応によってつくられる．

$$C_7H_6O_3 + C_4H_6O_3 \longrightarrow C_9H_8O_4 + C_2H_4O_2$$
　サリチル酸　　無水酢酸　　　　アスピリン

アスピリンを0.33 g含むアスピリン錠剤を，1錠つくるのに必要なサリチル酸の質量(g)を計算しなさい．

16．酸素ガスは，塩素酸カリウム$KClO_3$の分解によってつくられる．

$$2KClO_3 \longrightarrow 2KCl + 3O_2$$

この反応により，1.00 gの$KClO_3$が完全に分解するときに生成する酸素とKClの質量(g)を計算しなさい．

17．100 gの天然ガス(CH_4)が，完全に燃えるときに生成する水の質量(g)を計算しなさい．この反応のもう一つの生成物は，二酸化炭素である．

18．アンモニアは，化学肥料の生産に用いられる．すなわち，尿素肥料$(NH_2)_2CO$は，アンモニアと二酸化炭素の反応によってつくられる．
  (a) この反応の化学反応式をかきなさい(この反応のもう一つの生成物は水である)．
  (b) アンモニア6.00 tの反応で生成する尿素肥料の質量(t)を計算しなさい(1 t = 10^3 kg)．

19．アルミニウム鉱石から金属アルミニウムを精錬する場合には，酸化アルミニウムと炭素の反応を利用して，アルミニウムと二酸化炭素に分離する．
  (a) アルミニウム精錬の化学反応式をかきなさい．
  (b) 5.40 tのアルミニウムの生産のためには，何tの酸化アルミニウムが必要か計算しなさい．
  (c) 1.00 tのアルミニウムの生産のためには，何tの炭素が必要か計算しなさい．

20．洗浄剤の一つであるラウリル硫酸ナトリウムは次の反応によってつくられる．

$$C_{12}H_{25}OH + H_2SO_4 \longrightarrow C_{12}H_{25}OSO_3H + H_2O$$
　ラウリルアルコール　　　　　　ラウリルスルホン酸

$$C_{12}H_{25}OSO_3H + NaOH \longrightarrow C_{12}H_{25}OSO_3Na + H_2O$$
　ラウリルスルホン酸　　　　　　　　洗浄剤

洗浄剤の1日の生産量が11 tであるとき，ラウリルアルコールの必要量(t)を計算しなさい．

21．次の反応について，反応によって完全に消費される反応物および一部が残留する反応物を，明らかにしなさい．反応のために用意された量が，それぞれの反応物の下に記してある．
  (a) $Mg + S \longrightarrow MgS$
      25.0 g　34.0 g
  (b) $SO_3 + 2HNO_3 \longrightarrow H_2SO_4 + N_2O_5$
      94.4 g　　250 g
  (c) $3Fe + 4H_2O \longrightarrow Fe_3O_4 + 4H_2$
      16.8 g　12.0 g

22．タバコ用ライターのガスとしてよく使われるブタンは，酸素と反応して次のように燃焼する．

$$2C_4H_{10(g)} + 13O_{2(g)} \longrightarrow 8CO_{2(g)} + 10H_2O_{(g)}$$

(a) C_4H_{10} 4.0 mol と O_2 4.0 mol が反応すると，何 mol の CO_2 が生成するか計算しなさい（ヒント：反応物の一方が過剰に存在する．反応は，一方の反応物が使い切られるまで続く）．

(b) C_4H_{10} 120.0 g と O_2 120.0 g が反応すると，何 g の CO_2 が生成するか計算しなさい．

(c) C_4H_{10} 50.0 g と O_2 25.0 g が密閉容器中で反応すると，反応終了後容器中にはどんな化合物があるか答えなさい．また，それらの化合物の質量はそれぞれ何 g か計算しなさい．

*23. 次の酸化還元反応式を酸化数を用いて完成させなさい．

(a) $Fe_2O_3 + C \longrightarrow Fe + CO_2$

(b) $KCl + MnO_2 + H_2SO_4 \longrightarrow K_2SO_4 + MnSO_4 + Cl_2 + H_2O$

(c) $I_2 + HNO_3 \longrightarrow HIO_3 + NO_2 + H_2O$

(d) $SO_2 + HNO_3 + H_2O \longrightarrow H_2SO_4 + NO$

(e) $K_2Cr_2O_7 + HCl \longrightarrow KCl + CrCl_3 + Cl_2 + H_2O$

(f) $B_2O_3 + Cl_2 \longrightarrow BCl_3 + O_2$

(g) $HNO_3 + H_3AsO_3 \longrightarrow H_3AsO_4 + NO + H_2O$

(h) $KMnO_4 + H_2C_2O_4 + H_2SO_4 \longrightarrow CO_2 + K_2SO_4 + MnSO_4 + H_2O$

*24. 酸化還元に関する次の問に答えなさい．

(a) 次の化学反応式を完成させなさい．
$$KMnO_4 + FeSO_4 + H_2SO_4 \longrightarrow K_2SO_4 + MnSO_4 + Fe_2(SO_4)_3 + H_2O$$

(b) (a)の反応において酸化剤はどれか．

(c) (a)の反応において還元剤はどれか．

(d) (a)の反応において移動した電子は還元剤 1 mol 当り何 mol か．

総合問題

1. もっとも毒性の強いキノコの一つに，死の天使とよばれるテングタケがある．

   (a) 体重 82 kg の男性を殺すのにテングタケ 50 g が必要であるとすると，体重 1 kg 当りの質量（mg）で表したこのキノコの致死量はいくらになるか計算しなさい．

   (b) 上記の計算により求めた致死量から，54 kg の婦人に対する致死量を計算しなさい．また，41 kg のティーンエイジャーではどうか．

2. 質量 14.50 g の未知の金属試料がある．この試料を 25 mL の目盛りのついた空の円筒容器に入れ，上からメタノール（密度＝0.794 g/mL）を加えたところ，25 mL の目盛りまで満たすのに 15.65 g 必要であった．未知金属の密度を計算しなさい．

3. 厚さ 0.01 cm のタイプ用紙が 1 mol あるとして，これを全部積み重ねたときの高さ（km）を求めなさい．

4. 80℃ の 200 g の鉄棒を 20.0℃ の水 1.00 L の中に入れた．鉄から失われた熱は水が得るのであるから，鉄と水とはやがて同じ温度になる．熱が外部に失われることはないと仮定して，最終的な温度を求めなさい．ただし，鉄の比熱は 0.115 cal/g℃ である．

5. ジョギングは減量に有効な手段なのだろうか．1 kg の体脂肪は 7700 kcal のエネルギーに相当する．5 分間に 1 km という適度のペースで走ると，1 km 当り 95 kcal の割合でエネルギーを消費する．体脂肪 1 kg を燃焼させるのに走らなければならない距離（km）はいくらか，計算しなさい（注意：マラソンは約 42 km の距離である）．

6. 2400 kcal/日 の摂取によって体重が一定に保たれているとする．エネルギーの摂取量を

1400 kcal/日 まで減らす食事制限を始めたとして，体脂肪を 1 kg 減らすのにどれだけの日数がかかるか計算しなさい．

7. 1982年，メキシコのエルチチョン火山の噴火は山の頂上部 220 m を吹き飛ばした．その後，水が噴火口に集まり，温度 51.4°C の酸性湖が形成された．
   (a) 噴火によって山頂の何 ft が吹き飛ばされたか．
   (b) 湖の水温は華氏温度で何度か．

8. 砂糖は，米国でもっとも幅広く使われている食品添加物の一つである．ケチャップの 29%，コーヒー用クリーマーの 65.4%，リッツのクラッカーの 11.8% が砂糖である．一人当りの平均年間摂取量は 58200 g である．
   (a) 一人当りの平均年間摂取量は何 lb か計算しなさい．
   (b) 代謝の際に，砂糖は 4.0 kcal/g を生み出す．米国人が摂取する砂糖によって消費されるエネルギー量(kcal)は，毎週どのくらいになるか計算しなさい．

9. 血液中の主要なコレステロール運搬体である低密度リポタンパク質(LDL)は，質量 300 万ドルトン(300 万 u)，直径 22 nm の球状粒子である．
   (a) LDL 1 個の質量は何 μg か計算しなさい．
   (b) 粒子の直径は何 mm か計算しなさい．

10. ある単細胞生物を使って，ナトリウムの細胞内利用経路を調べる実験を，慎重に管理しながら行っている．使用している培養水が，少量のカリウムイオン，バリウムイオンおよびヨウ化物イオンで汚染されていることがわかった．これらのイオンのうち，実験結果に支障を与えると思われるものはどれか，理由をつけて答えなさい．また，その判断が正しいことを立証する実験を立案しなさい．

11. 三酸化硫黄は，大気汚染物質である二酸化硫黄と空気中の酸素との反応によって生成する．
    (a) この反応の化学反応式をかきなさい．
    (b) 何 g の二酸化硫黄が大気中に放出されると，三酸化硫黄が 1.00 kg 生成することになるか答えなさい．

12. 三酸化硫黄は，雨によって大気中から取り除かれる．雨水は三酸化硫黄と反応して，硫酸(H_2SO_4)になる．主要な高速道路に沿って雨水の酸性度はかなり高く，植物に害を及ぼすほどになっている．雨水と反応する三酸化硫黄 1.00 kg ごとに，何 g の硫酸がつくられることになるか計算しなさい．

物質の三つの状態

　クリフ・ブラウンは65歳の定年退職が近づいていたが，退職後，楽しみにしていた釣りや狩猟を本当に楽しめるかどうか，少々不安を感じていた．5年ほど前から，息切れと頻繁な咳に悩まされることが，だんだん多くなってきていたためである．たばこの吸い過ぎが原因で，これらの症状が引き起こされていることはわかっていたが，1日当り2箱以下にはどうしてもできなかった．彼は悪性の風邪を直そうとしたが，体調は悪くなる一方で，ひどい疲労感と，呼吸困難を感ずるようになった．

　かかりつけの医師に診てもらった結果，クリフは病院に送られ呼吸器系（肺機能に関与する体の部分）に関する一連の検査を受けることになった．胸部X線検査で肺が拡張し，また横隔膜が平らになっていることがわかった．別の検査で，息を吐き出す能力が正常値よりかなり低いことも明らかになった．また，血液への酸素（O_2）の移動および血液からの二酸化炭素（CO_2）の移動が適切な速度で起きておらず，そのため血液中の酸素と二酸化炭素のバランスが崩れていることが血液検査によって確かめられた．血液中の酸素分圧は 40 mmHg（正常

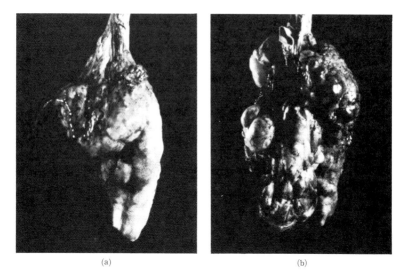

図 6.1 (a) 正常な肺　(b) 肺気腫を病んでいた患者の肺

値は 80～100 mmHg）と異常に低かったし，二酸化炭素分圧は 70 mmHg（正常値は 40 mmHg）と非常に高かった．

　クリフの病気は肺気腫——慢性的な閉塞性の肺の疾病（COPD）——と診断された．肺気腫は，肺の中の小さい泡状の袋（肺胞とよばれる）の機能低下を伴う．これらの肺胞は，血液への酸素の移動と血液からの二酸化炭素の移動になくてはならないものである．肺気腫になると肺胞は膨張と収縮ができなくなり，ついにはそれらは破れ，酸素と二酸化炭素をうまく交換することができない弾力性のない大きな袋を形成する（図 6.1）．肺気腫は，二つの物質の間の不均衡によって引き起される．一つは肺の中の異物をとり除く酵素，エラスターゼである．肺気腫になると，この物質は肺胞の正常な組織までを攻撃するようになる．もう一つの物質は，正常な状態ではエラスターゼの働きを制御する血液タンパク質である．このタンパク質は，遺伝的にあるいは多量の喫煙によって不足することがある．

　クリフは血液中の酸素と二酸化炭素の不均衡を軽減し，また呼吸を楽にする治療を受けるために入院した．この療法では，通常の空気よりわずかに酸素濃度の高い空気を呼吸用に供給する．この余分な酸素は，クリフに 1 分間当り 2 L という非常にゆっくりした速度で与えられた．これより速いと，クリフにとって大変危険だからである．このことを理解するためには，脳が絶えず血液中の二酸化炭素濃度の情報を得ていることを知らなければならない．血液中の二酸化炭素濃度が高いと，脳は呼吸の速度を速める．しかし，慢性的に血液中の二酸化炭素濃度が高い肺気腫患者の場合，脳は血液中の CO_2 レベルの代わりに血液中の O_2 レベルに対して，敏感に反応するよう変化している．これらの患者の血液中の酸素濃度が低いことは，より速い呼吸を誘発する．したがって，肺気腫患者に酸素を高速度で与えると，血

液中の酸素レベルが急上昇し，脳は呼吸が必要であるという信号を受け取らなくなる．これは患者が呼吸しなくなることであり，患者はすぐに死んでしまう．

クリフは1週間入院した．彼の上部呼吸器の感染症は抗生物質で治ったし，血液中の酸素圧も不足でないレベルにまで上昇した．最後に，クリフの酸素治療は中断され，その後48時間にわたって血液中の気体の濃度が調べられた．この検査によって，クリフの病気は本人の呼吸だけでは血液中に十分な量の酸素を維持できないほどに進行していることが，明らかになった．退院するとき，彼に液体酸素入りの家庭用酸素ユニットが渡された．この装置には，家の中を自由に動きながらでも酸素が吸えるように長いチューブがついていた．また，数時間外出するとき，酸素を充填し肩に担いで運べる携帯用ユニットも与えられた．

クリフの呼吸に必要な酸素は，彼の利用に備えて液体の状態で便利に蓄えられている．液体と気体は，物質が存在できる三つの状態のうちの二つである．もう一つの状態はもちろん固体である．この章では，これらの状態がどのように異なるのか，またどのようにして，ある状態が別の状態に変化するのかを知るために，物質の異なる三つの状態について詳しく学習する．気体の状態にあるときの，物質の性質に関する物理的法則のいくつかについても考えてみる．

―――学習目標―――

この章を学習した後で，次のことができるようになっていること．
1. 物質の三つの状態の違いを述べる．
2. 物質の融点と沸点を定義する．
3. 氷が -5℃ から 110℃ まで加熱されるときに，分子レベルで生じる変化について述べる．
4. 融解熱と気化熱を定義する．
5. 気体分子運動論で述べられている理想気体の五つの特性を説明する．
6. 圧力の単位を五つあげる．
7. 気体の性質に関する五つの法則を説明し，それぞれについて日常の例をあげる．
8. ボイルの法則，シャルルの法則，理想気体の法則，グレアムの気体流出の法則，およびドルトンの分圧の法則を用いて計算を行う．

物質の状態

6.1 固体

すでに述べたように，物質は気体，液体，あるいは固体の状態で存在する（図 6.2）．これら三つの状態は，物質を構成している原子やイオンあるいは分子の運動量が異な

152   6 物質の三つの状態

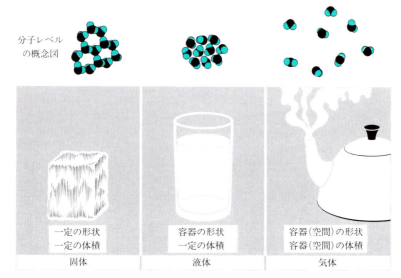

図 6.2 物質の三つの状態——水は固体,液体,あるいは気体として存在できる.

るし,また互いの間隔,引力の大きさも異なる.固体の粒子間引力はほかの状態に比べて相対的に大きく,粒子はしっかりとした構造をとり,密に充填されている.これが,固体に一定の形と体積を与えているのである.固体には,それを構成している粒子の配列が異なる二つの種類がある.汎用ガラスや大部分のプラスチックのような**無定形固体**(amorphous solid)の粒子は,液体状態における粒子の配列と同じように無秩序な状態で凍結している.一方,**結晶性固体**(crystalline solid)の粒子は規則的な配列と繰返しパターンをもつ三次元構造を形成している.結晶性固体の例としては水晶,食塩,ダイヤモンド,および雪片がある(図4.2, 6.3).結晶性固体中の粒子は定められた位置をもち,さらに近傍の粒子を拘束して動けない状態にしている.これが固体に,変形しにくいしっかりとした形を与えているのである.しかし,これらの粒子は全く動かないわけではない.すなわち固体を構成している粒子は前後,上下左右に動いているのである.言い換えると,固体中の粒子は定められた位置を中心に振動しているということになる.

温度が低いときは,これらの振動は固体中の粒子間に働く引力に打ち勝つには不十分である.しかし,エネルギーが熱として加えられると,粒子の運動エネルギーが増大し,粒子の振動はだんだん激しくなり,しまいに固体は融解する.融解が生ずる特定の温度は,固体の**融点**(melting point)とよばれる.固体を構成する粒子間の引力が大きくなればなるほど,融点は高くなる.結晶性固体が融点に達すると,さらに熱エネルギーを加えても,粒子の平均運動エネルギーが増大することはない.これは温度

6.1 固体　153

(a)　　　　　　　　　　　　　　　(b)

図 6.3　(a) 氷の結晶中で水分子が規則的に配列していることによる規則的で複雑な雪片の形状，(b) ガラスは構成粒子が不規則に配列している無定形固体であるため，冷却してどのような形にすることもできる．

が上昇しないことと同じである．このとき加えられた熱はすべて固体の融解に使われるのである．融点で固体を液体に変化させるために加えなければならないエネルギーの量は，**融解熱**(cal/g, kcal/mol, または kJ/mol, heat of fusion)とよばれる．例えば水の融解熱は 80 cal/g である(液体が再び固体になるとき同じ量のエネルギーが取り去られることに注意しよう)．固体が完全に融解してから，さらに熱エネルギーが加えられると，物質の温度は上昇しはじめる(図 6.4)．

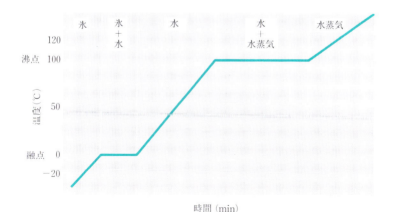

図 6.4　一定速度で熱が加えられたときの，水の固体から液体，液体から気体への相変化を示す加熱曲線．

6.2 液体

　液体中の粒子は，固体中の粒子のようにしっかりとまとまっていることはない．粒子は互いにかなり接近しているが，それでも互いに滑って通り過ぎあうことにより，ある場所からほかの場所に移動できる．これが，私たちが液体の中を歩いて進むことができる原因である（固体の中を歩くことはできない）．また，同じ理由で，液体はある場所から別の場所に流動することができ，その体積を変えずに入れた容器の形になることができるのである．

　液体は流動するが，その粒子はまだ互いに強く引力を及ぼしあっている．この引力の強さが，液体の多くの特性を決めている．粘性と表面張力もそうである．液体の**粘性**(viscosity)は，流れに対する抵抗の尺度である．液体を構成する粒子間の引力が大きくなればなるほど，粘性，すなわちねばねばする性質は強くなる．糖蜜は水より粘性が高く，水はガソリンより粘性が高い．**表面張力**(surface tension)は，液体の拡張に対する液体表面の粒子の抵抗である．これは，液体の表面積を最小に保とうとする力である（図6.5）．水の表面張力は大きいが，ガソリンの表面張力は小さい．液体の粘

図 6.5　水の大きな表面張力は剃刀の刃を支え浮かせるのに十分である．

性も表面張力も,温度の上昇に伴って減少する(粒子の運動エネルギーが増大することによる).液体表面近くの,エネルギーをたくさんもった粒子は,表面から離脱できる.これらの粒子は,空気中の分子と衝突して液体表面に逆戻りすることがなければ,液体から完全に逃れることになる.これが**蒸発**(evaporation)とよばれる過程である.蒸発の速度は液体を構成する粒子の間の引力に依存している.引力が強くなればなるほど,蒸発速度は小さくなる.蒸発によって,エネルギーの非常に大きい粒子を失うから,液体中に残された粒子の平均運動エネルギーは小さくなる.これは液体が冷えることである.この原理により,私たちの身体は汗の蒸発によって熱を取り除くことができる(図6.6).同様に,皮膚にアルコールを塗ったときひんやり感じるのは,アルコール分子が皮膚の上に冷たい液体を残して急激に蒸発するためである.液体にさらに熱エネルギーを加えると,粒子の運動エネルギーが増大し,これによって蒸発速度が増加することになる.

凝縮(condensation)は蒸発の反対である.気体を構成する粒子が冷却されると,その運動エネルギーは減少し,ついには粒子が凝縮する段階に達する.凝縮のよい例は草の葉の上に露ができたり,寒い朝の自動車のフロントガラス上に水滴がつくことである.

図 6.6　身体は汗の蒸発によって自らを冷やすことができる.

液体の蒸発および気体の凝縮は物理的変化であり，状態の変化とよばれている．起り得るもう一つの状態の変化は，**昇華**(sublimation)——固体が直接気体になる変化——である．固体の粒子がきわめて弱い力で集まっているとき，その固体は昇華する——"跡形もなく消えてなくなる"——傾向にある．昇華する物質の例には防虫剤の玉(ナフタレン)とドライアイス(固体の二酸化炭素)がある．

液体にさらに熱エネルギーを加えると，粒子の運動が盛んになり，ついには液体内部で激しい衝突を起すようになって，蒸気(気体)の泡が形成される．この過程は**沸騰**(boiling)とよばれる．沸騰が起る温度は，物質の**沸点**(boiling point)とよばれている．沸点は大気の圧力に依存する(海面における大気圧下での物質の沸点は標準沸点とよばれる)．沸点では，物質に加えられたエネルギーは粒子を引き離すことに使われる——これが液体から気体への変化である——ため，温度は上昇しない(図 6.4)．

一定の温度と圧力の下で，物質を液体から気体に変化させるのに必要なエネルギー量は，**蒸発熱**(cal/g, kcal/mol, または kJ/mol, heat of vaporization)とよばれる．例えば水の100℃, 1 atm における蒸発熱は 539 cal/g である(気体が凝縮して液体になるとき，同じ量のエネルギーが取り除かれることに注意しなさい)．すべての液体が気体になったのち，物質の温度は熱エネルギーを加えるにつれて上昇する．

気体の性質に関する法則

多くの研究の結果，気体の性質に関するいくつかの法則がまとめられた．これらの法則の正確な数学的表現は広く知られているとはいえないが，それらの概略は日常の経験を通してよく知られている．日常の例として次のものがあげられる．エーロゾル缶が加熱によって爆発したり，暑い日に自動車を高速運転するとタイヤがパンクすることがある(気体温度の上昇はその圧力を高める)．自転車の空気入れを下方に押すと，ピストンがシリンダーの中を下りていく(圧力の上昇は気体の体積を減少させる)．焼いているクッキーをうっかりして燃やしてしまうと，その臭いがすぐ家中に広がる(気体は容器の隅々まで拡散する)．炭酸飲料のびんを開けると，シュワーという音がする(気体の液体に対する溶解度は圧力と温度に依存する)．

6.3　圧力の単位

上に述べた法則の正確な数学的表現を論ずる前に，圧力がどのように表されるのかを知る必要がある．気体によって及ばされる圧力は，無数の気体粒子の容器壁への衝

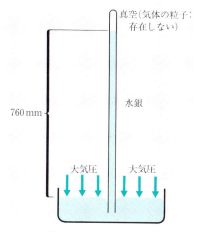

図 6.7 水銀気圧計は大気圧を測定するのに使われる装置である．水銀柱の高さは場所，時間による大気圧の変化に伴って変る．海面では大気圧は水銀柱を 760 mmHg の高さに支えるが，5600 m の高所では水銀柱の高さは 380 mmHg になるに過ぎない．

突そのものである．**圧力**(pressure)は，単位面積当りに及ぼされる力と定義されている．圧力を表すのに使われているいくつかの単位を次に示す．

mmHg

圧力のもっとも古い単位の一つで，**水銀のミリメートル数**(mmHg)である．この単位は，大気圧をはかるのに水銀柱を用いたことに由来している(図 6.7)．1 mmHg は高さ 1 mm の水銀柱を支えるのに必要な大気の圧力である．

気圧(atm)

大気圧によって支えられる水銀柱の高さは，温度と地理的位置に依存する．**標準気圧**(standard atmospheric pressure)は，温度が 0℃ のとき海面において地球の大気によって及ぼされる圧力の平均である．**1 標準気圧**(気圧, atm)は，0℃ において高さ 760 mm の水銀柱を支える．

$$1 \text{ atm} = 760 \text{ mmHg}$$

標準温度と**標準圧力**(**標準状態**, standard temperature and pressure, **STP**)とよばれる条件は 0℃, 1 atm である．イギリス方式では，圧力は 1 平方インチ当りのポンド

数 (psi) で表される．1 atm は 14.7 psi に等しい．
$$1 \text{ atm} = 14.7 \text{ psi}$$

トル (torr)

トル (torr) は圧力の小さい単位である．これは 17 世紀のイタリアの物理学者で気圧計の発明者でもある Evangelista Torricelli を記念してつけられたものである．1 torr は 1/760 atm に等しい．
$$1 \text{ atm} = 760 \text{ torr} \qquad 1 \text{ torr} = 1 \text{ mmHg}$$

パスカル (Pa)

圧力の SI 単位は**パスカル** (Pa) である．これは 17 世紀のフランスの自然科学者 Blaise Pascal を記念してつけられたものである．パスカルとトルの関係は，次の通りである．
$$1 \text{ torr} = 133.3 \text{ Pa}$$

例題 6-1

1. 2.75 atm は何 torr か計算しなさい．

[解] この問題を解くには，1 atm＝760 torr の関係を用いる．

したがって，
$$2.75 \text{ atm} \times \frac{760 \text{ torr}}{1 \text{ atm}} = 2090 \text{ torr}$$

2. 化学実験室の気圧計が 740 mmHg をさしている．この圧力を，トルおよび気圧で表すといくらになるか計算しなさい．

[解] これらを解くには，下の関係を用いる．

　(a)　1 torr＝1 mmHg

したがって，
$$740 \text{ mmHg} \times \frac{1 \text{ torr}}{1 \text{ mmHg}} = 740 \text{ torr}$$

　(b)　1 atm＝760 mmHg

したがって，
$$740 \text{ mmHg} \times \frac{1 \text{ atm}}{760 \text{ mmHg}} = 0.974 \text{ atm}$$

練習問題 6-1

カナダの気象情報は，サイクロンの内側の大気圧を 660 mmHg と報じた．この圧力を，気圧およびトルで表すといくらになるか計算しなさい．

6.4 ボイルの法則（圧力と体積の関係）

17世紀にイギリスの化学者 Robert Boyle は，一定質量の気体の体積は，温度が一定であれば加えた圧力に反比例して変化することを発見した（図6.8）．圧力を増すと，体積が減少するということである．気体によって占められている体積が減少すると，粒子が動きまわれる空間が減少する．そのため，粒子は容器の壁に，より頻繁に衝突

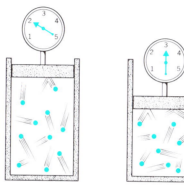

図 6.8 ボイルの法則は，気体の体積が減少するとその圧力は増加するというものである（温度と，気体の物質量が一定の場合）．

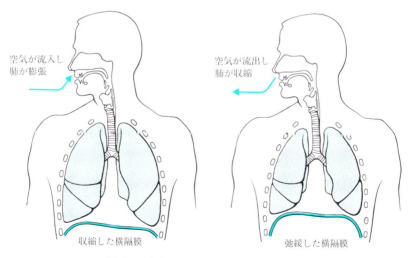

図 6.9 呼吸は，ボイルの法則のよい例である．

するようになる．これが圧力の増加として現れるのである．

　呼吸は，体内におけるボイルの法則のよい例である（図6.9）．肺は，肋骨と横隔膜とよばれる筋肉の膜に囲まれた状態で，胸腔の中にある．吸気するには，横隔膜は収縮し平らになり，胸腔の体積を増大させる．これによって胸腔内の空気圧が大気圧以下になり，空気が肺に流れ込むことになる．息を吐出するには，横隔膜が弛緩して胸腔の中に押し上げられ，大気の圧力より胸腔内の圧力が高くなる．これによって空気が肺から流出するのである．

　ボイルの法則を文章で説明してきたが，この法則は数学的に記述することもできる．数学的関係を表す式では，次の記号を用いることにする．

$$P = 圧力 \qquad V = 体積$$
$$T = 絶対温度 \qquad n = 気体の物質量$$

ボイルの法則を，数学的に記述すると次のようになる．

$$PV = 一定 \quad （T と n が一定の場合）$$

異なる二つの状態では

$$\boxed{P_1 V_1 = P_2 V_2 \quad （T と n が一定の場合）}$$

ここで，P_1 と V_1 ははじめの状態の圧力と体積，P_2 と V_2 は終わりの状態の圧力と体積である．次の例題は，ボイルの法則の利用法と，種々の形の問題をどのようにして解くかを示すものである．

例題 6-2

1. 気体が，可動式ピストンを備えたシリンダーの中に入っている．圧力 760 torr で気体の体積が 3 L であるとき，一定温度下で圧力を 1140 torr まで増加させると，気体の体積はいくらになるか計算しなさい．

[解]　(a) まず，データを整理する．

$$P_1 = 760 \text{ torr} \qquad V_1 = 3 \text{ L}$$
$$P_2 = 1140 \text{ torr} \qquad V_2 = ?$$

　(b) ここで問題の条件を考えてみよう．圧力が 760 torr から 1140 torr に増加すると，はじめの 3 L の体積は増えるのだろうか，それとも減少するのだろうか．ボイルの法則によれば，気体の体積は圧力が増加すれば減少する．したがって，体積が減少するような圧力比を，はじめの体積に掛ければよい．

$$3 \text{ L} \times \frac{760 \text{ torr}}{1140 \text{ torr}} = 2 \text{ L}$$

(c) 上の答えをボイルの法則の式を用いて確認してみよう．
$$P_1V_1 = P_2V_2$$
$$760 \text{ torr} \times 3 \text{ L} = 1140 \text{ torr} \times V_2$$
$$\frac{760 \text{ torr} \times 3 \text{ L}}{1140 \text{ torr}} = V_2$$
$$2 \text{ L} = V_2$$

2. 容積 2.5 L のタンクに，圧力 44 atm の酸素が入っている．同じ量の酸素を，同じ温度で容積 55 L のタンクに入れると，どれだけの圧力を示すか計算しなさい．

[解] (a) まず，データを整理する．
$$V_1 = 2.5 \text{ L} \qquad P_1 = 44 \text{ atm}$$
$$V_2 = 55 \text{ L} \qquad P_2 = ?$$

(b) 問題の条件を考えてみよう．体積が 2.5 L から 55 L に増大すると，圧力は増すのだろうか，それとも減少するのだろうか．ボイルの法則によれば，体積が増大すれば圧力は減少する．したがって，圧力が減少するような体積比をはじめの圧力に掛ければよい．
$$44 \text{ atm} \times \frac{2.5 \text{ L}}{55 \text{ L}} = 2.0 \text{ atm}$$

(c) ボイルの法則の式を用いて
$$44 \text{ atm} \times 2.5 \text{ L} = P_2 \times 55 \text{ L}$$
$$\frac{44 \text{ atm} \times 2.5 \text{ L}}{55 \text{ L}} = P_2$$
$$2.0 \text{ atm} = P_2$$

▌パノラマ 6-1▐

ハイムリッヒの処置

日常生活におけるボイルの法則の応用が意外に多いことには驚かされる．気管につまった食物によって窒息状態に陥っている人を助けるにも，ボイルの法則が用いられる．ハイムリッヒの処置がそうである．この処置を行うには，窒息している人の後ろに立って，両腕でその人の身体を囲むようにし，次に腹部を握り拳で押し上げる．こうすると胸の体積の急激な減少が起り，肺内部の圧力が増加する．これによって，障害物はシャンペンボトルのコルク栓のように飛び出してくる．

医療用注射器も，またボイルの法則によって機能している．すなわち，ピストンを引くことによって注射器内部の体積が増大し圧力が減少すると，液体が注射器内部に流入するのである．

練習問題 6-2

1. 大気圧が 760 torr であるニューヨーク市で，ある風船の体積が 3.50 L であるとする．この風船の体積が，メキシコ市(海抜 2100 m に位置する)では 4.43 L になるとすると，その大気圧はいくらと計算されるか(二つの都市の気温は等しいとする)．
2. 体積 840 mL，圧力 800 torr の酸素試料がある．圧力を標準気圧まで減少させると，この試料の体積はいくらになるか計算しなさい．ただし，温度は一定に保たれているものとする．

6.5 シャルルの法則（体積と温度の関係）

19 世紀のはじめ，フランスの物理学者 Jacques Charles は，圧力が一定であるとき

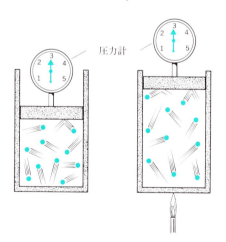

図 6.10 シャルルの法則は，気体の温度が上昇するとその体積は増大するというものである(圧力と気体の物質量が一定の場合)．

一定質量の気体の体積は，絶対温度によって直線的に変化することを発見した．すなわち，気体の温度が上昇すると体積が増大する(図6.10)．分子レベルで考えると，温度上昇は気体構成粒子の運動エネルギーの増加を意味する．これらの粒子はより速く動くようになっているので，容器の壁により頻繁に衝突することになる．このような状況下で圧力を一定に保つただ一つの方法は，容器の体積を増すことである．逆に冷却すると，気体構成粒子の動きは遅くなる．この場合，圧力を一定に保つには，粒子が温度を下げる前と同じ頻度で容器の壁に衝突するよう，体積を減少させなければならない．

シャルルの法則は，数学的に次の直線関係で表される．
$$V = 定数 \times T \qquad (P と n が一定の場合)$$
異なる二つの状態では
$$\boxed{\frac{V_1}{T_1} = \frac{V_2}{T_2}}$$

ここで，V_1 と T_1 ははじめの状態の体積と温度，V_2 と T_2 は終わりの状態の体積と温度である．

例題 6-3

1. ある気体が，27℃で2.0 Lの体積を占めている．この気体の体積を1.5 Lまで減らすには，圧力一定として気体を何度(℃)まで冷却しなければならないか答えなさい．

[解] (a) まず，データを整理する．

$V_1 = 2.0$ L　　$T_1 = 300$ K　　（温度をケルビン，K＝℃＋273
$V_2 = 1.5$ L　　$T_2 = ?$　　　　で表すことを忘れないこと）

(b) 問題の条件を考えてみよう．シャルルの法則より，気体の体積が減少するには，温度が低下しなければならない．したがって，温度が低下するような体積比をはじめの温度に掛ければよい．

$$300 \text{ K} \times \frac{1.5 \text{ L}}{2.0 \text{ L}} = 225 \text{ K}$$

摂氏温度で答を出すには，
$$225 = ℃ + 273$$
$$℃ = 225 - 273 = -48℃$$

(c) シャルルの法則の式を用いると，
$$\frac{2.0 \text{ L}}{300 \text{ K}} = \frac{1.5 \text{ L}}{T_2}$$

$$2.0\,\text{L} \times T_2 = 1.5\,\text{L} \times 300\,\text{K}$$

$$T_2 = \frac{1.5\,\text{L} \times 300\,\text{K}}{2.0\,\text{L}} = 225\,\text{K} = -48\,°\text{C}$$

2. 屋外の温度が $-3\,°\text{C}$ のよく晴れた日に，スキーをしている場合を考える．吸い込んだ冷たい空気は，肺に到達するまでに $37\,°\text{C}$ の体温にまで温められる．$-3\,°\text{C}$ の空気 $400\,\text{mL}$ を吸い込んだ場合，それは肺の中でどれだけの体積を占めることになるか計算しなさい(圧力は一定と考える)．

[**解**] (a) まず，データを整理する．

$$T_1 = -3 + 273 = 270\,\text{K} \qquad V_1 = 400\,\text{mL}$$
$$T_2 = 37 + 273 = 310\,\text{K} \qquad V_2 = ?$$

(b) 問題の条件を考えてみよう．気体の温度は気体が肺に入ったときに上昇する．このとき，シャルルの法則から気体の体積が増大することがわかる．したがって，体積が増大するような温度比を，はじめの体積に掛ければよい．

$$400\,\text{mL} \times \frac{310\,\text{K}}{270\,\text{K}} = 459\,\text{mL}$$

(c) シャルルの法則の式を用いると

$$\frac{400\,\text{mL}}{270\,\text{K}} = \frac{V_2}{310\,\text{K}}$$

$$\frac{400\,\text{mL} \times 310\,\text{K}}{270\,\text{K}} = V_2$$

$$459\,\text{mL} = V_2$$

練習問題 6-3

1. 室温($20\,°\text{C}$)で体積 $2.0\,\text{L}$ の風船を夏の昼間に屋外に持ち出したところ，風船の体積が $2.1\,\text{L}$ になった．屋外の温度($°\text{C}$)を求めなさい(圧力は一定とする)．
2. 麻酔医が，体温 $37\,°\text{C}$ の患者に $20\,°\text{C}$ の気体を吸入させた．$1.20\,\text{L}$ の気体の体積は，温度が $20\,°\text{C}$ から体温になることによっていくらになるか計算しなさい(mL の単位で答えなさい)．ただし，圧力は変らないものとする．

6.6 モル体積

Amedeo Avogadro は気体の反応物や生成物の体積の研究をして，**アボガドロの法則**(Avogadro's law)として知られている一つの仮説を提案した．この法則は，同温同圧下で，同体積の異なる気体は同数の気体粒子――同物質量の気体――を含むという

ものである．標準状態 (STP：0℃，760 mmHg) の下では，いかなる気体の 1 mol も 22.4 L の体積を占める．

$$1 \text{モル体積} = 22.4 \text{ L/mol} \quad (\text{STP において})$$

6.7 理想気体の法則

Charles と Boyle によって提案された前述の二つの法則は，一般式の形にまとめられる．これによって，種々の条件下における一定量の気体の圧力，温度，および体積の関係を知ることができる．

$$\frac{P_1 V_1}{T_1} = \frac{P_2 V_2}{T_2}$$

この関係は，気体の物質量が一定に保たれているときにしか利用できない．気体の物質量も考慮に入れて，上の式を**理想気体の法則** (ideal gas law) とよばれる，より一般的な形にかき直すことができる．

$$PV = nRT$$

ここで，R は気体定数とよばれる定数，n は気体の物質量である．R の値は，P と V の単位に何を選ぶかによって異なる．P を 1 atm, V を 22.4 L, T を 273 K, n を 1 mol として上の式に代入すると，R は 0.0821 L·atm/mol·K となる．

例題 6-4

1. 可動式ピストンを備えたシリンダーの中に 27℃，810 torr の二酸化炭素が 250 mL 入っている．この量の二酸化炭素は，標準状態 (1 atm すなわち 760 torr, 0℃) の下ではどれだけの体積を占めるか計算しなさい．

[解] (a) まず，データを整理する．

$P_1 = 810$ torr　　$T_1 = 27 + 273 = 300$ K　　$V_1 = 250$ mL
$P_2 = 760$ torr　　$T_2 = 0 + 273 = 273$ K　　$V_2 = ?$

(b) この問題は二つのステップに分けて解くことができる．

まず，圧力が減少することに注意する．ボイルの法則から，これによって体積が増加することがわかる．したがって，体積を増加させるような圧力比をはじめの体積に掛ける．次に温度が低下していることに注意する．シャルルの法則から，

温度の低下は体積を減少させることがわかっている．したがって，体積を減少させるような温度比を用いなければならない．

$$250 \text{ mL} \times \frac{810 \text{ torr}}{760 \text{ torr}} \times \frac{273 \text{ K}}{300 \text{ K}} = 242 \text{ mL}$$

(c) 二つの気体の法則をまとめた式を用いると

$$\frac{810 \text{ torr} \times 250 \text{ mL}}{300 \text{ K}} = \frac{760 \text{ torr} \times V_2}{273 \text{ K}}$$

$$\frac{810 \text{ torr} \times 250 \text{ mL} \times 273 \text{ K}}{300 \text{ K} \times 760 \text{ torr}} = V_2$$

$$242 \text{ mL} = V_2$$

2. 21.0℃, 720 mmHg の窒素ガス(N_2)の試料が 14.0 g であるとすると，この試料の体積はいくらか．

[解] まず，与えられた数値を，気体定数（L·atm/mol·K）中の単位に換算する．

$$P = 720 \text{ mmHg} \times \frac{1 \text{ atm}}{760 \text{ mmHg}} = 0.947 \text{ atm}$$

$$n = 14.0 \text{ g} \times \frac{1 \text{ mol}}{28 \text{ g}} = 0.500 \text{ mol}$$

$$T = 21.0 + 273 = 294 \text{ K}$$

理想気体の式を用いて

$$0.947 \text{ atm} \times V = 0.500 \text{ mol} \times 0.0821 \frac{\text{L·atm}}{\text{mol·K}} \times 294 \text{ K}$$

$$V = \frac{0.500 \times 0.0821 \text{ L·atm} \times 294}{0.947 \text{ atm}}$$

$$V = 12.7 \text{ L}$$

練習問題 6-4

標準状態下に 11.4 g の酸素ガスの試料がある．次の問に答えなさい．
(a) この試料の体積を計算しなさい．
(b) 20.0℃，860 torr にすると，この試料の体積はいくらになるか計算しなさい．
(c) 圧力を 1.50 atm にすると，何度で試料の体積がはじめの体積((a)で求めた体積)の半分になるか計算しなさい．
(d) 体積が 6.50 L まで減少したとき，温度も −15.0℃ まで低下したとすると，そのときの気体の圧力(torr)はいくらか計算しなさい．

6.8 グレアムの気体流出の法則

19世紀にスコットランドの化学者 Thomas Graham は，温度と圧力が一定に保たれている場合，異なる気体は異なる速度で流出することに気がついた．**流出**(effusion)とは，気体が小さい穴を通って圧力の小さい側に移動する現象のことである(図 6.11)．流出と拡散を混同してはいけない．気体の拡散は，気体が自発的にほかの気体とまざりあう現象および気体が容器の隅々まで広がる現象である．グレアムは軽い(式量の小さい)気体は，重い気体に比べてより速く流出することを確認した．**グレアムの気体流出の法則**(Graham's law)とは，圧力と温度が一定に保たれているとき，気体はその式量の平方根に反比例する速度で流出するというものである．

$$流出速度 = \frac{K}{\sqrt{式量}}$$

ここで K は比例定数である．気体 A と気体 B の流出速度を比較するには，次の関係を用いる．

$$\frac{流出速度(A)}{流出速度(B)} = \sqrt{\frac{式量(B)}{式量(A)}}$$

同温同圧下における水素と酸素の流出速度を比べてみよう．上の式において，気体 A を水素(式量=2.02)，気体 B を酸素(式量=32.0)とすればよい．

$$\frac{H_2 の流出速度}{O_2 の流出速度} = \sqrt{\frac{32.0}{2.02}} = 3.98$$

小さい穴を通って，水素ガスが酸素ガスの約4倍も速く流出することがわかる．

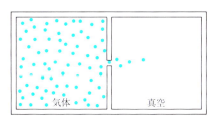

図 6.11 流出は，気体が小さい穴を通って圧力の低い側に移動する現象である．

6.9 ヘンリーの法則

炭酸飲料のびんを開けて,耳を澄ますと二酸化炭素が逃げていくシュワーという音がするが,これはヘンリーの法則によって生ずる変化を正に体験していることである.19世紀のはじめ,イギリスの化学者 William Henry は,一定温度下での液体に対する気体の溶解度は,液体と接している気体の圧力に比例することを発見した.これは一定温度下では,圧力が高ければ高いほど多くの気体が液体に溶解するということである.炭酸飲料は高圧下でびんに詰められている.栓を開けるとびん内部の圧力が減少することになる.このようにして起る二酸化炭素の溶解度の低下が,この飲物から二酸化炭素ガスを逃がすことになる.

■パノラマ 6-2■

高圧室

ヘンリーの法則のもっとも効果的な応用の一つは高圧室である.1930年代に高圧酸素の利用

が，潜水病――深海ダイバーが海面に向かって急激に上昇したときに患う，減圧に起因する病気――の治療に効果的であることが示された．また，1960年代にはヨーロッパの研究者によって，えそおよび一酸化炭素中毒の治療における高圧酸素の有用性が立証された．高圧酸素による治療では，患者は大気圧より高圧の空気を入れた部屋に入る．呼吸する空気が高圧であればあるほど，多くの気体が血漿に溶け込む．圧力が2atmを越えると，血漿はヘモグロビン――血液中で通常酸素を運んでいるもの――に比べ2倍も多く酸素を保持できる．血漿中のこの増加した酸素が，一酸化炭素中毒に伴う酸素の欠乏を補うことになる．えその場合，この病気の原因になっている微生物は，酸素に富んだ環境下では生きながらえることができない．したがって，組織に十分量の酸素をむりやり押し込めば，病巣の拡大をくい止められるのである．

　高圧酸素の最近の応用は，放射性骨壊死におかされた骨に対するものである．放射性骨壊死はがんの放射線治療によって生ずる骨組織の死である．放射性壊死におかされると，骨は酸素を含む血液を運ぶ小動脈や毛細血管の一部を失う．酸素なしでは骨の回復および骨成長は起らず，慢性的な苦痛を生じることになる．患者が高圧酸素を呼吸すれば，骨組織は十分な酸素を受けとることになり，それによって再生できる．以上のほか，高圧酸素は気体血栓症，衝突事故による傷，手に負えない切り傷，シアン化物中毒，脳水腫，およびいくつかの治療が困難な骨真菌症や軟組織感染症の治療に効果的であることが明らかにされている．

　本章のはじめに，肺気腫を病んでいる人のことをかいたが，このような人たちはヘンリーの法則の応用による恩恵を受けることになる．すなわち，肺気腫を病んでいる患者が，通常より高濃度の酸素を含む空気（通常より高い酸素圧をもつことになる）を呼吸すると，血液中に溶解する酸素の量が増加するのである．

　圧力の変化によって生ずる溶解度の変化のもう一つの例は，深海ダイバーが海面に急に上がったときにかかる潜水病である．深海では，ダイバーは高圧下で空気（窒素と酸素が主成分）を呼吸している．これが，血液中への窒素の溶解量を増加させることになる．もしダイバーが海面に向かって急激に上昇すると，圧力の急な低下によって溶解していた窒素が血液から分離し，小さい泡を形成する（空気塞栓）．この泡によって腕，脚，および関節にひどい痛みを生ずる．潜水病の唯一の治療法は，穏やかな減圧である．このようにすると，溶解している窒素は泡を形成することなく，ゆっくりと抜けていく（図6.12）．高圧下で長い間働かなければならないダイバーは，空気の代りにヘリウムと酸素の混合物を呼吸する．ヘリウムは，窒素と同様人体に有害でないばかりか，窒素の40%しか血液に溶解しないという利点がある．また，ヘリウムは窒素よりずっと軽い気体であるため，窒素より速く血流から肺の中へ拡散する．以上の結果，ヘリウムを使用すると，窒素の場合に比べて潜水病になる危険性が大幅に減少するのである．

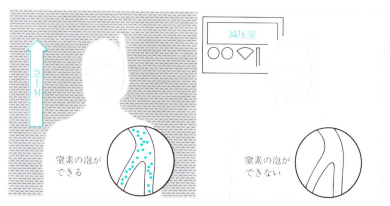

図 6.12 潜水病は，急激な減圧による窒素の血液に対する溶解度の低下によって引き起される病気である．

6.10 ドルトンの分圧の法則

気体の圧力が，容器の壁への気体粒子の衝突によって生ずることはすでに学んだ．衝突頻度を増す方法，すなわち圧力を増加させる方法には二通りある．一つは，気体の温度を上げる方法である．温度を上げると，気体粒子の運動エネルギーが増加し，生ずる衝突の回数も増加する．二つ目の方法は，容器内の気体粒子の数を増やすことである．

■パノラマ 6-3■

高所での呼吸

「客室の空気の圧力が低下すると，頭上の収納庫から酸素マスクが下りてきます……」旅客機の係員が告げるこの聞き慣れた言葉は，ドルトンの分圧の法則が関係する厳しい事態への対応のしかたを，乗客に説明するものである．普通，旅客機の客室の圧力は通常の大気圧 760 mmHg にできる限り近く保たれている．全圧の急激な減少は，同時に酸素分圧の減少を引き起す．空気の分子の 21％が酸素分子であるから，酸素分圧は空気の全圧の 21％である．海面での O_2 の分圧は 760 mmHg の 21％，すなわち 160 mmHg である．飛行機が高度 4 000 m まで降下しても，外部の全大気圧は 490 mmHg に過ぎない．酸素の分圧は 490 mmHg の 21％，すなわち 103 mmHg である．O_2 の赤血球への拡散を起させるのは，肺胞とその周囲の毛細血管との圧力差である．酸素分圧が低下した場合，上記の圧力差が小さくなり O_2 の拡散は起らなくなる．その結果として生ずる血液および組織中の酸素の欠乏は，明瞭にものを見たり考えたりできなくなるなど，多くの副作用を伴う．もしも飛行機の中で上記のような状況に出くわしたら，ただちに自分自身に

酸素マスクをつけるとよい．間違っても，自分につける前にほかの人を助けようとしてはいけない．とくに小さい子供と一緒のときはそうである．自分が明瞭に考えられる状態にあることが大切であり，この場合だけ，ほかの人を助ける行動が可能になるからである．

一定温度下では，気体によって及ぼされる圧力は気体粒子の種類に依存することなく，存在する気体粒子の数だけに依存する．気体粒子は，互いに影響を及ぼしあうことなく別々に振舞う．すなわち，それぞれの気体は，その気体だけが存在するかのように圧力を及ぼすのである．例えば容器内の圧力は，すでに容器に入っている気体と同じ気体の粒子を同じ数だけ加えることによっても，異なる気体の粒子を同じ数だけ加えることによっても2倍にすることができる（図6.13）．混合気体において，それぞれの気体によって及ぼされる圧力は，各気体の**分圧**(partial pressure)とよばれる．ある成分気体の分圧は，存在するその気体粒子の数のみによって決まる．**ドルトンの分圧の法則**(Dalton's law)は，混合気体の全圧は混合気体中の各成分気体の分圧の総和に等しいというものである．4種類の気体A, B, C, およびDの混合物では

$$P_全 = P_A + P_B + P_C + P_D \tag{1}$$

である．地球の大気は窒素，酸素，アルゴン，および少量存在するそのほかの気体の混合物である．ドルトンの分圧の法則より

$$P_{大気} = P_{N_2} + P_{O_2} + P_{Ar} + P_{他} \tag{2}$$

実験室で気体を調製するとき，気体はしばしば図6.14に示すような装置を用いて，水上置換法によって集められる．この場合，びん中には集められた気体と水蒸気の両方

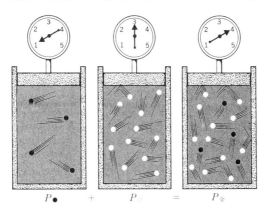

図 6.13 ドルトンの分圧の法則は，全圧は分圧の総和に等しいというものである．

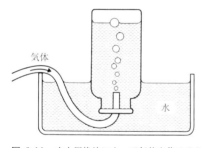
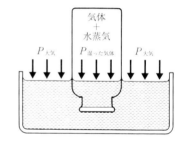

図 6.14 水上置換法によって気体を集めると，びんの中には気体と水蒸気が含まれることになる．びんの中の湿った気体の全圧は，集められた乾いた気体の分圧と水蒸気の分圧を合計したものに等しい．

表 6.1 温度と水蒸気圧

温度 (℃)	水蒸気圧 (torr)	温度 (℃)	水蒸気圧 (torr)
0	4.6	40	55.3
10	9.2	50	92.5
15	12.8	60	149.4
20	17.5	70	233.7
25	23.8	80	355.1
30	31.8	90	525.8
35	42.2	100	760.0

——両方あわせて湿った気体という——が存在することになる．水蒸気もほかの気体と同様に圧力を及ぼす．びんの中の水蒸気の分圧は**蒸気圧**(vapor pressure)とよばれる．存在する水蒸気の量——したがって蒸気圧——は，水の温度だけによって決まる．表 6.1 に示すように，水蒸気圧は温度の上昇に伴って増大する．びん中の湿った気体の全圧(びんの内外の水位が等しければ大気圧に等しい)は，集められた乾いた気体の分圧と水蒸気圧をたしたものに等しい．

$$P_{湿った気体} = P_{気体} + P_{水}$$

例題 6-5

1. 空気の成分気体の分圧が $P_{N_2} = 593.0$ torr, $P_{Ar} = 7.0$ torr，および $P_{他} = 0.2$ torr であるとき，その酸素分圧はいくらになるか計算しなさい．ただし，大気圧は 760.0 torr である．

[**解**] 式(2)に代入して

$$760.0 \text{ torr} = 593.0 \text{ torr} + P_{O_2} + 7.0 \text{ torr} + 0.2 \text{ torr}$$

これより

$$P_{O_2} = 760.0 \text{ torr} - 600.2 \text{ torr}$$
$$P_{O_2} = 159.8 \text{ torr}$$

2. 容器の中に，酸素と麻酔剤として利用される亜酸化窒素(N_2O)の混合物が入っている．この容器の圧力計は 1.20 atm をさしている．酸素の分圧を 137 torr とすると，亜酸化窒素の分圧(torr)はいくらになるか計算しなさい．

[**解**] 全圧を torr で表すには，次の関係を用いればよい．

$$1 \text{ atm} = 760 \text{ torr}$$

したがって，

$$1.20 \text{ atm} \times \frac{760 \text{ torr}}{1 \text{ atm}} = 912 \text{ torr}$$

ドルトンの分圧の法則を用いて

$$P_{N_2O} + P_{O_2} = P_\text{全}$$
$$P_{N_2O} + 137 \text{ torr} = 912 \text{ torr}$$
$$P_{N_2O} = 775 \text{ torr}$$

練習問題 6-5

25℃ で，酸素ガスを水上置換法で集めた．このとき，酸素を集めた容器の内外の水位が同じになるようにした(図 6.14)．気圧計が 755 torr をさしているとすると，容器内の酸素の分圧はいくらになるか計算しなさい．

6.11 呼吸作用に関与する気体の拡散

呼吸作用に関与する気体(酸素と二酸化炭素)の人体中での拡散は，これらの気体の分圧と直接かかわりをもっている(図 6.15)．すべての気体は，分圧が高い側から低い側に拡散する．組織から肺に入ってくる静脈血は酸素の蓄えを使い尽くしており，また廃棄物である二酸化炭素を細胞から運んできている．酸素は肺($P_{O_2} = 104$ torr)から血液($P_{O_2} = 40$ torr)に拡散し，二酸化炭素は吐き出されるために血液($P_{CO_2} = 45$ torr)から肺($P_{CO_2} = 40$ torr)に拡散する．酸素は，そのほとんどがヘモグロビンに保持されており，動脈血によって組織まで運ばれる．組織は絶えず酸素を使っている．そのため，細胞内の酸素分圧(酸素圧)は低い．動脈血は相対的に高い酸素圧をもっているから，酸素は血液($P_{O_2} = 95$ torr)から組織($P_{O_2} = 35$ torr)に拡散する．組織の中でつくられた二酸化炭素は，肺まで運び戻されるために，細胞($P_{CO_2} = 50$ torr)から血流($P_{CO_2} = 45$

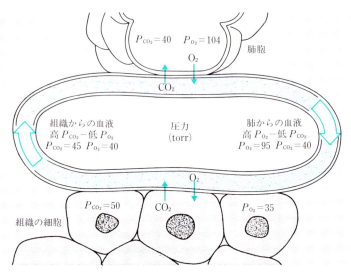

図 6.15 血液および組織内の酸素と二酸化炭素の移動は，両気体の分圧に依存する．

torr)に拡散する．

■パノラマ 6-4■

血圧

　高血圧によって，5800万人以上の米国人が害を及ぼされている．とくに脳，目，心臓，および肝臓の細かい血管が，高血圧の有害な影響を受けやすい．高血圧は卒中，心臓発作，および腎不全につながり，死をもたらすことさえある．高血圧の原因に関してはまだわかってないことが多いが，高血圧を理解するために，心臓を二つの部屋をもったポンプと考えてみよう．初めに心臓の筋肉が収縮し，心臓の部屋を小さくして血液を動脈に押し出す（心収縮）．それから心臓の筋肉がゆるみ，それによって心臓の部屋が大きくなりその圧力を下げ，静脈中の血液を心臓に戻す（心拡張）．この高い圧力とそれに続く低い圧力の循環が，平均的には1分間に72回繰り返される．高圧のとき，すなわち心収縮が生じたときの血圧の平均値は 120 mmHg，低圧のとき，すなわち心拡張が生じたときの血圧の平均値は 80 mmHg である．この平均血圧は 120/80 のように記録される．繰り返し何回測定しても血圧が 140/90 以上である場合，その人は高血圧症を病んでいることになる．血圧が高ければ高いほど，より危険な状態であり，より迅速な治療が必要である．食事療法，運動，ストレスの軽減，および薬剤が血圧を下げるのに効果的である．年齢，性別，および人種の違いによって，血圧を低下させるのに効果的な治療法は異なる．

6.12 気体分子運動論

　気体の典型的な性質を観察すること，およびこれらの性質を説明するための物理的法則を提案することによって，19世紀の科学者たちは**気体分子運動論**(kinetic theory of gases)を発展させた．気体についての実験的データに基づいて，科学者たちは気体がどのようなものでなければならないかを示した．気体分子運動論では次のように述べられている．① 気体はきわめて小さい粒子から構成されており，その粒子間には巨大な空間がある．あまりにも巨大な空間であるため，粒子自身の体積は無視できる．これによって，水中を走るのに比べて空気中を走る方が容易である理由が説明される．② 気体粒子はでたらめに，また無秩序に高速で動いており，それぞれの粒子はほかの粒子あるいは容器の壁と衝突するまでは直線的に運動する．これによって気体分子が容器の隅々まで移動し，容器の形に合わせて振舞うことが説明される．③ 生ずる衝突は完全弾性的である．これは，気体粒子は衝突によってなんらのエネルギーも失わない——ただ単にもとの速度で跳ね返るだけ——ということである．④ 気体粒子間には引力も反発力も働かない．つまり，各気体粒子は互いに無関係に振舞う（ドルトンの分圧の法則は，各気体が無関係に振舞う場合にだけ成り立つことに注意しなさい）．⑤ 気体粒子の運動エネルギーは，温度によって変化する．加熱されると粒子はだんだん速く運動するようになり，逆に冷却されると粒子の運動はだんだん遅くなって，しまいに理論的にはすべての運動が停止する温度に達する．この温度は**絶対零度**(absolute zero)——$-273.15°C$，すなわち0 K——とよばれている．

　気体分子運動論は，理想気体の性質について述べたものである．実在気体には，粒子自身の体積もあるし，粒子間には弱いながらも引力が働いている．したがって，実在気体は，常に気体分子運動論で述べられているように振舞うとは限らない．とくに，非常に高い圧力や非常に低い温度の下ではこの傾向が強い．しかし，極端な条件下でなければ，実在気体は理想気体と同様に振舞うと考えてよい．

章のまとめ

　物質は固体，液体，および気体の三つの状態で存在できる．固体はしっかりとした構造をしており，一定の形と体積をもっている．液体は一定の体積をもっているが，形は容器にあわせて変る．気体は一定の体積と形をもたない．固体にエネルギーを加えると，粒子の運動エネルギーが増加し，ついには固体構造が壊れる——すなわち融解する．固体が融解して液体になる温度を融点という．1 gの物質を，融点で固体から

液体に変えるのに加えなければならないエネルギーの量は,融解熱とよばれる.液体にエネルギーを加えると,液体を構成する粒子の運動エネルギーが増加し,ついには液体が沸騰する.標準気圧下で沸騰が起る温度を沸点という.沸点で,液体1gをすべて気体に変換するのに加えなければならないエネルギーの量は,蒸発熱とよばれる.

気体分子運動論では,理想気体の物理的性質について次のように述べている.
1. 気体は非常に小さい粒子からできていて,粒子間には巨大な空間がある.
2. 粒子は高速で直線的に運動している.
3. 粒子同士,および粒子と容器の壁との衝突は完全弾性的である.
4. 粒子間には引力も反発力も働かない.
5. 粒子の運動エネルギーは,温度上昇に伴って増加する.

実在気体は,非常に高い圧力や非常に低い温度以外では理想気体として振舞う.

気体の圧力は容器内の気体の粒子数に依存し,粒子の性質には依存しない.気体の分圧は,その気体だけが容器内にあるとしたときに及ぼす圧力である.同温同圧下では,同体積の異なる種類の気体は同物質量の気体粒子を含む.

ボイルの法則は,温度と物質量が一定のとき気体の圧力が増加すると,その体積は減少するというものである.シャルルの法則は,圧力と物質量が一定のとき気体の温度が上昇すると,その体積も増大するというものである.グレアムの気体流出の法則は,気体が軽ければ軽いほど流出の速度が速くなるというものである.ヘンリーの法則は,液体と接している気体の圧力が高ければ高いほど,液体に対する気体の溶解度は大きくなるというものである.ドルトンの分圧の法則は,容器内の気体の全圧は各成分気体の分圧の総和に等しいというものである.

重要な式

ボイルの法則
$$P_1 V_1 = P_2 V_2 \qquad (T \text{ と } n : \text{一定}) \qquad [6.4]$$

シャルルの法則
$$\frac{V_1}{T_1} = \frac{V_2}{T_2} \qquad (P \text{ と } n : \text{一定}) \qquad [6.5]$$

理想気体の法則
$$PV = nRT \qquad [6.7]$$

グレアムの気体流出の法則
$$\frac{\text{流出速度(A)}}{\text{流出速度(B)}} = \sqrt{\frac{\text{式量(B)}}{\text{式量(A)}}} \qquad [6.8]$$

ドルトンの分圧の法則
$$P_全 = P_A + P_B + P_C + P_D \qquad [6.10]$$

復習問題

1. 無定形固体と結晶性固体の違いを述べなさい．また，それぞれについて，例を一つずつあげなさい． [6.1]
2. 0℃において水50g(冷蔵庫でつくる氷約1個分)を凍らせるには，何kcalの熱を取り去る必要があるか計算しなさい． [6.1]
3. 下に示した一対の物質のうち，どちらが粘性が高いか答えなさい． [6.2]
    (a) モーターオイルとガソリン
    (b) 水と蜂蜜
    (c) 10℃の水と70℃の水
4. 100℃において，水50gを液体から気体に変えるには，何kcalのエネルギーが必要か計算しなさい． [6.2]
5. 水が110℃から−5℃まで冷却されるとき，分子レベルではどのようなことが起るか説明しなさい． [6.1-6.2]
6. 室温では，アンモニアは気体，水は液体，砂糖は固体である．これらの中で，粒子同士の引力がもっとも強い物質はどれか答えなさい．また，もっとも弱い物質はどれか． [6.1-6.2]
7. 次の換算を行いなさい． [6.3]
    (a) 5.0 atm = (?) mmHg   (b) 190 mmHg = (?) atm
    (c) 70 torr = (?) mmHg   (d) 2.7 atm = (?) torr
    (e) 63 torr = (?) Pa   (f) 0.9 atm = (?) kPa
    (g) 737 torr = (?) psi   (h) 890 torr = (?) atm
8. 次の法則を説明しなさい．また，それぞれを式で表しなさい．さらに，それぞれの法則では，どのような条件あるいは変数が一定に保たれているか答えなさい． [6.4-6.10]
    (a) ボイルの法則   (b) シャルルの法則
    (c) グレアムの気体流出の法則 (d) ヘンリーの法則
    (e) ドルトンの分圧の法則
9. 気圧計が720 torrをさしているとき，酸素の試料が250 mLの体積を占めている．気圧計が750 torrをさし，温度が一定に保たれているとき，この試料の体積はいくらになるか答えなさい． [6.4]
10. ある窒素の試料が−23℃で505 mLの体積を占めている．圧力が一定に保たれているとすると，この試料は23℃でどれだけの体積になるか計算しなさい． [6.5]
11. 水素ガス1 molの体積はSTP下ではいくらか答えなさい． [6.6]
12. ある気体の体積が30℃，909 mmHg下で2.8 Lであるならば，27℃，760 mmHg下でこの気体の体積はいくらか計算しなさい． [6.7]
13. 窒素98.0 gは0.750 atm，300 K下でいくらの体積を占めるか計算しなさい． [6.7]
14. 未知の気体の4倍の速さでヘリウムが流出する場合，未知の気体の分子量はいくらと計算され

15. 同量の水が入った二つのフラスコがある．これらのフラスコには，すでに等しい物質量の二酸化炭素が入れられ密閉されている．片方のフラスコの圧力は 1 atm，もう一方のフラスコの圧力は 2.5 atm である．温度は同じであるとして水に，より多くの二酸化炭素が溶けているのはどちらのフラスコか答えなさい．理由も述べなさい． [6.9]

16. びんに窒素と酸素の混合物が入っており，その圧力は 1.00 atm である．酸素の分圧が 76 mmHg であるとき，窒素の分圧はいくらと計算されるか． [6.10]

17. 20.0°C 下で水上置換法によって 250 mL のメタンを集めた（びんの内外の水位は同じにした）． [6.10]
    (a) 教室の気圧計が 756.2 torr をさしているとき，メタンの分圧はいくらか計算しなさい．
    (b) 乾いたメタン（水蒸気を含まないメタン）が STP 下で占める体積を計算しなさい．

18. 気体分子運動論を説明しなさい． [6.12]

研究問題

19. エタノールの融点は −117°C，沸点は 78.5°C である．エタノールの加熱曲線を描き（図 6.4 と同様に），次の (a)〜(g) の位置を示しなさい．
    (a) 融点
    (b) 沸点
    (c) 領域 A——エタノールは気体として存在
    (d) 領域 B——エタノールは液体として存在
    (e) 領域 C——エタノールは固体として存在
    (f) 領域 D——エタノールは固体および液体として存在
    (g) 領域 E——エタノールは液体および気体として存在

20. 実在気体が，非常に低い温度では気体分子運動論に従わない理由を述べなさい．

21. にわか雨の後，太陽がすぐに現れたときの方が，曇のときに比べて水たまりが速く乾く．この理由を分子レベルで説明しなさい．

22. 暑い日に，顔に水をかけると涼しくなるのはなぜか説明しなさい．

23. 100°C の水，100°C の水蒸気のどちらがひどい火傷の原因になるか答えなさい．理由も説明しなさい．

24. 遅い春に霜が降りそうになると，ブドウ栽培者はブドウの凍結防止のため，ブドウ園に水を散布する．なぜこの方法が効果的であるのかその理由を述べなさい．

25. 無菌状態でなければならない部屋は，しばしば大気圧よりやや高い圧力に保たれる．こうすることが，どうして微生物を中に入れないことになるのか説明しなさい．

26. 温かい空気は上昇し，冷たい空気は降下する．これが，周囲の丘の気温が水の凝固点より十分高くても，谷では早朝に霜が降りる理由である．冷たい空気に比べて，温かい空気の方がなぜ密度が小さいのか，その理由を説明しなさい．

27. ボイルの法則を用いて次のことを説明しなさい．
    (a) 口を閉じてない膨らませた風船を離すと，ロケットのように部屋を横切って飛ぶ．
    (b) ストローを吸うと液体が吸い上げられる．
    (c) 食べ物の小片が気管につまったとき，ハイムリッヒの処置を施して吐き出させることができる．

28. 暑くて湿気があるとき，よく扇風機を使って涼む．しかし，扇風機によって吹きつけられる空気の温度は，部屋の空気の温度と変らない．同じ温度のこの空気に，なぜ涼しくする効果があるのか説明しなさい．

29. ボストンの小児病院で，医師たちは生後1日の赤ん坊に対して，海面下20 mと同じ状態に調整した高圧室中で，開心術を施した．高圧室を使うことによって，医師たちは2分かけて，赤ん坊の脳に損傷を与える危険なしに手術の重要な部分を行うことができた．通常の大気の条件下では，これに1分しかかけることができなかっただろう．この違いの理由を説明しなさい．

30. 容量1.5 Lのフラスコに1 atm, 25℃の二酸化炭素が入っているとき，同温同圧下で同容量のフラスコには何molの窒素が入ることになるか計算しなさい．

31. 圧力912 torr，温度0℃の下で，1.0 Lの気体試料が集められた．標準温度，標準圧力の下で，この気体の体積がいくらになるか計算しなさい．

32. 深さ100 mで試料収集を行っているダイバーが，体積が100 mLの泡を吐き出した．この深さにおける圧力は11 atmである．この泡が海面に到達したとき，その体積はいくらになるか計算しなさい（温度変化はないものとする）．

33. アンモニア試料が45℃の下で1.2 Lの体積を占めている．圧力を一定に保ったまま，この試料の体積を1.0 Lにするには，温度を何度（℃）まで下げなければならないか計算しなさい．

34. 温度27℃，圧力800 mmHgの下で集められた，ある気体は400 mLの体積を占めている．圧力が720 mmHgまで低下したとき，この気体の体積を320 mLまで減らすには，温度を何度まで下げなければならないか計算しなさい．

35. 長距離ドライブの前に，タイヤをその最高圧力2.4 atmにすることがある．熱い舗装の上を高速で運転すると，急激にタイヤの温度は上昇する．タイヤが冷たいとき(16℃)に2.4 atmにしたとすると，タイヤが38℃まで温められたときに，その圧力(atm)はいくらになるか計算しなさい．ただし，タイヤの体積変化はないものとする．

36. 塩素ガスの試料1.31 gに関する次の問に答えなさい．
   (a) 次の条件下におけるこの試料の体積を計算しなさい．
      (1) 3.20 atm, 0.00℃
      (2) 760 torr, −23.0℃
      (3) 400 torr, 100℃
   (b) 次の条件下におけるこの試料の圧力を計算しなさい．
      (1) 1.25 L, 0.00℃
      (2) 415 mL, 45.0℃
      (3) 130 mL, −100℃
   (c) 次の条件下におけるこの試料の温度を計算しなさい．
      (1) 830 mL, 1 atm
      (2) 0.415 L, 404 kPa
      (3) 2.49 L, 507 torr

37. 吐き出された息は窒素，酸素，二酸化炭素，および水蒸気の混合物である．吐き出された37℃（体温）の息の，水蒸気圧はいくらか計算しなさい．ただし酸素，窒素，および二酸化炭素の分圧はそれぞれ116 torr, 569 torr, 28 torrである（大気圧を1 atmとする）．

38. シクロプロパンと酸素の混合物は，麻酔剤として利用できる．シクロプロパンの分圧が255

torr，酸素の分圧が855 torrであるとして次の問に答えなさい．
 (a) タンク内の全圧(torr)はいくらか．
 (b) 気圧で表すと全圧はいくらか．
 (c) タンク内において分子数が多いのはどちらの気体か．
39．人類は酸素が21％の空気——酸素分圧が159.6 torrの空気——を呼吸することに慣れている．高い山頂あるいは高所にある都市では，空気は薄くなり空気の全圧は低下する．このため，低いところに比べて呼吸が難しくなる．全圧が240.16 torrであるエベレスト山頂の酸素分圧を，空気の21％が酸素であるとして計算しなさい．
40．温度を一定に保ちながら，450 torrで6.00 LのN_2と，300 torrで4.00 LのO_2を容量10.0 Lのフラスコ内で混合すると，全圧はいくらになるか計算しなさい．

原子と放射能

　スタンレー・ワトラスはまた遅くなってしまった．キッチンへ飛び込むや否や，コーヒー茶碗をわしづかみにし，仕事場であるペンシルバニア州ボイヤータウン近くの Limerick 原子力発電プラントに急いだ．仕事が終わって発電プラントから退去するときに，従業員は全員放射能汚染をチェックするため，一連の放射線検出装置を通るのだが，1984 年 12 月のその日，スタンレーは仕事に入るときにそのチェックに引っかかってしまい，担当者たちを慌てさせた．スタンレーの同僚たちは，検出器が誤作動したのではなく正常に働いたこと，仕事場には汚染源がないことを確認し，発電プラントの外部にスタンレーの衣服を汚染させた原因があるに違いないとの結論に達した．そこで，スタンレーといく人かの放射線安全管理室員が放射線検出器を携えて，スタンレーの家に急行した．もしかしたら，そこで放射能汚染の原因になる物がみつかるかも知れないと思ったからである．

　そこでみつけたものに，みんなは仰天した．ワトラス家の空気は放射性元素ラドンでひどく汚染されていたのである．居間のラドンレベルは 1 L 当り 120 Bq(ベクレル)もあった．

中2階つき2階建てれんがづくりのこの家に1年あまり住んでいたワトラス家の人々は，1日200箱のタバコを吸ったのと同程度の潜在的危険性のあるラドンレベルに曝されていたことになる．スタンレーは妻と一緒にわずかな衣類を急いでかばんに積め込んで，怠きょ，家を出て避難することになった．

ラドンは天然に存在する放射性気体で，ウランの崩壊の結果できるものである．ウランは岩石や土壌に通常存在する物質であるが，花こう岩およびけつ岩に富んだ地域にはとくに高濃度で存在することがある．ワトラス家は Reading Prong という尖った地形の頂上に建っていたが，その場所はとくにウランとその崩壊物質の含有量が多かったのである．ラドンガスは土壌から放出されると普通は速やかに大気中に放散してしまうが，建築物の基礎に孔や亀裂があったりすると，そこから家の中に漏れ込み，危険レベルにまで蓄積されることがある．内部の圧力が外部の圧力より低い場合は，圧力差(圧力勾配)によって，時にはラドンガスが建築物内部に引き込まれることもある．このような圧力勾配は，衣類乾燥器によって内部の空気が戸外に放出されたり，暖炉での燃焼によって空気が押し出されたり，暖房による温かい空気が外部に逃げて行ったりすることから生ずる．

ラドンは放射能をもってはいるが，それ自体は健康に害を与える恐れはない．問題はラドンからつくられる崩壊生成物，すなわち，その娘核種によって引き起される．ラドンは不活性ガスの一つである．もし人が吸い込んでも呼気と一緒に出てしまうか，血液によって肺から運び去られてしまう．ラドンの娘核種(主としてポロニウム同位体)となると事情は一変する．これらは化学的に活性で，空中の微粒子に付着し，それを人が吸い込むと，肺組織に沈着し時間がたつと放射性娘核種は肺組織を損傷したり，場合によっては肺がんを引き起すことさえある．

ワトラス家で高濃度ラドンが発見されたので，環境保護庁(Environmental Protection Agency，EPA)はその地域の家庭ばかりでなく，国中のウラン存在比の高い地域についても検査することになった．検査の結果明らかになったことは，狭い地域の家の間でも，ラドンレベルがかなり異なるということである．検査した11 600戸の家の，少なくとも21％で許容値 150 mBq／L を越える平均ラドン濃度が観測された．全人口に広げてみると一人の人の寿命当りのラドンによる肺がん死のリスクは，アスベストのような危険物質や臭化エチレンのような殺虫剤，あるいはベンゼンのような大気汚染物質に曝された場合の死のリスクよりずっと高いことになるだろう．このリスクは，放射性娘核種がタバコの煙粒子に吸着することを考えれば，ラドンレベルの高い家に住んでいる愛煙家にとってはさらに10倍以上になってしまう．このようなことを踏まえて，Pittsburgh 大学の保健物理学者 Bernard Cohen は"建築物内のラドンは天然，人口を問わず，あらゆるタイプの放射線被曝より大きな死の原因になっている"と述べている．

しかし，この健康上のリスクを減らすのはそう難しいことではなく，個々の家のラドンレベルを検査し，許容値以上であった場合には，ラドンレベルが 150 mBq 以下になるよう換気装置を取りつけさえすればよい．家屋全体に換気装置を取りつけて，スタンレーたちは自分の家に戻ることができた．また，低レベル放射線の長期被曝が健康に与える影響についてははっきりしたことがわかってないことを知って，スタンレーは自分の家にラドンレベル監視装置も取りつけた．

このような状況はどこの家庭にも起り得ることである．こんなときどうしたらよいかを知るために，何が物質を放射性にするのか，なぜ，放射線は病気を引き起こしたり，病気を治したりするのかを理解しておくべきである．これから学ぶ二つの章では放射線とその生物への影響について論ずるが，これらはわずかな例に過ぎず，この分野全体について論じているわけではない．

===== 学習目標 =====

この章を学習した後で，次のことができるようになっていること．
1. 放射能，放射性核種，崩壊系列とはなにかを述べる．
2. 放射性物質から放射される3種類の放射線について述べる．
3. 放射崩壊の核反応式をかく．
4. 半減期を定義し，何半減期かが過ぎたときに残留する放射性核種の量を計算する．
5. 核変換を定義し，与えられた核変換に対する核反応式をかく．
6. 核分裂と核融合を比較し，それらの相違を述べる．
7. 原子炉の基本的な五つの構成要素について述べる．また原子炉の四つの利用法をあげる．

放射能

7.1 放射能とは何か？

原子核は陽子と中性子で構成され，これらの数の比により原子核が安定であったり，不安定であったりする．不安定な原子核は崩壊して（つまり，粒子を放出して），娘核とよばれる新しい原子核に変っていく．娘核は安定なこともあるし安定でないこともある．不安定な娘核はさらに崩壊を繰り返し，この過程は娘核が安定になるまで続く（図7.1）．自然崩壊のこのような列を**崩壊系列**（decay（disintegration あるいは radioactive）series）とよんでいる（図7.2）．原子核が崩壊するときはいろいろな種類の放射線を放射するが，その主なものはα線，β線およびγ線である（表7.1）．**放射能**（radioactiv-

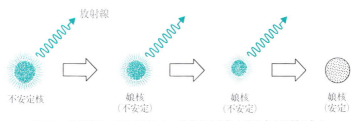

図 7.1 放射能は，不安定核からの放射線の放射を意味する用語である．

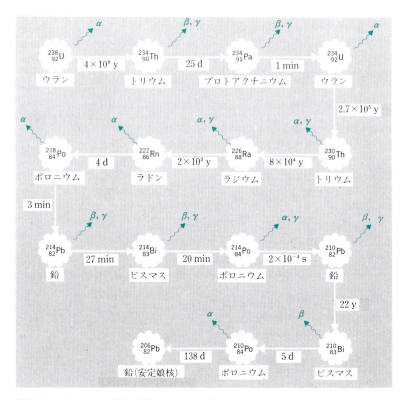

図 7.2 ウラン-238 の崩壊系列．矢印の下の時間はその前にある同位体の半減期である．

表 7.1 放射性核種から放射される粒子および放射線

粒子あるいは放射線	線　種	電　荷	記　号
α	粒子，He 原子核	2+	α, $^4_2$He
β	粒子，電子	1−	β, $^0_{-1}$e
γ	電磁放射	0	γ
中性子	粒子	0	$^1_0$n
陽子	粒子	1+	$^1_1$p, $^1_1$H
陽電子	粒子	1+	$^0_1$e

ity)は，元素の同位体あるいはその元素を含む化合物が，放射線を放射する現象をいい表す用語である．自然に存在する同位体 350 種のうちの約 50 種と，人工的に製造された同位体のすべてが放射性である．これらの放射性の同位体は**放射性核種**(radionuclide)，**放射性同位体(元素)**(radioisotope) あるいは**ラジオアイソトープ**とよばれる．

7.2 α線（α粒子）

　原子核がより安定な状態となる過程の一つは，α線の放射である．**α線**（alpha radiation）はα粒子の流れで，その個々の粒子は2個の陽子と2個の中性子からなっている（ヘリウム原子の原子核，$^4_2$He）．α粒子1個を放出することによって原子核の原子番号は2減り，質量数は4減ることになる．よく知られたα線源はウランの同位体で，天然に豊富に存在する $^{238}_{92}$U（ウラン-238）である．1個のウラン-238原子は1個のα粒子を放出してトリウム-234原子になる．この核反応は核反応式とよばれる式で表すことができる．

$$^{238}_{92}U \longrightarrow {}^{234}_{90}Th + {}^4_2He$$

出発核である不安定核が矢印の左側にかかれ，放射性崩壊の結果生じる生成物が右側に示されている．この核反応式が正しいことを確かめるには，矢印の両側の陽子と中性子の数がそれぞれ等しいことを検証すればよい．すなわち，両側の質量数の和が等しく，かつ両側の原子番号の和が等しくなければならない．

　ウラン-238の場合は，

$$質\,量\,数：238 = 234 + 4$$
$$原子番号：\;\;92 = 90 + 2$$

である．ウラン-238の崩壊によってつくられたトリウム原子は不安定なので，崩壊して新しい核を形成することになる（図7.2）．

　α粒子は放射性物質から放射される粒子の中では最大のもので，透過力は極めて小さい．空気中を移動する場合ですら，空気中の分子との衝突により非常に早くエネルギーを消費し，十数 cm で止まってしまう．紙でも止まってしまうし，皮膚表面の死んだ細胞の層でも止まってしまう．しかし，外部からのα線の照射によって与えられたエネルギーの総量が大きいと皮膚に火傷を発生させることもある．また，α放射性物質を吸い込んだり飲み込んだりすると，体内で発生したα線が重大な損傷を与えることもある．冒頭の物語に出てきたラドンの娘核種であるポロニウムの同位体はα放射性核種である．長い間には，この同位体からのα粒子が肺組織に損傷を与え，ついには肺がんの原因になることもあり得る．

■パノラマ 7-1■

マリー・キュリー

　Marie Sklodowska は1867年，ポーランドのワルシャワに生まれた．当時，ポーランドは独立国ではなく，帝政ロシアの一部であった．1831年，ポーランドの市民は独立を叫んで革命を起

したが，失敗に終わった．このことがあってからロシア政府はポーランドに対する監視を強め，数々の規制を押しつけてきた．教会や学校でポーランド語を使うことが禁じられたばかりでなく，新聞もポーランド語で発行することが禁じられ，ロシアの秘密警察がいたるところで監視の眼を光らせている状態であった．十代の後半，Marie はロシアの圧政を覆すことを目指す青年男女の地下グループに加盟した．この頃，彼女は革命をよびかける地下組織の新聞に記事を寄せている．ロシアの警察は間もなくこのグループに手入れを行い，多くの同志を逮捕してしまった．Marie は好運にも警察の手を逃れたが，同志の一人に不利益を与えかねない証人として利用されそうになったので，ワルシャワから身を隠さねばならないことになった．1891 年，Marie はパリにたどり着き，物理化学で博士号をとるため Sorbonne 大学に入学した．飢えのため教室で気を失うような生活苦と戦いながらも，Marie はクラスのトップで卒業した．1895 年，彼女はフランスの高名な物理学者 Pierre Curie と結婚した．

Marie Curie は，ウランから出てくる放射線（彼女はこの現象を放射能とよんでいた）についての研究をはじめ，放射線の源になっている物質がウラン原子そのものであることを示した．その後，間もなく Pierre Curie は彼女の才能を認識し，自分の研究をなげうって，彼女の研究に参加することになった．彼らがウラン鉱石の中に存在すると信じていたほかの放射性元素を探す仕事を，共同作業で始めたのである．1898 年 7 月に，ウラン鉱石からウラン原子より数倍も強い

放射能をもつ元素を分離した。彼らは Marie の生地ポーランドにちなんでこの元素を「ポロニウム」と名づけた。1898 年 12 月に，彼らはもっと強い放射能をもつラジウムを発見した。数 t のウラン鉱石からほんの 1 g のラジウム塩を分離するのに，4 年の歳月を費やしている。

1903 年に Marie と Pierre Curie は，Antoine Becquerel（放射能の発見者）とともにノーベル物理学賞に輝いた。3 年後に Pierre は交通事故で死亡し，Marie は Sorbonne 大学で彼の教授職を引き継いだ。これは，女性にはじめて与えられた地位であった。彼女は放射能に関する研究を続け，1911 年には 2 度目のノーベル賞（化学）が授与された。ノーベル賞を 2 度授与された最初の人物である。

1934 年 7 月 4 日，Marie は白血病が原因でその生涯を閉じた。彼女が研究した物質から放射された放射線に長期間曝されていたことを考えると，当然といわざるを得ないであろう。1935 年には彼女の娘 Irene Joliot-Curie もその夫 Frederick とともに，放射性物質の研究でノーベル化学賞を受賞している。母親同様 Irene も後に白血病で亡くなっている。多分，同じように長期にわたる放射線被曝が原因であろう。

7.3 β 線（β 粒子）

β 線（beta radiation）も α 線と同様粒子の流れであるが，β 線の場合，粒子は原子核内部でつくられる電子（$_{-1}^{0}e$）である。β 崩壊では，原子核内の 1 個の中性子が 1 個の陽子と 1 個の電子になり，その電子（β 粒子）が原子核から放出される。その結果生ずるものは，もとの原子と同じ質量数で原子番号だけが異なる娘核である。例えば，ウラン-238 の α 崩壊によって生じるトリウム原子は，β 放射性核種である。

図 7.3 ロンゲラップ原住民の頸部の火傷は，放射性降下物からの β 線 2000 rad 以上を誤って被曝したことが原因である。

$$^{234}_{90}\text{Th} \longrightarrow {}^{234}_{91}\text{Pa} + {}^{0}_{-1}\text{e}$$

この核反応式が正確であることを確認するため，次のことを検証しよう．

質 量 数：234 = 234 + 0

原子番号： 90 = 91 + (−1) = 90

β 粒子の質量は α 粒子の7000分の1で，透過力はずっと大きい．β 粒子は紙を透過するが木材では止まってしまう．β 線は皮膚表面の死んだ細胞の層を透過するが皮膚の層中で止まってしまう．その結果，皮膚組織に損傷を与え，火傷症状を引き起す(図7.3)．α 粒子の場合と同様，外部から皮膚にあたった β 粒子は内部器官に到達することはないが，β 放射性核種が体内に取り込まれた場合は内部器官への影響が深刻である．

7.4 γ 線

γ 線(gamma ray)は粒子ではなく，X線と同様，高エネルギーの放射線である(図2.6に示したエネルギースペクトルを参照)．α 放射あるいは β 放射によってつくられた娘核は，多くの場合高エネルギー状態すなわち励起状態にある．このエネルギーを γ 線——短波長の強力な電磁放射——のかたちで放出して，より安定な状態になる．γ 放射は，α あるいは β 放射に伴って起るのが普通である．例えば，ラジウム-226は放射性核をもっており，崩壊時には次のように α 線と γ 線を放射する．

$$^{226}_{88}\text{Ra} \longrightarrow {}^{222}_{86}\text{Rn} + {}^{4}_{2}\text{He} + \gamma$$

このように，γ 線はエネルギーが大きいので，紙や木は簡単に透過するが，鉛のブロックや厚いコンクリート壁を用いると，バックグラウンドレベル(8.5参照)にまでしゃへいすることができる．γ 線は人体を完全に通過し，通過に伴って細胞に損傷を与える(図7.4)．

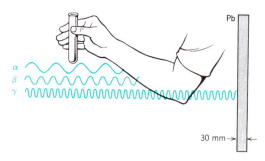

図 7.4 放射線種(α, β, γ)はそれぞれ異なる透過力をもっている．

例題 7-1

1. 次の核反応式を完成させなさい．
$$^3_1\text{H} \longrightarrow (\ ?\ ) + ^{\ 0}_{-1}\text{e}$$

[解] 矢印両側の質量数の和は等しくなければならないから，未知元素の質量数は
$$3 = M + 0$$
$$M = 3$$
矢印両側の原子番号の和は等しくなければならないから，未知元素の原子番号は
$$1 = Z + (-1)$$
$$Z = 2$$
表紙裏の表から原子番号 2 の元素はヘリウム He であることがわかる．したがって，完全な崩壊式は
$$^3_1\text{H} \longrightarrow ^3_2\text{He} + ^{\ 0}_{-1}\text{e}$$

2. ポロニウム-214 は α および γ 放射性核種で，鉛の同位体にまで崩壊する．この崩壊を式で表しなさい．

[解] (a) 表紙裏の表と表 7.1 を用いて必要な記号をかく．

$$\text{ポロニウム-214} = ^{214}_{\ 84}\text{Po}$$
$$\alpha\ \text{粒子} \quad\quad\ = ^4_2\text{He}$$
$$\gamma\ \text{線} \quad\quad\quad\ = \gamma$$
$$\text{鉛} \quad\quad\quad\quad = ^M_{82}\text{Pb}$$

（鉛の質量数を求める必要があることに注意）

(b) ここで崩壊式をかき，それを利用して鉛の質量数を計算する．
$$^{214}_{\ 84}\text{Po} \longrightarrow ^M_{82}\text{Pb} + ^4_2\text{He} + \gamma$$
矢印両側の質量数の和が等しくなければならないから
$$214 = M + 4$$
$$M = 210$$

(c) したがって式は次のようになる．
$$^{214}_{\ 84}\text{Po} \longrightarrow ^{210}_{\ 82}\text{Pb} + ^4_2\text{He} + \gamma$$

練習問題 7-1

1. 次の核反応式を完成させなさい．
   (a) $(\ ?\ ) \longrightarrow ^{222}_{\ 86}\text{Rn} + ^4_2\text{He}$
   (b) $^{28}_{13}\text{Al} \longrightarrow (\ ?\ ) + ^{\ 0}_{-1}\text{e}$
   (c) $^{227}_{\ 89}\text{Ac} \longrightarrow ^{223}_{\ 87}\text{Fr} + (\ ?\ )$

2. 次の現象の核反応式をかきなさい．
   (a) $^{45}_{20}$Ca の β 崩壊（β 粒子の放射による $^{45}_{20}$Ca 同位体の崩壊）
   (b) $^{14}_{6}$C の β 崩壊
   (c) サマリウム-149 の α 崩壊
3. セシウム-137 は原子力発電プラントで生ずる放射性廃棄物である．この同位体は β 線と γ 線を放射して崩壊する．この崩壊の核反応式をかきなさい．

7.5 半減期

放射性核種はどれでも特有の崩壊速度をもっている．すなわち，1分間に起る放射数（あるいは崩壊数）がそれぞれ決まっている．この崩壊速度を表すのに，半減期とよばれる数値が用いられる．放射性核種の**半減期**（half life, $t_{1/2}$）とは，与えられた試料の原子の半数が放射崩壊する時間の長さである．これは1半減期に相当する時間が過ぎると，放射性核種の半分が崩壊して新しい物質に変り，残り半分がそのまま残っていることを意味する．2半減期に相当する時間が過ぎると，半分の半分（すなわち4分の1）が残っていることになる．3半減期が過ぎると，4分の1のさらに半分（すなわち8分の1）しか残っていない（図7.5）．例えば，窒素-13の半減期は10分だから，最初に1gの窒素-13があったとすると，10分後には，0.5gの窒素-13が炭素-13に変り，0.5gの窒素-13が残ることになる．数学的表現をすれば，

$$n \text{ 半減期後の残量} = \text{初期量} \times (1/2)^n$$

ということになる．

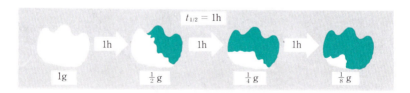

図 7.5　1半減期後，放射性核種試料の半分は崩壊して新しい元素になり，半分が残る．2半減期後には，最初の試料の4分の1が崩壊生成物と混在して残る．

■パノラマ 7-2■

トリノ*の聖骸布

炭素-14 による年代測定の応用の中で，もっとも興味をそそられるのは聖書にまつわる考古学の分野であろう．よい例の一つは，死海写本**の真偽判定のための炭素-14 の利用である．

7.5 半減期

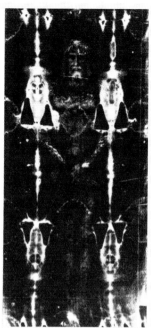

同じような聖書にまつわる謎は，トリノの聖骸布にもある．遺体をくるむ長さ 4 m 以上の麻布に，はりつけにされた男性の姿が――ちょうど写真のネガのように――ぼんやりと見えるのである．多くの人は，この布がイエス・キリストの遺体を包んだ麻布（聖骸布）であると信じている．1978 年，教会関係者の同意を得て，その真偽判定のため聖骸布の非破壊検査を行う運びとなった．検査を担当した科学者チームの関心の的は，麻布の上の血痕と，その布の人体の前面と背面にあたる部分に現れている像の詳細な検査であった．

血痕を調べた学者たちは，はりつけにされた人間を包んだ場合に血が付着するであろう場所に，血痕の場所が正確に一致すると結論した．そのうえ，頭部周辺にもたくさんの小さな傷によると思われる血痕が発見されている．また，背中と肩の部分にも鞭（肉裂き鞭）によると考えられる血痕があるのである．化学的検査でこれらの血痕が人血によるものであることが明らかにされた．また，血痕が付着したのは，布上に像が形成されるより前であることも明らかになった．もし，この布がある芸術家の仕業であるのなら，像が形成される前に，まず血痕を描いたことになる．以上のようなことが努力の結果わかったが，ネガ像がどのようにしてできたかを解明することはもっと難しい仕事であった．

脱水-酸化過程が像を形成したと考えられているが，中世の芸術家が行ったことによるのか自然現象によるのかを，明快に説明する決め手がつかめていない．低エネルギー X 線に脱水現象を引き起こす可能性があるとの考えが示されたとき，化学者 Alan Adler は"そんなに放射能が強かった人間は，はりつけになるずっと以前に死んでいたであろう"とコメントしている．今日に至るまで，布上の像がどんな過程で形成されたのかをうまく説明できたものはいない．

学者たちが解明したことで，信じてよいことが一つある．それは，布の古さである．1988年，炭素-14年代測定の最新技術を駆使して，麻布の材料である麻糸を3箇所で別々に分析した．その結果，どの分析データも麻布の古さは約660年であることを示した．この布がイエスの時代の物であることは完全に否定されたのである．しかし，像形成の謎は依然として残っている．絵の具を使った形跡もないのに，なぜか，はりつけにされた男性の疑う余地のない正確なネガ像が，布に写っているのである．

* イタリア北西部のポー川に沿う都市．
** 1947年，死海近辺で偶然発見された旧約聖書本文の古い写しの一部を含む重要な資料．

ほかの例をあげてみよう．放射性のテクネチウムは医療診断に広く利用されており，その半減期は6時間である．診断目的からすればこの半減期は望ましい長さであるが，一定量を確保するには定常的な供給が必要である．というのは，金曜日の午後6時にこの同位体が1gあったとすると，土曜日の朝6時(2半減期後)には0.25gしか残っておらず，この調子で続けていくと，月曜日の朝には崩壊生成物にまじってわずか1mgのテクネチウムしか残っていないことになるからである(図7.6)．

放射性核種の半減期は短いものは1秒以下，長いものは数十億年と広く分布している．半減期はその同位体の安定性の度合いを示すものと考えられる．人工的に生産された同位体はおおむね非常に不安定で，その半減期は極めて短い．表7.2にいくつかの同位体とその半減期をあげておく．

放射性元素の半減期は，考古学的対象物の年代を測定するのに便利に利用されてい

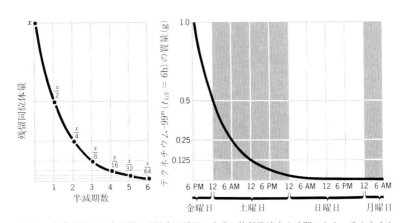

図 7.6 放射性核種の半減期は試料中の原子の半分が放射崩壊する時間である．テクネチウム-99^{m}の半減期は6時間である．金曜日の午後6時にテクネチウム-99^{m}の試料が1gあったとすると，夜中の12時には0.5gとなり，月曜日の午前6時には，崩壊生成物に混在してわずか1mgが残っているに過ぎない．

表 7.2 放射性核種とその半減期

元素	同位体	半減期	放射線種
水素	$^{3}_{1}H$	12 y	β 線
炭素	$^{14}_{6}C$	5 730 y	β 線
リン	$^{32}_{15}P$	14 d	β 線
カリウム	$^{40}_{19}K$	1.28×10^9 y	β 線および γ 線
コバルト	$^{60}_{27}Co$	5 y	β 線および γ 線
ストロンチウム	$^{90}_{38}Sr$	28 y	β 線
テクネチウム	$^{99m}_{43}Tc$	6 h	γ 線
ヨウ素	$^{131}_{53}I$	8 d	β 線および γ 線
セシウム	$^{137}_{55}Cs$	30 y	β 線
ポロニウム	$^{214}_{84}Po$	1.6×10^{-4} s	α 線および γ 線
ラジウム	$^{226}_{88}Ra$	1600 y	α 線および γ 線
ウラン	$^{235}_{92}U$	7.1×10^8 y	α 線および γ 線
	$^{238}_{92}U$	4.5×10^9 y	α 線
プルトニウム	$^{239}_{94}Pu$	24 400 y	α 線および γ 線

る．半減期5730年の炭素-14は，昔生きていた物質の年代測定に用いられる．この炭素同位体は，窒素原子が宇宙線(太陽や遠い宇宙から大気中に降り注いでくる粒子の流れ)に照射された結果，地球大気の上層部に生成したものである．炭素-14によって年代測定を行う場合，炭素-14の炭素-12(安定同位体)に対する存在比率は生物内においては一定であることが前提となっている．生物が死ぬと，それが生きていた間に蓄積された炭素-12の総量はそのまま固定され，変化は起らない．しかし，蓄積されていた炭素-14の半分は，5730年の間になくなってしまうだろう．したがって，生きていた物質内の炭素-12に対する炭素-14の比率を測定することによって，過去約40000年以内に死んだ対象物の年代を，かなり正確に知ることができる．

炭素-14は，生きていた対象物の年代測定には非常に有効であるが，地球の歴史の地質年代を測定するためには，もっと長い半減期の放射性核種を利用する必要がある．ウラン-238(半減期：45億年)は図7.2に示した系列に従って崩壊し，安定な鉛-206同位体に至る．岩石中の鉛-206に対するウラン-238の比率を測定することによって，科学者たちは，地球最古の岩石の年代を45.5億年と評価している．

例題 7-2

リン-32は，生物の研究で化学反応を調べるときによく利用される．^{32}Pの半減期は14日である．500 mgのリン-32を入手したとして，70日後に，^{32}Pは何mg残っているか計算しなさい．

[解] (a) ^{32}Pの半減期は14日であるから，70日は

$$70 \text{ 日} \times (1 \text{ 半減期}/14 \text{ 日}) = 5 \text{ 半減期}$$

(b) ^{32}P (残量) $= 500 \text{ mg} \times (1/2)^5$

$$= \frac{500 \text{ mg}}{32} = 15.6 \text{ mg}$$

練習問題 7-2

ヨウ素-123 は甲状腺機能診断のために医学分野で利用されている．この放射性核種の半減期は 13.3 時間である．病院がヨウ素-123 を 5.12 g 購入し，これが 80.0 mg になったら再発注するとした場合，その時期はいつになるか計算しなさい．

7.6 原子核変換

原子核変換(nuclear transmutation)は，粒子が原子核と衝突して異なる原子核を生み出す反応である．核変換の中には天然に起るものもあるが，大部分は実験室内で行われる．例えば，炭素-14 は大気上層部(および実験室内)で，窒素-14 を中性子で照射することによってつくられる．

$$^{1}_{0}\text{n} + ^{14}_{7}\text{N} \longrightarrow ^{14}_{6}\text{C} + ^{1}_{1}\text{p}$$
入射粒子　標的核　　　　　陽子

中性子 ⇒ 窒素-14 ⟶ 炭素-14 ＋ 陽子

炭素-14 は β 放射性核種であり，生体物質の中に組み込んで，それが生体内をどのように移動するかを追跡するのに使われる．

$$^{14}_{6}\text{C} \longrightarrow ^{14}_{7}\text{N} + ^{0}_{-1}\text{e}$$

1940 年代に Melvin Calvin は，炭素-14 でラベルした二酸化炭素を使って，光合成(植物が二酸化炭素と水とを用いて糖分子をつくる過程)の化学的機構の詳細を解明した．

Ernest Rutherford は 1919 年，実験室における原子核変換を最初に実現した．窒素ガスに α 粒子を照射したのである．

$$^{14}_{7}\text{N} + ^{4}_{2}\text{He} \longrightarrow ^{18}_{9}\text{F}$$

この核変換でつくり出されたフッ素原子核は非常に不安定で，急速に酸素-17 と陽子に崩壊する．

$$^{18}_{9}\text{F} \longrightarrow ^{17}_{8}\text{O} + ^{1}_{1}\text{p}$$

この反応が陽子の発見につながった．中性子の存在も核変換によって発見された．1932 年に James Chadwick が，ベリリウム-9 を α 粒子で照射して次の核変換を起させた．

$$^{9}_{4}\text{Be} + ^{4}_{2}\text{He} \longrightarrow ^{12}_{6}\text{C} + ^{1}_{0}\text{n}$$
中性子

この核変換でつくり出された中性子は,さらに核と衝突して核反応を起した.

1940年以前は,ウラン原子は知られている原子の中ではもっとも重い原子であった.しかし,サイクロトロンを始めとするいろいろな加速器が発明されて,科学者たちは非常に高いエネルギーの入射粒子をつくれるようになった.1940年にE.M. McMillanとP.H.Abelsonは,ウランに高エネルギー重水素核(水素-2の原子核,$^{2}_{1}$H)を照射し,ネプツニウム(Np,原子番号93)をつくった.

$$^{238}_{92}\text{U} + ^{2}_{1}\text{H} \longrightarrow ^{239}_{92}\text{U} + ^{1}_{1}\text{p}$$

$$^{239}_{92}\text{U} \xrightarrow{t_{1/2} = 23.5 \text{ min}} ^{239}_{93}\text{Np} + ^{0}_{-1}\text{e}$$

この方法でつくられたネプツニウムは,β放射性核種でプルトニウム-239になる.プルトニウムは半減期24 400年のα放射性核種で,原子炉や核爆弾の燃料として重要である.

$$^{239}_{93}\text{Np} \xrightarrow{t_{1/2} = 2.33 \text{ d}} ^{239}_{94}\text{Pu} + ^{0}_{-1}\text{e}$$

例題 7-3

次の核反応の入射粒子として適当なものを記入しなさい.

$$^{238}_{92}\text{U} + (?) \longrightarrow ^{246}_{98}\text{Cf} + 4^{1}_{0}\text{n}$$

[解] 矢印の両側の質量数の和は等しくなければならないから,入射粒子の質量数は次のように求められる.

$$238 + M = 246 + 4(1) \quad (\text{4個の中性子がつくられる})$$
$$M = 250 - 238 = 12$$

矢印の両側の原子番号の和も等しくなければならないから,入射粒子の原子番号は次のように求められる.

$$92 + Z = 98 + 4(0)$$
$$Z = 98 - 92 = 6$$

原子番号が6の元素は炭素である.したがって,入射粒子は$^{12}_{6}$Cである.

練習問題 7-3

次の核反応式を完成させなさい.

(a) $^{27}_{13}\text{Al} + ^{1}_{0}\text{n} \longrightarrow (?) + ^{4}_{2}\text{He}$

(b) $^{35}_{17}\text{Cl} + ^{1}_{0}\text{n} \longrightarrow (?) + ^{1}_{1}\text{p}$

(c) $^{7}_{3}\text{Li} + (?) \longrightarrow ^{7}_{4}\text{Be} + ^{1}_{0}\text{n}$

(d) $(?) + ^{1}_{0}\text{n} \longrightarrow ^{199}_{79}\text{Au} + ^{0}_{-1}\text{e}$

原子核とエネルギー

　原子核から生み出されるエネルギーは，私たちの現代社会に非常な衝撃を与えた．原子力発電所における電気の生産のような平和的利用から，核兵器における爆発力のような破壊的利用にいたるまで，このエネルギー源は地球上の人間に新しい責任を課してきた．この核工学の将来の利用に関する決断に参加するために，この巨大なエネルギーがどのようにして原子核から生み出されるのか，このようなエネルギー生産にはどのような危険が伴うのかを理解しておくことが重要である．

7.7　核分裂

　いくつかの同位体（^{235}U，^{233}U および ^{239}Pu）は，中性子を照射すると，小さい，より安定な核に**分裂**（fission）する．

　例えば，次の通り核分裂する．

$$^{1}_{0}n + ^{235}_{92}U \longrightarrow ^{236}_{92}U \longrightarrow ^{139}_{56}Ba + ^{94}_{36}Kr + 3^{1}_{0}n + エネルギー$$

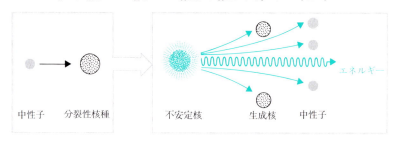

　この核分裂過程から大量のエネルギーが放出される．1 g のウラン-235 が完全に分裂した場合に放出されるエネルギーは，七つの家庭が1年間に消費するエネルギーにはぼ等しい．1000 MW（メガワット）の原子力発電プラントは，1時間に約 150 g のウラン-235 を消費し，同じ規模の石油火力および石炭火力発電プラントは，それぞれ1時間に 302 000 L の石油と 430 t の石炭を消費する．

　核分裂においては，燃料（^{235}U のような）の原子1個に中性子1個が衝突し，2個の小さな分裂片に割れて高速で飛び散る．これら高速移動粒子の運動エネルギーは，粒子が周囲にある分子に衝突すると熱エネルギーに変換される．これら2個の分裂片のほかに 2～3 個の中性子が放出され，他のウラン-235 原子核に衝突し核反応する．この過程が継続すると**連鎖反応**（chain reaction）が起ることになる（図 7.7）．連鎖反応におけ

7.7 核分裂　197

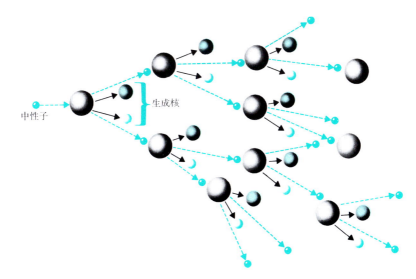

図 7.7　連鎖反応．1個の核が核分裂を起すと，2〜3個の中性子が生み出され，それらがまたほかの原子核と反応する．試料が核分裂を起すのに必要な臨界質量に達していると連鎖反応が起る．

る分裂速度が制御されず，核反応の進行が急激な場合は，すべてのエネルギーは非常に短時間のうちに放出され原子爆弾の爆発という結果になる．しかし，連鎖反応における分裂速度が緩慢で，かつ一定に保たれている場合は，原子炉の制御されたエネルギー放出ということになる．しかし，連鎖反応が起るためには，核燃料物質の原子核のある量が1箇所に集まっていることが必要である．少なくともこれ以上存在しないと連鎖反応が起らないという量を，**臨界質量**(critical mass)とよんでいる．

▌パノラマ 7-3▌

リーザ・マイトナー

　Lise Meitner は優れたユダヤ人物理学者である．彼女の 1920 年代の仕事によって，ベルリンの Kaiser Wilhelm 研究所は世界に知られるようになった．1934 年，Enrico Fermi が行った中性子照射実験に刺激されて，彼女は研究所内にウランの中性子照射現象を調べる研究チームをつくった．化学者 Otto Hahn と Fritz Strassman の協力を得て，その後の4年間，彼女はいろいろな超ウラン元素の合成と同定にかかわる研究を指導することになった．Hahn と Strassman は，化学的性質および放射能の性質を記録しながら，苦心さんたんして元素を次から次に分離した．一方，Meitner はそれらを同定し，また，難解な核反応過程を解明した．

　不幸にして,そのころドイツ国内では政治的状況がますます悪化して行った.1933 年にはナチスが勢力を増し,1938 年になるとユダヤ人迫害が最高潮に達し,Meitner は国を逃れねばならなかった.1938 年 9 月,ストックホルムに逃れた彼女は Nobel 物理学研究所に職を得た.そこから彼女は Hahn と手紙で連絡をとりながら研究を続けた.

　Hahn が実験結果に何か納得できないものがあるとして,Meitner に手紙を送ったのもこの頃である.ウランの中性子照射によって得られる生成物の一つに,ウランの普通の崩壊生成物であるラジウムの同位体ではなく,もっと小さい元素バリウムの同位体が存在することがわかった.Hahn はこの元素の存在に十分な説明を与えることができなかったので,Meitner に助けを求めたのである.ウラン原子が二つに割れるなどということを考えることが,当時できたであろうか? Lise は手紙で Hahn を励まして,彼の観測結果を論文にして出版するようにすすめ,その論文の中にウラン原子核を実際に二つに割ったことを書き込むよう提言した.それから彼女は甥の物理学者 Otto Frisch と協力して,核分裂を説明する最初の理論をつくることになる.ウランの核分裂に伴って発生するエネルギーを計算しているうち,彼らは,そのエネルギーが従来知られていた核反応のどれと比べても数倍大きいことに気がついた.また,Meitner と Frisch は,この分裂に伴うさらに重要なことを明らかにしたのである.それは,分裂に際して,照射した中性子より多くの中性子が放出されるということである.これは重大な意味をもつことで,新たに生産された中性子がほかのウラン原子核を分裂させる可能性があり,これは反応が連鎖的に起るということで,それに伴って,莫大なエネルギーが生み出されるということなのである.

　Meitner をドイツ国外に追放したのと同じ民族政策のため,Hahn はユダヤ人物理学者と協力していくことが難しい状況になっていた(事実,Hahn は反ナチスとみなされ,従来の地位に留まれるかどうかが問題となっていた).彼は自分の地位を守り,名声を回復するため,Meitner との政治的に危険な関係を絶ってしまった.彼はこの発見における Meitner の役割を無視したばかりでなく,彼らが協力して研究した 4 年間に,彼女があげた業績の価値すら否定してしまった.1946 年,Otto Hahn は核分裂に関する研究業績によって単独でノーベル化学賞を受賞した.

7.8 原子炉

最初の原子炉は1942年に建設された．Chicago大学フットボール場スタンド下の，使われていないスカッシュコートの中でのことである．今日では，世界中に目的に応じていろいろな大きさ，いろいろな様式の数百基の原子炉が建設されている．しかし，原子炉の基本的構成要素は同じで(図7.8)，次のようなものである．

1. 同位体 ^{235}U, ^{233}U, ^{239}Pu (このうち^{235}Uだけが天然に存在する同位体)の一つを多量に含む燃料
2. 核分裂によって発生した高速中性子の速度を減じるグラファイトおよび水などの減速材
3. 核反応速度を制御するために原子炉内に挿入したり引き抜いたりする，中性子を吸収するカドミウムやホウ素鋼製の制御棒
4. 原子炉の炉心で発生する熱をとり出し蒸気発生系に熱を運ぶ，水，液体ナトリウム，高圧ガスなどの熱伝達流体
5. 原子炉壁を放射線損傷から保護する内部熱しゃへいと，作業員を放射線から保護する重コンクリートの生体しゃへいからなるしゃへい体

原子炉設計はその用途によって異なる．米国では，原子力は石炭による火力発電についで2番目の電気エネルギー源である．フランスでは，原子力が発電量の70%を供給している．原子炉はそのほかにプルトニウム-239の生産，船舶やロケットの推進用動力，脱塩用熱源，乾燥，蒸発などの産業用エネルギー源として利用されている(図

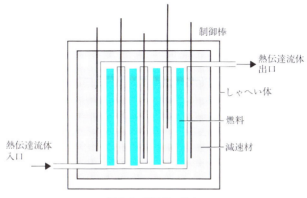

図 7.8 原子炉の炉心.

200   7 原子と放射能

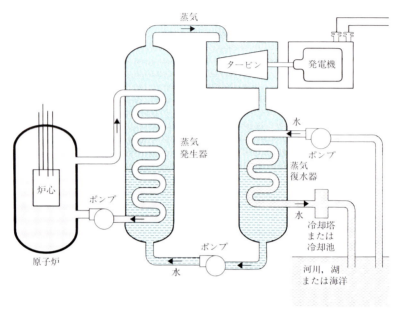

図 7.9 原子力発電プラントの概念図.

図 7.10 原子力発電プラント. 手前の円筒形の建物に 2 基の原子炉が収納されている. 後方の 2 本の塔は, 冷却水を河川に戻す前に冷やすための冷却塔である.

7.9, 7.10, 口絵 VIII(d)).

　原子炉で使用されるウラン-235 同位体は，唯一天然に存在する燃料であるが，ウラン鉱石の中に極めて少量しか存在しない．この燃料の地球上での供給量には限りがあり，間もなく枯渇してしまうことが予測されるので，原子力利用の将来性を約束できるかどうかは，増殖炉の開発にかかっている．増殖炉(breeder reactor)とは，熱生産のために消費した燃料より多くの燃料を生産する原子炉である．

　増殖炉では，天然に比較的多量存在するウラン同位体のウラン-238 を利用する．すなわち，ウラン-235 の核分裂で生ずる中性子(一部を使う)とウラン-238 の核反応によって，プルトニウム-239 を生産するのである．

$$^{238}_{92}\text{U} + ^{1}_{0}\text{n} \rightarrow ^{239}_{92}\text{U} \xrightarrow[t_{1/2}=24\,\text{min}]{^{0}_{-1}\text{e}} ^{239}_{93}\text{Np} \xrightarrow[t_{1/2}=2.3\,\text{d}]{^{0}_{-1}\text{e}} ^{239}_{94}\text{Pu}$$

ウラン-238 の供給量は，世界の化石燃料埋蔵量の数百倍に相当するエネルギー生産に耐えられるほどの量である．しかし，増殖炉技術がまだ十分に開発されていないため，大型の経済性の高い炉の完成には至っていない．また，大量のプルトニウム-239 を輸送および処理する技術も完成させなければならない．

7.9 核廃棄物

　核分裂過程においては，長寿命の放射性廃棄物が生まれる．それらは長期間——少なくとも 20 半減期程度——にわたって安全に保管されなければならない．放射性廃棄物には四つのカテゴリーがある．ミル・テイリング，低レベル廃棄物，超ウラン廃棄物，高レベル廃棄物である．ミル・テイリングは選鉱工程から発生する天然の放射性岩石で，崩壊してラドンになるラジウムを微量含んでいる．ミル・テイリングは一定の隔離地に集め十分な土をかけておけば，人と環境をラドンから保護することができる．低レベル廃棄物は，大量の物質の中に少量の放射能の低い物質が分散して含まれている．これらは多くの商業活動，医療および産業活動によって発生する．低レベル廃棄物は，特別な容器に収納して政府が定める土地に埋設する．超ウラン廃棄物は使用済み核燃料が再処理されるときに発生するが，この廃棄物の半減期は長いので，高レベル廃棄物と同じ貯蔵処理が必要である．

　高レベル廃棄物は，原子力発電プラントからの使用済み燃料や核関連防衛活動による廃棄物である．この廃棄物は緩慢に崩壊し，数千年間放射能をもち続ける元素を含んでいる．1990 年に米国では，33 の州で電力会社が 110 基の原子力発電プラントを運

転し，国内電力の約 20% を生産した．これらのプラントで使用された燃料棒は，取り出されるまでの約 3 年間効率よく役目を果した．取り出された使用済燃料は，現在，原子炉施設内にある鋼板で内張りした深いプールに貯蔵されている．原子力施設に貯蔵される使用済み燃料の総量は，2000 年には約 40 000 t になると予測されている．米国エネルギー省は，地下深層にこのような高レベル廃棄物の永久貯蔵場所を構築する責任を負っている．しかし，この貯蔵場所の問題は未解決であり，これから解決しなければならない重大な問題である*．

7.10 核融合 ── 捕らえられた太陽

小さい原子核(水素，ヘリウム，リチウムなど)が結合してより重い安定核を形成することがあるが，このとき莫大なエネルギーを放出する．この過程を核融合(nuclear fusion)という．核融合反応は，太陽や水素爆弾から放出されるエネルギーの源である．太陽で起っている核融合反応は 4 個の水素原子の融合であり，燃料 1 g 当りの放出エネルギーは核分裂反応の放出エネルギーの 4 倍である．次に示す核融合反応は，地球上でもっとも利用しやすいと考えられている．それは，この反応がもっとも低い温度で起るためと，重水素が海から非常に廉価で得られるからである．

$${}^2_1H + {}^3_1H \longrightarrow {}^4_2He + {}^1_0n + エネルギー$$
重水素　　トリチウム

重水素　　トリチウム　　ヘリウム　　中性子　　エネルギー

核融合の利用は，この反応が起るために必要な温度が 1 億 ℃ あるいはそれ以上であることから，核分裂の利用に比べて格段に難しい．

もし，核融合炉が核分裂炉と同等な価格で開発されれば，世界のエネルギー供給源としての核融合は核分裂をはるかに凌駕するであろう．核融合炉は効率の点でも優れているし，燃料も安く，その上ほとんど無尽蔵に存在する．また，炉心溶融事故(核分裂炉の場合にはあり得る)のような重大事故の可能性もないし，放射性廃棄物の量もわずかである．もっとも毒性の少ない放射性物質の一つであるトリチウムは生成するが，燃料として再び系統内に戻すことができる．

---

* 「訳者注」 日本では 2010 年に 54 基の原子力発電プラントが存在し，国内電力の約 30 % を生産していた．2011 年 3 月の福島第一原子力発電所の事故後全プラントが一旦停止されたが，2020 年 3 月現在，2013 年に施行された新規制基準に合格したプラント 16 基中 9 基が稼働中(1.7 % を生産)，24 基は廃炉が決定した．2019 年には，世界の 31 カ国で 450 基が約 4 億 kW の電力を供給していた．

章のまとめ

ある種の同位体は不安定で，粒子を放射して新しい娘核を形成する．この過程は放射性崩壊とよばれる．天然の放射線にはいくつかの種類があるが，もっとも普通なものは α 線，β 線および γ 線である．個々の放射性核種はそれぞれ固有の崩壊速度をもっており，これはその同位体の半減期で表される．原子核変換は，中性子や α 粒子などの粒子がほかの原子核と衝突して新しい核をつくることで，天然にも起り得るが，原子番号が 92 より大きい元素を実験室でつくるためにも使われてきた．

中性子を照射するといくつかの元素の核は核分裂して，より小さくより安定な核に変り，その際大量のエネルギーを放出する．核分裂反応で生産されるエネルギーは，原子炉を用いて制御しながら取り出せる．小さい核がいくつか融合して，より重い，より安定した核になるときも，大量のエネルギーを放出する．これは太陽が放出するエネルギーの源でもある．

重要な式

$$n \text{ 半減期後の残量 } = \text{初期量} \times (1/2)^n \qquad [7.5]$$

復習問題

1. 物質が放射性になる原因を述べなさい． [7.1]
2. $^{234}_{90}\text{Th} \longrightarrow {}^{210}_{82}\text{Pb}$ という崩壊系列において，トリウム原子 1 個につき α 粒子および β 粒子がそれぞれ何個放射されるかかきなさい (図 7.2)． [7.1]
3. 放射性物質から放出される 3 種のもっとも一般的な放射線について，それぞれの違いを述べなさい． [7.2-7.4]
4. ラドン-222 は，崩壊してポロニウム-218 になる α 放射性核種である．この放射崩壊の核反応式をかきなさい． [7.2]
5. ビスマス-210 は，崩壊してポロニウム同位体になる β 放射性核種である．この放射崩壊の核反応式をかきなさい． [7.3]
6. トリウム-230 同位体が崩壊するとき，α 粒子と γ 線を放出する．この放射崩壊の核反応式をかきなさい． [7.4]
7. 放射性廃棄物は，少なくとも 20 半減期貯蔵することが勧告されている．セシウム-137 (原子力発電プラントの放射性廃棄物) の貯蔵期間はどのくらいになるか計算しなさい． [7.5]
8. ラスベガスのスロットマシーンに賭ける金を 10 ドルもっていて，その半分をはじめの 1 時間で賭け，残金をさらに半分にした額を次の 1 時間で賭け，その後も順次同様に賭けていくとすると，何時間目の終わりに手持ちが 1.25 ドルになるか計算しなさい．ただし，儲けはないものとする．放射性核種の半減期に関する問題との類似点と相違点を述べなさい． [7.5]

204   7 原子と放射能

9. 原子核変換の意味を述べ、例をあげなさい。 [7.6]
10. 次の核変換に対応する入射粒子をかきなさい。 [7.6]
   (a) $^{27}_{13}$Al + (?) ⟶ $^{30}_{15}$P + $^{1}_{0}$n
   (b) $^{252}_{98}$Cf + (?) ⟶ $^{257}_{103}$Lr + 5$^{1}_{0}$n
   (c) $^{46}_{20}$Ca + (?) ⟶ $^{47}_{20}$Ca
11. 核分裂と核融合の相違をかきなさい。現在、発電プラントではどちらが使われているか述べなさい。 [7.7-7.10]
12. 世界の長期エネルギー需要に応えるには、現行の原子炉より増殖炉が望ましい理由をかきなさい。 [7.8]
13. 核廃棄物の4種のカテゴリーを列挙しなさい。どのカテゴリーが、人類の健康にもっとも大きい脅威を与えるか説明しなさい。 [7.9]

研究問題

14. 次の核反応式を完成させなさい。
   (a) $^{144}_{60}$Nd ⟶ $^{140}_{58}$Ce + (?)   (b) (?) ⟶ $^{90}_{38}$Sr + $^{0}_{-1}$e + γ
   (c) (?) ⟶ $^{206}_{82}$Pb + $^{4}_{2}$He   (d) $^{214}_{82}$Pb ⟶ $^{214}_{83}$Bi + (?) + γ
   (e) $^{150}_{64}$Gd ⟶ (?) + $^{4}_{2}$He   (f) $^{234}_{91}$Pa ⟶ (?) + $^{0}_{-1}$e + γ
   (g) (?) ⟶ $^{8}_{4}$Be + $^{0}_{-1}$e   (h) $^{245}_{96}$Cm ⟶ (?) + $^{4}_{2}$He
   (i) $^{125}_{50}$Sn ⟶ $^{125}_{51}$Sb + (?)   (j) $^{13}_{7}$N ⟶ $^{13}_{6}$C + (?)
15. 次の核反応の反応式をかきなさい。
   (a) ベリリウム-8 の α 崩壊
   (b) ヨウ素-135 の β 崩壊
   (c) 酸素-20 の β 崩壊
   (d) バークリウム-245 の α 崩壊
   (e) 臭素-88 の中性子放射
   (f) カリウム-37 の陽子放射
16. ネプツニウム-241 は、順次、次の粒子放射を伴う崩壊系列をたどって安定同位体を形成する。
   α, β, β, α, α, α, α, α, β, β, α, β, β, α
この系列で形成される各核種の元素記号を、質量数、原子番号とともにかきなさい。
17. α 崩壊は、陽子の数を減じ、陽子数に対する中性子数の割合（n/p 比）を増加させるので、大きい原子番号(83以上)の元素には普通にみられる現象である。ウラン-235 の α 崩壊の核反応式をかきなさい。ウラン-235 およびその α 崩壊の結果生ずるトリウムの n/p 比をかきなさい。
18. 対陽子中性子比を増加し、より安定な核になる仕組みの一つに電子捕獲がある。電子捕獲とは、1個の電子が核に捕獲され、陽子と結合して中性子になることである。金-195 が、電子捕獲により白金になる変化の、核反応式をかきなさい。電子捕獲前の金と生成物である白金の n/p 比を求めなさい。
19. ストロンチウム-90 は、半減期 28 年の β 放射性核種である。
   (a) この崩壊の核反応式をかきなさい。
   (b) 100 g のストロンチウム-90 の崩壊の半減期図を描きなさい。
   (c) 上の(b)の図を使って、次の問に答えなさい。

(1) 試料の 3/4 が崩壊するのに要する時間はどれだけか．
(2) 4 半減期後のストロンチウム-90 の質量(g)はどれだけか．
(3) 252 年後には何 g 残っているか．
(4) 残りが 1 g 以下になるためには何半減期が必要か．

20． 甲状腺機能亢進の治療では，甲状腺組織を破壊するのにヨウ素-131 が使われる．病院でヨウ素-131 を 20.0 g 入手したとして，24 日後に何 g が残っているか計算しなさい．

21． ナトリウム-24 は β および γ 放射性核種である．この崩壊の核反応式をかきなさい．最初 200 mg あった ^{24}Na 試料が 60 時間後に 12.5 mg になった．^{24}Na の半減期を求めなさい．

22． 1963 年に米国，旧ソ連およびいくつかの国々が，核兵器の地上実験を禁止する約に調印したが，過去の核実験で放出されたストロンチウム-90 はまだ環境に残留している．1963 年におけるストロンチウム-90 の量を 100% とすると，現在何%残留していることになるか答えなさい(ヒント：図 7.6 と同様な図を描いて利用しなさい．x 軸上の半減期数を実際の年数に書き直すとよい)．

23． 考古学の発掘作業中，樹皮製のサンダルが発見された．そのサンダルの炭素 1 g 当りの炭素-14 の放射線量が伐採直後の樹皮のそれの 25% であったとすると，そのサンダルの古さはどのくらいになるか答えなさい．

24． 人類がいつ地球上に現れたかという問題については議論が沸騰するところであるが，ある人類学者たちは，人類はアフリカに 300 万年前に現れたと信じている．彼らは，その根拠をこの大陸で発見された人骨においている．人骨と一緒に木材や炭が発見されていたとしたら，炭素-14 はそれらの年代測定に利用できるであろうか．

25． 次の核反応式を完成させなさい．
 (a) (?) + $_{-1}^{0}$e ⟶ $_{24}^{54}$Cr
 (b) $_{42}^{96}$Mo + (?) ⟶ $_{0}^{1}$n + $_{43}^{97}$Tc
 (c) $_{26}^{54}$Fe + $_{0}^{1}$n ⟶ (?) + $_{1}^{1}$p
 (d) $_{42}^{98}$Mo + $_{0}^{1}$n ⟶ (?) + $_{-1}^{0}$e

26． 次の問に核反応式をかいて答えなさい．
 (a) フェルミウム-250 と 4 個の中性子をつくるには，ウラン-238 にどんな粒子を照射すればよいか．
 (b) α 粒子をどんな核に照射すれば，リン-31 核ができるか．
 (c) 亜鉛-63 と 1 個の中性子をつくるには，銅-63 にどんな粒子を照射すればよいか．
 (d) モリブデン-96 に重水素核($_1^2$H)を照射すると，中性子とともにどんな原子核がつくられるか．

27． 0.45 kg のウラン-235 の中性子を放射する核分裂で，エネルギーに変換される質量は約 0.37 g である．1 g の質量の変換が 9×10^{10} kJ に相当するとして，年間 30 t のウラン-235 の分裂から得られるエネルギー量はどのくらいか計算しなさい．

8

放射能と生物

　19才のベカ・ホワイトはビジネスマネージメントを専攻する2年生のクラスに入った．彼女は健康状態には自信があったし，意欲も十分であったので，18時間の授業と地元のコンピュータ専門店でのアルバイトをこなせると両親に誓った．彼女が気にしている唯一のことは，1年次の間に体重が14 kgも増えたことだった．ベカは決心して，ヘルスセンターの保健婦に，健康診断と減量について相談してみることにした．

　健康診断の結果，首の下部，ちょうど右鎖骨の上にしこりが発見された．ベカは，母親が数年前に良性の甲状腺腫瘍の除去手術を受けていたことを知っていたので，この発見をさほど気にとめなかった．保健婦はベカを内分泌専門医に紹介した．医師は内科検診，血清チロキシンレベル検査などを行い，ベカの甲状腺機能が正常であることを確認した．

　しこり(小結節)の細胞の性状を確認しておくため，医師はベカの甲状腺の精密検査を指示

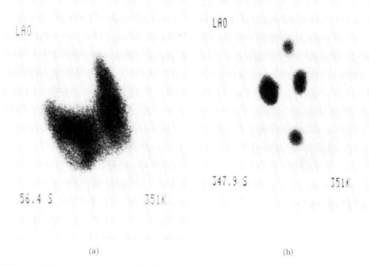

図 8.1 (a) 370 MBq の ^{131}I を注射してから 25 時間後の甲状腺精密検査結果．小結節が甲状腺の左下部に低吸収領域として認められる．(b) 甲状腺全摘出手術 2 年後の精密検査結果．黒い部分は残留した正常な甲状腺細胞あるいは転移したがん性の甲状腺細胞の範囲を示している．

した．甲状腺はチロキシンとよばれるホルモンを生産しているが，その分子の一つ一つはそれぞれ 4 個のヨウ素原子を含んでいる．このホルモンを合成するため，甲状腺の細胞は身体が摂取したヨウ素を集めることになる．ベカは 370 MBq の放射性ヨウ素-131 を服用し，24 時間後に，ヨウ素-131 から放射される γ 線を検出する特殊カメラで，甲状腺の精密検査を行った．その結果，小結節部のヨウ素-131 の取り込みレベルが低いことがわかった(図 8.1(a))．

甲状腺がんの細胞は，正常な甲状腺細胞に比べてヨウ素の取り込み方がずっと緩慢なので，精密検査の結果はこのしこりががん性のものであることを物語っていた．外科医が穿刺生検法を用いて採取した小結節の試料を病理学者が調べ，甲状腺精密検査の結果が正しかったことを確認した．ベカは甲状腺がんだったのである．そして，外科的処置が必要であるとの判断が下された．

次の週，ベカは甲状腺全摘出手術を受けた．彼女は，ネックレスのような傷跡も，毎日のホルモン剤投与も嫌ではあったが，思い切って手術を受けたことは後悔していなかった．2 週間休んだだけで彼女は学校に戻り，2 年後，主要科目ビジネス，副科目コンピュータサイエンスで卒業し，コンピュータ専門店のマネージャーとして職を得た．"すべてうまくいった"と彼女は思った．しかし，5 年目の甲状腺部の精密検査で異常が発見された．甲状腺を摘出した部位と首の左側下部に，アイソトープが取り込まれる箇所があったのである(図 8.1(b))．この像はがんの再発を示すものであった．外科医の説明によると，前の手術による首の傷跡組

織からみて，再手術はすすめられないとのことであった．

ベカは，次に放射線腫瘍学の専門医に相談することになった．専門医の説明によれば，いまできる最良の処置は，甲状腺に集中する性質をもっているヨウ素-131を，甲状腺細胞をすべて破壊するほど大量に摂取するということであった．ヨウ素-131は半減期が8日と短いので，このような用途には実効性の高いラジオアイソトープなのである．この程度の半減期であれば，甲状腺細胞を破壊するには十分な時間であるが，体内滞留時間が短いので，ほかの健康な組織に傷害を与えることは少ない．放射線腫瘍専門医の説明によると，ヨウ素-131の摂取後1週間頃に，軽い放射線被曝症状が出るかもしれないし，また，場合によっては髪の毛がかなり抜けるかもしれないということであった．さらに，ヨウ素-131の投与量が多いので，1%程度の確率ではあるが，後になって白血病になるかもしれないこと，この処置を施しても甲状腺がんの再発の可能性がゼロではないことを医師はつけ加えた．

ベカはこの説明に打ちひしがれたが，いままでと同様に，この問題にも敢然と立ち向かうことにした．彼女は家族，友人にこのことを話し，医学雑誌の記事を読み，またいく人かの内科医にも相談した．最終的に，ベカはこの専門医のいうことに賭けてみる価値があると判断し，処置を受ける決心をした．彼女は入院し，鉛でしゃへいされたベッドに横たわった．5.6 GBqのヨウ素-131を含む5 mLの溶液を飲み下した．海水のような味だった．ベカは，1 mの距離で放射線強度が1時間当り2 mrem（ミリレム）以下になるまで，ほかの人から鉛のしゃへい物によって隔離されて過ごした．3日間入院してベカは帰宅した．彼女は吐き気と脱力感にしばらく悩まされたが，まもなく回復した．数ヶ月かけてチロキシン投与量を調整した結果，彼女は以前の健康な状態に戻ったと感ずるようになった．3年がたち，ベカは内科検診でも甲状腺精密検査でも，甲状腺がん再発の兆候は全く認められなくなった．彼女はコンピュータ会社での仕事を再開し，4.5 kgの減量にも成功した．また，コンピュータデートサービスにより恋人もでき，退職後の生活のために投資の勉強にも励んでいる．

放射性物質を使うことは，医学的な診断や治療の分野で標準的な方法となっている．ベカ・ホワイトの場合には，彼女のがんの診断と治療に，1種類のラジオアイソトープが非常に有効に使用された．このような物質は，医療品や食物の殺菌，物質代謝経路の発見，薬品の体内追跡などにも利用される．しかし，これらの利用にはリスクが伴うことも否めない．この章では，放射線の生物に与えるさまざまな影響について議論し，病気の診断や治療における放射線の利用について述べる．

=== 学習目標 ===

この章を学習した後で，次のことができるようになっていること．
1. 電離放射線を定義する．
2. 電離放射線が生体組織に損傷を与える機構を二つ述べる．
3. ベクレル（becquerel），レム（rem），シーベルト（sievert）を定義する．
4. 電離放射線を検知する方法を二つ述べる．
5. バックグラウンド放射線の源を三つあげる．

6. 診断の助けに電離放射線を使う方法を二つ述べる.
7. 治療に放射性物質を利用する技術を三つ述べる.

生細胞に対する放射線の影響

8.1 電離放射線

　放射性物質は，そもそもなぜ害があるのであろうか．それは，放射線が生体組織にあたると，α, β, γ，および宇宙線のそれぞれが，イオン対とよばれる不安定で非常に活性な荷電粒子をつくり出すからである．このことから，これらの放射線は**電離放射線** (ionizing radiation)とよばれる．そのうえ，これらの放射線は生体組織の分子に多量のエネルギーを与え，その結果，その分子は激しく振動して分解し，**フリーラジカル** (free radical)とよばれる高エネルギー，無電荷の断片が生じる(図8.2)．フリーラジカルはイオンよりも活性度が高く，分子を引き離したりして，生細胞を完全に破壊してしまうことがある．イオンやフリーラジカルは再結合することがあるが，このときにも組織に若干の損傷を与える．また，ほかの分子と結合して，新しい物質をつくり出し，これが細胞にとって異物となり，潜在的に危険な存在となる．このような過程でつくり出された新物質は，化学的活性度は極度に高いが，放射性でない場合が多い．
　身体の1個の細胞に注目してみよう．この細胞に，電離放射線が重大な損傷を与える仕組みは二通りある．第1は，直接作用である．すなわち，生物学的に重要な分子に直接あたり，その分子を生物学的に役に立たない断片に壊してしまう場合である(図

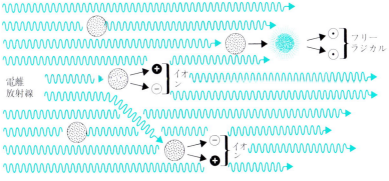

図 8.2　電離放射線が生体組織にあたると，不安定で活性度の高いイオン対と，フリーラジカルとよばれるさらに活性度の高い無電荷粒子が生成する．

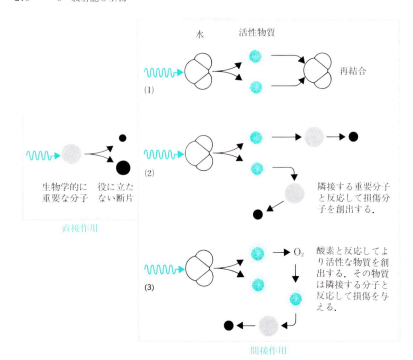

図 8.3 電離放射線は，直接作用と間接作用によって生体組織に損傷を与える．

8.3)．生細胞におけるもっとも重要な分子は，その細胞が分裂したり増殖したりするのに必要な青写真を担っている DNA 分子である．DNA が破壊されると，細胞は分裂不能になり死んでしまう．分裂不能になった細胞がほかの細胞と置き換えられないまま死んでしまうと，照射された組織全体が死んでしまうことになりかねない．もし，この組織が生物にとって欠かせない組織であったら，生物そのものが死んでしまうのも時間の問題である．

　DNA 分子が完全には破壊されず，ある程度の損傷を受けた場合には，その細胞は異常な分裂を遂げ，もととは異なる DNA をもつ新しい細胞ができることがある(図 8.4)．このような細胞は，**突然変異細胞**(mutant cell)として知られている．突然変異細胞は構造が変化した DNA をもっており，身体の制御機能を逸脱したものである．この細胞は制御されないまま勝手に成長し，分裂を繰り返し，周囲の正常な細胞を破壊するようになる．このような挙動をとる細胞を**がん性**(cancerous)細胞(がん細胞)あるいは**悪性**(malignant)細胞とよんでいる．しかし，電離放射線に定常的に曝されていても，損傷を受けた細胞の大部分は悪性にはならない．それは，それぞれの細胞が優れ

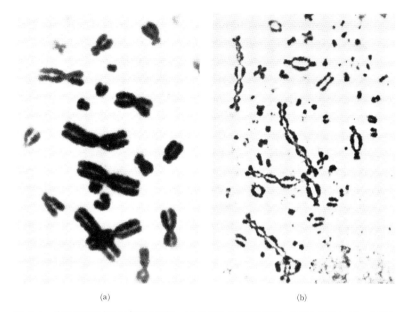

図 8.4　生細胞に対する放射線の影響. (a) 正常な人の細胞核は，DNA 分子とタンパク質からなる 23 対の染色体を含んでいる. (b) 電離放射線は細胞核内の染色体を異常にし，2 倍にしたり，3 倍にしたりすることがある.

た修復機能を備えており，DNA が損傷を受けてもすぐに修復してしまうからである.

　放射線による細胞損傷は，電離放射線の生物学的に重要な分子への直接作用だけではない．これらは間接作用を通して損傷を与えることもある(図 8.3). 動物の細胞の約 80% は水である．電離放射線は生体組織の水分子に作用し，陽イオンと陰イオンおよび活性度の高いフリーラジカルをつくる．このようなフリーラジカルは再結合して水 (H_2O, 無害)になったり，結合して水素 (H_2, 生細胞中で少量の存在は許容される) や過酸化水素(H_2O_2)になったりする．この H_2O_2 の生成が，放射線被爆症(過酸化水素中毒に多くの点で似ている)の原因ではないかと考えられている．また，フリーラジカルは細胞中の酸素と反応して，過酸化水素よりさらに好ましくない別のフリーラジカルをつくり出すと考えられている．しかし，放射線被曝症は，全身が非常に大量の放射線に曝されたときにだけ発症する．細胞の中や身体全体にはビタミン C, E, A などの分子が存在し，これらが生成したフリーラジカルや過酸化水素をただちに無害化するよう機能するからである．したがって，これらの分子によって，細胞は電離放射線による悪影響から保護されていることになる．

8.2 放射線量

電離放射線を測定するときには、いろいろな単位が用いられる。それぞれの単位は、放射線源の性質、生体組織への影響、長期間にわたる生体への危険性など、対象とする事項によって便利に使い分けられている。いくつかの単位を表8.1にあげておく。ここではキュリー、レム、シーベルトの3種類の単位に着目してみよう。

電離放射線を定量的に表すのに、まず必要なものは放射線源の強さである。つまり、単位時間当りの崩壊数である。放射能の単位として使われるSI単位はベクレル(Bq)で、1 Bqは毎秒1個の崩壊(dps, decays per second)を表す*。ウランの放射能の発見者 Antoine Henri Becquerel(1852～1908)にちなんで名づけられた。ベクレルは、数値の桁数が大きくなるので、kBq(kilobecquerel, 10^3 Bq)、MBq(megabecquerel, 10^6 Bq)、GBq(gigabecquerel, 10^9 Bq)、TBq(terabecquerel, 10^{12} Bq)を使用することが多い。かつて使われていたキュリー(Ci, curie)という単位は、ラジウムの発見者 Marie curie(1867～1934)にちなんで名づけられたもので、1 Ciは毎秒 3.7×10^{10} 個の崩壊に等しい。この数値は1gのラジウム-226の崩壊速度である。重要なことは、この単位は放射線の線種を表すものでもないし、組織やほかの物質に与える影響を表すものでもないということである。この単位が表すのは、単に放射線の発生速度だけである。放射線治療においては、γ線源としてコバルト-60がよく使われる。線

表 8.1 電離放射線を測定するのに用いられる単位

測 定	単 位	定 義
崩壊速度	ベクレル (Bq) (SI単位)	1 Bq=毎秒1個の崩壊
	(キュリー (Ci))	1 Ci=毎秒 3.7×10^{10} 個の崩壊
吸収線量	ラド (rad)	1 rad=生体組織1g当り100 ergを放出する吸収線量
	グレイ (Gy) (SI単位)	1 Gy=100 rad
	レム (rem)	1 rem=1 radのX線と同じ生物学的影響(効果) を与える吸収線量
	シーベルト (Sv) (SI単位)	1 Sv=100 rem
吸収線量によって生体組織に与えられるエネルギー量	LET	LET=単位行路長ごとに生体組織に与えられるエネルギー量 (線エネルギー付与)

---

* [訳者注] 1991年に日本工業規格(JIS)が完全に国際単位系準拠となり、日本ではCiは使われなくなったので、原著の翻訳に加筆・修正した。

❚パノラマ 8-1❚

低温殺菌

　医学の分野で診断や治療に放射線を利用することについては,最近ようやく,身近な問題としてとらえられるようになってきた.あまり広くは知られていないが,放射線にはほかにも応用分野がある——放射線による食品の腐敗防止,すなわち低温殺菌である.この方法では,γ線,X線あるいは高速電子線などの放射線を,食品に一定量照射する.食品保存のためのこの方法は,サルモネラ菌,ブドウ状球菌など病原性のある(病気の原因となる)微生物に対して有効なことが立証されている.低温殺菌は,旋毛虫,条虫類などの寄生虫および胞子をつくらない生物の抑制にも有効である.また,農作物収穫後に残留する昆虫の駆除,人参やじゃがいもなどのある種の根菜類の発芽抑制にも利用されている.

ミバエ駆除のため放射線を照射されるパパイヤ

　正常な細胞を生き残らせることが重要な放射線治療の場合と違って,食品保存における放射線は微生物の細胞を完全に破壊することが必要である.このことは,食品保存における放射線利用の主な欠点の一つになっている.というのは,微生物を死滅させるに十分な放射線を照射すると,食品自体の香りが変ってしまうといった好ましくない変質の原因になることがあるからである.このような変化は,食品の調理や消化による変化と大同小異ではあるが,消費者の購買意欲を低下させている.しかし,何といっても食品保存に放射線を利用することの最大の問題点は,食品がもしかしたら放射線照射によって放射能を帯びるのではないかという,一般の人々の根拠のない不安なのである.

源が 5 TBq であるということは,毎秒 5×10^{12} 個の速度で崩壊が行われるということである.1個の 50 GBq コバルト-60 線源は,患者に単位時間に 25 GBq コバルト-60 線源の 2 倍の γ 線を与えることになる.

電離放射線が生体組織に与える影響を研究するときには,組織が吸収するエネルギー量を測定することが必要である.組織が吸収する線量は,放射線源の性質,放射線のエネルギー,放射線源から組織までの距離,組織自体の性質,照射時間といった多くの因子に関係する.いままでの研究によれば,同じ生体系が電離放射線を吸収して等量のエネルギーを得ても,放射線種が違えばその影響も違う.例えば,ある花粉に同一の損傷を与える線量は,ある種の固有の X 線に比べて γ 線の場合は 2 倍である.このようなことを踏まえて,いろいろな放射線種の累積影響を研究するのに,**レム**(rem = **r**oentgen **e**quivalent **m**an)という単位が考案された.レムに対応する SI 単位は,**シーベルト**(Sv, sievert)で,1 Sv は 100 rem である.線量がレムで記述してあるときは,数値が同じであれば生物学的影響は放射線種によらず同じであるから,線種を特定する必要はない.例えば,いかなる線種であっても全身に 450 rem 被曝すれば,被曝者の 50% が死に至る(表 8.2).米国政府は,放射線に曝されている職業人に制限値を設けた.放射線労働者の許容被曝線量は,現在 5000 mrem/年(50 mSv/年)

表 8.2 生物学的影響が発生するおよその線量

影 響	線 量[a] (mrem)
影響が検出できない	25 000〜50 000
血液が変化,症状は出ない	100 000
放射線被曝症状,死には至らない	200 000
被曝者の 50% が死亡	450 000
被曝者の 100% が死亡	800 000〜1 000 000

[a] これらの数値は短時間全身被曝の場合に限る.

表 8.3 百万分の一の死亡リスク行為[a]

1.4 本のタバコを吸う	10 mrem を全身に被曝
喫煙者と 2 ヶ月同居する	0.5 L のワインを飲む
茶さじ 40 杯のピーナッツを食べる	9.6 km カヌーを漕ぐ
16 km 自転車に乗る	480 km 自動車を運転する
60 才で 20 分間生きる	4 分間岩登りをする

[a] リスク解析を用いて,これらの行為のどれか一つを行った場合の死亡リスクが百万分の一になるように解を求めた.

* [次ページ訳者注] 日本でも,科学技術庁の所管で同様の基準により就労者に対する安全管理が行われている.

である（1 rem＝1000 mrem, 1 Sv＝1000 mSv）*. 低レベル放射線による長期間被曝の危険性に関する研究も，ミリレム単位の測定値に基づいて行われている（表 8.3）.

　放射線種によって，生体組織に与える影響が異なるのはなぜだろうか．これは，生体組織における放射線エネルギーの蓄積のされ方が，線種によって異なるためと考えられている．比較的重い粒子である α 粒子や中性子は，組織を"突き破って"進みながら，かなり短い行路に沿って高密度にイオン集団をつくっていく．X 線や γ 線の場合は組織の中を"スッ"と長い距離進みながら，まばらに孤立したイオン対を残していく．中性子や α 粒子は高密度のイオン対群をつくり，組織に与える損傷は直接作用によるものが大部分である．生物学的に重要な分子が α 粒子や中性子の作用を受けると，その損傷は極めて大きく，修復は全く不可能となる．それに引き換え，X 線や γ 線は，通過後，組織全体にわたってまばらにイオン対を残すに過ぎず，損傷も間接作用によるものが大部分である．これらの結果をまとめると，X 線や γ 線による生物学的重要分子の損傷は，致死量以下の線量であれば，α 粒子や中性子による損傷に比べて，周囲の細胞による修復の可能性がずっと高いことが予想される．

8.3　放射線の検出——放射線計測

　放射線は，多少存在したところで，聞くことも，感ずることも，味わうことも，匂いを嗅ぐこともできない（歯科用 X 線を撮ったとき何か感ずるだろうか）．このような放射線でも潜在的には有害なので，放射線量や被曝量を測定するために，さまざまな計測機器や検出システムが開発されている．測定原理は計測機器の型や用途によって異なり，ガス中イオン化量，化学反応量，放射線がエネルギーを放出するときに発生する熱量あるいは発光物質内に発生する光を記録する方式などがある．

　ガイガー–ミュラー（Geiger–Müller）計数管は，放射線検出器として広く用いられて

図 8.5　放射線検出器の 3 例．

いる(図8.5)．この検出器はガスを満たした管状の電離箱を備えていて，放射線が管内に入射してイオンをつくると，電流が流れる仕組みになっている．この電流でスピーカーに音を発生させたり，管内に入射した放射線の数を表示したりできるようになっている．ガイガー-ミュラー計数管は β 線に対して感度が高い．γ 線は管状部でほとんどイオンをつくらずに通過してしまうし，α 線は非常にエネルギーの高いものを除いてほとんどすべて管状部に入る前に止まってしまう．この検出器は管状部に入射する粒子の数は表示するが，入射粒子のエネルギーについては何の情報も与えてくれない．

シンチレーション計数管(scintillation counter)は，放射線の数とエネルギー量を同時に計測できるということで，もっとも広く用いられている計測機器である．入射放射線が，特殊な化学物質で被覆してある表面を叩くと微小な閃光が発生する．この閃光の数と輝度(輝度は放射線のエネルギー量に依存する)を電子的に検出し，電気的パルスに変換し，そのパルスを計数，測定して，記録する．

研究者，X線技師，看護婦，その他電離放射線と関係のある仕事に従事する者の被曝に関して，注意深くモニターしなければならないことは，いままで述べてきた通りである．これをできるだけ簡単に行うため，線量を正確に測定できるポータブル型装置が開発されている．**ポケット線量計**(pocket dosimeter)と**フィルムバッジ**(film badge)がそれで，個人個人が身につけるようになっている一般的な装置である．この線量計はメーターが内蔵されていて，それを装着した人の被曝量が表示されるように

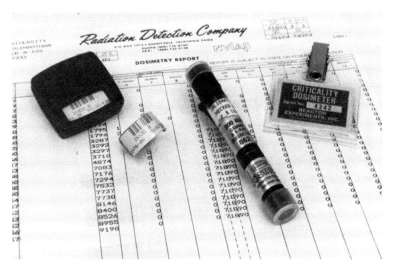

図 8.6 フィルムバッジと線量計は一定の期間をおいて解析され，過剰被曝を防ぐため，被曝量(mrem)が注意深く記録管理される．

なっている．フィルムバッジはフィルムを現像し，その黒化度を測定して，装着者の被曝総量を読み取れるようになっている(図8.6)．

8.4 放射線防護

7章において，いろいろな放射線がそれぞれ異なる透過力をもっていることを勉強した．α線およびβ線は透過力が小さく，簡単に止まってしまう．X線とγ線は大きい透過力をもつが，鉛や厚いコンクリートでその量を大幅に減ずることができる．鉛は効果的なしゃへい物であるので，医療用あるいは歯科用X線を使用するとき，医師や技術者は鉛のエプロンを用いて，患者の身体を部分的に放射線から防護する．

しゃへい物を使用する以外に，重要な安全因子として放射線源からの距離がある．線源から遠ければ遠いほど被曝量は少なくなる．放射線は線源から円錐状に広がるので，対象物に衝突する放射線の数は対象物が遠ざかるにつれて減少する(図8.7)．もう少し数学的に表現すれば，放射線の強度は線源からの距離の二乗に反比例するということになる．この関係は，**逆二乗法則**(inverse square law)とよばれているものである．X線技師がX線撮影を行うときは，できる限り線源から離れると同時に，しゃへい壁を間に入れて操作することによって被曝量を抑えている．

高性能しゃへい物を用いているときでも，注意深い安全意識が放射線被曝を抑えるもっとも重要な因子である．このことがとくに重要な理由は，有害な影響は累積時間に関係することが知られているからである．広島と長崎に投下された原子爆弾の生存

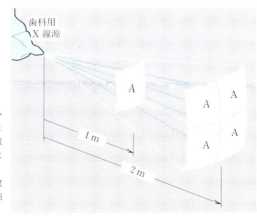

図8.7 逆二乗法則の説明．線源から1mの位置にある面Aにあたるのと同じ数の放射線は，線源から2mの位置では4倍の大きさの面に広がる．したがって，2mの位置の放射線強度は1mの位置の強度の4分の1である．

被曝者に関する研究によると,電離放射線の大線量 1 回被曝は人体のがんの原因になり得るが,長期間の低レベル被曝が人体にどんな影響を与えるのかは,完全にはわかっていないということである.生細胞は,電離放射線による損傷から回復する驚くべき能力をもっている——酵素は DNA を修復するし,ビタミン C, E および A はフリーラジカルによる損傷を防ぐ効果がある.低レベル被曝は老化を速めたり,脱毛を促進したり,白内障やがんの発生につながるかもしれない.しかし,実際にはこれらの変化や現象は,個人個人の年齢や先天的な条件に依存するところが大きいようである.

8.5 バックグラウンド放射線

放射線は私たちの身の周りのいたるところに存在しており,電離放射線被曝から完全に逃れる方法はない.事実,平均的な人の体の中では,体内の天然放射性核種(大部分はカリウム-40)により毎分数十万個の放射崩壊が起っている. 350 個の天然同位体のうち 50 個が放射性であり,微量の放射性物質は,私たちが歩く土の中にも,私たちが口にする食品の中にも,飲む水の中にも,呼吸する空気の中にもある.

平均的にいって,私たち一人一人は,1 年あたり 363 mrem,すなわち約 0.4 rem というわずかなバックグラウンド放射線を受けている.この放射線の 81% は,宇宙線および土壌,水,空気中の天然物質からのものである. 15% は医療用あるいは歯科用の

表 8.4 米国における一人当りの平均年間被曝量[a]

線 源	線 量 (mrem/y)	
環 境		
自然		
宇宙線	27	
地 球		
外部	28	295
内部	40	
吸入(ラドン)	200	
放射性降下物(核実験)	1	
核燃料サイクル	0.05	
医 療		
診療 X 線	39	53
核医学	14	
職 業	1	
種々の消費者用製品	13	
	合計	363

[a] "米国国民の電離放射線被曝"によるデータ,放射線防護と測定に関する国内会議報告書 No.93, 1987.

X線に由来し，0.3％が核実験による放射性降下物と原子力発電プラントからのものである．そして，4％が職業上のものおよびそのほかのものである（表8.4）．私たちは天然のバックグラウンド放射線を制御することはできないが，そのほかの放射線源による被曝は制御できる．放射性物質は世界中の生活条件の改善に大きな役割を果しているので，その利用を全面的に止めるべきであると考える人はまずいないだろう．しかし，人類が放射性物質を利用することによって，バックグラウンド放射線レベルを上昇させかねないといった場合には，人類に対する利益と危険性をはかりにかけることが重要になってくる．しかし，極低レベル放射線の健康に対する長期的影響がほとんど解明されていない現在，これを正しく判断することは極めて難しい．

放射性核種と医学

電離放射線の利益が危険性を大きく上回る分野が，医学的診断，治療および研究におけるX線と放射性核種の利用である．

8.6 医学的診断

特定の化合物が生体内でたどる経路を追跡できるようになったことが，診断技術に大きな進歩をもたらした．**放射性トレーサー**（radioactive tracer）は，放射性原子を含んではいるが，追跡化合物と同一の化学的性質と挙動を示す物質である．生体系からみれば放射性トレーサーは普通の化合物であるが，放射性原子が含まれているため生体内でのその化合物の移動経路が追跡できるのである．

1923年，Georg Hevesyは，放射性トレーサーを植物の鉛-212摂取の研究に初めて利用した．人工放射性核種が初めて放射性トレーサーとして利用されたのは，1936年である．California大学Berkeley校のJoseph G. HamiltonとRobert S. Stoneがサイクロトロンでつくられた放射性ナトリウムを，ナトリウムの摂取と排せつの研究に利用した．それ以来，天然および人工放射性核種は，ますます利用されるようになった．

トレーサーによる診断の初期段階においては，放射性核種の移動はガイガー計数管で追跡した．1950年代にスキャナとよばれる機器が開発された．この装置は，患者の身体に沿ってゆっくり前後に移動しつつ放射線を検知し，移動線に従って画像を構成する高感度測定ヘッドを有する装置である．1970年代には，この走査データを解析するコンピュータプログラムが開発され，画像が鮮明になった．現行のガンマカメラは，

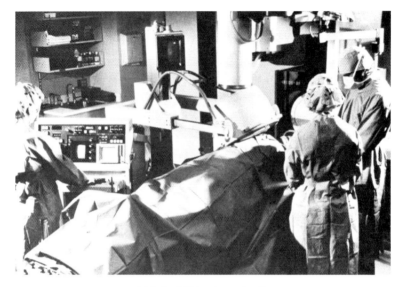

図 8.8　使用中のガンマカメラ．

患者の身体に沿って移動させる必要はなく，患者の特定の部位からくる放射線をすべて記録し，数秒から数分で画像構成ができるようになっている(図 8.8, 8.1)．

1979 年，Allan Cormack と Godfrey Hounsfield はノーベル医学賞を授与されたが，それはコンピュータ化体軸断層撮影装置(computerized axial tomography, CAT)とよばれる精巧な X 線装置の開発によるものであった．これは，現在では CT スキャナとよばれており，医学的診断技術上の革命的装置である．通常の X 線装置は二次元画像を構成するが，組織の重なりにより細部が不鮮明になったり，組織によっては十分に写らないものもある．したがって，診断対象によっては，いろいろな角度から X 線写真を撮ることが必要となる．CT スキャン (CT スキャナを使った検査)の場合には，患者はドーナツ型検出器中にあおむけに寝ていれば，X 線管が回転しながら多数の X 線ビームを出し，これらが患者の身体を通過する仕組みになっている(しかし，患者の被曝量は通常の X 線診断に比べて多くはない)．スキャナの高感度検出器は X 線を検知し，その信号をコンピュータで解析する(図 8.9)．データをコンピュータ操作して，任意の角度からみた患者の身体の断面の画像を構成することができる．これらの画像は組織の特徴や，液体から骨まで密度分布の広い人体物質を，明暗や濃淡の差で表すようになっている(図 8.10)．CT スキャンを用いれば，医師はがん性腫瘍，血餅(けっぺい＝凝血塊)，椎間板ヘルニア，胆管閉塞などを見極め，数分の 1 mm

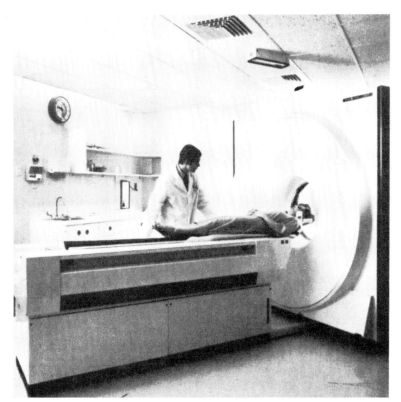

図 8.9 CT スキャナは約 5 秒間で頭部や全身の測定を行い,すべての種類の生体組織が観察できる断層画像をつくることができる.

の精度で部位を決定できる.CT スキャナの利用によって,カテーテルを体内に挿入して行うような多くの侵襲性検査や,試験手術の必要性が減少してきている.

　CT スキャンの一つの欠点は組織内の疾病を早期に発見できないことである.CT スキャンで検知できる段階になると,病状が進行していて効果的治療ができない状態にあることが多い*.組織機能低下を早期に発見する手段として,コンピュータ化画像再構成と放射性トレーサー診断を組み合せた技術が開発された.この技術は,正の電荷をもった電子ともいえる陽電子を放射する人工放射性核種を用いる.陽電子は体内の電子と衝突すると γ 線に変換され,この γ 線が測定の対象になるのである.この診

＊ 「訳者注」 2011 年現在,最新の CT の解像度は 0.4 mm といわれ,PET と CT の利点を組み合わせた PET-CT は,精度の良い検査として期待されている.

222   8 放射能と生物

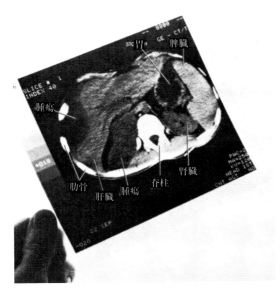

図 8.10 CT 画像．左方に腫瘍が見える．

▮パノラマ 8-2▮

磁気共鳴断層診断技術（MRI）

　CT や PET などの精密検査技術は医学的診断に非常に有用であるが，患者に放射線被曝を与えることになる．1980 年代に開発された技術はこの問題を避けるため，核磁気共鳴（NMR）を精密検査技術に応用するものであった．この新しい技術を磁気共鳴断層診断技術（magnetic resonance imaging, MRI）という．MRI では，奇数個の陽子と中性子をもつ原子核が，特別な磁気的性質を示すという事実を利用する．このような核はその軸を中心に回転しており，あたかも微小な磁石のような挙動を示す．水素が水と生物学的分子の構成成分であることから，生体系においては水素原子核がもっとも豊富に存在する"核磁石"である．
　患者を強い磁場の中におき，身体に特定の周波数の電磁波を加えてエネルギーを与えると，これらの核磁石はそのエネルギーを吸収して励起される．この変化を核磁気共鳴という．吸収されたエネルギーは電磁波を切ると，逆に核磁石から電磁波（吸収された電磁波と同じ周波数）として放出され，核磁石はもとの状態にもどる．この現象が低エネルギー電磁放射（生物学的に無害）として検出できる．この電磁放射の変化をコンピュータで解析し，CT スキャンや PET スキャンの場合と同様に画像化する．
　MRI は，X 線画像があまり有効でない軟組織の診断と研究に，とくに役立つ．軟組織の腫瘍であっても，その組織の含む水や脂肪分子の量が正常な部分とは違うので，はっきりとした MRI 画像が得られるのである．MRI は多くのタイプの脳腫瘍の診断，多発性脳脊髄硬化症，関節と脊髄の異常，先天性欠損などの発見に好ましい方法として急激に広まっている．

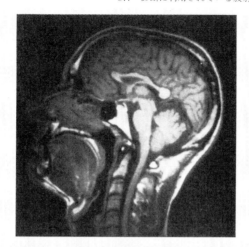

MRI画像

断技術は陽電子放射断層撮影技術(positron emission tomography, PET)とよばれている.

PETスキャンの第1段階は特別な放射性トレーサーを合成することから始まる.このトレーサーは,陽電子放射性の放射性核種を,検査の対象になっている組織に集中する性質をもつ化合物に組み込んでつくる.次に,この化合物を経口あるいは注射により患者の体内に入れる.目標とする組織にトレーサーが集中する時間を待って,CTスキャンと同様の方法で,組織から放射されるγ線をスキャナで検出する.これらの方法の差異は,CTスキャンの場合はX線が身体を通過するのに対して,PETスキャンの場合は,検査対象の組織から放射される放射線を測定するということである.PETスキャンは,脳の中の生化学的異常を検査する場合にとくに有効である.この方法は,アルツハイマー症,パーキンソン症をはじめ,精神分裂症のような精神病患者の脳機能の検査によく用いられている.

8.7 診断に利用されている放射性核種

過去20年来,いろいろな種類の放射性核種が,身体の器官の造影に利用されてきている.しかし,テクネチウム-99^{m}の化学的性質および物理的性質がこの目的に最適なので,通常の検査では他のものにとって代りつつある.テクネチウムは,ウランより軽い天然には存在しない四つの元素の一つで,モリブデン-99の崩壊により人工的につくられる.

■パノラマ 8-3■

ラジオアイソトープ(RI)ジェネレータ(カウ)

　テクネチウム-99^m は,その半減期が短いことから優れた診断用放射性核種であるといえるが,このように短寿命の物質を運搬したり,貯蔵したりすることは難しい.この問題を解決するために,"ラジオアイソトープ(RI)ジェネレータ(カウ)"とよばれる新技術が開発された.体内で乳をつくり,乳しぼりによって牛乳を生産する乳牛のように,RI ジェネレータ中のラジオアイソトープが崩壊して他のラジオアイソトープになり,それが"乳しぼり"によってとり出されるというわけである.RI ジェネレータは,それが崩壊すると目的のラジオアイソトープ(娘同位体)になるような親同位体を体内に貯蔵している.崩壊によって,目的の娘同位体は親に置き替っていき,その量を増す.そこに目的の娘同位体だけを選択的に抽出するような溶液を流すと,RI ジェネレータから目当ての放射性核種が"さく乳"されることになる.
　テクネチウム-99^m の場合,親同位体はモリブデン-99 である.モリブデン-99 の半減期は 67 時間で,病院や実験室に運搬するのに十分な時間である.モリブデン-99 の残りが少なくなったら,"カウ"を,本当の乳牛を牧草地へ帰してやるのと同じように,原子炉に送り返し再装塡してやればよい.

$$^{99}_{42}\text{Mo} \xrightarrow{t_{1/2}=67\,\text{h}} {}^{99m}_{43}\text{Tc} + {}^{0}_{-1}\text{e} + \gamma$$

質量数の後の m は同位体核が**準安定**(metastable)であること,すなわち,定常状態より高いエネルギー状態にあることを示している.テクネチウム-99^m は崩壊するとき,その余分なエネルギーを γ 線として放出し,より低いエネルギー状態の同位体テクネチウム-99 になる.

$$^{99m}_{43}\text{Tc} \xrightarrow{t_{1/2}=6.02\,\text{h}} {}^{99}_{43}\text{Tc} + \gamma$$

テクネチウム-99^m がほかの同位体に比べて優れているのは,① γ 線のエネルギーが現行のカメラで簡単に検出できること,② α 線および β 線の放射がないこと(これらがあると,患者の吸収する線量が増加してしまう),③ 6 時間という半減期が,注入後身体の特定部位に集中するのに十分な時間であるのと,X 線検査による被曝線量制限を越えないよう投与できるといった点である.
　いろいろな種類のテクネチウム化合物が,診断に利用されている.二リン酸テクネチウムはがん細胞が骨に広がったかを,すなわち**転移した**(metastasized)かを診断するのに使われる.この二リン酸塩は,がん細胞が骨の組織を破壊している箇所に集中的に組み込まれる.この場合,転移細胞部分にもっとも強い放射能が検出されることになる(図 8.11).
　また,いくつかのテクネチウム化合物は,心臓の古い疾患および新しい疾患の部位

8.7 診断に利用されている放射性核種　225

図 8.11　背骨と肋骨上の黒い部分は，転移した前立腺のがん細胞によるテクネチウム-99^{m}の活発な取り込みを示す．

と広がりを検出するのにも使われている．この方法は，患者にどのような治療を施すべきか，あるいは施すべきでないかを決断する助けになる．心疾患の診断には，サイクロトロンでつくられるタリウム-201 も，テクネチウムと一緒に使われている．タリウムはテクネチウムと異なり，カリウムと同じ挙動を示し，正常な心筋に集中する．これは，例えば，他の心臓発作の症状がほとんどないのに胸痛で入院した患者に，将

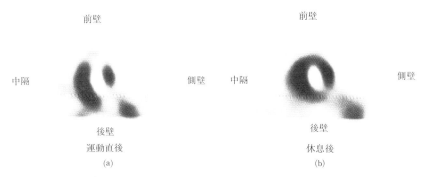

図 8.12　心臓左心室のタリウム取り込み検査．(a) 激しい運動直後のもので，心室筋の2箇所がタリウムの取り込み不足を示している．これはこの領域への血流減少を示している．(b) 休息1時間後，右方下部領域に取り込み不足部分が依然として存在する．これは，心室のこの部分に損傷した組織があることを示している．

来の心臓発作の原因となるような心臓への血液供給に関して、欠陥があるかどうかを診断するのに用いられる(図8.12)．これらの放射性核種は、両方とも静脈に注入することができ、血管を通して心臓にカテーテルを挿入する従来の診断法に比べて安全であり、苦痛も少なく、経費も安い．

8.8 放射線治療

がん細胞は、正常な細胞に比べて、電離放射線による損傷から回復する力が弱い．この事実が、正常細胞をできるだけ無損傷の状態に保ちながら、がん組織を死滅させるのに放射線を利用する方法の鍵となっている．

外科的に摘出できないがん組織や、部位と放射線に対する感度の点から、照射による治療が望ましいがん組織を破壊するのに、高強度放射線が使われる(実際には、外科的処置や化学療法があわせて用いられる)．このような治療では、X線装置、コバルト-60放射線源あるいは粒子加速器からの放射線をビーム状に収束させ、がん組織に照射する．内臓のがん治療の場合には、治療台上に患者を注意深く固定し、放射線源を患者の回りに回転させ(あるいは、角度をいくつか変えて照射し)て、皮膚組織の損傷を

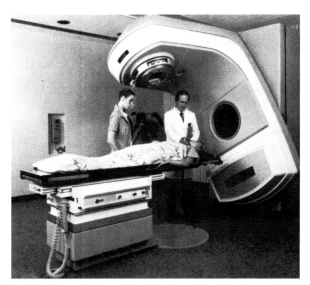

図 8.13　6 MeV-線形加速器搭載の放射線治療ユニット．処置部分の大きさと形を特定するため、患者と放射線源との間に鉛ブロックがおけるようになっている．

最少限に抑えながら、腫瘍細胞を集中的に攻撃する(図8.13)。

第2の方法は、治療の必要な部位に、種(タネ)状の放射性核種を針を使って挿入する方法である。金-198やイリジウム-192を含んだ種を、段階が進んで手術が不可能になった腫瘍に、その成長を遅らせるために埋め込むことがある。また、これらは口腔がん、乳がん、前立腺がん、子宮頸がんのような体表面に近い部位の腫瘍にも埋め込まれることがある。

第3の方法は、放射性核種を身体の特定の部位に集中するよう設計された化合物中に組み込み、これを患者に投与し、がん組織を破壊するというものである。例えば、放射性ヨウ素は甲状腺に集中するので、甲状腺機能亢進の治療で甲状腺細胞を破壊するのに使われる。リン-32は、赤血球数が異常に増加する真性赤血球増加症の治療に使われる。この病気の根本的治療法は知られていないが、放射性リンが赤血球生産細胞を破壊することはわかっており、これを利用して赤血球の増加を抑制し、一時的に病状を軽くすることが行われている。

章のまとめ

放射性物質から放射される放射線は、物質中を通過するときイオンをつくるので、電離放射線とよばれる。電離放射線は、生体組織に二通りの仕組みで損傷を与える。第1は、生物学的に重要な分子を直接的に破壊することであり、第2は、水と反応して、細胞機能を破壊する化学的に活性な粒子をつくり出すことである。電離放射線は、ベクレル、レム、シーベルトなどのいくつかの単位でその量を表す。これらの単位は、放射線源の性質やその生物に与える影響に関する情報を与えるものである。ガイガー―ミュラー計数管、シンチレーション計数管、線量計、フィルムバッジなどの計測機器は、電離放射線の存在やそれらによる被曝量を測定するのに使われる。電離放射線の危険な影響から人間を防護するため、放射線被曝は最小限に抑えるよう努力すべきである。それには、放射線源からできるだけ離れていること、放射線作業時は鉛その他のしゃへい物を使うことが大切である。バックグラウンド放射線は環境中に存在する放射線である。

電離放射線は線量が多ければ生体組織に有害であるが、使い方によっては病気の診断や治療に極めて有用であることが証明されている。CTスキャナは、X線を用いて人体内部の極めて詳細な画像をつくれるので、腫瘍や血餅の位置を特定する助けとなる。体内に注入された放射性核種は、心機能や甲状腺機能の解析、転移がんの位置の特定などに使われる。また、放射性核種から放射される電離放射線は、がん性の細胞や腫瘍の破壊にも利用される。

228   8 放射能と生物

復習問題

1. 電離放射線とは何か説明しなさい．電離放射線を4種類あげ，生体組織に対する影響の違いを述べなさい． [8.1]
2. 電離放射線による損傷で，直接作用によるものと間接作用によるものとの違いを述べなさい． [8.1]
3. 放射線治療に使われるコバルト-60線源が630 MBqであるとする．この場合，15秒間に何個の崩壊が起っているか計算しなさい． [8.2]
4. X線はどのように生細胞に損傷を与えるか説明しなさい．生物に照射された線量が致死線量以下の場合，細胞が回復する見込みについて述べなさい． [8.2]
5. 生細胞に対するα線とγ線の影響の違いを説明しなさい．細胞が，致死線量以下の照射から回復しやすいのはどちらの放射線か答えなさい． [8.2]
6. β放射性物質で汚染されているかもしれない実験室で仕事をするとき，この汚染を検知するにはどうしたらよいか述べなさい． [8.3]
7. あるビルディングの中を改装して，歯科診療所をつくろうとしている．X線装置の運転制御場所をどこにするかとの問い合せが業者からあった．次の三つの可能性があるとして，どう注文するか，理由を述べて答えなさい． [8.4]
   第1の可能性：患者に近づく便を考えて，治療椅子から1.5 m離れた壁面．
   第2の可能性：患者とはコンクリート隔壁で隔てられていて，患者から1.5 m離れた壁面．
   第3の可能性：患者から3.4 m離れた壁面．
8. 腹部の痛みを訴えている患者が，4回のX線検査（毎回10 mrem被曝）と2回の放射性バリウムかん腸検査（毎回300 mrem被曝）を受けた．これらの検査は，バックグラウンド放射線による患者の年間被曝量に対して，どの程度の影響を与えたか答えなさい．この患者は歯科X線定期検診を受けてよいか，あるいは受けない方がよいか理由を述べて答えなさい． [8.5]
9. 通常のX線写真より，CTスキャンによる画像の方が役に立つ理由を述べなさい． [8.6]
10. 全ての検査終了後，医師は患者に甲状腺異常があるのではないかと感じた．診断を確認するために，放射性核種をどう使ったらよいか述べなさい． [8.7]
11. ストロンチウム-90は次のように崩壊する．

$$^{90}_{38}\text{Sr} \longrightarrow {}^{90}_{39}\text{Y} + {}^{0}_{-1}e$$

イリジウム-192は次のように崩壊する．

$$^{192}_{77}\text{Ir} \longrightarrow {}^{192}_{78}\text{Pt} + {}^{0}_{-1}e + \gamma$$

患者の鼻に手術不可能ながんがあるとして，その腫瘍治療には上の二つの放射性核種のどちらが適当であるか答え，その理由を述べなさい． [8.8]

研究問題

12. 電離放射線はがんの原因にもなり得るし，その増殖を止めたり抑えたりすることもある．その機構を説明しなさい．
13. 人体が，自らを電離放射線の有害な影響から防護する仕組みをあげなさい．
14. 3章の冒頭で述べたような時計文字盤の塗装工は，骨のがんや骨髄障害を患うことがある．なぜ障害が骨に集中するのであろうか．また，このような組織障害が，主として直接作用によるものであるのか，または間接作用によるものであるのか，理由を述べて答えなさい．

15. ある患者が，400 MBq の放射性核種を静脈から体内に取り入れることになった．病院には，この同位体 360 GBq が 9.0 mL の液体の状態である．何 mL 注入すればよいか答えなさい．

16. 1 g 当り 100 mCi の放射能をもつ放射性核種がある．この同位体 5.0 g は，1 分間にどれだけの崩壊をするか計算しなさい．

17. テクネチウム-99^m は腫瘍の診断に広く利用されている．しかし，半減期が短いため，事実上輸送や貯蔵ができない．この問題を解決するため，親同位体をモリブデン-99 とする RI ジェネレータを使っている．モリブデン-99 からテクネチウム-99^m への崩壊の式をかきなさい．

18. 体外から使用する場合，腫瘍治療にはどんな放射線種がもっとも効果的であるか答えなさい．体内からの場合はどうか．理由も述べなさい．

19. ホウ素-10 による中性子捕獲を利用する治療法は，がんの放射線治療法の中でもっとも興味ある方法の一つである．はじめに，ホウ素を含む腫瘍集中性化合物を患者に与え，次に，患者の外部から中性子を照射する．そうするとホウ素が中性子を吸収し，α 粒子と毒性のないリチウム核を放出する．

$$^{10}_{5}B + ^{1}_{0}n \longrightarrow ^{7}_{3}Li + ^{4}_{2}He$$

この方法が，がんの治療にとくに適している理由を述べなさい．

20. ビタミン B_{12} の吸収を測定する検査では，ビタミン B_{12} 分子がコバルト原子 1 個を含んでいることを利用する．ビタミン B_{12} 分子は放射性コバルトによってラベルでき，それによってその吸収を測定できる．半減期 270 日の ^{57}Co と半減期 5.3 年の ^{60}Co の 2 種類の放射性核種が入手可能であるとして，このうちどちらを用いるのが適当であるか理由を述べて答えなさい．

反応速度と化学平衡

その日は晴れた寒い日だった．4才のジミー・トントレビッチは，お父さんと一緒にミシガン湖のほとりの大好きな丘の上でそり遊びをし，楽しい冬の午後を過ごしていた．お父さんはジミーがそりから落ちるのをみたとき，思わずくすくす笑ってしまった．しかし，次の瞬間，彼のその笑いは恐怖の叫びに変った．ジミーが凍った湖の上を滑っていくそりを追って走っているではないか．そりに追いついたとき，ジミーはお父さんの叫び声を聞いたが，そのときにはジミーが乗っている氷はすでに壊れ始めていた．そして，ジミーが湖の氷水の中に姿を消すまでに，一秒とはかからなかった．

お父さんは氷水の中に飛び込んだが，氷の下のジミーを見つけることができなかった．消防署のスキューバダイバーたちがジミーを見つけ，生気のないジミーを引き上げるまでに，すでに20分が過ぎてしまっていた．彼は，臨床学的には死んでいた——彼の皮膚は青白く，瞳孔は開いたままで脈拍もなく，呼吸もしていなかった．

ジミーが今日もなお生きているのはどうしてだろうか？ 彼は氷水の中に落ちたとき，本

能的に息を止めた．しかし，そのような条件のもとで，1分以上息を止めておくことは誰にもできない．ジミーは冷たい湖水の中で息をしたはずである．氷水は肺の中に入って，肺を通る血液をすばやく冷やした．この冷たい血液は心臓を通り循環器系に入っていった．その循環器系では，冷たい血液と接触したすべての組織は一気に85°Fすなわち29℃まで冷却された．このことは，組織の新陳代謝の速度と酸素の必要量を，急激に低下させた．このような組織細胞内での反応速度の急激な低下は，呼吸が止まった後45分以上も，組織の死を遅らせることになる．

氷水から引き上げられた後でジミーが受けた特別の手当は，彼の回復に極めて重要な役割を果した．救命救急士はただちに心臓マッサージとその他の蘇生術を始めた．しかし，彼の体温を高めようとはしなかった．救急治療室でジミーの心臓は電気ショックにより動かされ，呼吸器具もつけられた．これ以上の組織の損傷を防ぐため，彼の体を91°F(33℃)までゆっくりと温めるヒートランプが用いられ，また，温かい静脈注射が打たれた．一方では，医師たちはジミーの昏睡状態を維持するために，大量のバルビツール酸塩を投与した．このような薬を投与すると，脳の酸素とグルコースの必要量が減少するので，致命的にならずにすむ．わずか3日後に，医師はバルビツール酸塩の投与を中止した．彼の脳の機能は，ゆっくりとではあるが数週後には元に戻り始めた．

通常の条件下では，脳は3分以下でも酸素の供給を断たれると，取り返しのつかない損傷を受ける．吸い込んだ氷水により脳の組織は冷やされ，脳の中のすべての化学反応が遅くなった結果，ジミーは助かった．この事実は脳に通常量の酸素の供給がなくても，脳の組織は生き続けられることを示した．

化学反応の速度は，ジミーのような幼い子供にとっては生死にかかわる大きな意味をもつ．より大きなスケールでは，核による被害(核爆発)と発電での核の平和利用との間の差異をも意味づける．私たちの利益のために，科学者がいかに反応速度をコントロールするかを理解するには，化学反応の速度に影響を与える種々の因子について学ぶことが必要である．

学習目標

この章を学習した後で，次のことができるようになっていること．
1. 活性化エネルギーと活性錯体を定義する．
2. 吸熱反応と発熱反応を説明し，各反応のポテンシャルエネルギー図を描く．
3. 化学反応の速度に影響する四つの因子をあげる．
4. 触媒を定義し，触媒が化学反応の速度にどのように影響するかを説明する．
5. 化学平衡を定義し，二つの例を示す．
6. 化学平衡を移動させる二つの方法を述べる．
7. ルシャトリエの原理を述べ，反応条件の変化によって平衡がどのように変化するかを予測する．

化学反応の速度

9.1 活性化エネルギー

　二つの粒子の間で反応が起きるには，粒子は外殻電子が相互に作用できる程度に十分に接近しなければならない．実際には，粒子は必ず衝突しなければならないばかりでなく，二つの核の周りの電子間の反発力に打ち勝つために，十分なエネルギーをもって衝突しなければならない．衝突させるために必要なエネルギーを，**活性化エネルギー**(activation energy, E_{act})という．反応が起きるためには，分子は少なくともこの活性化エネルギーに等しいエネルギーをもって衝突しなければならない．そのような衝突が起きると，分子は**活性錯体**(activated complex)または**遷移状態**(transition state)といわれる反応性の原子団を形成する．この原子の活性錯体は，反応物でもなけ

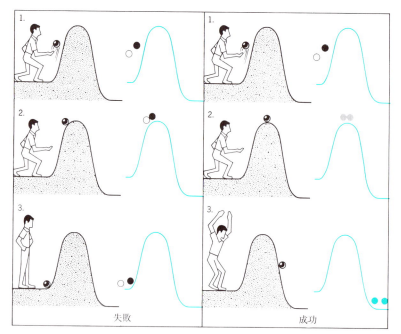

図 9.1　ボーリングのボールが十分なエネルギーを与えられたときのみ小山を越えて転がるのと全く同じように，ある反応は二つの分子が活性化エネルギーの障壁を越えるための十分なエネルギーをもち，衝突するときのみ起きる．

れば生成物でもなく，むしろそれは反応物と生成物との間の中間的な状態を表している，非常に不安定な原子の結合体である．

活性化エネルギーを，粒子が反応するために越えねばならない小山に相当するエネルギーとみなすとよい．各反応は，異なった高さの小山，すなわち活性化エネルギーを必要とする．ある人が，そのような小山に向かってボーリングのボールを転がしているのを想像してみよう．ほとんどの場合，ボールはその小山の中腹まで登り，再び転げ落ちる．これと同様のことは反応の場合にも起る．分子間のほとんどの衝突は活性化エネルギーの障壁を越え，活性錯体を形成するのに十分なエネルギーをもっているわけではない．分子は互いに反応せずに，単に弾んでいるにすぎない．それはちょうど，ボールを転がす人が，時には小山を越えるための十分なエネルギーをボールに与えることができるように，反応する粒子が十分な活性化エネルギーを得て障壁を越え，ついには生成物をつくるのに十分なエネルギーを伴った衝突が起ることがある（図9.1）．

9.2 発熱反応と吸熱反応

誰でも，ろうそくが室温では自然に発火しないことを知っている．しかし，一度火がつくと燃え続けるのはなぜだろう．ろうと酸素の反応には大きい活性化エネルギーが必要だが，室温で，反応するために十分なエネルギーをもつ分子はほとんどない．たくさんの分子が活性化エネルギーの障壁を越えてろうを燃焼させるには，マッチの熱が必要である．ろうそくのろうと酸素との反応は**発熱性**(exothermic)であり，反応が

■パノラマ 9-1■

ホメオスタシス

とかげや蛇のような冷血動物は，環境の温度と全く同じ体温でよく生きながらえている．しかしながら私たち人類は温血動物であり，体温が2,3度変化しただけでも耐えることが難しくなる．これは，体内の生物化学的な反応の過程が，温度に依存しているからである．新陳代謝の反応に関与する酵素は，非常に限られた温度範囲 36〜40℃ でのみ正しく機能する．

私たちが1日に燃やすカロリーの，わずか20%が細胞の活動に用いられる．残りは，熱として体内に発散される．1日に3000 kcalの食物を消費する体重 68 kg の人は，体温を38℃以上まで上げるのに十分な，過剰の熱をつくり出している．これは，明らかに体が耐え得る下限の温度より4℃高い．体がそのような急激な温度の変化を避けるためには，熱の生成と消耗の間のつり合いを維持することが必要である．この巧妙な熱の生成と消耗とのつり合い（これによって比較的一定の体温が維持できているのだが）を記述する用語が，ホメオスタシス(homeostasis)である．

体は，過剰の熱を皮膚を通して放射し，伝導し，蒸発することによって失っている．この三つの過程のうち，放射による熱の消費がもっとも大きい．この過程は次のように進む．体温が上昇するにつれて，より多くの血液が皮膚の毛細血管に流れ込む．熱が，皮膚からより温度の低い環境に放射される．皮膚からの放射熱に加えて，伝導も起きる．これは，体に接した暖かい空気が上昇し，低温の空気と入れ替ることで起きる．皮膚からの熱は，この低温の空気との接触による伝導によって取り去られる．皮膚から失われるのを免れた過剰の熱は，汗の蒸発によって除かれる．1gの水が蒸発するには，540 calの熱を必要とする．68 kgの人は，蒸発による冷却過程によって平均して1日に1.43 Lの水を失う．

起ればエネルギーが放出される．発熱反応は，反応生成物が反応物に比べて，より低いポテンシャルエネルギーをもつ場合に起きる．そのため，ひとたび分子が反応すると，この反応は，次の分子が活性化エネルギーの障壁を越えるために必要十分なエネルギーを放出する．そのために，反応はそれ自身で維持されるようになり，ろうそくは燃え続ける(図9.2)．

ある種の高い発熱反応は，爆発的に進行する．例えば，ダイナマイトを爆発させるには，まず雷管を爆発させねばならないが，非常に小さい雷管の爆発が，わずかなダイナマイト分子を反応させるのに十分なエネルギーを放出する．これらのわずかな分子によって，残りの全分子を一度に反応させるのに十分なエネルギーが放出される．そして膨大な量のエネルギーが瞬時に放出される．

水を水素と酸素に分解したり，光合成での糖分子の生成という反応を継続するためには，エネルギーの連続的な追加が必要である．エネルギーを継続的に加える必要のある反応は，**吸熱性**(endothermic)という．そのような反応では，生成物のポテンシャルエネルギーは，反応物よりずっと大きくなる．実際に，エネルギーは反応によって吸収される．吸熱反応では，反応物は活性化エネルギーの障壁を越えるためにエネルギーの初期の供給を必要とするばかりでなく，反応を維持するにはエネルギーの継続的な

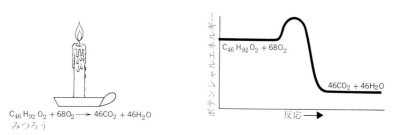

図 9.2 ろうそくの燃焼反応は，生成物が反応物より低いポテンシャルエネルギーをもつ発熱反応である．

供給を必要とする．電気の供給を止めると水の分解は停止するし，暗がりの中に緑葉植物を入れたままにすると光合成はストップし，植物は死んでしまう（図9.3, 9.4）．

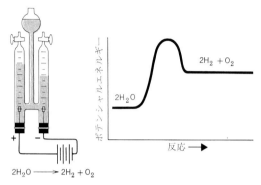

図 9.3 水の電気分解（電気エネルギーを用いた水分子の分解）は，生成物（水素と酸素）が反応物（水）より高いポテンシャルエネルギーをもつ吸熱反応である．

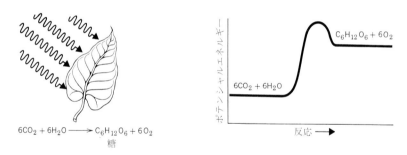

図 9.4 光合成は，太陽からのエネルギーの供給を継続的に必要とする吸熱反応である．

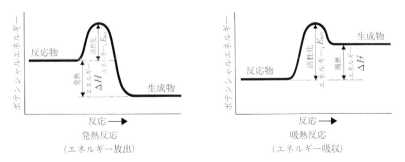

図 9.5 発熱反応と吸熱反応のポテンシャルエネルギー図．E_{act} は活性化エネルギー，ΔH は反応熱（発熱または吸熱エネルギー）である．

図9.5は，発熱反応と吸熱反応のポテンシャルエネルギー図である．反応に必要な，または反応によって放出されるエネルギーは，**反応熱**(heat of reaction，ΔH)といわれる．この熱含量(またエンタルピーともいう)の変化は，kcalまたはkJで表される．ΔHの値は，生成物と反応物のポテンシャルエネルギーの差である．慣例的に，反応熱は吸熱反応が正，発熱反応が負の値をもつものとして表す．それぞれの反応は，それぞれ固有の活性化エネルギーと反応熱をもつ．

例題 9-1

1. 次の反応は発熱反応かそれとも吸熱反応か．
   (a) $2Na_2O_2 + 2H_2O \longrightarrow 4NaOH + O_2 + 30.2\,kcal$
   (b) $Si + 2H_2 + 8.2\,kcal \longrightarrow SiH_4$

   [**解**] 反応(a)では，エネルギーは反応の生成物として発生しているので，発熱反応である．反応(b)では，エネルギーが反応に必要とされているので，吸熱反応である．すなわち，エネルギーは反応物の一つである．

2. 問題1．の反応で，反応熱ΔHの値を答えなさい．

   [**解**] (a) $\Delta H = -30.2\,kcal$．発熱反応の反応熱は負の値をもつ．
   (b) $\Delta H = +8.2\,kcal$．吸熱反応の反応熱は正の値をもつ．

3. 次の反応のポテンシャルエネルギー図をかきなさい．その反応の活性化エネルギーE_{act}は39 kcalである：

$$2ICl + H_2 \longrightarrow I_2 + 2HCl + 53\,kcal$$

   [**解**] ポテンシャルエネルギー図をかくために，まず最初に，反応が吸熱であるか発熱であるかを決めねばならない．反応によってエネルギーが放出されれば，それは発熱である．このことは，反応物のポテンシャルエネルギーが生成物のポテン

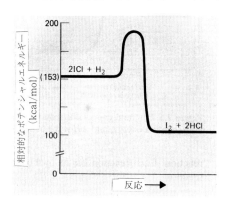

シャルエネルギーより大きいことを意味し，ここでは53 kcal 大きいことになる．ポテンシャルエネルギー図をかくにはいろいろな方法があるが，単純化するために，もっとも低いポテンシャルエネルギーをもつ物質（この場合は生成物）を基準とし，かりに100 kcal のポテンシャルエネルギーをもつとする．したがって，反応物は生成物の値との関係から153 kcal のポテンシャルエネルギーをもつことになる．活性化エネルギーは39 kcal であるから，カーブの頂上は153 kcal（反応物のポテンシャルエネルギー）+39 kcal（活性化エネルギー）となり，192 kcal である．

練習問題 9-1

1. 次の反応の反応熱は+31.4 kcal である．
$$C_{(s)} + H_2O_{(g)} \longrightarrow CO_{(g)} + H_{2(g)}$$
   (a) この反応は発熱かそれとも吸熱か．
   (b) この反応で，エネルギーは吸収されるかそれとも放出されるか．
   (c) 式の中に反応熱が表れるように，式をかき直しなさい．
2. 次の反応は，反応熱 ΔH が+3 kcal，活性化エネルギー E_{act} が43.8 kcal である．反応物，生成物，活性錯体，活性化エネルギーと反応熱をかき込み，この反応のポテンシャルエネルギー図をかきなさい．
$$2HI \longrightarrow H_2 + I_2$$

9.3 反応速度に影響を与える因子

反応物の性質

　反応物の性質は，化学反応の速度に影響する．例えば，無色の一酸化窒素が試験管から空気中に逃げ出すとき，赤褐色の二酸化窒素が非常に速く生成する．しかし，自動車の排気ガスに含まれる一酸化炭素が空気中に放出されたとき，二酸化炭素，すなわち炭酸ガスになる酸素との反応は大変遅い（大都会の住民には不幸なことであるが）．

$$2NO + O_2 \longrightarrow 2NO_2 \qquad 25℃ で速い反応$$
$$2CO + O_2 \longrightarrow 2CO_2 \qquad 25℃ で非常に遅い反応$$

　これらの二つの化学反応式は同じようにみえる．しかし，これらの間の反応速度の差は，一酸化炭素と一酸化窒素のそれぞれの性質からきている．

■パノラマ 9-2■

低温症：眠るような死

　凍死は，死へのもっとも安楽な方法であるといわれている．寒さに凍え，傷みを感じることもなく，心はさまよい，中枢機能は衰え，ますます眠気を催してくる．眠気が襲い始めると，体の諸器官の機能が低下する．夢の世界に誘われながら，律動は止まり，そして心臓の鼓動が止まる．

　低温症(Hypothermia)とは，体温の低下とそれに付随する新陳代謝の変化を表現する用語である．前にホメオスタシスの議論のところでみたように，体の中心部でつくり出される熱は，皮膚から失われる．もし，体内でつくられる熱より多くの熱を失うなら，体温は下がる．体温が35℃以下に下がると，知力と筋肉のどちらも十分に機能しなくなる．体温が非常に低くなれば，心臓は鼓動を止め，急速に死へと向かう．

　低温症の開始は，どのようにでも早めることができる．体が水で濡れているようなときには，すぐに起きる．ちょっとみたところは正常に見えるので，低温症の兆候はしばしば気づかないうちに進行する．最初は，会話ができなくなったり，少し憂鬱になったり，簡単な仕事に対しては情熱をなくしたりする．脳がさらに低い温度の影響を強く受けてくると，些細なことでも決めかねたり物忘れがひどくなってくる．

　熱は暖かいところから冷たいところへと流れるので，低温症は，気温が比較的穏和な通常の条件下でも起り得る．濡れていると，体からの熱の発散は増加する．というのは，水は空気よりも

240 倍も熱伝導性がよいからである．低温症の発現のスピードは，個々の人のエネルギーの蓄えや，おかれた条件に大きく依存する．静かにしていること，すなわち熱の消耗を防ぐことが非常に重要であり，そのことが，ある時には生命を救うことになるかも知れない．誰にでもできるもっとも重要なことは，衣類について注意することである．ウールの肌着をじかに着て，その上に何層にもなるように重ね着をするとよい．それは，ウールが水を弾く数少ない物質の一つだからである．衣類の外側には，防風や水をはじく材質を選ぶのがよい．頭や首から多くの熱が逃げるので，帽子を被ったりスカーフを巻くのはよい考えだ．アルコールは，毛細血管を膨張させるので避けるべきである．飲酒は体の内部から多くの熱を皮膚におくりだし，熱を放出する働きをする．実際，アルコールは，低温症をひき起す働きをするものの一つである．

反応物の濃度

反応物の濃度は，反応速度に大きく影響する．分子が反応するためには，分子間で衝突が起らねばならないことは先に述べた．したがって，与えられた空間に反応物の粒子の数が多ければ多いほど，たくさんの衝突が起きることは理にかなっている（このことと同じことが高速道路でも起きる．混雑すればするほど，避け難い衝突が起きる確率は高くなる．これは，週末の休日の死亡率が高いことを考えてみれば，明らかである）．反応物の濃度の増加は衝突回数の増加をもたらし，そのために反応速度を増加させる（図 9.6）．

医者は，ある特殊な病気の治療にこの原理を利用する．偏桃腺炎または肺炎の治療には，ペニシリンを一度に 250 mg 投与するが，髄膜炎にはその投薬量の 2 倍から 5 倍を必要とする．ペニシリンの濃度が高いと血流中への吸収の速度が速くなり，血液中の有効濃度を増加させることができるからである．

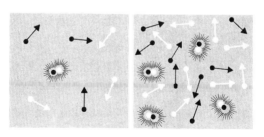

図 9.6　反応物の濃度の増加は，衝突の頻度を増加する．そのために反応速度も増加する．

図 9.7　穀物倉庫は，穀物ダストの爆発によって破壊されることがある．

固体の表面積

　固体反応物の単位体積当りの表面積が増加すると，反応速度が速まる．表面積が大きくなると，反応しやすい表面をもつ固体粒子の数が増え，その際，反応物の間の衝突の回数も増加する．表面積の増加は，時には反応速度を爆発的に増加させる．例えば，製材所では丸太を積み上げていても滅多に自然発火することはないが，鋸屑は突然燃え上がったりするので常に湿らせておかねばならない．まさか，小麦粉が危険なものだと思う人はいないだろうが，非常に細かい小麦粉は爆発することがある(図9.7)．別の例をあげると，砕いたアスピリンの錠剤は，表面積が増すので，錠剤のまま使用するよりも頭痛に対してより早く効き目が現れるはずである．

反応の温度

　反応物の温度が上がると，粒子の運動エネルギーが増加する．この温度の上昇は，衝突の頻度を増やすばかりでなく，衝突粒子が活性化エネルギーの障壁を越えるための十分なエネルギーをもつ可能性をも増加させる(図9.8)．これは高速道路での速度制限値を大きくすれば，衝突の数を増加させるばかりでなく，致命的な衝突数が増加するという考えに似ている．

　温度の変化は，生物にとって重要な影響をもつ．発熱は，脈拍を速めたり，呼吸を

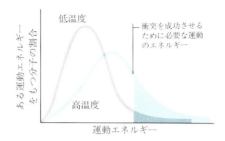

図 9.8 反応温度を高くすると分子の平均の運動エネルギーは増加する．この温度の増加は衝突を成功させるための十分なエネルギーをもつ分子の数を増やし，生成物をつくる．

速めたり，消化器系や神経系に異常を起すことでわかるように，体内の化学反応速度を増す．基礎代謝速度は，体温が一度上昇すると 5% 速くなる．外部温度の上昇による生物への影響は，火力発電所から出される温排水が小川や湖に放流されたときに，水中の生物の代謝速度が速くなることで例証されている．それまでより速い代謝速度を維持するために，生物はより多くの酸素を必要とする．しかし，水温の上昇は水中の酸素濃度の減少をもたらし，小川や湖の魚は死んでしまう (図 9.9)．さらに，水温の上昇のもう一つの有害な影響は，水中の汚染物に対する魚の感受性を増大させることである．

図 9.9 原子力発電からの温排水が近くの河川に放流されると，魚の死をもたらす．

体温の低下は，体内での反応速度を遅くする．心臓外科手術の間は，通常，代謝速度と必要酸素量を減少させるために，患者の体温を普段より 2〜3℃ 下げておく．この章のはじめに，体温の低下による体内反応の減少の極端な例をみた．もうすこし身近な例をあげると，バスケットボール選手の膝の痛みを和らげるために，トレーナーが塩化エチルの表面麻酔剤をスプレーすることがある．塩化エチルが急速に蒸発すると，組織の温度が下がり，神経刺激を伝達するある種の反応速度が大きく低下する．

寒い冬の間を冬眠して過ごす動物も多い．彼らの体温は氷点を数度上回る程度にまで下がり，体内のすべての化学反応速度は低下する．呼吸や心臓の鼓動の速度は非常にゆっくりとなり，彼らは生命を維持するために必要なエネルギーだけを消費する．こうして，動物たちは蓄えられた体内の脂肪だけで生きて行けるのである．このような反応速度の低下を示す例として，ウッドチャック（woodchuck）の場合がある．通常，行動しているときの彼らの心拍数は一分間に 80 であるのに対し，冬眠中はわずか 4 回となる（図 9.10）．人間の体温を低くし，仮死状態（suspended animation）で生存させるという興味深い考えは，多くの空想科学小説の主題として扱われてきている．

図 9.10　冬眠中のウッドチャックの体温は氷点を数度上回る程度となり，体内のすべての化学反応の速度が遅くなる．

1974 年に，Darwin Research Institute の科学者たちは，1 万年から 100 万年前に南極大陸の冷たい岩の中に凍結されたバクテリアが，実験室の暖かさの中で生き返ったばかりか，増殖さえしたと報告した．

触媒

遅い反応の多くは，触媒を導入することによって，より速く反応させることができる．**触媒**(catalyst)は，反応の過程で消費されることなしに化学反応の速度を増加させることができる物質である．触媒の効果は，反応に必要な活性化エネルギーを低くすることである．ボーリングをする人とそのボールにたとえてみよう．触媒の働きはできるだけたくさんのボールが小山の頂上に達して，向こう側に転げ落ちるように，山を越えるためのより低い通路を切り開くブルドーザーの働きに似ている(図 9.11)．

工業では，触媒は幅広い用途をもっている．低温で大量の生産物をつくることによってエネルギーのコストを低くできるような企業では，とくに幅広い用途をもっている．一例として，化学薬品の王といわれる硫酸 H_2SO_4 の製造をあげることができる．米国では，年に 2 000 万 t 以上の硫酸が，主に鉄鋼，肥料，石油工業で使用されている．硫酸の製造のステップの一つに，二酸化硫黄(SO_2)と酸素(O_2)から三酸化硫黄(SO_3)をつくる工程がある．この反応は非常に高い活性化エネルギーをもち，高温のときでさえも極めて反応が遅い．しかし，この反応は，細かく砕いた白金のような触媒を導入することによって，経済的にみあうようになった．この白金触媒は，反応速度を非常に速くさせた(図 9.12)．同じように，原油の巨大分子からのガソリンの製造価格は，クラッキング法で触媒を使用することにより，低く保たれている．このクラッキングで巨大分子は小さい分子に壊される．私たちの体内で起る化学反応のほとんどは，体温では，必ずしも生命を維持するのに十分な速度で起るわけではない．しかし，体内

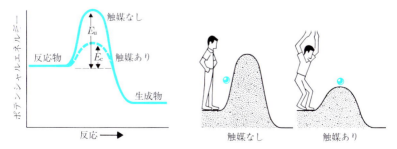

図 9.11 触媒は活性化エネルギーを低くし，反応物間の有効な衝突の機会を増加する．

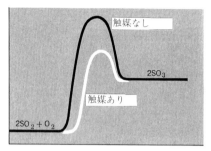

図 9.12 三酸化硫黄を合成するための二酸化硫黄と酸素の間の反応は，非常に高い活性化エネルギーをもっている．触媒としての白金の添加は，このプロセスを経済的にも実行可能となるような活性化エネルギーの低下をもたらす．

では**酵素**(enzyme)とよばれる特殊な化合物がつくられる．酵素は，生物学的触媒として働く．酵素は，体温で主反応が容易に起るようにする．例えば，私たちの組織で老廃物としてつくられる二酸化炭素は，肺に運ばれて吐き出される前に，赤血球細胞の中で炭酸に変換される．

$$CO_2 + H_2O \longrightarrow H_2CO_3$$

この反応は体温では非常に遅い．しかし，赤血球は炭酸アンヒドラーゼという酵素を含んでおり，それによって反応の速度が酵素を用いない場合より一千万倍も速くなる．

　酵素を傷つけたり取り除いたりすると，悲惨な影響が生じる．例えば，魚毒のロテノン（殺虫剤，湖や池の有害物を除くのに利用する）は，細胞のエネルギーの生成に重要な反応を触媒する酵素の働きを妨害して魚を死なせてしまう．白人系以外の大人の90％の消化管にはラクターゼという酵素がない．ラクターゼはラクトース（ミルクの中の糖）を破壊する酵素である．ラクトースを消化できないために，これらの人々にとっては飲んだミルクは吐き気，ガス，あるいは下痢の原因になる．

■パノラマ 9-3■

過酸化水素

　小さい切り傷やかき傷の処置に用いられる殺菌剤の一つに，過酸化水素水がある．家庭の救急箱の中には，このよく効く液体が入った褐色の小びんがなければならない．医薬品として用いられるほとんどの殺菌剤や消毒剤と同じように，過酸化水素(hydrogen peroxide)は酸化剤である．酸化剤は成長の阻害や殺菌に有効である．酸化剤は通常の細胞の活動を妨害し，成長や増殖を妨げる．過酸化水素水のユニークな点は，切口に塗られたときにはいつでも泡を発生すること

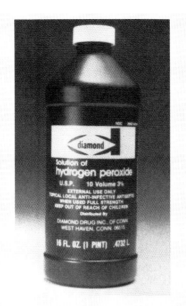

である.昔,ある人たちは,この泡立ちが伝染病毒の存在を示すものだと信じたものだ.実際,過酸化水素水は血液と接触するといつでも泡立つ.血液の中の酵素は,過酸化水素の分解に触媒として作用する.過酸化水素は水と酸素ガスになる.泡を立てることの利点は,内部についた汚れを表面に運び清浄剤としての働きをすることにある.

過酸化水素は,3%水溶液として市販されている非常に酸化性の強い薬剤である.この溶液はとても安全ではあるが,過酸化水素は水中で壊れやすく,酸化力を失う.過酸化水素の分解の活性化エネルギーは低いので,単に光にさらしただけでも分解が進む.そこで過酸化水素水は,褐色のびんに保存されるのである.

化学平衡

9.4 化学平衡とは何か?

アイスティーのグラスに砂糖を加え,かきまぜ,砂糖が溶けるのを観察したことがあるだろう.この溶液に加えられた砂糖は,ある量までは溶け続ける.その後は,いくら砂糖を加えてもグラスの底に沈む.かきまぜつづけた後,しばらくグラスを静置してみても,グラスの底の砂糖の量もアイスティーに溶けた砂糖の量も変化しない.

この条件下では,アイスティーは溶解し得るだけの砂糖分子を含んでいる.アイスティーの中に溶けている砂糖分子と,グラスの底にある結晶の砂糖分子とは平衡にあ

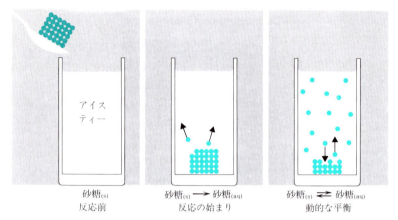

砂糖(s) 　　　　　　砂糖(s) ⟶ 砂糖(aq) 　　　　砂糖(s) ⇌ 砂糖(aq)
反応前 　　　　　　　　反応の始まり 　　　　　　　動的な平衡

図 9.13 動的な平衡は，正反応と逆反応の速度が等しいときに成立する．

る．このタイプの分子平衡は，二人の子供がシーソーでバランスをとるときに達する平衡のような，静的な，動きのない状態ではない．むしろ，化学平衡は，あることが定常的に起っており，しかも厳密に同じ速度で起っているという動的状態である．例えば，アイスティーのグラスの中では，新しい砂糖分子は一定の速度で溶け続けており，ほかの砂糖分子は溶液から一定の速度で晶出し続けている．しかし，どちらの過程の速度も同一である．したがって，アイスティーに溶けた砂糖分子とグラスの底にある砂糖分子の数は，全体としては変化しない．言い換えれば，溶ける砂糖分子のおのおのに対して一つの砂糖分子が，溶液から晶出する（図9.13）．アイスティーの例を化学的な表現で検討してみよう．アイスティーに最初に砂糖を加えると溶ける．この過程は次の式で表現できる．

$$砂糖_{(s)} \longrightarrow 砂糖_{(aq)}$$

ここで，aq は水溶液すなわち水に溶けた（aqueous）状態を，s は固体（solid）を意味する．

アイスティーにもっとたくさんの砂糖が加えられると，アイスティーの中に溶けている砂糖分子の数は，逆反応（すなわち，アイスティーの中に溶けている分子状砂糖からの結晶化）が起り始める点まで増加する．

$$砂糖_{(s)} \rightleftharpoons 砂糖_{(aq)}$$

この式の中で，反応が可逆的であることを示すために，異なった方向をもつ二つの矢印を使用していることに注意しよう．アイスティー中の砂糖分子の数が増加し続けるにつれて，逆反応の速度は正反応の速度と等しくなるまで増加する．正反応の速度を速度$_f$，逆反応の速度を速度$_r$で表すと 速度$_f$=速度$_r$ となる．

$$\text{砂糖}_{(s)} \underset{\text{速度}_r}{\overset{\text{速度}_f}{\rightleftharpoons}} \text{砂糖}_{(aq)}$$

この点で平衡の状態に達する．そして，砂糖入りのアイスティーのグラス中での正味の変化はもう起らない．しかし，正反応と逆反応は厳密に等速度で起り続けているということを強調しておこう．正反応速度と逆反応速度が等しい動的な状態を**化学平衡**(chemical equilibrium)と定義する．

9.5 平衡定数(選択)*

化学平衡を正確に表現し議論するためには，平衡が達成される前に反応がどの程度進んでいるかを示す，ある種の目安が必要である．反応を次のように一般的な式で表し，考察してみよう．

$$A + B \rightleftharpoons C + D$$

反応が平衡状態にあるとき，反応物と生成物の濃度の間に一つの関係がある．上記の一般的な反応に対して，その関係を次のように表す．

$$K_c = \frac{[C][D]}{[A][B]}$$

ここで，[C] は生成物 C の mol/L で表した濃度を示す．

この式は，**平衡定数の式**(equilibrium constant expression)として知られており，K_c をその反応の**平衡定数**(equilibrium constant)という．平衡定数の下付きの C は，この定数が反応物と生成物の平衡濃度(mol/L)を用いて計算されたことを示している．

各反応の平衡状態における K_c の値は，所定の温度では一定であり，反応がスタートしたときの反応物の濃度には無関係である(表9.1)．その系の温度を変えると K_c の値

表 9.1 平衡定数

反応	平衡定数の表し方	K_c の値
$CO + H_2O \rightleftharpoons CO_2 + H_2$	$K_c = \dfrac{[CO_2][H_2]}{[CO][H_2O]}$	23.2 (600 K)
$2SO_2 + O_2 \rightleftharpoons 2SO_3$	$K_c = \dfrac{[SO_3]^2}{[SO_2]^2[O_2]}$	2.8×10^2 (1 000 K)
$N_2O_4 \rightleftharpoons 2NO_2$	$K_c = \dfrac{[NO_2]^2}{[N_2O_4]}$	8.3×10^{-1} (55℃)
$Ag^+ + 2NH_3 \rightleftharpoons Ag(NH_3)_2^+$	$K_c = \dfrac{[Ag(NH_3)_2^+]}{[Ag^+][NH_3]^2}$	1.7×10^7 (25℃)

---

* この節(選択節)を飛ばして学習しても，後の理解の妨げにはならない．

も変る．K_c の数値は，その反応についての有用な情報を提供する．もし平衡状態で $K_c>1$ なら，[C][D] は [A][B] より大きい．もし K_c が非常に大きい数であるなら，平衡に達する前に正反応がほとんど完全に進行することを示している．もし $K_c<1$ なら平衡状態で [A][B] は [C][D] より大きい．このような反応では，平衡状態になるまでは生成物ができる方向にはあまり進まない．

例として次の反応，

$$H_{2(g)} + I_{2(g)} \rightleftharpoons 2HI_{(g)}$$

を考察してみよう．化学反応式が係数を含む場合，平衡定数の式の係数はその濃度のべき数となる．上の化学反応式の場合には，

$$K_c = \frac{[HI]^2}{[H_2][I_2]}$$

となる．440℃ で，1 mol の H_2 と 1 mol の I_2 を 1 L の容器の中で反応させ，平衡濃度を測定すると，それぞれ濃度は HI は 1.56 mol/L，H_2 は 0.222 mol/L，I_2 は 0.222 mol/L となる．K_c を計算すると

$$K_c = \frac{(1.56 \text{ mol/L})^2}{(0.222 \text{ mol/L})(0.222 \text{ mol/L})}$$
$$= 49.4 \text{ (440℃ で)}$$

となる．

9.6 平衡の移動

工業化学または生物化学の分野では，反応が平衡状態に速く到達する場合でも，反応を完全に進めたいときには，平衡の移動はとくに重要な技術である．化学反応の速度に影響を与える種々の要因は，化学平衡を移動することができる．これらの要因のそれぞれについて検討しよう．

濃度の変化

ある反応が平衡状態にあるとき，反応物や生成物の濃度を変えると，正反応や逆反応の速度に影響を与える．反応物の濃度を濃くすると，反応物の間の衝突回数が増加する．それによって，正反応の速度は増加する．そうなるともはやその系は平衡ではない．

$$\text{速度}_f > \text{速度}_r$$

正反応は，逆反応の速度が再び正反応の速度と等しくなる程度に増加するまで，多くの生成物をつくりながら速い速度で進む．この時点で新しい平衡状態が確立する．

反応物の濃度変化の化学平衡への影響を，反応物および生成物の色の変化としてみる例として，黄色のクロム酸イオン CrO_4^{2-} とオレンジ色の二クロム酸イオン $Cr_2O_7^{2-}$ の間の平衡がある．

$$2CrO_4^{2-}{}_{(aq)} + 2H^+{}_{(aq)} \underset{速度_r}{\overset{速度_f}{\rightleftharpoons}} Cr_2O_7^{2-}{}_{(aq)} + H_2O$$
　　　　黄色　　　　　　　　　　　　　　オレンジ

上の式の反応系側の水素イオン濃度の増加は，クロム酸イオンと水素イオンの間の衝突回数を増やし，さらに，正反応の速度も速くなる．そして，より多くの二クロム酸イオンが生成すると，逆反応の速度は正反応の速度と再び等しくなるまで増加する．この時点で新しい平衡状態が確立される．この新しい平衡状態では，前の平衡状態より二クロム酸イオンは多く，クロム酸イオンは少なくなっている．そのために，溶液のオレンジ色が濃くなる．化学者が，多くの反応物を加えたり，生成物を取り除くことによって反応の過程で化学平衡を乱したり，反応を完結させることはよく行われる．

血液中では，二酸化炭素と炭酸の間で平衡状態が存在する．

$$CO_2 + H_2O \underset{速度_r}{\overset{速度_f}{\rightleftharpoons}} H_2CO_3$$
　　二酸化炭素　　　　　　炭酸

体内の組織中では，二酸化炭素は血液中に取り込まれる老廃物である．血液中の二酸化炭素濃度の増加につれて，上記の反応は右にずれ（速度$_f$＞速度$_r$），血流によって運ばれる炭酸がつくられる．血液が肺に到達すると，二酸化炭素は吐き出される．このこ

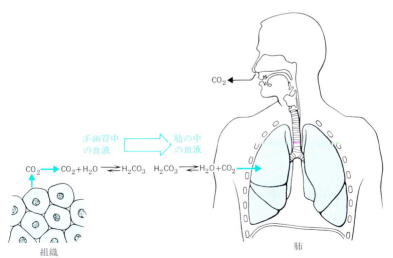

図 9.14　体内の二酸化炭素の濃度の変化は，二酸化炭素-炭酸の平衡に影響する．

とが血液中の二酸化酸素の濃度を減少させ,反応を左に動かし,老廃物である血流中の炭酸を追い出す(図9.14).

温度の変化

平衡状態にある系の温度変化は平衡状態に影響を与える.温度の上昇は吸熱反応(エネルギーを必要とする反応)には有利であり,温度の低下は発熱反応(エネルギーを放出する反応)に有利である.例えば,アイスティーのグラスの話に戻ってみよう.溶解の過程は吸熱反応である.したがって,温度を上げると溶ける砂糖の分子の数は増加する.

$$砂糖_{(s)} + エネルギー \underset{速度_r}{\overset{速度_f}{\rightleftharpoons}} 砂糖_{(aq)}$$

温めると速度$_f$は増加する.というのは,正反応は吸熱反応であるから 速度$_f$>速度$_r$ であり,多くの砂糖が晶出するよりもむしろ溶けるだろう.もし温度を上げて一定に保つと,速度$_r$は速度$_f$に等しくなるまで増加する.このようにして,アイスティーの中に溶けたたくさんの砂糖分子との平衡が確立する(図9.15).あなたが甘い紅茶が好きなら温めて飲めばよいのは明らかである.

触媒

触媒が,化学反応の速度を速めることはすでに検討してきた.しかし,平衡系では触媒が反応物と生成物の平衡濃度に影響を与えないことを学んで驚いたに違いない.これはなぜだろうか.触媒が化学反応の速度を速くするのは,反応の活性化エネルギーを低下させることであることを思い出して欲しい(図9.11).正反応の活性化エネル

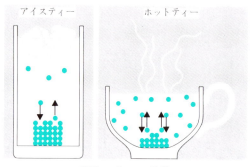

図 9.15 平衡にある系の温度を上げると,吸熱反応の速度は増加する.アイスティーの温度を上げると,砂糖はよりたくさん溶ける.

ギーを低下させると，同時に逆反応の活性化エネルギーも同程度に低下させられる．そこで逆反応速度も増加する．触媒は正逆両反応の速度を同程度に増加させるので，平衡系には影響を及ぼさない．

9.7 ルシャトリエの原理

正反応と逆反応の速度が等しいとき，化学反応系は平衡状態にあることをみてきた．そのような条件下で，その系に対して変化を与えることは，その平衡状態を壊すことになる．変化とは，反応物または生成物の濃度を変えることなどである．フランスの化学者 Henri Louis Le Chatelier は，多くの平衡系に関する研究の後，与えられた条件下で，反応物と生成物のどちらにその条件が有利であるかを予想するのに有効な原理を，明らかにした．**ルシャトリエの原理**(Le Chatelier's principle)は，平衡状態にある系は温度や圧力の変化，または反応物または生成物の濃度変化に対して抵抗しようとするものであることを示している．言い換えれば，温度，圧力または濃度の変化によって混乱させられたとき，平衡系はその変化に抵抗し，平衡状態を再構築する．ルシャトリエの原理は，もし反応物の濃度を増すと，その系はその増加を取り除く方向に動くことを私たちに教えている．すなわち，速度$_f$は速度$_r$より大きいであろう．もし，温度を上げると，そのエネルギーの増加を使い果す反応が有利になる．すなわち吸熱反応の速度は，新しい平衡状態が確立されるまで発熱反応の速度より大きい．

平衡状態にある次の反応について，種々の変化の影響を考察してみよう．

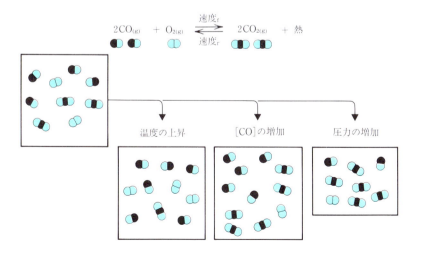

1. もし温度を高くすると,その系は温度変化に対して抵抗する方向へと移動する——すなわち熱を取り除く方向へ.これは吸熱反応,すなわち逆反応が有利である.それゆえ,速度$_r$ は速度$_f$ より大きい.
2. もし一酸化炭素の濃度を増せば,その系は一酸化炭素の濃度を低下させるように移動する——正反応が有利である.
3. もし圧力を上げると,有利な反応はより低い圧力を与える系をつくり出す反応である——すなわちより少ない気体分子をもつ系である.正反応が 2 mol の気体分子をもつ系をつくり,逆反応が 3 mol の分子を含む系をつくるとすれば,正反応が有利であり速度$_f$ は速度$_r$ より大きい.

ルシャトリエの原理は,生体内の平衡系に対するある作用の結果を説明するのに大きな助けとなる.例えば,結石はタンパク質などを骨格または基盤とし,その中にイオン性の固体(無機塩といわれる)が異常に生成したことを表す医学上の用語である.腎臓結石,膀胱結石,および胆嚢結石などの例がある.腎臓や膀胱で見出される無機塩は,体液の中で循環しているイオンからつくられる.陽イオンはカルシウム(Ca^{2+})とマグネシウム(Mg^{2+}),そして陰イオンはリン酸イオン(PO_4^{3-}),リン酸水素イオン(HPO_4^{2-}),リン酸二水素イオン($H_2PO_4^-$)である.反応式の一例を示すと次の通りである.

$$3Ca^{2+}_{(aq)} + 2PO_4^{3-}_{(aq)} \underset{速度_r}{\overset{速度_f}{\rightleftharpoons}} Ca_3(PO_4)_{2(s)}$$

体液中のカルシウムイオンとマグネシウムイオンの量をコントロールするシステムを何かが破壊すると,腎臓結石が成長する.カルシウムイオンの濃度が増すと,正反応の速度が増加するだろう.すなわち,固体のリン酸カルシウムが生成する.この石はほかの塩と同様に,固体が沈殿し,ゆっくり成長してゆく.

ほかの例としてはアスピリンがある.これは,頭痛薬として多くの人々に用いられている大変安全な医薬品である.しかし,ある人にとってはアスピリンは胃の内面の正常な機能を破壊し,出血の原因になる.アスピリンが胃の内壁面に入る過程には,中性のアスピリン分子とアスピリン分子が水に溶けたときに生じるアスピリンイオンとの間の,平衡状態に対する種々の力が作用する.

$$\underset{(非極性)}{アスピリン} \underset{速度_r}{\overset{速度_f}{\rightleftharpoons}} \underset{(極性)}{アスピリン^-} + H^+$$

■パノラマ 9-4■

サングラス

　太陽光の中では暗くなり，屋内では明るくなるサングラスを見たことがあるだろうか．これはホトクロミックガラスといわれ，ルシャトリエの原理が働いている一例である．

　ホトクロミックレンズは，ガラスの中に直接挿入された塩化銀(AgCl)の結晶をもっている．太陽光の紫外線が，塩化銀の結晶に照射されると，その結晶は黒ずむ．このことは，塩化物イオン(Cl^-)が原子状の塩素になることによって，銀イオン(Ag^+)を還元して金属銀(Ag)になるときに起きる：

$$\underset{\text{塩化銀}}{AgCl} + 光エネルギー \rightleftharpoons \underset{\text{銀原子}}{Ag} + \underset{\text{塩素原子}}{Cl}$$

生成した無数の銀原子が，ガラスの色を暗くする．逆反応では，銀原子が塩素原子と再結合し，塩化銀とエネルギーをつくり出す．この逆反応は，銀と塩素原子がガラスの中に閉じ込められそのまま残っているために起きる．光の強度が強ければ強いほど，生成する銀原子の数は多くなる．多くの光を加えれば反応は右に進み，ガラスは暗くなる．うす暗い部屋に入って光をある程度除くと，反応は左に進みガラスは明るくなる．あなたがそのようなサングラスをつければ，ルシャトリエの原理があなたの目の前で起っているといってもよい．

　アスピリンが水に溶けると，この化合物の極性と非極性の間の平衡が形成される．もし水でアスピリンを飲むと，大量のアスピリンが極性イオンの形になる．その形であると胃の防護内壁を通過できない．しかし，胃の中の水素イオン H^+ 濃度は非常に高い．このことは逆反応の速度を高め，胃の防護内壁を通過できる非極性のアスピリン分子を形成するように，平衡状態を移動する．ひとたびアスピリン分子が胃の細胞を通過すると，水素イオンの濃度は低くなり平衡は右へ移動する．これによって，再び胃へ戻ることができない極性のアスピリンイオンがつくられる．このようにして，このイオンは

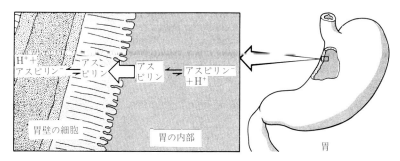

図 9.16　胃壁を通したアスピリン分子の移動は，胃液の中のアスピリンとアスピリンイオンの平衡に関与する水素イオンの変化によって加速される．

細胞に捕らえられ，その細胞に出血をもたらすほどの損傷を与える(図9.16)．

例題 9-2

片側にピストンをもつガラスのシリンダーに，褐色の二酸化窒素ガスNO_2と無色の四酸化二窒素ガスN_2O_4が平衡状態で入っているとする．

$$2NO_{2(g)} \rightleftharpoons N_2O_{4(g)} + 13.6 \text{ kcal}$$
$$\text{褐色} \qquad \text{無色}$$

次の変化は，どのような影響をシリンダー中のガスの色に与えて，NO_2の平衡濃度を変化させるか．

[解] (a) シリンダーからN_2O_4を除く．褐色は減少する．平衡系は，正反応の増加によってN_2O_4の除去に抵抗する．その際，フラスコの中のNO_2分子の数は減少し，色も薄くなる．

(b) シリンダーを氷水に入れる．褐色は薄くなる．フラスコを氷水に入れるとフラスコの温度は下がる．その系は発熱反応(正反応)の方向に移動し，NO_2の濃度を低くしてその変化に抵抗する．

(c) シリンダーを沸騰水に入れる．褐色が増す．温度が上がるので，その系は吸熱反応の方向に移動する．

(d) シリンダーの体積を減少させる．褐色が薄くなる．体積の減少はシリンダー内の圧力を増加する．そのため，その系は正反応の方向に移動する．正反応は気体分子をより少なくし，圧力を下げる方向である．NO_2の濃度は減少する(口絵 IX)．

練習問題 9-2

下記の平衡系において，次のそれぞれの項は酸素の濃度に対しどのように影響するだろうか．

$$2N_2O_{5(g)} \rightleftharpoons 4NO_{2(g)} + O_{2(g)} + 熱$$

(a) NO_2を加える (b) N_2O_5を除く
(c) 温度を上げる (d) 圧力を減少する
(e) 触媒を加える

章のまとめ

化学反応を起すためには，反応物は活性化エネルギーE_{act}とよばれるエネルギー障壁に打ち勝つため，十分な大きさのエネルギーをもって衝突しなければならない．この反応が起きるときには，粒子は活性錯体(反応物と生成物の間の遷移状態)とよばれ

る反応原子団をまず形成し，生成物へと移行する．エネルギーを外に出す反応は発熱反応，吸収する反応は吸熱反応といい，反応によって発生するエネルギーまたは吸収されるエネルギーの量は反応熱 ΔH という．次の要因が反応の速度に影響する——反応物の性質，反応物の濃度，反応の温度，触媒の添加である．

化学反応は，正反応の速度と逆反応の速度が等しいとき平衡の状態にある．そのとき反応物と生成物の正味の濃度の変化はない．ルシャトリエの原理によると，平衡にある系がある別の条件(温度または圧力の変化，または反応物や生成物の濃度の変化)の下におかれると，その系はその条件を取り除く方向に変化する．

復習問題*

1. 活性化エネルギーの概念を用いて，落下するガラスが，なぜある場合には壊れずにそのままなのにほかの場合には粉々に砕けるのかを説明しなさい． [9.1]
2. 一般的な吸熱反応と発熱反応について，ポテンシャルエネルギー図をかきなさい．反応物，生成物，活性化エネルギー E_{act}，反応熱 ΔH も示しなさい． [9.2]
3. 次の反応で，どれが吸熱反応でどれが発熱反応か示しなさい． [9.2]
   (a) $2H_{2(g)} + O_{2(g)} \longrightarrow 2H_2O_{(g)} + 115.6 \text{ kcal}$
   (b) $N_{2(g)} + 2O_{2(g)} + 16.2 \text{ kcal} \longrightarrow 2NO_{2(g)}$
   (c) $2NH_{3(g)} + 22 \text{ kcal} \longrightarrow N_{2(g)} + 3H_{2(g)}$
   (d) $3C_{(s)} + 2Fe_2O_{3(s)} + 110.8 \text{ kcal} \longrightarrow 4Fe_{(s)} + 3CO_{2(g)}$
4. 反応速度をあげる三つの条件とは何か． [9.3]
5. 大量の，細かく砕いた乾燥した可燃物質を取り扱うために，なぜ特別な工業的方法が設計されねばならないかを説明しなさい． [9.3]
6. 触媒とは何か． [9.3]
7. 抗生物質を含有する，ある薬のラベルに"要冷蔵"とかかれているのはなぜか． [9.3]
8. 次の反応の活性化エネルギーは 43.8 kcal である．反応の混合物に白金をまぜると，活性化エネルギーは 29 kcal に下がった． [9.1-9.3]
$$2HI + 3 \text{ kcal} \longrightarrow I_2 + H_2$$
   (a) 白金は反応速度にどのような影響を及ぼしたか．それはなぜか．
   (b) 触媒を用いたときと用いないときのポテンシャルエネルギー図をかきなさい．
   (c) 白金を加える前の逆反応の活性化エネルギーはいくらか．白金を加えた後ではいくらか．
   (d) 白金を加える前の逆反応の反応熱 ΔH はいくらか．また加えた後での反応熱はいくらか．
9. 次の図は，下記の反応のポテンシャルエネルギー曲線である． [9.1-9.3]
$$CO + NO_2 \longrightarrow CO_2 + NO$$

---

* アステリスクをつけた問題は，本章の選択節からの出題である．

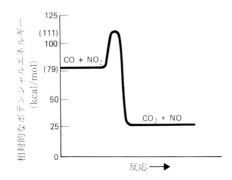

(a) この反応は吸熱反応かまたは発熱反応か.
(b) 反応熱 ΔH を求めなさい.
(c) 正反応の活性化エネルギー E_{act} を求めなさい.
(d) 逆反応, $CO_2 + NO \longrightarrow CO + NO_2$ の活性化エネルギー E_{act} を求めなさい.

10. 平衡状態にある反応では何と何が等しいか. [9.4]
11. なぜ, 化学平衡は静的というよりもむしろ動的といわれるのか述べなさい. [9.4]
*12. 次の反応のそれぞれに対して, 平衡定数の式をかきなさい. おのおのの場合に, 平衡状態で反応物が多いか生成物が多いかを述べなさい. [9.5]

(a) $2NO_{2(g)} \rightleftharpoons 2NO_{(g)} + O_{2(g)}$ $K_c = 1.1 \times 10^{-5}$ (200℃ で)
(b) $2SO_{2(g)} + O_{2(g)} \rightleftharpoons 2SO_{3(g)}$ $K_c = 2.9 \times 10^{12}$ (500 K で)
(c) $CO_{(g)} + H_2O_{(g)} \rightleftharpoons CO_{2(g)} + H_{2(g)}$ $K_c = 0.64$ (800℃ で)

13. 次の反応で, NOCl の濃度を増やす方法を三つ述べなさい. [9.6]

$$2NO_{(g)} + Cl_{2(g)} \rightleftharpoons 2NOCl_{(g)}$$

14. 平衡状態にある反応への触媒の効果とは何か. [9.6]
15. あなた自身の言葉でルシャトリエの原理を述べなさい. [9.7]
16. 以下の変化が, 次の反応中の $O_{2(g)}$ の平衡濃度に対してどのように影響するか. それぞれの答えに対する理由もかきなさい. [9.7]

$$4HCl_{(g)} + O_{2(g)} \rightleftharpoons 2H_2O_{(g)} + 2Cl_{2(g)} + 27 \text{ kcal}$$

(a) 反応の温度を上げる.
(b) 圧力を増やす.
(c) Cl_2 の濃度を減少する.
(d) HCl の濃度を増やす.
(e) 触媒を加える.

研究問題

17. 桃の表面の分子が空気中の酸素と反応するので, 切っておいた桃は褐色に変色する. スライスした桃をプラスチック膜で包装し, それを冷蔵庫に入れると, なぜ褐色になる速度が遅くなるかを分子レベルで説明しなさい.
18. 非常に低い温度にさらされた人間は, 凍死の危険に直面する. 目を覚まし, できる限り動くこ

とが重要であるが，目を覚ましているのが難かしくなる．非常に冷たい環境におかれると，人はついには眠り，そして凍死する．なぜそのような条件で目を覚ましているのが難しいのだろうか．

19. 発熱反応 A → B の活性化エネルギーは 55.6 kcal/mol で ΔH は 21.3 kcal である．反応 B → A の活性化エネルギーを求めなさい．その反応に対するあなたの解答を支持するポテンシャルエネルギー図をかきなさい．

20. 化合物三ヨウ化窒素 NI_3 は，衝撃に非常に敏感な固体である．軟かな筆の先が触れただけでも，非常にすばやく NI_3 が $N_{2(g)}$ と $I_{2(g)}$ に分解し，爆発する．この反応のポテンシャルエネルギー図をかきなさい．そして筆の先が触れることが，どうしてこのように反応速度に大きな変化をもたらすのか説明しなさい．

21. 発熱は，病気と戦うための体温の上昇による防護の仕組みの一つである．一方，もし体温が上がり過ぎるとその人にとっては極めて有害である．このことを反応速度の観点から説明しなさい．

22. 蛇のような，多くの動物は冷血動物で，彼らの体温は，環境の温度と全く同じになる．なぜ蛇は，寒い朝のうちは動きが遅く，食物を捜す前に岩の上で日光浴をしていることがよくあるのかを，反応速度の観点から説明しなさい．

23. グラファイトをダイヤモンドへ変換する反応熱は小さい．それにもかかわらず，この反応は非常に高温，高圧下でのみ起る．これはなぜだろうか．この反応のポテンシャルエネルギー図をかきなさい．

$$0.45 \text{ kcal} + \text{C}(グラファイト) \longrightarrow \text{C}(ダイヤモンド)$$

24. (a) 炭素が，(1) 大きな塊で，あるいは，(2) 細かく砕いた粉で与えられたとき，次の反応の反応速度の差を両者で比較しなさい．

$$\text{C}_{(s)} + \text{O}_{2(g)} \longrightarrow \text{CO}_{2(g)}$$

(b) 条件 (1) と (2) の場合のポテンシャルエネルギー図をかきなさい．

25. アンモニアの製造で，工業的に重要な化学反応は次の反応である．

$$\text{N}_{2(g)} + 3\text{H}_{2(g)} \rightleftharpoons 2\text{NH}_{3(g)} + 22 \text{ kcal}$$

この化学反応には触媒が使用される．

(a) 触媒反応と非触媒反応のポテンシャルエネルギー図をかきなさい．

(b) この反応で，アンモニアの収率を上げるために経営者がとることができる三つの手段をかきなさい．

26. 触媒は，反応速度をどのようにして速めるか説明しなさい．

27. エーテルの入ったカンでふたのある場合とふたのない場合に，両者は平衡状態になっているかどうか理由をつけて答えなさい．

28. 水酸化ナトリウムの溶解は発熱過程である．水酸化ナトリウムは，温水と冷水とではどちらによく溶けるか．

29. 次の反応は発熱反応である．

$$4\text{HCl}_{(g)} + \text{O}_{2(g)} \rightleftharpoons 2\text{H}_2\text{O}_{(g)} + 2\text{Cl}_{2(g)}$$

反応温度を 300 から 290℃ に下げたら，平衡状態にどのようなことが起きるか．

30. 次の反応は，下記の条件 (a)〜(f) では平衡状態はどちらの方向に移動するだろうか．

$$\text{C}_{(s)} + \text{CO}_{2(g)} + 41.3 \text{ kcal} \rightleftharpoons 2\text{CO}_{(g)}$$

(a) 炭素の量を増やす．

(b) 一酸化炭素の量を増やす．

(c) 反応物を熱する.
(d) 二酸化炭素の量を増やす.
(e) 圧力を上げる.
(f) 反応系に触媒を加える.

31. 二酸化窒素 NO_2 は,汚染空気中の赤褐色のもやの原因である.これは一酸化窒素と酸素の反応によって生ずる.

$$2NO_{(g)} + O_{2(g)} \rightleftharpoons 2NO_{2(g)}$$

平衡状態にあるこの系へ,次の項はどのような影響を与えるだろうか.
(a) 反応フラスコの体積を倍にする.
(b) 反応フラスコに,より多くの酸素を加える.
(c) フラスコの圧力を上げる.

32. 下記のような条件の変化が,次の反応の PCl_3 の平衡濃度にどのような影響を与えるか.

$$PCl_{3(g)} + Cl_{2(g)} \rightleftharpoons PCl_{5(g)} \qquad \Delta H = -21 \text{ kcal}$$

(a) PCl_3 の濃度の減少.
(b) Cl_2 の増加.
(c) 温度の上昇.
(d) 反応容器を小さくする.

33. 水素ガスの製造で工業的に重要な反応は

$$CO_{(g)} + H_2O_{(g)} \rightleftharpoons H_{2(g)} + CO_{2(g)} + 9.9 \text{ kcal}$$

である.次の条件が,水素ガスの平衡濃度にどのように影響するか答えなさい.
(a) H_2O を加える.
(b) CO_2 を加える.
(c) CO を除く.
(d) 反応温度を上げる.
(e) 反応容器を小さくする.

総合問題

1. 凝固と凝縮は物理変化かそれとも化学変化か説明しなさい.
2. 圧力 265 atm の太平洋の深部で,研究者は 350℃ で熱水が吹き出ている穴を発見した.この水の温度は華氏で何度か.この深さでの圧力は何 mmHg か.
3. 0℃ で 5 ポンドの氷を溶かすのと,100℃ で 1 パイント*の水を完全に蒸発させるのとでは,どちらがエネルギーを多く必要とするか.
4. バニリンの芳香は,人間の鼻で感知できる濃度としては,薬品の中でもっとも低い濃度(空気1L 中 2.0×10^{-11} g/L)である.Goodyear の小型軟式飛行船に用いられたバルーンは,5.5×10^7 ft^3 の体積をもつ.
   (a) バニリンが何 g あれば,そのバルーン中のどこででも十分に検出されるか.それはまた何 mg か.
   (b) もし,バニリン 500 g の値段が 20.45 ドルならば,バルーン中のどこでもバニリンを検出しようとするのに必要なコストはいくらか.

---

  * パイント (pint) 液量単位,(英) 0.57 L 弱;(米) 0.47 L 強.

総合問題　259

5. 1982年8月29日に，109番元素がビスマス-209に鉄-58を反応させることによって，人工的につくられた．
   (a) ビスマス-209の原子番号，質量数，陽子の数，中性子の数を解答(1)として，鉄-58の原子のそれらを，(2)としてかきなさい．
   (b) この反応の核反応式をかきなさい．
   (c) 元素109は，ほかのどの元素と同じ化学的性質をもつと期待できるか．

6. β 放射性核種であるストロンチウム-90は，核実験による放射性廃棄物である．大気中に放出されると地上に降下し，牛のような草食動物によって摂取される．牛乳の中のストロンチウム-90は健康にとって重大な被害をもたらすだろうか．

7. 1983年，メキシコの都市Jaurezでコバルト-60を6000ペレット内蔵したがん治療器が誤ってスクラップされ，金属製のテーブルの脚に利用された．器械を壊していた6人の男性は，全身に500remほどの放射能をあびた．
   (a) この被爆量で，1ヶ月後に生存すると期待されるのは何人か．
   (b) コバルト-60の線源の放射能が400 Ciなら，この線源の崩壊速度は1秒当りいくつか．
   (c) 数人の子供が，その器械を運んだトラックのシートで遊んだ．トラックからは，その後の測定で1時間当り50 remの放射能が測定された．子供の血液中の染色体にはどんな変化が起っていると予測されるか．

8. ヨウ素-131は，甲状腺がんの治療に利用される．治療のために病院に入院した患者は，ベッドが厚い鉛のしゃへい板で囲まれた特別の部屋に入れられる．患者は，150 mCiのヨウ素-131の経口薬を与えられる．それから，体から出される放射能が安全なレベルに下がるまでの約4日間，その部屋で生活する．
   (a) ヨウ素-131は，テルル-130を中性子照射することによって実験室でつくられる．この変換の核反応式をかきなさい．
   (b) ヨウ素-131はβ, γ放射で壊変する．この壊変の式をかきなさい．
   (c) ヨウ素-131を20.0 g受け取ったとしたら，24日後にはどのくらいのヨウ素-131が実験室に残っているか．
   (d) その患者を看護する看護婦がフィルムバッジをつけ，必要がない限りしゃへい板の内側に行かないのはなぜか．
   (e) 患者が治療を受けている間は，この患者の尿や血液の取扱いには特別の注意が必要である．それはなぜか．
   (f) ヨウ素-131の半減期が8日なら，なぜその患者は4日のうちに家に帰れるのだろうか．

9. 原子炉の閉鎖に対する賛成論の一つは放射性廃棄物の貯蔵のコストが大きくなりすぎることと，永久的な廃棄物処理の場所がないこととである．原子力発電に反対する人々は，火力発電と置き換えるべきだとしている．しかし火力発電所の風下に住む人々は，原子力発電所の風下に住む人の16から20倍もの放射能を受ける．これはどうしてだろうか．

10. 赤血球細胞のヘモグロビン分子は，酸素を肺から組織へと運ぶ．これは次の平衡式で表される．

$$HHb^+ + O_2 \rightleftharpoons HbO_2 + H^+$$
ヘモグロビン　　　　　オキシヘモグロビン

血液中で起る第2の平衡反応は，下記のように二酸化炭素，炭酸そして炭酸水素イオンを含む．

$$CO_2 + H_2O \rightleftharpoons H_2CO_3 \rightleftharpoons HCO_3^- + H^+$$
二酸化炭素　　　　　炭酸　　　炭酸水素イオン

組織による老廃物（二酸化炭素）の生成と肺の中の酸素の存在が，二つの平衡反応系をどちら向きに移動させ組織への酸素の輸送と，肺からの二酸化炭素の廃棄を助けているかを，ルシャトリエの原理と図 6.15 を用いて説明しなさい．

水, 溶液, コロイド

　ジュディーはアマレシュを診察し, 驚きと挫折感でひどく気持ちが動揺した. アマレシュと3人の子供たちは, エチオピアのティグル村からスーダンとの国境を越え, 砂漠の中の難民キャンプへ恐怖の旅をはじめて30日が経過していた. 彼らはエチオピア軍機の爆撃と小銃弾の銃撃を避けるため, 昼間は隠れ夜間にだけ進んで全行程を歩き通した. 彼らはわずかな食物をもって旅を始めたが, その食物もスーダンとの国境に着くずっと前になくなっていた.

　彼らは国境で出会ったトラックに乗せられ, 直接難民キャンプに連れてこられた. ボランティアのヘルスワーカーの一人であるジュディーは, 今までに, 飢えと疲労で弱ってたどり着いた多くの家族を診てきた. 彼女は, アマレシュ家の二人の小さい子供に, ひどい栄養失調を克服するための特別の食事療法を指示した. それから彼らを新しい家——彼らの親類15人がすでに生活している3m×3mの一部屋——に案内した.

　キャンプの日課は決して変ることはなかった. アマレシュは毎日家族分の未加工の小麦, 豆, 料理用の油を集め歩いた. 彼女はこれらをまぜ, キャンプの水槽からくんだ黒緑色の水

でゆでた．つい最近まで，水は近くの灌がい用水路から直接取っていたため，キャンプ内で下痢が流行した．不幸なことに，この水を飲んでいた多くの避難民は，栄養失調でとても弱っており，単なる下痢でさえも生命を脅かされる状態にあった．とくに子供や高齢者の場合がそうである．ヘルスワーカーは水槽の建設を最優先にした．その水槽があれば，キャンプで用いられる前に，その水を塩素殺菌し浮遊物を沈降させることができるからである．

ヘルスワーカーの心配ごとは飲料水だけではなかった．そのキャンプには，衛生面の設備がなかった．12000人の避難民全員が，キャンプの隣りの原っぱを手洗いとして使用していた．この危険性は，アマレシュがキャンプに到着して一週間後に猛烈な砂嵐に襲われ，ほとんどのテントとキャンプの水回りの諸施設が破壊されたときに明らかになった．唯一の利用可能な水は，塩素殺菌どころか沈降すらしていない水路から，直接くみ上げただけのものであった．気温が38℃まで上昇したこともあり，翌朝までにキャンプの全員がおそるべき下痢に見舞われた．

ジュディーはアマレシュがその晩，下の男の子を抱えてきたときに驚きもしなかった．その子は顔面蒼白で応答もなく，下痢によるひどい脱水状態なのは明らかであった．抗生物質はないので，ジュディーはアマレシュに黄色いプラスチックの水差しと，経口輸液剤(ORS)が入っている数個の小さい包みを与えた．ジュディーはアマレシュに1包の白い粉を水差しに入れ，1Lと目盛りがしてある線まで塩素殺菌した水を入れるように教えた．子供たちにはこの液体を飲みたいだけ飲ませた方がよいと，彼女に指示した．数日のうちに子供たちは戸外で友達と一緒に遊べるようになるだろうと，ジュディーはいった．

ジュディーが配った経口輸液剤は，下痢による脱水症にかかった難民に対する奇跡的な治療となった．ジュディーが働いていた6週間の間に，下痢による脱水症で亡くなる子供がい

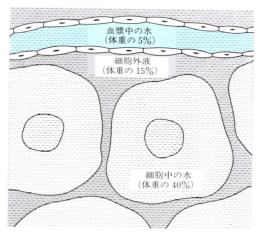

図 10.1 水は体内でもっとも多い化合物である．水は細胞の中，細胞を浸している細胞外液の中，そして血漿の中に分布している．

なかったことは注目すべきことであった．ORS 1 包の白い粉 27.5 g 中の 7.5 g は，食塩，炭酸水素ナトリウムと塩化カリウムである．水に加えられたこれらの塩は，下痢によって体内から失われた体液と電解質を蓄えさせるように作用する．残りの 20 g はグルコースと砂糖で，彼らの体力を回復するのに必要なカロリーを与える．加えられた水は，体温の調節を助け，難民キャンプのあるサハラ砂漠以南の暑さの中では，とりわけ重要である．ORS 治療は，正常な体液と体内のイオンバランスを回復させ，体の免疫系の機能を維持し，下痢の原因と闘うことができるようにした．

なぜ，脱水症が非常に危険なのだろうか．水はすべての生物の生存に，なくてはならない物質である．そして人間の生存には，酸素に次いで 2 番目に重要である．私たちは食物なしで数週間は生きられるが，水なしでは 2, 3 日しか生きられない（酸素なしでは 2, 3 分だけである）．生物の水の含量は，ある種のバクテリアの 50 % 以下からある種の海棲無脊椎動物の 97 % までと変化に富んでいる．水は大人の体重の 60～70 % を占めており，人体にはもっとも豊富にある化合物である．水は細胞の中，細胞を浸している細胞外液の中，血漿（しょう）の中に見出される（図 10.1）．

水は多くの生物学的な機能をもっている．水はすべての生物中に見出される流体で，食物や酸素を細胞に輸送したり，老廃物を運んだりしている．この流体の中で消化が起き，これはまた細胞や組織の潤滑剤でもある．水は体温の調節にも，体液の酸-塩基平衡にも重要な働きをする．水は生物中で起きる多くの化学反応における重要な反応物であり，また生成物でもある．

毎日，あなたは尿，汗，呼気の中の水蒸気，ふん便によって，水を 1500 から 3000 mL 失っている．この失った水は，飲料や食物から補われなければならない．脱水症は下痢，高熱，出血，火傷，または潰瘍によっても起きる．これらはいずれも，体内の正常な水のバランスをこわす．大人では，全体液の 10 % が失われると重い脱水症を起し，体内での正常な化学反応ができなくなり，20 % が失われると命取りとなる．生物の化学を理解するために，生命にとって非常に重要な水の性質を十分に調べる必要がある．

学習目標

この章を学習した後で，次のことができるようになっていること．
1. 水の三つの特性をあげ，それぞれを極性と水素結合で説明する．
2. 懸濁液，コロイド，溶液について記述し，これらを比較して，コロイドの特徴的な三つの性質を述べる．
3. 溶質，溶媒，水溶液を定義する．
4. 塩化ナトリウムが水に溶ける過程を，自分の言葉で記述する．
5. 電解質と非電解質を定義し，強電解質と弱電解質の差を述べる．
6. 二つのイオンを含む溶液を混合したとき，沈殿ができるかどうか予測する．

水

10.1　水分子の形

　水は，地球上でもっとも豊富な液体であるが，その構造はまだ完全には理解されていない．水が生命にとって必要不可欠なものであることは，水の特性によるものである．水 H_2O は，一つの酸素原子が二つの水素原子と共有結合で結合した分子である．分子の形は曲がっている．

　酸素原子は水素原子に比べ電気陰性度が高く，原子間結合の電荷分布が不均等なので，おのおのの共有結合は極性である．さらに，酸素を負の末端に，水素を正の末端にもつ，分子の曲がった形も分子全体を極性にしている．水の極性は水分子間に水素結合を生じさせ，分子の極性と水素結合が水に溶媒としての性質を与える（溶媒とは他の物質を溶かす物質である）．水は，ほとんどの他の液体よりよい溶媒であるので，**万能溶媒**(universal solvent)といわれる．水は，イオン結合性化合物と極性または極性基を含む分子化合物を溶解する．

10.2　水の性質

高い融点と沸点

　水の性質の大部分は，水分子の極性と水分子の間に存在する水素結合によって説明される（図 4.13）．水と同じぐらいの分子量の他の分子と比較して，高い融点と沸点をもつ．事実，同じくらいの分子量のほとんどの化合物は，水が液体で存在する温度では気体である．例えば，水の式量は 18 で沸点は 100℃ であるが，メタン（CH_4, 式量 16）の沸点は －164℃ である．水の高い融点と沸点は，水分子間の強い引力と水素結合によっている．したがって，水分子を引き離すにはより多くのエネルギーを必要とする．

氷の密度

　物質の密度は，単位体積当りの物質の質量の大きさ（密度＝質量/体積）である．熱す

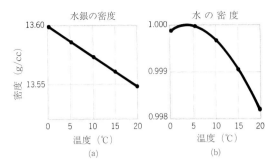

図 10.2 大部分の物質の密度は水銀のように温度の低下とともに徐々に増加する．しかし水の密度は4℃で最大値となりそれから温度の低下とともに減少する．

るとほとんどの物質の体積は増加する．物質の質量は一定であるから，その密度は温度の上昇につれ減少する（図10.2(a)）．水は冷却すると，3.98℃で最高密度に到達するまで収縮する．しかし，さらに冷却を続けると0℃で凍り，9%膨張する（図10.2(b)）．氷の密度が水より低いのは，氷がすき間の多い格子構造（open lattice structure）をとるためである．その構造では水の各分子が四つのほかの水分子と水素結合で結ばれている（図4.13）．これが冬季，パイプの中の水が凍ることにより膨張して破裂する理由である．氷が水より密でないという事実は，水中での生物の生存にとって重大な問題である．湖の表面が凍ったとき，氷は水面に浮き，より密な水（4℃で）は底に沈むので動植物は生き残る場所を与えられる．もし氷が水より密であれば湖や大洋は底から上へと凍るので，恐らく夏の間に完全に溶けることはないであろう．

表面張力

6.2節で，水は大きい表面張力をもっていると述べた．表面より内側の水分子は，水素結合により他の水分子によって全方向に強く引かれている．しかし，表面の水分子は非極性の空気分子には引かれていない．そのため，全方向に引かれているというよりもこの表面分子は下方向，すなわち内側の水の方向にのみ引かれている．この表面張力は，表面に薄い弾性膜の効果を及ぼしながら表面分子を一緒に引っ張る．このことが，例えば，水より密度の大きいほこりや水くもが，水の上に留まっていられる理由である．また，水がろう紙の上に落ちると小さい液体の玉をつくるのを知っているだろう．これは，表面の水分子が，非極性のろうにも周りの空気にも引かれないために起きる．そして，このようにして分子間の引力がその液体を球状にしてしまう．一方，ガラスは水のように極性がある．水はガラスに引かれ，ガラスの表面におくと玉

をつくるよりもむしろ広がる．水の表面張力を減少させる物質は，**界面活性剤**(surface active agent，または surfactant) といわれる．洗濯の際に，水を衣類の汚れや油の中にしみ込ませるためには，せっけんや洗浄剤のような界面活性剤がなければならず，また脂肪の消化を助けるためには胆汁がなければならない．

▌パノラマ 10-1▐

圧力と相変化

　牛乳屋さんは毎朝，お得意さんの戸口の階段に牛乳びんを置いて行く．気温が氷点下に下がると，しばしばびんが栓をつけたまま砕けているのを見かける．水が液体から固体へと相を変える際に起きる，体積の増加がミルクびんの破壊の理由である．
　しかし，液体から固体へと変化する同じ圧力の条件下で，固体を液体に戻す場合がある．それは，あなたがスケートをするときに確かに起きている．2枚の薄い金属刃に支えられたスケーターの体重は，氷の上に 492 kg/cm^2 の圧力をかける．このような大きな圧力が氷を液体に戻し，

フィギュアスケート世界チャンピオン
デビー・トーマス嬢

スケーターは薄い水の層を滑るようになる．同様の原理は，炭酸飲料が氷点より低い温度におかれているときにも観察される．溶液から逃げ出してびんの首にたまっている二酸化炭素によって，びんの内部が高圧になるために，炭酸飲料は液体のままでいる．キャップをはずすと二酸化炭素が逃げるので，ただちにびんの内圧は下がる．気化していく二酸化炭素はなお一層冷却効果を増し，炭酸飲料の中に氷をつくる場合がある．

大きい蒸発熱

水は大きな蒸発熱をもつ(2255 J/g)．水分子間の強い引力は，水を非常にゆっくり沸騰，蒸発させる．1 L の水を $100℃$ で沸騰，蒸発させるエネルギーは，同じ量の水を $21℃$（室温）から $100℃$ までに熱するのに要するエネルギーのほぼ 7 倍である．蒸発は，本質的には沸騰と同様の過程であることを理解する必要がある．蒸発は，液体の水をゆっくりと気体に変化させることである．沸騰するにつれて，蒸発はたくさんのエネルギー，すなわち熱を消費する．動物は，発汗により体内の過剰の熱を放出するために，この原理を使う．

大きい融解熱

水はまた大きな融解熱をもつ(335 J/g)．すなわち，氷ができるときには多くの熱が放出される．$0℃$ で水 1 kg を氷 1 kg に変えるには，同じ量の水を $21℃$ から $0℃$ に冷却するのに必要な熱のほぼ 4 倍の熱を必要とする．このことは，氷が冬季にはゆっくりと氷結し，春にはゆっくりと溶けることを意味する．山に雪として蓄えられた水は，春には洪水となって被害を与えることもなく，比較的ゆっくりと流れて消える．

大きい比熱

液体の比熱は，1 g のその液体の温度を $1℃$ 上げるのに必要な熱量である．水は，ほかの液体と比較して大きい比熱をもっている（表 10.1）．物質の比熱が大きければ大きいほど，その物質が熱を吸収したときに起る温度変化は少なくなる．水の比熱の大きいことが，内的または外的な熱の変動を生物が受けたときに，その生物の温度を比較

表 10.1 種々の化合物の比熱

化合物	比熱 (cal/g)	化合物	比熱 (cal/g)
水	1.0	クロロホルム	0.23
エタノール	0.58	酢酸エチル	0.46
メタノール	0.60	液体アンモニア	1.12
アセトン	0.53		

的一定に保つうえで有効な働きをしている．より大きなスケールでは，湖や大洋の水は大量の太陽エネルギーを吸収し蓄える．そのような大量の水によって，その地域の気象が温和に保たれているのである．

三つの重要な混合物

1章では，物質は単体と化合物と混合物に分けられると述べた．私たちの周りで目につくもののほとんどは混合物である．土壌，ビルディング，湖の水，体細胞——すべてが混合物から成り立っている．私たちは，この章で三つの重要な混合物について議論する．すなわち溶液，コロイド，懸濁液である．これらの性質は表10.2に，比較して記載してある．これら三つを区別する主な性質は，混合物の中の粒子の大きさである．

表 10.2 溶液，コロイド，懸濁液の性質の比較

性質	溶液	コロイド	懸濁液
粒子サイズ	<1 nm[a]	1〜1000 nm	>1000 nm
沪過性	沪紙と半透膜を通る	沪紙を通るが半透膜を通らない	沪紙と半透膜を通らない
可視性	不可視	電子顕微鏡で可視	目または光学顕微鏡で可視
動き	分子性の運動	ブラウン運動	重力のみによる運動
光の透過性	透過性あり チンダル効果なし	透過性あり．しばしば半透明または不透明 チンダル効果あり	しばしば不透明または半透明

[a] ナノメートルは 10^{-9} m である．

▌パノラマ 10-2 ▌

融解熱

突然暗くなった空から雪が降り始めたとき，スコットとダイアンのマッキンタイアー夫妻は生後5ヶ月の娘エミリーと一緒に，オレゴンカスケードの林道を車で下っていた．滑って車の運転ができなくなり，溝の中に横滑りしてはまり込んでしまうまでには，雪が降り始めてからそれほど時間はかからなかった．溝から車を引き出せず，彼らはその夜を車の中で過ごすことにした．翌朝，完全に雪の中に埋まっているのを知り，マッキンタイアー夫妻は運命的な決定をした．車の中で発見されるのを待つよりもむしろ，わずか5マイル先にあるとスコットが信じるレインジャー分局まで，歩いて行くことにした．軽装で，彼らはレインジャー分局を捜して道を下った．しかし，夕方近くになって道に迷ってしまった．避難場所も見つからず，彼らは丸太の陰で野宿することにした．ダイアンは，母乳を出すのに必要な液体を確保するため，終日雪を食べ続けた．夜がふけるに連れて，彼女はしだいに冷たくなっていった．翌朝，冷たくなり支離滅裂な

ことを口走っていたダイアンは亡くなった．その後の2日間，スコットはダイアンの側にとどまり，救助されるまで彼自身と幼児が生き残れるように工夫した．

なぜ，ダイアン・マッキンタイアーは死んだのだろうか．子供を生かそうとして雪を食べることで，彼女自身の命を子供に与えたことになる．彼女が小川の水か，または雪やつららが融けた水を飲んでさえいれば，恐らく今日でも生きていたであろう．しかし，ダイアンは食べた雪を解かすために，体の大事な熱を失ったのである．あなたも知っているように，水は非常に融解熱が大きい．雪を解かすために1g当り335 J必要であるということは，ダイアンは水を得るのに1 L当り335 kJの熱量を失ったことになる．この膨大な熱の損失が低温症によるダイアンの死を招いた．

10.3　懸濁液

懸濁液(suspennsion)は，やがて沈殿する大きな粒子を含む異なった成分(すなわち不均一な)からなる混合物である．ラベルに"使用前にはよく振るように"とかいてある乳状マグネシアのような薬は懸濁液である．液体中に分散した固体粒子からなる懸濁液は，沪紙や遠心分離機で分離される．血液は懸濁液の一例である．赤血球と白血球はやがて沈殿し，また遠心分離機で血漿から分離することもできる．

10.4　コロイド

コロイド分散系(colloidal dispersion)，すなわち**コロイド**(colloid)は，粒子の大きさが溶液を形成している分子やイオンより大きいが，懸濁液を形成している粒子よりは小さい混合物である．コロイドは通常均一である．コロイド分散系中の粒子は，通常の沪紙では分離できない．例えば，均質化(ホモ)牛乳は，水の中に乳脂肪をもつコロイド分散系である．これは沪紙をただちに通過する．コロイドは，溶媒(または分散媒)とコロイド物質(または分散質)の種類によって分類される．八つの分類は表10.3に示

表 10.3　コロイドの分類

	種類	例
1.	固体中の固体	色ガラス，ある種の合金
2.	液体中の固体	水中のゼラチン，水中のタンパク質，水中のデンプン
3.	気体中の固体	エーロゾル，空気中のほこり，煙
4.	固体中の液体	宝石(オパールと真珠)中の水，ゼリー，バター，チーズ
5.	液体中の液体	エマルジョン，ミルク，マヨネーズ，原形質
6.	気体中の液体	エーロゾル，霧，かすみ，雲
7.	固体中の気体	活性炭，発泡スチロール，マシュマロ
8.	液体中の気体	泡，ホイップクリーム，セッケン水中の泡
	(気体中の気体)	(溶液，コロイドではない)

されている．コロイド化学は生体系の研究には重要である．組織と細胞はコロイド分散系であり，それらの中の反応ではコロイド化学をいたるところでみることができる．例えば，食物の消化では，食物は消化される前にコロイド状になる．筋肉の収縮はコロイド化学によって説明が可能であり，体のタンパク質はコロイドの大きさをもつ．

10.5 コロイドの性質

ほこりの粒子が太陽光線の中で踊り，映写機からの光の中で無秩序に動き回っているのを見たことがあるだろう．コロイド中の粒子の無秩序な動きは，溶媒分子のこれらの粒子への衝突に起因している．このようにして起きる運動は，イギリスの植物学者 Robert Brown にちなんで，**ブラウン運動**（Brownian movement）とよばれている．彼は，この不規則な運動を，水の中に分散した花粉を顕微鏡でみたときに初めて観察した．溶媒分子によるこの一定の衝突は，コロイド粒子が沈殿するのを防いでいる．あなたが太陽光線の中でほこりが舞っているのを見たときは，ほこりの粒子を見てい

図 10.3 チンダル効果．光を並んだ2個のビーカーに通す．右のビーカーには薄いデンプンのコロイド水溶液を入れ，左のビーカーには砂糖溶液が入っている．コロイド分散系ではコロイド粒子が光を散乱するので光のビームを見ることができるが，砂糖溶液ではできない．

図 10.4 太陽光線はチンダル効果で森を飾る．

るのではない．ほこりは非常に小さくて肉眼では見えず，あなたが実際に見ているのは粒子による光の散乱である．溶液中の非常に小さい粒子と異なり，コロイド粒子は光を散乱する．真の溶液と，溶液のように見えるが希薄なコロイド分散系である溶液とを，強い光をあてることで見分けることができる．コロイド粒子によって光が散乱されるので，コロイド分散系では光線の光路がはっきりと見える(図 10.3)．このコロイドの性質は，**チンダル効果**(Tyndall effect)として知られている．例えば，森の中では分散しているコロイド粒子による光の散乱の結果として，光線を見ることができるのである(図 10.4)．

コロイド粒子は直径 1～1000 nm の大きさである($1\,\text{nm} = 1 \times 10^{-9}\,\text{m}$)．この大きさの粒子は体積に比べて表面積が非常に大きい．この大きな表面積が，コロイド粒子に対してその表面に物質を捕らえたり吸着したりする能力を与える．粉末の木炭(活性炭)はその粒子がコロイドの大きさであるため，多くの実用的な用途をもつ物質の一つである．それは，空気中の有害ガスを吸収するためにガスマスクに入れられたり，水道水中のガスや臭いを除くのに用いられている．また，実験室や工場では溶液から着色した不純物を除くために用いられているし，飲み込んだ毒の解毒剤としても用いられている．毒を飲み込んだり必要量以上の薬を飲んだ人が，血液中の毒物を取り除く活性炭フィルターのついた機器に血液を通すことによって，救われることがしばしばある．

10.6 溶液

溶液(solution)は，二つまたは二つ以上の原子または分子レベルの大きさをもつ物質の均一な，すなわち同質，単一な混合物である．ソーダ水(二酸化炭素を含む水)，消毒用アルコール(水とアルコールの混合物)などが溶液の例である．私たちは，溶解している物質を**溶質**(solute)とよぶ．**溶媒**(solvent)は溶質を溶かしている物質である．本書でとりあげる主な溶液は**水溶液**(aqueous solution)である．その溶液では水が溶媒である．

水は，極性が大きいために多くの物質を溶解することから，しばしば万能溶媒とよばれる．溶解は次のように進む．例えば，塩化ナトリウムの結晶を水中に入れたとき，その結晶の表面は水分子によって攻撃される．水分子の一方の極は結晶の表面イオンに吸引力を働かせ，そして結晶間の結合をぐらつかせる(図10.5)．水分子は，結晶の結合力が弱くなってくると，おのおののイオンを取り囲むようになる．それによって，ナトリウムイオンと塩化物イオンの再結合が阻まれる．このようにして水分子に取り囲まれたイオンは，水和しているといわれる．しかし，水に溶けているイオン性の物

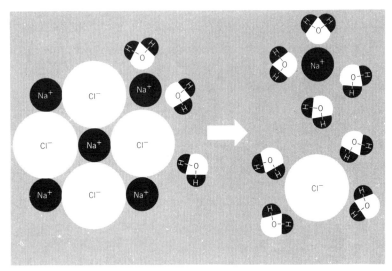

図 10.5 イオン結合性化合物である食塩は水に溶ける．それはナトリウムイオンと塩化物イオンに対する水分子の引力が，塩化ナトリウムの結晶中でのイオン間の引力より大きいためである．

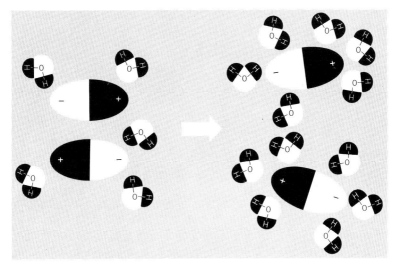

図 10.6 大きい極性をもつ物質は水に溶ける．それらが水分子と水素結合をつくる酸素または窒素原子を含む場合にはとくによく溶ける．

質のすべてがそうではないことに注意しなければならない．ある結晶では，水分子の引力は結晶を結びつけている正，負イオン間の引力に打ち勝つほど強くはない．

砂糖のような極性の大きい物質は水によく溶ける．砂糖分子の水和は，砂糖と水分子の，逆に荷電した極性部位の間の引力と水素結合によっている(図10.6)．

10.7 電解質と非電解質

溶解の過程の議論の中で，溶質粒子が二つの形をとるのをみてきた．それらは荷電した粒子と荷電しない分子状粒子である．砂糖のような物質は，溶媒に溶けても荷電しない分子状粒子になり，**非電解質**(nonelectrolyte)とよばれる．

$$砂糖_{(s)} + H_2O \longrightarrow 砂糖_{(aq)}$$

塩化ナトリウムのようなイオン性の化合物は，溶液の中で荷電粒子を形成して溶け(すなわち解離する)，**電解質**(electrolyte)とよばれる．

$$NaCl_{(s)} + H_2O \longrightarrow Na^+_{(aq)} + Cl^-_{(aq)}$$

ある分子化合物は極性が非常に大きく，水分子によって引き離されたり，イオン化したりする．例えば，水の中で塩化水素は塩酸(塩化水素の水溶液)になる．これらの極性化合物も溶液中で荷電粒子を形成するので電解質である．

$$HCl_{(g)} + H_2O \longrightarrow H_3O^+_{(aq)} + Cl^-_{(aq)}$$

電解質という用語は，電解質の溶液が電気を通すという事実に基づいている．電解質は，その物質が溶けたときに形成される荷電イオンの数によって，強い物質と弱い物質に分類される．**強電解質**(strong electrolyte)は，溶液中でほぼ完全にイオン化する，つまりイオンに解離する物質である．**弱電解質**(weak electrolyte)は，溶液中で部分的にイオン化する物質である(図10.7)．フッ化カリウムと塩化水素は強電解質の例である．一方，酢酸と炭酸は弱電解質である．電解質は，私たちの体内で重要な調節機能を果しており，酸-塩基平衡と水のバランスの維持に寄与している．生体組織の中で見出される主な陽イオンはNa^+，K^+，Ca^{2+}とMg^{2+}であり，主な陰イオンはHCO_3^-，Cl^-，HPO_4^{2-}，SO_4^{2-}，有機酸とタンパク質である(図10.8)．

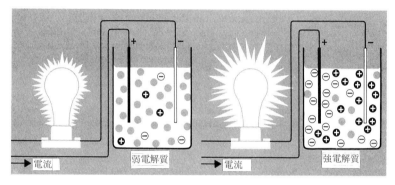

図 10.7 電解質の溶液は電気を通す．強電解質ほど多くの電気を通す．

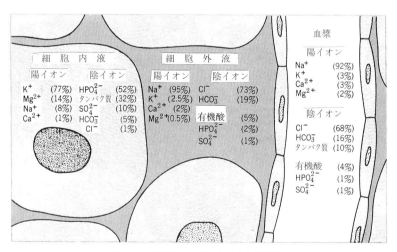

図 10.8 体液中に見出される主な電解質．

10.8　溶質の溶解に影響を与える因子

多くの因子が溶質の溶解に影響を与える.その主な因子は溶媒と溶質の性質である.だいたい,似たものは似たものを溶解する.すなわち極性溶媒は極性の溶質を溶解し,非極性溶媒は非極性溶質を溶解する.ほとんどの固体物質では,温度の上昇に伴って溶質の溶解度は大きくなる.しかし,二クロム酸カリウム,硫酸カルシウムおよび水酸化カルシウムのような2,3の化合物では,溶解度が温度の上昇とともに減少する.

■パノラマ 10-3■

冷湿布と温湿布

冷湿布(cold pack)は,反応熱の比較的新しい応用例である.運動競技場や病院の救急室で通常見かける簡単な包みは,氷が使えない場所ではとくに利用価値がある.冷湿布用の包みはシールされた部分に硝酸アンモニウムが入っており,その周りが水で囲まれている.水と硝酸アンモニウムを分けているこのシールを破ると,次の吸熱反応が起る.

$$NH_4NO_{3(s)} \longrightarrow NH_4^+{}_{(aq)} + NO_3^-{}_{(aq)}$$

硝酸アンモニウムは，溶解するときに1 mol当り6.72 kcal (28.1 kJ)の熱を吸収するので，周りの水の温度を著しく低下させる．

温湿布(hot pack)は反応熱の応用のもう一つの例である．温湿布と冷湿布の唯一の違いは，溶液をつくるのに用いられる塩だけである．通常，温湿布には塩化カルシウムが用いられる．それは溶解するときに1 mol当り14 kcal (60 kJ)の熱を放出する．

液体への気体の溶解は温度の上昇とともに減少する．例えば，私たちはすでに9章で原子力発電所から放出される熱によって川の水が温められると，川魚に必要な酸素の供給量が減少することをみてきた．また，温かい炭酸飲料のびんを開けたときの方が，冷たい場合よりずっと多くのガスが強く噴き出すことを考えてみよう．6章で述べたように，液体中のガスの溶解度は圧力の増加とともに増加する(Henryの法則)．

10.9　イオン結合性固体の溶解度

イオン結合性固体の水への溶解度には違いがあることを述べた．各化合物の厳密な溶解度は実験によって決定されねばならないが，種々の固体の溶解性または不溶解性については2, 3のことを一般論として述べることができる．

イオン結合性化合物の二つの溶液をまぜたときに，**沈殿**(precipitate)，すなわち不溶性の固体ができるかどうかを，表10.4を用いて予想することができる．例えば，ヨウ化ナトリウム(NaI)と硝酸銀($AgNO_3$)の水溶液をまぜたときに，沈殿物が生ずるだろうか．ヨウ化ナトリウム溶液はナトリウムイオン(Na^+)とヨウ化物イオン(I^-)を含み，硝酸銀溶液は銀イオン(Ag^+)と硝酸イオン(NO_3^-)を含む．この組合せから生じる二つの新しい物質は，ヨウ化銀と硝酸ナトリウムである．表10.4から硝酸ナトリウムは溶解性であり，ヨウ化銀は不溶解性である．このようにしてみてみると，ヨウ化銀が沈殿

表 10.4　イオン結合性化合物の溶解度の一般則

I	II	III
次の陽イオンを含む化合物は一般的に可溶	次の陰イオンを含む化合物は一般的に可溶	IまたはIIにリストされていないイオンからなるすべてのイオン結合性化合物は一般的に不溶，またはわずかに可溶
Li^+	NO_3^-, ClO_3^-, CH_3COO^-	
Na^+	Cl^-, Br^-, I^- (Ag^+, Pb^{2+}, Hg_2^{2+}を除く)	
K^+		
NH_4^+	SO_4^{2-} (Pb^{2+}, Sr^{2+}, Ba^{2+}を除く)	

するだろうと予測できる．これらの結果は次の化学反応式の形でかくことができる．

$$Na^+_{(aq)} + I^-_{(aq)} + Ag^+_{(aq)} + NO_3^-_{(aq)} \longrightarrow AgI_{(s)} + Na^+_{(aq)} + NO_3^-_{(aq)}$$

この式の両側に現れ，反応に含まれないイオンを相殺すると，次式を得る．

$$Ag^+_{(aq)} + I^-_{(aq)} \longrightarrow AgI_{(s)}$$

この式は**正味のイオン反応式**(net-ionic equation)とよばれる．というのは反応するイオンのみを示しているためである(口絵Ⅷ(c))．略してイオン反応式ということもある．

例題 10-1

腎臓結石は，腎臓で溶液中のリン酸ナトリウムと塩化カルシウムの反応によって生じる沈殿からつくられる．腎臓結石の生成の正味のイオン反応式をかきなさい．

[解] リン酸ナトリウム(Na_3PO_4)は溶液中でナトリウムイオンとリン酸イオンに解離し，塩化カルシウム($CaCl_2$)はカルシウムイオンと塩化物イオンに解離する．この反応で形成される二つの新しい物質は，塩化ナトリウム(NaCl)とリン酸カルシウム[$Ca_3(PO_4)_2$]である．表10.4より塩化ナトリウムは溶け，リン酸カルシウムは溶けない．したがって，リン酸カルシウムは腎臓結石をもたらす沈殿になる．

ステップ1：最初に，この反応の完全につり合っている式をかかねばならない．

つり合っていない式：$Na_3PO_{4(aq)} + CaCl_{2(aq)} \longrightarrow Ca_3(PO_4)_{2(s)} + NaCl_{(aq)}$

つり合っている式：$2Na_3PO_{4(aq)} + 3CaCl_{2(aq)} \longrightarrow Ca_3(PO_4)_{2(s)} + 6NaCl_{(aq)}$

ステップ2：次に，すべてのイオンが自由に反応できることを示すように，この式を書き直す．

$$6Na^+_{(aq)} + 2PO_4^{3-}_{(aq)} + 3Ca^{2+}_{(aq)} + 6Cl^-_{(aq)} \longrightarrow Ca_3(PO_4)_{2(s)} + 6Na^+_{(aq)} + 6Cl^-_{(aq)}$$

ステップ3：式の両側の反応に無関係なイオンを相殺し，正味のイオン反応式を得る：

$$2PO_4^{3-}_{(aq)} + 3Ca^{2+}_{(aq)} \longrightarrow Ca_3(PO_4)_{2(s)}$$

練習問題 10-1

1. 次の化合物の水溶液を混合したとき，沈殿はできるか．
   (a) NaOH と $MgCl_2$ (b) NaCl と $(NH_4)_2SO_4$
   (c) NaCl と $Pb(NO_3)_2$ (d) $Ba(NO_3)_2$ と Li_2SO_4
2. 例題10-1で議論した三つの段階を用いて，問題1.の中の沈殿を生成する反応の正味のイオン反応式をかきなさい．
3. 例題5-1の問題4.の反応の，正味のイオン反応式をかきなさい．

章のまとめ

　水は，すべての生物にとって非常に重要な物質である．それは，極性物質にとって優れた溶媒であり，凝固点と沸点が高く，0℃では液体より固体の方が密度が小さく，表面張力，蒸発熱，融解熱と比熱が大きい．これらの性質が備わっているので，水は多くの生物学的機能をうまく果すことができる．

　3種類の重要な混合物は懸濁液，コロイドと溶液である．懸濁液はそっと置いておくと，いずれ沈降する比較的大きな粒子を含む不均一な混合物である．コロイド分散系の粒子は，溶液の粒子より大きいが懸濁液の粒子よりは小さい．ブラウン運動，チンダル効果，およびコロイド粒子の表面に他の物質を大量に吸着し得る能力は，すべてコロイドの性質である．

　溶液は，粒子の大きさが原子または分子の大きさの，二つ以上の物質の，均一な混合物である．溶解する液体を溶媒といい，溶解される物質を溶質とよぶ．水溶液は，溶媒が水の溶液である．溶質には，溶液中で荷電イオンになる電解質と，溶液中で分子状粒子を形成する非電解質がある．溶媒への物質の溶解は，溶質と溶媒の性質と温度，さらに気体の場合には圧力に依存する．電解質を含む二つの溶液を混合したとき，イオンの組合せが一つでもその溶媒に不溶であれば，沈殿を生ずる．

復習問題

1. 四塩化炭素とアンモニアでは，どちらが水に溶けやすいと思うか．理由も答えなさい． [10.1]
2. 水の次の性質について，水の極性と水素結合を用いて理由を説明しなさい． [10.2]
   (a) 高い沸点　　　(b) 氷の密度
   (c) 大きい蒸発熱　(d) 分子性物質の溶解度
3. 質量 15.2 g の 0℃ の氷がある．この氷を溶解し，溶けた水を 100℃ にまで上げ，さらに 100℃ の蒸気にするには何 cal の熱エネルギーを必要とするか． [10.2]
4. 250 g の水を 10℃ から 15℃ に熱する．10℃ で，もし水を等量のクロロホルムに置き換え，等量の熱を加えられたならば，クロロホルムの最終温度は何度になるか． [10.2]
5. (a) 溶液とコロイド，(b) 懸濁液とコロイドを見分けるには，(a), (b) それぞれどのようなテストをすべきか述べなさい． [10.3–10.6]
6. 溶媒，溶質，溶液の違いを述べなさい． [10.6]
7. 塩化ナトリウムを水に溶解したときに起きる現象を，自分の言葉で述べなさい． [10.6]
8. 水に溶解したときに，次の化合物のどれが電気を通す溶液となるか．それぞれを電解質と非電解質とに分類しなさい． [10.7]
   (a) エタノール (C_2H_6O)　　(b) ヨウ化カリウム　　(c) 炭酸
9. ソフトドリンクは，なぜ冷蔵庫の中より室温の方が早く"気が抜けてしまう"のかを説明しな

さい． [10.8]
10. 次のイオン結合性固体のうちで，どれが水に可溶かを述べなさい． [10.9]
　　(a) 炭酸マグネシウム　　(b) 水酸化ナトリウム　　(c) 臭化アンモニウム
　　(d) 硫酸鉛　　　　　　　(e) 硝酸カリウム　　　　(f) 塩化銀
11. 塩酸 HCl$_{(aq)}$ は水酸化ナトリウム水溶液 NaOH$_{(aq)}$ と反応して，水 H$_2$O と塩化ナトリウム水溶液 NaCl$_{(aq)}$ を生成する．この反応の正味のイオン反応式をかきなさい． [10.9]

研究問題

12. 単体，化合物，混合物の間の組成に関するもっとも大きな違いは何か．
13. ある学生が，0℃ で 250 g の氷を 50.0℃ のお茶 3.0 kg に加えた．氷が溶けるのに必要な熱がすべてお茶から供給されるとすると，すべての氷が溶けたとき，お茶の温度は何度になるか(お茶は水と同じ比熱をもつと仮定する)．
14. "死の谷"の気温は，日中はしばしば 48℃ 以上に上昇し，夜間は氷点(0℃)以下に下がることがある．同じときに，近くのロサンゼルスの気温は日中は最高 27℃ で，夜間はわずかに下がって 20℃ くらいになるだけである．この温度の大きな違いの理由は何か．
15. コロイドで観察されるブラウン運動は何が原因か．
16. 表 10.3 の情報を使って，次のコロイドを分類しなさい．
　　(a) チーズ　　　　(b) セメント　　　(c) ヘアスプレー
　　(d) プディング　　(e) 血漿　　　　　(f) セッケン水
17. 次のどれが陽イオンでどれが陰イオンか．
　　(a) PO$_4^{3-}$　　(b) H$^+$　　(c) Br$^-$　　(d) Ba^{2+}
18. 炭酸ナトリウム水溶液(Na$_2$CO$_{3(aq)}$)は硫酸(H$_2$SO$_{4(aq)}$)と反応し，硫酸ナトリウム水溶液(Na$_2$SO$_{4(aq)}$)，水(H$_2$O)および二酸化炭素(CO$_{2(g)}$)を生成する．この反応の正味のイオン反応式をかきなさい．
19. 臭化銀(写真フィルムの感光剤)は，暗室で硝酸銀と臭化ナトリウムの水溶液を混合するとつくられる．この反応の正味のイオン反応式をかきなさい．
20. バリウムイオンは飲み込むと毒性が強い．もし塩化バリウムを飲み込んだら，硫酸ナトリウムを解毒剤として与える．なぜこれが有効な解毒剤となるのかを説明しなさい．また起っている反応の正味のイオン反応式をかきなさい．
21. 尿素は，タンパク質の分解によってできたアンモニアから肝臓でつくられる，水溶性の物質である．尿素は，高濃度では毒性があるので，体内では尿中に排せつされる．タンパク質の多い食事の後に，しばしば喉の渇きを感じるのはなぜか．

溶液の濃度

　ダグ・カーソン(23才の大学生)は，友人たちにグッドサマリタン病院の救急治療室へ運び込まれた．ダグは極度な興奮状態にあった．じっと座っていることができず，"たったいま知事の秘書官に任命された"というような支離滅裂なことを，相手かまわず速射砲のようにしゃべりまくり，それでいて単純な質問に対する応答すらできなかった．友人たちが医者に語ったところによると，ダグはこの3週間ほどほとんど眠らず，ほとんど食べず，異常に陽気で注意力が散漫であった．その日の夕方，彼は"外国の影響を排除する"といって，机いっぱいの本を宿舎の窓から投げ捨て，友人たちにショックを与えた．

　内科検診と数種の血液検査で，ダグは内科的な疾患，または麻薬による妄想にかかっている可能性はないことが判明した．そこで，救急治療室の医者は精神科医をよんだ．その医者はダグをそう病と診断し(つまり，ダグはそううつ(欝)病の興奮状態にある)，入院し，ただちに炭酸リチウムの投与(600 mgずつ，1日3回)による治療をするよう勧めた．リチウムは体の細胞の内外のイオンバランスの調節を助けると考えられ，長年その鎮静効果が利用されてきた．

　リチウム治療をはじめて2日後に，ダグは錯乱状態になり，心身の調和がとれず，嘔吐を始めた．すぐに血清中のリチウム濃度が調べられた．血清中のリチウム濃度が0.6から1.5

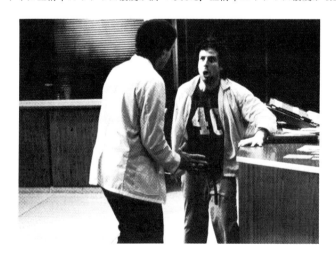

mEq/L であれば治療効果がある．しかし，ダグの血液は Li$^+$ が 1.8 mEq/L であった．リチウムは濃度が高いと腎臓障害や昏睡を起こし，最後には死に至るほどの強い毒性をもつ．

ダグには，ただちに血清中のリチウム濃度を下げるための液体とナトリウムが与えられたため，新しい症状はすぐに消えた．ダグの最初のそう症状が再び始まったとき，リチウム療法は 300 mg ずつを，1 日に 4 回投与する方法で再開された．4 日後に実施された血液検査では，彼のリチウム濃度は 0.75 mEq/L であり，ダグは明らかに穏やかで理性的になった．病院での 9 日間の治療を終わり，ダグは退院して大学生活に戻った．火曜日ごとに彼は精神科医に会った．彼の友人は "正常に戻った" と報告してきた．ダグは 6 ヶ月間炭酸リチウムを飲み続けた．この間，彼の血清中のリチウム濃度は注意深く監視され，リチウム濃度を治療の範囲内に維持するように調節して投薬された．

いままでにみてきたように，血液や処方薬の成分の正確な濃度を知ることが，病気の診断と治療にとって重要なことである．この章では，溶液の濃度をはかるために広く利用されている単位について学ぶ．

===== 学習目標 =====

この章を学習した後で，次のことができるようになっていること．
1. 飽和，不飽和，過飽和を定義する．
2. 与えられたモル濃度またはパーセント濃度の溶液を，どのように調製するかを説明する．
3. ppm または ppb 単位で溶液の濃度を測定する．
4. イオンをそのグラム当量で表し，与えられた重量/体積パーセント溶液中のイオンのミリ当量数を計算する．
5. 保存液からある濃度の溶液の一定の体積を調製する方法を述べる．
6. 溶液の三つの束一的*性質について述べる．
7. 浸透，容量オスモル濃度，オスモル，等張性，高張性，低張性を定義する．
8. 細胞の低分子物質から，タンパク質のような細胞質コロイドを分離する実験方法を述べる．

濃度

11.1 飽和溶液と不飽和溶液

私たちは，少量の溶質粒子が溶けている溶液を**薄い(dilute)溶液**，多量の溶質粒子が

---
* 束一的とは，物質を構成している分子の数だけに依存し，その種類には関係しないこと．

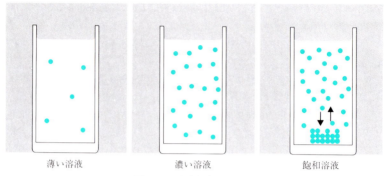

図 11.1 溶液濃度の概略図

溶けている溶液を**濃い**(concentrated)溶液という．しかし，"薄い"とか"濃い"という言葉は必ずしも正確ではないので，科学者はもっと正確に溶液中の溶質の濃度を記述する方法を発展させてきた．**飽和**(saturated)溶液は，その溶媒が通常その温度で溶かし得る最大限の溶質を含む溶液である(もし，これより少ない溶質を含めばその溶液は**不飽和**(unsaturated)である)．飽和溶液では，溶解した溶質と溶けずに残っている溶質の間に，平衡状態が存在する(図 11.1)．

$$不溶の溶質 \underset{速度_r}{\overset{速度_f}{\rightleftarrows}} 溶解した溶質$$

飽和溶液を冷却すると，溶質の溶解度は減少する．結晶の晶出速度(速度$_r$)は溶解の速度(速度$_f$)より速くなる．ルシャトリエの原理によって，溶液中で少なくなった溶質粒子は，新しい平衡状態になるまで結晶を生成し続ける．しかし，通常，その飽和溶

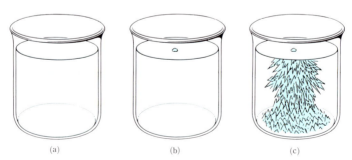

図 11.2 過飽和溶液は不安定である(a)．小さい結晶(種晶といわれる)がその溶液に加えられると(b)，溶質の結晶が急激にその種晶の上に形成される(c)．

[From Brady and Humiston, *General Chemistry*, copyright © 1976, John Wiley & Sons, New York]

液は，溶解した粒子が沈殿する時点では結晶を含んでいない．そのような場合には，溶液の温度を下げたとき結晶は生成しないだろう．その溶液は**過飽和**(supersaturated)であるという．しかし，過飽和溶液はとても不安定であり，もし，この溶液に小さい結晶が加えられると，その上に溶質が沈殿し，結晶が急激に生じることがよくある（図11.2）．蜂蜜やゼリーは過飽和の糖溶液であるので長く保存していると糖の結晶が出ることがある．

11.2 モル濃度

溶液を取り扱っているとき，その中にどのくらい溶質が含まれているのかを正確に知りたいことがある．溶液の**濃度**(concentration)は，溶液中の溶質の相対的な数値によるある種の尺度とみてよい．この尺度は通常，比で表される．

もっともよく用いられる濃度の単位の一つは，モル濃度である．溶液の**モル濃度 mol/L**(molarity)は，溶液1 L中の溶質の物質量 (mol) として定義される．

$$モル濃度(\mathbf{mol/L}) = \frac{溶質の物質量(mol)}{溶液1 L}$$

1 mol/L 溶液は溶液1 Lの中に1 molの溶質を含む．6.0 mol/L HClと表示されたびんの溶液は，溶液1 L当り6.0 molの塩化水素(HCl)を含むことを示す．

臨床検査室からの血液検査の報告は，血液中の電解質の濃度を1 L当りのミリモル(mmol/L)で表示する．もしカリウムイオンの濃度が4.3 mmol/Lと報告されていれば，血清1 Lに4.3 mmol(または0.0043 mol)のカリウムイオンが含まれる．

例題 11-1

1. 0.100 mol/L 塩化ナトリウム溶液1 Lを調製するには，どのようにすればよいか．
[解] (a) 第1に，塩化ナトリウム0.100 molをはかりとる．

$$塩化ナトリウムの式量 = 23.0 + 35.5 = 58.5$$
$$塩化ナトリウム1 mol = 58.5 g$$

$$0.100 \text{ mol NaCl} \times \frac{58.5 \text{ g}}{1 \text{ mol NaCl}} = 5.85 \text{ g}$$

(b) 次に，塩化ナトリウムを少量の水に溶解し，完全に溶けたらこれに水を加えて1 Lの溶液にする（図11.3）（1 Lというのは最終的な溶液の全体積のことで，加える水の体積ではないことに注意）．

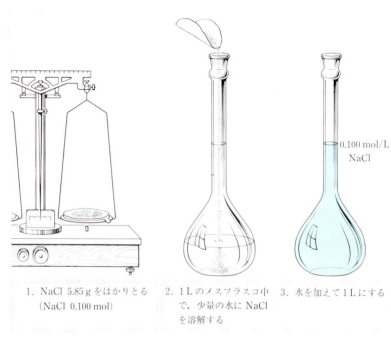

1. NaCl 5.85 g をはかりとる (NaCl 0.100 mol)
2. 1 L のメスフラスコ中で，少量の水に NaCl を溶解する
3. 水を加えて 1 L にする

図 **11.3** 0.100 mol/L NaCl 溶液 1 L を調製する方法．

2. 実験室で，ある実験をするために 1 mol の HCl が必要である．利用できるのは 2 mol/L 塩酸のみである．この保存液を何 mL 利用したらよいか．

[解]　(a)　2 mol/L HCl 溶液とは

$$\frac{2 \text{ mol HCl}}{1 \text{ L}} \quad \text{すなわち} \quad \frac{2 \text{ mol HCl}}{1000 \text{ mL}}$$

である．

(b)　問題は，この保存液何 mL が 1 mol の HCl を含むかと質問しているから，必要な mL 数を X とすると，次式が成立する．

$$2 \text{ mol HCl} : 1 \text{ mol HCl} = 1000 \text{ mL} : X \text{ mL}$$

$$X = 1 \text{ mol HCl} \times \frac{1000 \text{ mL}}{2 \text{ mol HCl}} = 500 \text{ mL}$$

練習問題 11-1

1. 次の溶液を調製するにはどのようにしたらよいか．
   (a) 0.200 mol/L Na_2CO_3 を 250 mL　　(b) 0.75 mol/L H_3PO_4 を 1.5 L
   (c) 0.600 mol/L $KMnO_4$ を 150 mL

2. ある学生が，反応のために KOH 0.250 mol を必要としている．利用できるのは 0.400 mol/L の KOH 保存液のみである．この保存液を何 mL 使用すればよいか．

3. 血清中のナトリウムイオンの正常の濃度は 138〜148 mmol/L である．もし 1 dL の血清中に 320 mg のナトリウムイオンが含まれていると，この試料のナトリウムイオン濃度は正常値の範囲に入るか．

11.3 パーセント濃度

溶質の式量を考慮しないで溶液の濃度を記述する方法として，パーセント濃度がある．ここでは，臨床的な報文と生物科学の分野で，広範囲に用いられている二つの異なったタイプのパーセント濃度を紹介する．

重量/体積パーセント

重量/体積パーセントは，臨床報告の中でしばしばみられる濃度表示である．**重量/体積（w/v）パーセント**（weight/volume percent）は，溶液 100 mL に対する溶質の質量（g）で示される（図 11.4）．

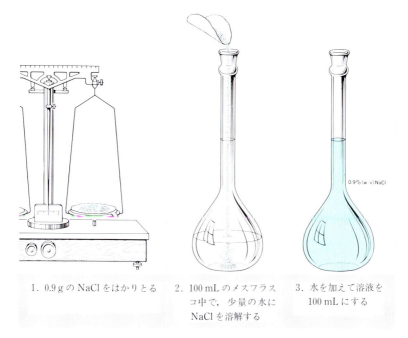

1. 0.9 g の NaCl をはかりとる
2. 100 mL のメスフラスコ中で，少量の水に NaCl を溶解する
3. 水を加えて溶液を 100 mL にする

図 11.4　生理的食塩水（0.9%（w/v）NaCl）100 mL を調製する方法．

$$\text{重量/体積(w/v)パーセント} = \frac{\text{溶質の質量(g)}}{\text{溶液 100 mL}} \times 100\%$$

したがって，10%(w/v) NaOH の溶液は，100 mL 中に 10 g の NaOH を含む．

ミリグラムパーセント

ミリグラムパーセントは臨床報告では非常に低い溶質の濃度を記述するために，しばしば用いられる濃度単位である．**ミリグラムパーセント mg%**（milligram percent）は，100 mL すなわち 1 dL の溶液に溶けている溶質の質量（mg）で表される．

$$\text{ミリグラムパーセント (mg\%)} = \frac{\text{溶質の質量(mg)}}{\text{溶液 100 mL}} \times 100\%$$

例えば，血中の尿素窒素は mg% で測定される．脱水症にかかった幼児の血中尿素の濃度は 32 mg% ぐらいはあるだろう．これは，血液 100 ml 当り 32 mg の尿素が存在するということである．血液化学検査室では，カルシウムイオンとリン酸イオンを 1 dL 当りの mg（mg/dL）または mg%（図 11.5）で表示している．

例題 11-2

1. 次のおのおのの溶液は，どのようにして調製したらよいか．

(a) 0.4%(w/v) の NaHCO$_3$ 溶液 150 mL．

[解] パーセント濃度の問題を解くために，その濃度単位の定義に由来する換算係数をかくことから始めよう．この場合，0.4%(w/v) NaHCO$_3$ 溶液であることから，換算係数

$$\frac{0.4 \text{ g NaHCO}_3}{100 \text{ mL 溶液}} \quad \text{と} \quad \frac{100 \text{ mL 溶液}}{0.4 \text{ g NaHCO}_3}$$

が与られる．そこで，150 mL の溶液をつくるために何 g の NaHCO$_3$ が必要かを計算しなければならない．

$$150 \text{ mL 溶液} \times \frac{0.4 \text{ g NaHCO}_3}{100 \text{ mL 溶液}} = 0.6 \text{ g NaHCO}_3$$

したがって，0.4%(w/v) NaHCO$_3$ 溶液 150 mL を調製するためには，0.6 g の NaHCO$_3$ をはかりとり，これを少量の水に溶かした後，さらに水を加えて最終容量が 150 mL になるようにする．

(b) 9.0 mg% のリン酸ナトリウム溶液 20 mL.

[解] この濃度単位に関連する二つの換算係数は

$$\frac{9.0 \text{ mg リン酸ナトリウム}}{100 \text{ mL 溶液}} \quad と \quad \frac{100 \text{ mL 溶液}}{9.0 \text{ mg リン酸ナトリウム}}$$

である．20 mL の溶液を調製するために，何 mg のリン酸ナトリウムが必要かを計算しなければならない．

$$20 \text{ mL 溶液} \times \frac{9.0 \text{ mg リン酸ナトリウム}}{100 \text{ mL 溶液}} = 1.8 \text{ mg リン酸ナトリウム}$$

1.8 mg のリン酸ナトリウムをはかりとり，少量の水に溶解して，最終容量を 20 mL とする．

2. 165 g のブドウ糖を得るためには 15%(w/v) ブドウ糖溶液が何 mL 必要か．

[解] この濃度単位に関連する二つの換算係数は

$$\frac{15 \text{ g ブドウ糖}}{100 \text{ mL 溶液}} \quad と \quad \frac{100 \text{ mL 溶液}}{15 \text{ g ブドウ糖}}$$

である．何 mL の溶液がブドウ糖 165 g を含むかを知る必要がある．

$$165 \text{ g ブドウ糖} \times \frac{100 \text{ mL 溶液}}{15 \text{ g ブドウ糖}} = 1100 \text{ mL 溶液}$$

練習問題 11-2

1. 次のそれぞれの溶液のつくり方をかきなさい．
   (a) 4.60%(w/v) NaCl 溶液 350 mL.
   (b) 0.220%(w/v) K$_2$CO$_3$ 溶液 55.0 mL.
   (c) 80 mg% ブドウ糖溶液 25 mL.
2. 血液中の尿酸の濃度が 7.0 mg% であるとすると，5.6 mg の尿酸を含む血液試料は何 mL か．
3. 12.0%(w/v) ブドウ糖溶液 275 mL 中には，何 g のブドウ糖が含まれているか．

11.4 ピーピーエム (ppm) とピーピービー (ppb)

溶液の濃度が非常に薄いときには，パート・パー・ミリオン (ppm) またはパート・パー・ビリオン (ppb) の濃度単位が用いられる．1 ppm は 1 L の溶液当り 1 mg の溶質を含んでおり，1 ppb は 1 L の溶液当り 1 μg の溶質を含んでいる*．

$$1 \text{ ppm} = \frac{\text{溶質 1 mg}}{\text{溶液 1 L}} \qquad 1 \text{ ppb} = \frac{\text{溶質 1 μg}}{\text{溶液 1 L}}$$

---

* ppm, ppb はともに単位は無名数である．したがって，本来分子と分母には同一の単位を用いねばならない．この場合は，溶液の密度を 1 g/mL であると仮定している．

このような少量の濃度を実生活に即して想像するのは非常に難しいが，次のように例えてみてはどうだろうか．あなたの年俸が1000万円だとしたら，そのサラリーの1 ppmは10円である．そして1ppbは1/100円（1銭）にすぎない．しかし，このような濃度はあまりにも少ないから注意を払う必要がないと考えるのは誤りである．私たちが飲む水や呼吸する空気中に毎日放出されている工業汚染物質は，1 ppmといった低い濃度でも非常に害がある．

■パノラマ 11-1■

生物学的濃縮

　環境中の，ある汚染物質の量が非常に少ないので，心配する必要はないというのは正しいだろうか．空気または水中の汚染物質の濃度が，有害であると思われる濃度よりはるかに低い場合に，そのデータがしばしば誤解されることがある．確かに水，土壌，そして植物中の多くの物質の濃度は微小であるが，これらの物質の濃度は食物連鎖を経るにつれて大きくなる．そのような濃度の生物学的な増加のよい例が，パノラマ 14-4 でDDTについて紹介されている．
　もう一つの例を，ヨウ素-131の生物学的濃縮について示そう．ヨウ素-131（核分裂過程の副産物の放射性同位元素）は，気体として空気中に漏れ出す．空気中に浮遊しているヨウ素-131は，最後には地上に降下する．そこが牧草地であれば，牧草に取り込まれ，その牧草を家畜類が食べる．牧草の中のヨウ素-131は非常に少量だが，お腹をすかした乳牛は大量の牧草を食べる．その結果1匹の乳牛が食べるヨウ素-131の量が重要な意味をもってくる．人々がそのような乳牛からのミルクを飲むと，周りの空気や牧草に見出される量よりはるかに大量のヨウ素-131を飲むことになる．8章の冒頭の話でみてきたように，ヨウ素-131は甲状腺に濃縮され，高濃度のヨウ素-131は甲状腺をいため，ある場合にはがんの原因ともなる．
　最近の情報では，1940年から1960年までにオレゴン州の一部とワシントン州の一部に住んでいた人々は，ミルクや野菜を通してヨウ素-131に曝されていたということが明らかになった．これは，ワシントン州のハンフォード核燃料保存施設で，プルトニウムを得るために核燃料棒を溶解する過程で，空気中にヨウ素-131が放出されたことによる．1944年から1947年の間に，ハンフォードより風下に放牧された乳牛のミルクを飲んだ約1400人の子供たちは，甲状腺が15から650 rad* の線量の放射線に曝された（1 radは，胸部X線撮影のときに受ける照射放射線のほぼ12人分の量である）．
　食物連鎖による種々の物質の濃度の増加には，私たちすべてが関心をもつべきである．私たちが飲む水の汚染物質濃度は，許容範囲以下であるかも知れないが，その同じ水の中に棲息して私たちの食料となる魚は，私たちの健康にとって危険な濃度の汚染物質を蓄積しているかも知れない．

　　　＊　放射線量の単位で，1 radは任意の放射線が任意物質1 gに100 ergのエネルギー吸収を与えるときの吸収線量．国際単位系の吸収線量の単位グレイ（Gy）との関係は 1 rad＝1 cGy＝10^{-2} Gy である（表8.1参照）．

例題 11-3

1. 幼児のための食事に，しばしば濃縮ミルクが用いられる．1972 年に缶詰にされた濃縮ミルクには，3.2 ppm 以上の鉛が含まれていることが判明した．その鉛は，缶をつくるのに用いる半田から溶け出したものであった．この濃度で，濃縮ミルク 470 mL 中に何 g の鉛が入っているか．

[解] この濃度の単位に関連する二つの換算係数は

$$\frac{3.2 \text{ mg Pb}}{1000 \text{ mL ミルク}} \quad \text{と} \quad \frac{1000 \text{ mL ミルク}}{3.2 \text{ mg Pb}}$$

である．そこで，濃縮ミルクの 470 mL は

$$470 \text{ mL ミルク} \times \frac{3.2 \text{ mg Pb}}{1000 \text{ mL ミルク}} = 1.5 \text{ mg Pb}$$

を含むことになる．この答えをグラムに変換すると，次の結果が得られる．

$$1.5 \text{ mg Pb} \times \frac{1 \text{ g}}{1000 \text{ mg}} = 0.0015 \text{ g Pb}$$

2. 1 ppm の鉛を含む濃縮ミルクを，4ヶ月間飲んだ幼児の血液中の鉛の濃度が，55 µg Pb/100 mL であることがわかった．この幼児の血液中の鉛の濃度を，ppb と ppm で表しなさい．

[解] (a) ppb で濃度を計算するためには，血液 1 L 中の鉛の質量を µg で知る必要がある．

$$\frac{55 \text{ µg Pb}}{100 \text{ mL}} \times \frac{1000 \text{ mL}}{1 \text{ L}} = \frac{550 \text{ µg Pb}}{1 \text{ L}}$$

したがって，幼児の血液中の鉛の濃度は 550 ppb である．

(b) ppm で濃度を計算するためには，血液 1 L 中の鉛の質量を mg で知る必要がある．

$$55 \text{ µg Pb} \times \frac{1 \text{ mg}}{1000 \text{ µg}} = 0.055 \text{ mg Pb}$$

そこで，

$$\frac{0.055 \text{ mg Pb}}{100 \text{ mL}} \times \frac{1000 \text{ mL}}{1 \text{ L}} = \frac{0.55 \text{ mg Pb}}{1 \text{ L}}$$

したがって，幼児の血液中の鉛の濃度は 0.55 ppm である．

練習問題 11-3

近年，地下水の環境汚染物質による汚染が地球規模でひろまってきているので，飲料水の純度についての関心が世界中で高まっている．個人の井戸から得た水 250 mL を試料とし，次の表に示された四つの汚染物質について分析した．井戸水の汚染物質のうち，1986 年に環境保護庁 (Environmental Protection Agency，EPA) によって制定された安全基準以上のもはどれか．

汚染物質	250 mL 試料中の量	EPA 安全基準 (1986 年制定)
四塩化炭素 (CCl_4)	0.40 μg	0.4 ppb
セレン (Se)	1.3 μg	0.010 ppm
鉛 (Pb)	11 μg	0.050 ppm
水銀 (Hg)	0.21 μg	2.0 ppb

11.5 当量[*1]

医者は，しばしば血液中の重要なイオン成分を，それらの成分のイオンの電荷と関係づける．イオン成分の濃度を記述するのに用いる単位が，**当量** (Eq, equivalent) である．

$$1\,当量\,(Eq) = 1\,mol\,の電荷\,(+\,または\,-)$$

例えば，1 mol のナトリウムイオンは 1 mol の陽電荷を含み，1 当量に相当する．Mg^{2+} の場合は，1 mol のマグネシウムイオンは 2 mol の陽電荷を含む．したがって，Mg^{2+} の 1/2 mol が 1 当量である．HCO_3^- 1 mol は，1 mol の陰電荷を含み 1 当量に等しい．

ある物質の 1 **グラム当量**[*2] (gram-equivalent weight) は，1 当量を含むその物質をグラム単位で表した質量である．

$$1\,グラム当量 = \frac{物質の質量\,(g)}{1\,当量}$$

Na^+ の 1 当量は 1 mol である．したがって，Na^+ の 1 グラム当量は 23 g である．Mg^{2+} は 1 当量が 1/2 mol であるから，1 グラム当量は 24/2 g，すなわち 12 g である．HCO_3^- の 1 当量は 1 mol であるから，1 グラム当量は 61 g である．

血液中のイオンの濃度が非常に低いので，臨床報告ではしばしばイオンの濃度を**ミリ当量 mEq** (milliequivalent) で表す．

$$1000\,mEq = 1\,Eq$$

[*1] ここでは化学当量 (chemical equivalent) のことをさす．
[*2] 古い用語で混乱の元となるので，現在ではほとんど使用されていない．

Trig	← 8 →		$\frac{mg}{dL}$			
Na$^+$	← 9 →	135~148	$\frac{mEq}{L}$	122	L	
K$^+$	← 10 →	3.5~5.3	$\frac{mEq}{L}$	3.2	L	
Cl$^-$	← 11 →	96~109	$\frac{mEq}{L}$	83	L	
Bicarb	← 12 →		$\frac{mEq}{L}$			
Ca^{2+}	← 13 →	8.1~10.7	$\frac{mg}{dL}$	9.1		
Phos	← 14 →	2.6~4.8	$\frac{mg}{dL}$	2.9		

Trig：トリグリセリド，Bicarb：炭酸水素塩，
Phos：リン酸塩．

図 11.5 血液化学検査室の報告書の一部．左に正常血清中の値，右に患者の値が記入されている（Good Samaritan Hospital, Corvallis, Oregon の厚意による）．

例えば，利尿剤を服用しているうっ血性心不全の人にとっては，血液中のナトリウムイオンとカリウムイオンの濃度を定期的に測定することは重要である（図 11.5）．利尿剤は，腎臓による尿の排出量を増加させる物質である．カリウムイオンとナトリウムイオンは，水とともに尿中に排せつされる．もし，血液中のこれらの濃度が正常値の範囲（Na$^+$ は 135~148 mEq/L, K$^+$ は 3.5~5.3 mEq/L）より下がると，これらのイオンを食物に添加しなければならない．

例題 11-4

カルシウムイオン Ca^{2+} は，体内で多くの非常に重要な働きをする．

(a) カルシウムイオンの 1 グラム当量はいくらか．

[解] Ca^{2+} の 1 mol は 2 mol の ＋（陽電荷）をもつ．そのため，1/2 mol の Ca^{2+} は 1 mol の ＋ 電荷を含み，その量は 1 当量である．

$$1 \text{ mol の Ca}^{2+} = 40 \text{ g}$$
$$1/2 \text{ mol の Ca}^{2+} = 40/2 = 20 \text{ g}$$

したがって，Ca^{2+} の 1 グラム当量は 20 g である．

(b) 0.1%(w/v) Ca^{2+} 溶液 100 mL 中に存在するカルシウムイオンのミリ当量数はいくらか．

[解] 11.3 節より

$$0.1\%(\text{w/v}) \text{ Ca}^{2+} = \frac{0.1 \text{ g Ca}^{2+}}{100 \text{ mL}}$$

したがって，0.1%(w/v) Ca²⁺ 溶液 100 mL は 0.1 g の Ca²⁺ を含む．いま知りたいのは

$$0.1 \text{ g Ca}^{2+} = ? \text{ ミリ当量}$$

であるから，(a)で得られた Ca²⁺ 1 当量は 20 g であるという値を用いると，

$$0.1 \text{ g Ca}^{2+} \times \frac{1 \text{ 当量 Ca}^{2+}}{20 \text{ g Ca}^{2+}} = 0.005 \text{ 当量 Ca}^{2+}$$

1000 ミリ当量は 1 当量に等しいので，

$$0.005 \text{ 当量 Ca}^{2+} \times \frac{1000 \text{ ミリ当量}}{1 \text{ 当量}} = 5 \text{ ミリ当量 Ca}^{2+}$$

となる．

練習問題 11-4

1. 次のイオンのグラム当量を求めなさい．
   (a) K⁺   (b) Cl⁻
   (c) HPO₄²⁻   (d) SO₄²⁻
2. 体液 1 L 中の HPO₄²⁻ の濃度の正常値は 140 mEq である．体液 1 L 中には，HPO₄²⁻ が何 g 存在するか．
3. 記録紙には，患者の血清中の塩化物イオンの濃度が 94 ミリ当量/L と出た．塩化物イオンの濃度を mmol/L で表すと，いくらになるか．

11.6 希釈

化学や医学の実験室では，通常，濃度の濃い保存液を希釈して，必要な溶液を調製している．必要とする溶液を調製するために用いる保存液の量を知るには，次の関係が利用される（注意：式の両辺で，濃度と体積は同一の単位を用いること）．

$$C_2 \times V_2 = C_1 \times V_1 \qquad (1)$$
最終濃度　最終体積　初期濃度　初期体積

また，この式は，溶媒を加えて調製した溶液の，最終濃度を計算するためにも利用できる．もし，溶液の体積が 2 倍になれば 1:2 の希釈をし，体積が 5 倍になれば 1:5 の希釈をしたことになる．例えば，冷凍レモネードの濃度について，1 缶当りに 4 缶分の水を加えることと表示してあるとすれば，この場合の全体積は 1 缶から 5 缶に増加し，レモネードの濃度は 1:5 に希釈されることになる．式(1)をもう一度みてみると，

$$C_a \times V_a = C_b \times V_b \qquad (2)$$

とかける．ここで下付き a と b はそれぞれ希釈後と希釈前を意味する．

■パノラマ 11-2■

尿

　ギリシャ時代のことである．医者が，病気で横たわる女性の患者を診察していた．彼女の息は果物のような香りがし，顔はゆがみ，呼吸は浅く小刻みで，心臓の鼓動は速く，内臓の音も聞こえず，皮膚は乾いていた．医者が，飲料水を定期的に摂取するように指示すると，喉の乾いた患者は，どんどん水を飲み大量の尿を排せつし始めた．医者は集めた尿に指をつけ，なめてみた．その尿は甘かったので，糖尿病であるとの診断が確認された．

　体重超過の実業家が，お気に入りのレストランでシュリンプカクテルと血の滴るようなステーキを食べていた．彼は昼食を終わり，タバコに火をつけ，痛む足を休めるために近くの椅子の上に上げようとしてベルトを緩めた．その日の午後，彼はついにかかりつけの医者に行った．医者は，患者の腫れた大きな爪先と，プリンを含んだ化合物の豊富な彼の食事に関心を示し，24時間，尿の検査を命じた．検査結果から尿中の尿酸の値が異常に高いことが判明すると，医師は痛風性関節炎と診断した．

　23才の女性が，救急室のベッドに寝かされた．彼女は，最初はかなり騒いでいたが，その後はとても眠たそうで，反応が鈍くなった．この行動の原因がはっきりしないので，看護婦が，彼女の膀胱にカテーテルを入れて尿を採取した．尿には，中毒を起す量のアンフェタミン（中枢神経刺激剤，覚醒剤）とベンゾジアゼピン（Valium，ヴァリウム；精神安定剤の商品名）が含まれていた．患者は，ただちに呼吸を助けるために換気装置に入れられ，尿中のこれらの化合物の濃度が毒性を示さなくなるまでの2, 3日間，心拍速度が監視された．

　これらの事件のどの場合にも，尿の分析が医者に重要な情報を提供した．何世紀にもわたって，尿の分析は，伝染病，代謝異常症，その他種々の病気の診断と治療に対する臨床上の情報源であり続けてきた．正常な尿は，代謝産物のうちの含窒素老廃物を運び出す，透明ないしは薄い黄色の液体である．人が脱水症状になると，尿はよごれ，比重と容量オスモル濃度が増加する．正常な尿が糖，血液細胞，バクテリア，あるいは大量のタンパク質を含むことはない．尿中にこれらの物質が存在することは異常な状態であることを示し，医者が診断をするうえで有用な情報となる．

例題 11-5

1. 6.0 mol/L HCl 保存液から 1.5 mol/L HCl 溶液を 100 mL 調製するにはどのようにしたらよいか．

[解] 式(1)に既知の値を代入すると，次の値が得られる．

$$(1.5 \text{ mol/L HCl}) \times (100 \text{ mL}) = (6.0 \text{ mol/L HCl}) \times V_1$$

$$\frac{1.5 \text{ mol/L HCl} \times 100 \text{ mL}}{6.0 \text{ mol/L HCl}} = V_1$$

$$25 \text{ mL} = V_1$$

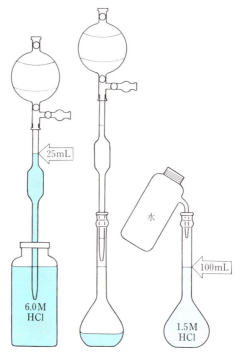

図 11.6 6.0 mol/L HCl 保存液から 1.5 mol/L HCl 溶液 100 mL を調製する方法.

したがって，1.5 mol/L HCl の溶液 100 mL をつくるためには，6.0 mol/L HCl の保存液の 25 mL をとり，水を加えて 100 mL の溶液にする(図 11.6)．

2. 10% NaCl 溶液 100 mL を 1:5 に希釈をすると，希釈液の最終濃度はどのようになるか．1:5 の希釈とは，溶媒を加えて体積が 5 倍になることを意味する．

[解] 希釈後の体積＝100 mL(希釈前の体積)×5＝500 mL

式(2)を用いると次式が得られる．

$$C_a \times 500 \text{ mL} = 10\% \text{ NaCl} \times 100 \text{ mL}$$

$$C_a = \frac{10\% \text{ NaCl} \times 100 \text{ mL}}{500 \text{ mL}}$$

$$C_a = 2\% \text{ NaCl}$$

練習問題 11-5

1. 2.75 mol/L NaCl 溶液 1.65 L を調製するには，次の(a), (b)の場合どのようにしたらよいか．

(a) 固体の NaCl を用いる場合．
(b) 4.12 mol/L NaCl の保存液を用いる場合．
2. 問題 1.でつくられた溶液を 1:6 に希釈する方法をかきなさい．その溶液の最終濃度はいくらになるか．

溶液の性質

11.7 束一的性質

溶液は，溶けている溶質の性質には無関係で，溶質粒子の数にのみ依存する性質をもっており，その性質のことを**束一的性質**(colligative properties)という．そのような性質の代表的なものとしては，凝固点降下と沸点上昇がよく知られている．溶液中の溶質粒子の数が多ければ多いほど凝固点はますます低くなり，沸点はますます高くなる．例えば，車の不凍液は水の凝固点を低くするために車のラジエーター中の水に加えられ，冬季に水の凝固温度を下げて凍結を防ぎ，ラジエーターのひび割れを防ぐ．この不凍液は，夏季には水の沸点を上昇させ，ラジエーターの水が沸騰するのを防ぐ．昆虫の中には，自然のめぐみとして不凍液をもっているものがある．彼らの体液中には，高い濃度のグリセリンが含まれているので，それが厳しい冬の気温のもとで彼らの体内の水の凝固点を降下させ，生きながらえる手助けをしている．

11.8 浸透

もう一つの束一的性質は浸透圧である．**浸透**(osmosis)は，低い溶質濃度領域から高い溶質濃度領域への，半透膜を介した水分子の流れである(半透膜は，水は通すが溶質粒子は通さない)．例えば，純水と砂糖溶液が半透膜で分けられているとすると，純水の側の水分子は，その膜を通して砂糖溶液からの水分子の速度より速い速度で砂糖溶液側へ流れる．そのために砂糖溶液の体積は増加する(図 11.7)．

浸透圧は，低い溶質濃度の溶液から高い濃度の溶液への膜を介した水の流れ，すなわち浸透を妨害するための圧力と定義される．浸透圧は，その溶液中の溶質粒子の数にのみ依存する．二つの溶液の間の溶質濃度の差が大きければ大きいほど，浸透を妨害する圧力は大きくなる(図 11.7)．

自然が浸透圧を利用している一つのよい例は，樹木が葉に水を取り入れる方法であ

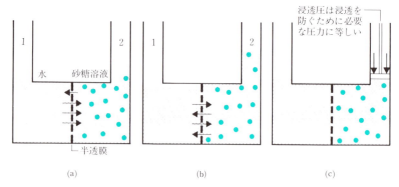

図 11.7 浸透.
(a) 半透膜は，水分子を通すが砂糖分子は通さない．水は溶質濃度の低い領域から高い領域へと移動する．
(b) 平衡に達すると，砂糖溶液側はそれ以上の水を受け入れなくなる．
(c) 砂糖溶液への浸透（水の移動）を防ぐために，浸透圧は砂糖溶液にかかる圧力と等しくなる．

る．木は，葉を通して大気中へ（呼吸により）水を放出する．その結果，葉の内部の溶質の濃度は増加する．そうすると樹木内部に浸透圧が生じ，水が土壌から根に入り，幹を上昇し，枝を通って葉に到達する．アメリカ杉は，高さ111メートルにまで成長できる．この杉のもっとも高いところまでパイプで水を上げるには，12気圧の圧力を出せるポンプが必要である．

▌パノラマ 11-3▌

ピーター・パイパーのピクルス*

　ピーター・パイパーが1ペック（約9L）のピクルスを盗ったとして，彼は，ピーマンのピクルスをいくつ食べることができるだろうか．実際に彼がピーマンのピクルスをいくつも食べられるとは考えられない．私たちは，通常，ピーマンは塩漬けにはしないでそのまま食べたり，加工する．きうりを保存するときには塩または酢に漬けるのが普通で，それがいわゆるピクルスである．

　ピクルスをつくるのは，浸透作用の興味深い応用例の一つである．塩は，ピクルスをつくる発酵過程の主要な成分である．この過程で，新鮮なきうりは30℃に保った10%食塩水中に2～6週間漬けられる．この塩水によって，きうりに含まれている水分と糖分の両方が浸み出し，浸出液が酢とあわされて，ピクルスを"保蔵"するための酸溶液となる．きうりの中の水分が，濃度の濃い塩水の方に流れ出ている間，きうりを塩水に漬けておくと，その間にきうりは縮む．

　ピクルスは包装されたり，食卓にあがる前には数回水で洗われ，ほとんどの塩分が取り除かれ

る．イノンド（Dill）ピクルスはイノンドハーブで発酵させ，水洗した後に酢に漬けられる．甘いピクルスは，甘いスパイスをきかせた酢に漬けられている．

* Peter Piper picked a peck of pickled peppers;
  A peck of pickled pepper Peter Piper picked;
  If Peter Piper picked a peck of pickled pepper,
  Where's the peck of pickled pepper Peter Piper picked?
  ピーター・パイパー　ピーマンのピクルス1ペックとった
  ピーマンのピクルス1ペック　ピーター・パイパーがとった
  もしピーター・パイパーが，ピーマンのピクルス1ペックとったなら
  ピーター・パイパーのとったピーマンのピクルス1ペックどこにある
  （マザーグースのうた「ピーターパイパー」より．日本音楽著作権協会(出)許諾第9466043-401号．）

11.9　容量オスモル濃度

血液中または尿中の粒子の全濃度は，しばしば**容量オスモル濃度**(osmolarity)で示される．溶液中の各粒子(イオンであっても，分子であっても)はその溶液の浸透圧に寄与しているので，容量オスモル濃度は溶液1L中の全粒子の全物質量で表される．どのような粒子の組合せであっても，1 molの粒子があればそれを1**オスモル**(osmol)と定義する．例えば，1 mol/LのKCl溶液は1Lの溶液であれば，1 molのK$^+$と1 molのCl$^-$，すなわち2 molの粒子が生成するので，2オスモルである．したがって，1 mol/LのKCl溶液1Lは2オスモルの容量オスモル濃度となる．異なった溶質粒子を含むが同じ容量オスモル濃度をもつ溶液は，同一の浸透圧をもつ．1 mol/L KCl溶液は1 mol/L NaBrと同一の容量オスモル濃度をもつので，同一の浸透圧をもつ．血液と尿の容量オスモル濃度を比較することは，しばしば腎機能のよい指標となる．正常な血清の容量オスモル濃度は275～295ミリオスモル(mOsm)であるが，正常な尿の容量オスモル濃度は300～1000 mOsmである．

11.10　等張溶液

生細胞での水の通過は重要な生物学的過程である．もし溶質の濃度が細胞膜の両側で等しいならば，浸透圧は等しく，細胞膜の両側の液はそのとき**等張**(isotonic)であるという．血漿中の塩の通常の濃度は，0.9% NaCl溶液と等張である．この濃度のNaCl溶液は，**標準食塩水**(normal saline)または**生理的食塩水**(physiological saline)とよばれる．

標準食塩水は赤血球細胞と等張である．赤血球細胞をその塩溶液につけても，変化はみられない．もし，赤血球を**低張溶液**(hypotonic solution)とよばれる溶質濃度の低い溶液(例えば蒸留水)に入れると，水は細胞の中に入る．そうすると細胞は膨張し，**溶血**(hemolysis)の過程を経て破裂する．もし赤血球細胞が**高張溶液**(hypertonic solution)とよばれる高い溶質濃度の溶液に入れられる(例えば血液に 3% NaCl 溶液を加える)と，水は細胞から溶液へと移動する．この場合には，細胞は**鈍鋸歯状形成**(crenation)という過程を経て縮む(図 11.8)．

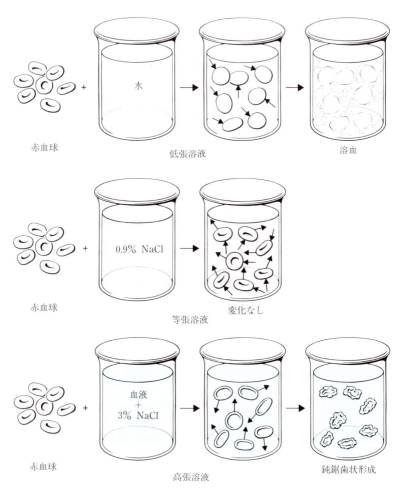

図 11.8　赤血球は，異なった濃度の溶液に入れられると種々の変化をする．

■パノラマ 11-4■

静脈注射液と電解質のバランス

注射によって液体や電解質を注入するのはどちらかといえば危険なことだが，いつでもそれらを経口的に投与できるとは限らない．静脈注射(IV)液が必要なのは，次のようなときである．

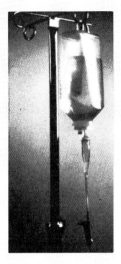

- 患者が出血，心筋梗塞，またはひどい火傷で生命に危険があるとき．このようなときには，IV液は直接血管系に入り，ただちに血漿の量を増加させるので，IV液を注射する必要がある．
- 患者が，長時間にわたる吐き気，嘔吐，あるいは下痢のために経口的に何も摂れなかったり，摂った流動食さえ消化できないとき．
- 胃液によって壊されたり，胃や腸管で吸収されない薬を患者が必要とするとき．
- 患者の容態により，経口的またはチューブによって与えられた食物を，消化または吸収できないとき．

用いられる静脈注射液の種類は，患者の容態および患者の体液の量と電解質のアンバランスの程度によって決められる．静脈注射液としては低張，等張または高張のいずれもあり得る．IV液は，通常，容量オスモル濃度が血漿と体液に等しい等張溶液である．5% ブドウ糖溶液と 0.9% NaCl 溶液は等張溶液の例である．もし患者が脱水症状を示していれば，低張のIV液が用いられる．0.45% NaCl 溶液を用いるとよい．もし患者が浮腫(組織に過剰の水がたまった状態)を患っていると，高張なIV液が用いられる．10% ブドウ糖溶液または 5% ブドウ糖を含む 0.45% NaCl 溶液はどちらも高張溶液である．

血流中には毛細血管の管壁を通らない溶質があるので，血液の溶質濃度はまわりの細胞外液よりも高い．その結果，水は細胞外液から毛細血管の中へ移動して，血管を

満たし，血管の収縮を防いでいる．栄養失調や腎臓障害のようなある種の疾患にかかると，血液中の粒子の数が減り，浸透圧が低下して組織から血管に移動する水分の量が減少する．これが，手や脚の組織の膨張としてあらわれる浮腫という症状の原因となる．

11.11 透析

細胞膜は浸透膜ではない．細胞が生きるためには，細胞膜は水分子を通すばかりではなく，イオンや栄養物，さらに老廃物も通さなければならない．低分子物質*は通すが高分子物質*は通さない膜を**透析膜**(dialyzing membrane)という．**透析**(dialysis)は，透析膜を介したイオンや小さい分子の動きである．ほとんどの動物の膜は透析膜である．

▌パノラマ 11-5▐

マグネシウムイオンの下剤効果

$MgCO_3$ と $Mg(OH)_2$ のようなマグネシウム化合物は，服用量が少なければ制酸剤として働き，量が多いと下剤として働く．胃酸過多症のひどい人は，この症状を緩和するつもりでこれらの化合物を間違えて大量に使用すると，その副作用に驚き大変不愉快な気持ちになるだろう．服

---

* 原著では"クリスタロイド(品質)"と"コロイド"という用語が使われている．1861 年に T.Graham は物質の拡散の研究に基づき，すべての物質をクリスタロイドとコロイドに分けたが，典型的なコロイドとみなされているタンパク質も適当な条件下では結晶化されるし，クリスタロイドに分類された物質の中にも，硫黄や食塩や金のように，条件によってはコロイド溶液になるものがある．現在では，クリスタロイドとコロイドという分け方はしないので，本書では"低分子物質"と"高分子物質"と読み換えることにする．

用者が感じる見かけ上の生理学的変化は，もっぱらマグネシウムイオンによって引き起される．これらの化合物が制酸剤として使用されるとき，マグネシウムは単なる"傍観者イオン"で何も役割を果していない．酸を実質的に中和しているのは，服用した塩の陰イオンである．この薬が下剤として働くのは，マグネシウムイオンが腸ではわずかしか吸収されないためである．大腸のマグネシウムイオン濃度が増加すると高張になるので，浸透圧が増し，まわりの細胞から大腸へと水分が流入し，便を薄め，下痢を引き起すことになる．このため，マグネシアの乳剤（水酸化マグネシウムと水の懸濁液）のような店頭販売の薬のラベルには，制酸剤と下剤の両方の適用量が記載されている．

透析は低分子と高分子の両方を含む細胞溶液から，純粋な高分子物質を得るための有用な実験手段とされている（図 11.9）．例えば，生化学者はしばしば水溶性イオンを除きタンパク質分子を分離するのに透析を行う．また，透析膜の穴の大きさを調節すれば，タンパク質の小さい分子を除き大きい分子を分離することもできる．

腎臓の機能は血液から老廃物を取り除くことである．もし腎臓に障害があって，うまく機能しないと，低分子の老廃物が血液中に蓄積し続け，ついに患者は死亡してしまう．しかし，人工腎臓という装置が，現在では腎障害をもつ患者の命を救っている．この装置を使い，腕または脚の動脈から，透析膜の機能をもったコイル状の長いセロ

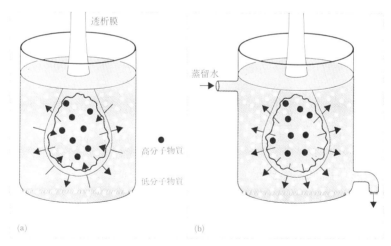

図 11.9 典型的な透析のシステム．
 (a) 低分子物質は容易に膜を通過するが，高分子物質は通らない．最終的には，透析膜の内と外の低分子物質の間で平衡が成り立つ．
 (b) もし蒸留水をゆっくりその系に流し続けると，高分子物質から低分子物質が完全に分離される．なぜなら透析膜の内と外の間の低分子物質は平衡にならないので，透析膜の内側から拡散を続け，高分子物質のみが内側に残されるからである．

ハンチューブに血液を流す．このチューブの外側は，血液中のすべての必要成分に対して等張な透析外液という溶液で取り囲まれている．そのために，これらの溶質は，等しい速度で血液と外液の間を出入りする．供給される透析外液には老廃物は含まれていないので，老廃物は血液中から次第に外へ出ていく．この方法で患者の血液はきれいになる．しかし，透析患者は血液中からの老廃物を十分に取り除くために，5時間から7時間もかかる治療を，毎週2~3回行わねばならない．

章のまとめ

溶液の濃度には多くの表し方がある．薄い，濃い，不飽和，飽和，過飽和――これらはごく普通の一般用語にすぎない．より正確にあらわすために，溶液の濃度はモル濃度，重量/体積%，mg%，溶質のppm, ppb，イオンの当量またはミリ当量などで示される．

液体溶媒に溶質粒子が溶解すると，その液体の沸点は上昇し，凝固点は下がる．浸透は，より低い溶質濃度の溶液からより高い溶質濃度の溶液への，膜を介した水（溶媒）の流れである．浸透圧は，そのような流れを妨害するために必要とされる圧力である．容量オスモル濃度は，溶液中の全物質量を対象とした全濃度で記される．等張溶液は，同じ容量オスモル濃度をもった溶液同士のことである．低張溶液は，与えられた溶液より少ない溶質粒子をもつ溶液で，高張溶液は，多い溶質粒子をもつ溶液である．透析は，低分子物質の濃度の高い部分から低い部分への膜を介した低分子物質の移動であり，高分子物質の移動ではない．細胞膜は透析膜と同様な機能をもつ．

重要な式

$$\text{モル濃度 (mol/L)} = \frac{\text{溶質の物質量 (mol)}}{\text{溶液 1 L}} \qquad [11.2]$$

$$\text{重量/体積\%} = \frac{\text{溶質の質量 (g)}}{\text{溶液 100 mL}} \times 100\% \qquad [11.3]$$

$$\text{mg\%} = \frac{\text{溶質の質量 (mg)}}{\text{溶液 100 mL}} \times 100\% \qquad [11.3]$$

$$1\,\text{ppm} = \frac{\text{溶質 1 mg}}{\text{溶液 1 L}} \qquad [11.4]$$

$$1\,\text{ppb} = \frac{\text{溶質 1 μg}}{\text{溶液 1 L}} \qquad [11.4]$$

$$1\,\text{当量} = 1\,\text{mol の電荷（電子が関与する場合）} \qquad [11.5]$$

$$1\,グラム当量 = \frac{物質の質量(\text{g})}{1\,当量} \qquad [11.5]$$

$$希釈: C_2 \times V_2 = C_1 \times V_1 \qquad [11.6]$$

$$容量オスモル濃度 = \frac{オスモル数}{溶液\,1\,\text{L}} \qquad [11.10]$$

復習問題

1. 希薄溶液，濃厚溶液，飽和溶液，過飽和溶液の違いを述べなさい． [11.1]
2. 砂糖の飽和水溶液が入ったビーカーに，さらに砂糖を加えた．砂糖はその溶液に溶けるか．理由を説明しなさい． [11.1]
3. H_2SO_4 4.9 g を溶解し，250 mL の溶液としたときのモル濃度はいくらか． [11.2]
4. 薬用せっけん液 Phisophex はヘキサクロロフェンを 3.00%(w/v) 含んでいる．このせっけん液の 148 mL びんは何 g のヘキサクロロフェンを含んでいるか． [11.3]
5. 0.10%(w/v) の炭酸ナトリウム溶液何 mL が，炭酸ナトリウム 2.5 g を含むか． [11.3]
6. 2.5 mg% のフルクトース溶液 25 mL を調製する方法を述べなさい． [11.3]
7. 次の水溶液をどのようにして調製するか，それぞれについて述べなさい． [11.2, 11.3]
   (a) 0.20 mol/L NaOH, 50 mL
   (b) 0.11 mol/L Na_2SO_4, 250 mL
   (c) 5.0%(w/v) KOH, 0.5 L
   (d) 0.50 mol/L NH_4Cl, 0.10 L
   (e) 8.25%(w/v) ブドウ糖, 125 mL
   (f) 22.0 mg% 乳酸, 225 mL
   (g) 6.0 mol/L HCl, 55 mL
   (h) 0.20 mol/L K_2HPO_4, 10 mL
   (i) 0.010 mol/L $(NH_4)_2SO_4$, 0.25 L
   (j) 0.832 mg% KCl, 35 mL
8. 水の試料 150 mL 中に，カドミウムが 0.26 µg 含まれている．カドミウムの濃度を ppb で表しなさい． [11.4]
9. 1989 年に，あるファーストフードレストランで配られたガラス製コップの飾り絵のペイントから，鉛が検出された．この鉛は，果物ジュースのような弱酸性の飲み物によっても溶け出す．ある検査では，100 mL のジュースに 4 mg の鉛が含まれていた．この溶液の鉛の濃度を ppm であらわすといくらになるか． [11.4]
10. 次のそれぞれの濃度を (1) モル濃度, (2) mg%, (3) ppm であらわしなさい． [11.2-11.4]
    (a) 10 mL 溶液中の 11 µg の $HgCl_2$
    (b) 250 mL 溶液中の 5.0 mg の NaF
    (c) 100 mL 溶液中の 0.039 g の KCN
    (d) 750 mL 溶液中の 0.99 mg の SeO_2
11. 次のイオンの 1 グラム当量を求めなさい． [11.5]
    (a) PO_4^{3-}
    (b) Br^-
    (c) Ba^{2+}
    (d) CO_3^{2-}
12. 大人の血液中のカリウムイオンの正常値は，3.5〜5.3 mEq/L である．利尿剤を服用している人の血液 5.0 mL 中に，0.39 mg の K^+ が含まれているとすると，カリウムを補う必要があるか． [11.5]
13. 細胞外液（体の細胞と細胞の間にある液体）中の Mg^{2+} 濃度が 2.0 mEq/L であるとすると，細胞外液 10 mL 中に何 mg の Mg^{2+} が存在するか． [11.5]
14. 次のそれぞれの溶液を 1:5 に希釈した溶液の，最終濃度はいくらか． [11.6]

(a)　6.0 mol/L H$_2$SO$_4$, 50 mL　　(b)　2 ppm Cd^{2+}, 150 mL
   (c)　3%(w/v) KCl, 30 mL　　(d)　32 mg% 尿素, 10 mL

15. 与えられた保存液から次の水溶液を得るには, どのように調製したらよいか. [11.6]
   (a) 10.0%(w/v) NaCl から 8.00%(w/v) NaCl を 250 mL.
   (b) 0.10 mol/L NaOH から 0.030 mol/L NaOH を 150 mL.
   (c) 2.5 mol/L H$_2$SO$_4$ 75 mL を 1 : 10 に希釈.
   (d) 7.8 mg% 尿酸から 6.4 mg% 尿酸を 55 mL.
   (e) 10 ppm Pb^{2+} から 4.0 ppm Pb^{2+} を 650 mL.

16. 冬季に, 歩道の上の氷を除くための有効な方法として, 塩をまくのはなぜか. [11.7]

17. 冷蔵庫に長い間しまっておいたセロリはしなびてしまう. 水につけると, また, かりかりした状態に戻る. セロリが, 最初のかりかりした状態に戻る理由を説明しなさい. [11.8]

18. 図 11.7(a) を参照しながら, 次のおのおのの条件によって 1 側または 2 側のどちらが上昇するかを答えなさい. [11.8]
   (a) 0.1 mol/L HCl を 1 側に, 0.01 mol/L HCl を 2 側に加える.
   (b) 1%(w/v) ブドウ糖を 1 側に, 5%(w/v) ブドウ糖を 2 側に加える.
   (c) 1 mol/L NaCl を 1 側に, 1%(w/v) NaCl を 2 側に加える.

19. 等張溶液 (0.9%(w/v) NaCl) の容量オスモル濃度はいくらか. [11.9]

20. 赤血球細胞を次の溶液に入れると, どのようなことが起るか. [11.10]
   (a) 1.5%(w/v) NaCl 溶液
   (b) 0.154 mol/L NaCl 溶液
   (c) 0.15%(w/v) NaCl 溶液

21. 問題 20. の各溶液は赤血球細胞に対して等張, 高張, 低張のいずれであるかを答えなさい. [11.10]

22. 人工腎臓の模式図を描き, おのおのの部位に名称をつけ, セロハンチューブに沿って分子レベルで何が起っているかをかきなさい. [11.11]

研究問題

23. 標準生理的食塩水 [0.900%(w/v) NaCl] の NaCl のモル濃度はいくらか.

24. ブドウ糖は, しばしば生理的食塩水に栄養源として加えられる. 5.0%(w/v) ブドウ糖-生理的食塩水を 500 mL つくるには, NaCl とブドウ糖をそれぞれ何 g 必要とするか.

25. ノボカイン (商品名) は塩酸塩水溶液のかたちで, すなわちプロカイン塩酸塩 (C$_{13}$H$_{20}$N$_2$O$_2$·HCl) 水溶液として投与される. プロカイン塩酸塩の 5.0%(w/v) 溶液 250 mL はどのようにして調製するか. この溶液のモル濃度を求めなさい.

26. ニトロソアミンは, 有力な発がん物質 (がんを起す化学物質) である. 1979 年に, ビール中のジメチルニトロソアミンの平均値は 5.90 ppb であった.
   (a) この年のビール 350 ml 缶の中に, 何 µg のジメチルニトロソアミンがあったか.
   (b) 1981 年までに, ビール中のジメチルニトロソアミンの平均濃度は 0.200 ppb に減少した. 350 ml 缶で, 何 µg のニトロソアミンが減少したか.

27. 炭酸リチウムを服用している患者の血液 100 mL 中に, 1.4 mg の Li$^+$ が含まれていた. Li$^+$ の血中濃度は, 1.5 mEq/L を越えてはいけない. その患者は炭酸リチウムの服用を止めるべきかどうか.

28. 血液化学検査室の報告によると，患者の血清中のナトリウムは 142 mEq/L である．患者の血液 (5.5 L) 中の Na^+ の総量はいくらか．

29. ある病院の検査室では，血清中の Na^+, K^+, Cl^- の濃度を1L当りのミリモル(mmol/L)で報告している．図11.5に示された報告書の Na^+, K^+, Cl^- の濃度は，1L当りの mmol であらわすとどのようになるか．

30. 実験に便利な3種の保存液，6.00 mol/L HCl，0.100 mol/L NaOH，5.00%(w/v) Na_2CO_3 がある．次の必要量を供給するには，保存液がどれだけ必要か．

(a) 0.300 mol HCl (b) 0.150 mol NaOH
(c) 2.50 g Na_2CO_3 (d) 40.0 mg NaOH
(e) 21.9 g HCl (f) 0.250 mol Na_2CO_3

31. なぜ溶液の浸透圧が溶質粒子の濃度のみに依存し，化学的性質に影響されないのかを説明しなさい．

32. 乾燥したプルーンを水の入ったグラスに入れる．数時間後，プルーンが随分大きくなっているのがわかる．また，グラスの水は甘くなっている．この変化を説明しなさい．

33. ひどい火傷の場合には，しばしばタンパク質分子が組織の中に入り込む．このタンパク質の増加は，組織液にどのような影響を与えるか．

34. ほとんどの淡水魚は，塩水の中では生きて行けない．どうしてか．

35. 硫酸カリウム(K_2SO_4)は強電解質であり，アルコールは非電解質である．1 mol/L K_2SO_4 溶液の浸透圧が，1 mol/L アルコール溶液の浸透圧の3倍になるのはどうしてかを説明しなさい．

36. 次の溶液のどれが 0.1 mol/L NaCl 溶液と同一の容量オスモル濃度をもっているか．

(a) 0.1 mol/L $CaCl_2$ 溶液 (b) 0.05 mol/L Na_2CO_3 溶液 (c) 0.1 mol/L NaOH 溶液

37. 赤血球細胞と等張なブドウ糖 ($C_6H_{12}O_6$) 溶液 250 mL を調製するには，どのようにすればよいか．

38. 10章のはじめに議論したエチオピア難民に与えた経口輸液剤(ORS)の1包は，次のような化合物を含む．

ブドウ糖	20.0 g	炭酸水素ナトリウム	2.5 g
塩化ナトリウム	3.5 g	塩化カリウム	1.5 g

包みには，包みの内容物を溶かして1Lの溶液になるようにと指示してある．

(a) ORS 成分のそれぞれの重量/体積パーセント濃度はいくらか．
(b) ORS 成分のそれぞれのモル濃度はいくらか．
(c) ORS 溶液の容量オスモル濃度はいくらか．

39. 室内用鉢植え植物を穴のない鉢の中で育てていると，ある地域では水道水中に溶けた塩が土の中にたまり，土の表面に白い結晶としてあらわれる．

(a) 時間が経つにつれて植物の成長が遅くなり，ついには死んでしまうのはなぜか説明しなさい．
(b) ある種の植物が，塩水の湿地でとてもうまく生きて行けるのはなぜか．

12

酸と塩基

　ロバートは子供の頃父親に連れて来られてから，アディロンダック地方のダーツ湖に通い続けている．いま，ロバートは孫のジョンを連れて魚釣りにきているが，どういうわけかようすは以前とはだいぶ変ってしまっている．この湖はまだ美しく，あたりの小屋はまだ丸太づくりで何も変っていないように見えるが，魚はほとんど釣れない．彼とジョンは1週間，毎日出かけたにもかかわらず，わずか2匹の魚を釣ったにすぎず，ロバートが少年のときに釣った魚の"数珠のような連なり"の思い出とははるかに異なっている．

　桟橋に戻ってから，ロバートはマリーナのオーナーが，大気を汚染している工場に何の警告も与えない政府を批判しているのを耳にした．彼は，大気の汚染が酸性雨の原因であると主張していたのである．酸性雨はこの地域のすべての湖を殺しかけていた．このことについてよく知りたいと思って，ロバートはその夜メインロッジで開かれる酸性雨についての討論会に出席することにした．

　その夜の討論会には，二人の大学の生物学者が出席し，アディロンダック地方の湖の酸性化の原因について討論した．最初の生物学者はマリーナのオーナーが話していた酸性雨説を説明した．この説によると，この問題は数種類のガスによる大気の汚染が原因である．これらのうちの二つは一酸化窒素（NO）と二酸化窒素（NO_2）——一緒にしてNO_xという——で

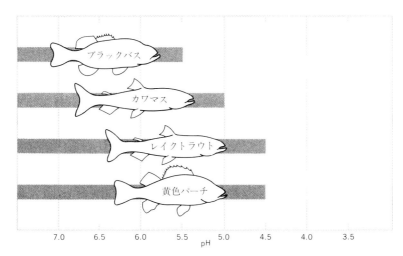

図 12.1 魚は種類によって,生息する水の酸性度に対する感受性が異なる.流れ込む酸性の水により,湖や池の水の pH は低下する.このような pH の低下が,ニューヨーク州アディロンダック地方の湖や池の 6% で,すべての魚が死んだことの一因と考えられる.

あり,その主な源は自動車と工場の排気ガスである.もう一つは二酸化硫黄(SO_2)である.これは硫黄を含む石炭や石油の燃焼により発生する.NO_x と SO_2 は大気中で酸に変化する.その後,大気中で雨に洗われると,雨水を酸性にする.この水は小川と湖に集まり,ゆっくりと水の濃度をより酸性にする源になる.ほとんどの植物と動物は,非常に狭い酸性度の範囲でしか耐えることができない.そのため,湖の酸性度が上昇すると魚とピノスガイ,ザリガニ,昆虫のような水生の生物が殺される(図 12.1).湖や小川の酸性度の上昇に加えて,酸性雨の中の硝酸塩は化学肥料としても働き,湖の中で藻類を繁茂させる.藻類の最盛期には水中の酸素をたくさん消費し,水生生物を窒息させる.また藻類が水面を覆うと,水生生物の成長に必要な太陽光線の透過が妨げられる.

　二人目の生物学者は,この酸性雨の説はすべての証拠を考慮していないと主張した.データは湖や小川の酸性化が 1900 年代初頭から始まっていることを示しており,それは自動車,火力発電所,工場などによる大気汚染が米国東部で問題となるかなり前のことである.科学者たちは米国西部の雨がとくに酸性とはいえないにもかかわらず,この地域の湖もまたゆっくりと酸性化していることに気づいている.それでは,湖に影響を与える酸性雨以外の酸の供給源は何だろうか.多くの自然の生物学的過程,すなわち植物の腐敗と土壌中の有機窒素の自然酸化によって酸がつくられることが知られている.これらの酸は,雨水が小川や湖に流れ込む過程で,雨水中に岩石や土壌の中から溶け出すことになる.この生物学者は,自然界でつくられた酸が恐らく湖と小川の酸性化現象に強くかかわっているだろうと述べた.

　二人の生物学者の議論をきちんと理解するために,私たちはどのような酸があるのかを正確に知る必要がある.また,環境中の酸の濃度の変化がなぜ生体系に重大な影響を与えるの

かを正しく知る必要がある．この章では，酸と塩基の性質と，それらの濃度が生物によって調節される仕組みについて学習する．

学習目標

この章を学習した後で，次のことができるようになっていること．
1. 酸と塩基のブレンステッド-ローリーの定義を述べ，反応における共役酸塩基対を明らかにする．
2. 強酸と弱酸および強塩基と弱塩基の違いを述べる．
3. 酸と塩基の中和反応の化学反応式をかく．
4. 酸および酸塩の化学式からその名称をかく．
5. 水のイオン化の式をかく．
6. 溶液のpHが与えられたとき，水素イオン濃度と水酸化物イオン濃度を計算する．また，その溶液が酸性，塩基性，中性のいずれかであるかを述べる．
7. 規定度を定義し，酸または塩基の溶液の規定度を計算する．
8. 滴定における当量点の計算を行う．
9. 緩衝作用を定義し，血漿がpHの大きな変化を防ぐ機構の一つを説明する．
10. アシドーシスとアルカローシスを定義し，それらが起る原因となる体内の条件を述べる．

酸と塩基

12.1 酸と塩基（ブレンステッド-ローリーの定義）

酸と塩基は生物の内部で重要な役割を果している．強酸と強塩基は極めて有害であり，タンパク質を溶解して組織を破壊し，水を抜きとる．例えば，濃硫酸は，強い脱水剤であり，触れると組織を急激に傷つける．強塩基は細胞の防御膜をつくっている脂肪と反応してその膜を壊し，酸よりももっと広範な組織の破壊の原因になる．強い洗濯せっけんと洗浄剤は塩基を含む．毛や絹(これらは動物性タンパク質である)が入った衣類は，そのようなせっけんで洗ってはいけない．せっけんの中の塩基がそれらの素材の繊維を縮め，部分的に溶解してしまうからである．

酸(acid)は，水に溶解したときにその溶液を酸っぱくし，リトマス試験紙を青から赤に変え，亜鉛やマグネシウムのような金属と反応して水素ガスを発生する．**塩基**(base)は苦い溶液をつくり，触れるとぬるぬるし，リトマス試験紙を赤から青に変える．塩基と酸は反応し，互いに相手を中和する．例えば，胃痛，消化不良，便秘を治す薬には炭酸水素イオン(HCO_3^-)が含まれていて，それは胃の中の塩酸(HCl)を中和する(図12.2)．

図 12.2 家庭の中の酸と塩基.

■パノラマ 12-1■

排水管洗浄剤の酸と塩基成分

　排水管の詰まりは家庭生活では不愉快なことだ.二つの物質が詰まりの原因になっている.台所での犯人はおそらく脂肪であり,洗面所ではまちがいなく髪の毛であろう.

　18章で学ぶように,水酸化ナトリウムのような強塩基は,脂肪と反応してせっけんをつくる.このことが,固体の水酸化ナトリウムまたは水酸化ナトリウムの濃厚溶液を,排水管洗浄剤として用いる理由である.水酸化ナトリウムが排水管に加えられると,脂肪の一部は NaOH と反応してせっけんになる.このせっけんは水に溶解し,容易に洗い流される.せっけんは,また,乳化剤として働き,残った脂肪を破壊し洗い流してしまう.固体の水酸化ナトリウムは,よく粉末アルミニウムと混合され,排水管洗浄剤として使用される.固体の水酸化ナトリウムは排水管中の水に接触すると,かなりの量の熱を放出する.この熱だけで脂肪を溶かし障害物を分解するのに十分である.アルミニウム金属は水酸化物イオンの存在下で水と反応し,水素ガスを発生する.このガスは,排水管中で障害物の破壊を助ける圧力をつくり出す.この二つの要素が効果的な二連打を与えることになる.水酸化ナトリウムは,また,洗面所の排水管をふさいでいる毛髪にも作用する.毛髪のタンパク質のイオン結合を切断し,毛髪を溶解し排水管をきれいにする.硫酸は,ある種の排水管洗浄剤に用いられているもう一つの強力な毛髪溶解剤である.

　何が化合物を酸にしたり塩基にしたりするのであろうか.用いられている酸と塩基の定義は数種類あるが,1923年にデンマークの化学者 J.N.Brønsted とイギリスの

化学者 T.M.Lowry によって独立に提出された定義が,生化学の研究にとって便利である.

酸とはプロトン* H⁺ を供与できる物質.

塩基はプロトン H⁺ を受容できる物質.

2,3 の例をみてみよう.まず次の反応を考えてみよう.

$$HNO_2 + H_2O \rightleftharpoons NO_2^- + H_3O^+ \qquad (1)$$
亜硝酸　　水　　　　亜硝酸　ヒドロニウム
　　　　　　　　　　イオン　　イオン

この反応では亜硝酸はプロトンを水に与える.したがって,亜硝酸は酸(プロトン供与体)であり,水は塩基(プロトン受容体)として働く.次の反応はどうだろうか.

$$NH_3 + H_2O \rightleftharpoons NH_4^+ + OH^- \qquad (2)$$
アンモニア　水　　　アンモニウム　水酸化物
　　　　　　　　　　イオン　　　　イオン

この反応では,アンモニア(NH₃)は水分子からプロトンを受け取る.したがって,アンモニアは塩基であり,水(プロトン供与体)は酸である.水は反応する物質によって酸として機能したり,塩基として機能することがわかる.条件により酸または塩基のどちらとしても機能する物質の性質を**両性**(amphoteric)という.

ここで式(1)の逆反応を考えてみよう.ここではヒドロニウムイオン(H_3O^+)は酸であり,亜硝酸イオン(NO_2^-)は塩基である.同様に,式(2)の逆反応ではアンモニウムイオン(NH_4^+)は酸であり,水酸化物イオン(OH^-)は塩基である.

$$HNO_2 + H_2O \rightleftharpoons NO_2^- + H_3O^+$$
酸₁　　塩基₂　　塩基₁　　酸₂

$$NH_3 + H_2O \rightleftharpoons NH_4^+ + OH^-$$
塩基₁　酸₂　　　酸₁　　塩基₂

---

* 水素原子は一つのプロトンをもつ原子核と一つの電子からなる.したがって,水素イオン(H^+,一つの電子を失った水素原子)は明らかにプロトンである.

HNO₂ と NO₂⁻ および H₂O と H₃O⁺ の間の違いは，プロトンがあるかないかであることに気づくだろう．これらは**共役酸塩基対**(conjugate acid-base pair)といわれる．亜硝酸イオンは亜硝酸の共役塩基であり，ヒドロニウムイオンは水の共役酸である．

多塩基酸(polyprotic acid)とよばれる酸は，塩基との反応で一つ以上のプロトンを与えることができる．例えば，硫酸(H_2SO_4)と炭酸(H_2CO_3)はおのおのの酸塩基反応でイオン化できる2個の水素をもっている．リン酸(H_3PO_4)は3個のイオン化し得る水素をもっている．

$$H_3PO_4 + H_2O \rightleftharpoons H_3O^+ + H_2PO_4^-$$
$$H_2PO_4^- + H_2O \rightleftharpoons H_3O^+ + HPO_4^{2-}$$
$$HPO_4^{2-} + H_2O \rightleftharpoons H_3O^+ + PO_4^{3-}$$

12.2 酸と塩基の強さ

強酸と強塩基を，強電解質と弱電解質を定義したのと全く同じ方法で定義してみよう．強酸は完全に，またはほとんど完全にすべてのプロトンをイオン化できる酸である．水に強酸を加えるとヒドロニウムイオンの濃度が著しく増加する．例えば，硝酸は強酸である．0.1 mol/L HNO_3 では，100%の硝酸分子がヒドロニウムイオンと硝酸イオンになっている．

$$HNO_3 + H_2O \longrightarrow H_3O^+ + NO_3^-$$

強酸には，ほかに塩酸(HCl)，臭化水素酸(HBr)，ヨウ化水素酸(HI)と硫酸(H_2SO_4)がある．しかし，ほとんどの酸は弱酸である．弱酸は水の中では一部がイオン化し，少量のプロトンを遊離する．そのため，水に弱酸を加えると，わずかなヒドロニウムイオンの増加がみられるだけである．酢酸は弱酸の一つである．0.1 mol/L CH_3COOH 溶液では，わずか1.3%の分子がイオン化しているにすぎない．

$$CH_3COOH + H_2O \rightleftharpoons H_3O^+ + CH_3COO^-$$

弱酸には，ほかに亜硝酸(HNO_2)，炭酸(H_2CO_3)，ホウ酸(H_3BO_3)などがある．同様に，強塩基はプロトンに対して非常に強い引力をもっている．弱塩基はプロトンに対して弱い引力しかもたず，わずかな分子がプロトンを受け取るにすぎない．水酸化物イオンは強塩基であり，アンモニアは弱塩基である．

もし酸が強く，そのためにプロトンを与える傾向が強いと，その共役塩基は弱く，プロトンに対して弱い引力しかもたない．弱酸に対しては逆のことが成り立つ．すなわち弱酸は，プロトンに対して強い引力をもつ共役塩基をもつ．共役酸塩基対の相対的な強さを表12.1に示す(酸の化学式の水素の数は，酸としての強さの指標にはなら

表 12.1　共役酸塩基対の相対的強さ

酸		塩基	
硫酸	H_2SO_4	HSO_4^-	硫酸水素イオン
塩酸	HCl	Cl^-	塩化物イオン
硝酸	HNO_3	NO_3^-	硝酸イオン
ヒドロニウムイオン	H_3O^+	H_2O	水
亜硫酸	H_2SO_3	HSO_3^-	亜硫酸水素イオン
硫酸水素イオン	HSO_4^-	SO_4^{2-}	硫酸イオン
リン酸	H_3PO_4	$H_2PO_4^-$	リン酸二水素イオン
亜硝酸	HNO_2	NO_2^-	亜硝酸イオン
酢酸	$HC_2H_3O_2$	$C_2H_3O_2^-$	酢酸イオン
炭酸	H_2CO_3	HCO_3^-	炭酸水素イオン
亜硫酸水素イオン	HSO_3^-	SO_3^{2-}	亜硫酸イオン
リン酸二水素イオン	$H_2PO_4^-$	HPO_4^{2-}	リン酸一水素イオン
アンモニウムイオン	NH_4^+	NH_3	アンモニア
炭酸水素イオン	HCO_3^-	CO_3^{2-}	炭酸イオン
リン酸一水素イオン	HPO_4^{2-}	PO_4^{3-}	リン酸イオン
水	H_2O	OH^-	水酸化物イオン
アンモニア	NH_3	NH_2^-	アミドイオン

（酸としての強さが増加／塩基としての強さが増加）

ないことに注意)*．

　表12.1の多塩基酸をみてみると，最初のプロトンを供与する中性の酸は，第2のプロトンを供与する陰イオンより強い酸であることがわかる．例えば，H_2CO_3 は HCO_3^- より強い酸である．これは中性の分子から陽イオン（H^+）を取り除く方が，負に荷電したイオンから H^+ を取り除くより容易だからである．

12.3　酸の命名

　水素と非金属元素からなる化合物を二元化合物という．これらの化合物は酸性の水溶液をつくり二元酸(binary acid)とよばれる．名称は"～化水素酸"となり，とくに酸素を含まない．例えば，HCl 塩(化水素)酸，H_2S 硫化水素酸，HBr 臭化水素酸となる．しかし，すべての二元水素化合物が酸であるとはかぎらない．二元水素化合物で，化学式のはじめに水素原子をもつとき（HCl, H_2S, HBr），それらは酸であるが CH_4 や

---

* 　酸の相対的な強さは，酸のイオン化反応の平衡定数を調べることで，定量的に測定できる．
　一般的に，酸 HA に対して酸解離定数は次のようになる．

$$HA \rightleftharpoons H^+ + A^- \qquad K_a = \frac{[H^+][A^-]}{[HA]}$$

　K_a が大きければ大きいほど酸は強い．表12.1の酸の順序は K_a の値によって決められたものである．例えば，亜硝酸の K_a(25℃)は 7.1×10^{-4}，酢酸の K_a(25℃)は 4.5×10^{-7} である．

NH_3のような化合物は酸ではない．

二元酸の塩(酸と塩基が反応したときに生成する)は非金属元素の陰イオンを含む．例えば，塩(化水素)酸は塩化物イオン Cl^- を含む塩化物塩を，臭化水素酸は臭化物イオン Br^- を含む臭化物塩を生成する．次に二つの例を示す．

$$HCl_{(aq)} + NaOH_{(aq)} \rightleftharpoons H_2O_{(l)} + NaCl_{(aq)}$$
$$HBr_{(aq)} + NaOH_{(aq)} \rightleftharpoons H_2O_{(l)} + NaBr_{(aq)}$$

ある種の酸は，3個の異なる元素，すなわち水素，酸素と他の非金属元素からなり，酸素酸またはオキソ酸という．酸素酸の命名は第3元素の酸化数に基づいている．もし同一の元素で二種類の酸素酸しかできない場合には，中心元素の酸化数の低い方に"亜"をつけ"亜〜酸"と命名される．例えば，

HNO_3	(Nの酸化数は5+)	硝酸	nitric acid
HNO_2	(Nの酸化数は3+)	亜硝酸	nitrous acid
H_2SO_4	(Sの酸化数は6+)	硫酸	sulfuric acid
H_2SO_3	(Sの酸化数は4+)	亜硫酸	sulfurous acid
H_3AsO_4	(Asの酸化数は5+)	ヒ酸	arsenic acid
H_3AsO_3	(Asの酸化数は3+)	亜ヒ酸	arsenous acid

があり，一般に亜酸の方が酸素が一つ少ない．

17属元素，すなわちハロゲン，は4個の異なった酸素酸をつくる．この場合，酸素がもっとも少ない酸素酸(ハロゲンの酸化数は1+)は接頭語次亜(hypo-)をつけ，もっとも酸素の多い酸素酸(ハロゲンの酸化数は7+)は接頭語，過(per-)をつける．例えば，水素，酸素，塩素からなる4個の酸素酸は次の通りである．

$HOCl$	次亜塩素酸	(塩素の酸化数は1+)	hypochlorous acid
$HClO_2$	亜塩素酸	(塩素の酸化数は3+)	chlorous acid
$HClO_3$	塩素酸	(塩素の酸化数は5+)	chloric acid
$HClO_4$	過塩素酸	(塩素の酸化数は7+)	perchloric acid

酸の他の名称にオルト酸とメタ酸という慣用的なよび方がある．いくつかのリン酸が存在するが，それらのうちの二つ，HPO_3 と H_3PO_4 を比較したとき，二つの差は酸の中に含まれている水(H_2O)の量である．水をもっとも多く含む酸がオルト酸で，それより1分子水が少ないものがメタ酸である．なお，それらのうちのどちらかが，他方より一般的な酸の名称であれば，約束によって接頭語は省略する．しかし，どちらかを明示する必要がある場合にはは，接頭語をつける．

H_3PO_4	オルトリン酸(リン酸)，	HPO_3	メタリン酸
H_4SiO_4	オルトケイ酸(ケイ酸)，	H_2SiO_3	メタケイ酸

多塩基酸は水素を含むイオンを形成し，それ自身もなお酸である．これらのイオンは酸性塩 (acid salt) といわれる化合物をつくる．その酸性塩はまだ存在している水素原子の数を示すように命名される．例えば，リン酸 (H_3PO_4) はリン酸二水素ナトリウム (NaH_2PO_4) とリン酸一水素ナトリウム (Na_2HPO_4) を形成しイオンをつくる．また，二塩基酸の酸性塩には接頭語，重 (bi-) が1個の水素の存在を示すために，まだしばしば用いられている．例えば，炭酸水素ナトリウム $NaHCO_3$ は重炭酸ナトリウム (sodium bicarbonate) ともよばれている．

例題 12-1

次の酸，HF, HNO_2, HNO_3 の名称をかきなさい．

[解] HF： HF は二元酸であり，その名称はフッ化水素酸である．

HNO_2 と HNO_3： HNO_2 と HNO_3 は窒素を含む酸素酸である．最初の酸の窒素の酸化数は 3+ である．2番目のそれは 5+ である．それゆえ，HNO_2 は亜硝酸 (nitrous acid) で HNO_3 は硝酸 (nitric acid) である．

練習問題 12-1

1. 酸 HI, HOI, HIO_2, HIO_3, HIO_4 の名称をかきなさい．
2. 次の (a), (b) の化学式をかきなさい．
   (a) 硫酸水素ナトリウム　　(b) 過ヨウ素酸イオン

■パノラマ 12-2■　　制酸剤

胃酸過多や消化不良の治療薬は，痛み止めの次にもっともよく売れる医薬品である．制酸剤の購入に多額の費用が使われていることと店頭で売られている制酸剤の種類の多さには驚かされてしまう．興味深いことに，これらのどの制酸剤をみても，成分にはわずかな違いしかない．次にあげた一般的な市販の制酸剤の成分について考えてみよう．

制酸剤	成分
Alka-Seltzer	$NaHCO_3$ + クエン酸 （アスピリンを含む）
Bromo-Seltzer	$NaHCO_3$ + クエン酸 （アセトアミノフェンを含む）
Di-Gel	$Al(OH)_3$ + $Mg(OH)_2$ （シメチコンを含む）
Maalox	$Al(OH)_3$ + $Mg(OH)_2$
Rolaids	$NaAl(OH)_2CO_3$
Tums	$CaCO_3$

胃潰瘍にかかっている人には胃酸を中和するための投薬が必要であるが，制酸剤を使っている多くの人々は，実際にはそれらを必要としない．制酸剤は通常，消化不良，胃酸過多または胸やけを和らげるために使用される．しかし，このような症状は過剰の胃酸がなくても起る．貧し

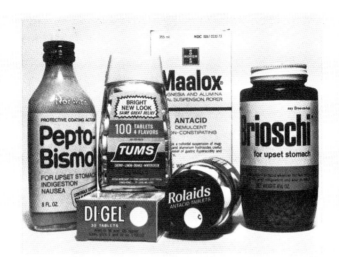

い食生活やごくありふれたストレスによっても起るのである.
　普通, 胃壁は 24 時間で約 2 L の HCl 溶液を分泌する. 分泌量は食事の後がもっとも多い. 食物の中のタンパク質や, アルコールやカフェインなどは HCl の分泌をさかんにする. 私たちの感情もまた胃酸の分泌に影響する. しかし最悪の条件下でも, 過剰の胃酸の量が 0.010 mol より多くなることは滅多にない. この程度の過剰の酸を中和するにはほんの少量の制酸剤で間にあう. どの制酸剤でも 1 錠で十分である. それ以上多く飲むと, 胃の pH を上昇させる. 胃の pH が 7 近くになると, 胃の "反発" が起り, より多くの HCl が分泌される.
　制酸剤を過信することは危険である. それは, 私たちの体内の正常な酸塩基のバランスを変化させ, 時には腎臓結石のもとになる. 水酸化アルミニウムを含む制酸剤は便秘の原因になり, 一方, 水酸化マグネシウムはちょうど反対の, 下剤の働きをする. 炭酸水素ナトリウムの制酸剤は, しばしば酸反発を起す. また, 制酸剤はいくつかの別の薬剤と作用して, 体内へのその薬剤の吸収と腎臓による排除を減少させる. 以上のことから, 制酸剤は大量に, またはっきりした理由なしに用いてはならない薬だということが明らかである.

12.4　中和反応

酸は塩基と反応し, 水と**塩**(salt)とよばれるイオン結合性化合物が解離したイオンを形成する. 例えば,

$$HCl_{(aq)} + NaOH_{(aq)} \longrightarrow H_2O_{(l)} + NaCl_{(aq)}$$
　　　酸　　　　塩基　　　　　　　　　　塩

もし等量のヒドロニウムイオンと水酸化物イオンが反応すると, 生成した溶液は酸性でも塩基性でもなく, **中性**(neutral)であるという. **中和反応**(neutralization reaction)

は，酸性または塩基性の溶液が中性溶液に変化する反応である．

例えば，塩酸と水酸化ナトリウムの反応は水溶液中のイオンの間で起きる．その反応のイオン反応式は

$$H^+_{(aq)} + Cl^-_{(aq)} + Na^+_{(aq)} + OH^-_{(aq)} \longrightarrow H_2O_{(l)} + Na^+_{(aq)} + Cl^-_{(aq)}$$

である．この反応の正味のイオン反応式(矢印の両側から同じイオンを消去した式)は

$$H^+_{(aq)} + OH^-_{(aq)} \longrightarrow H_2O_{(l)}$$

となる．この正味のイオン反応式を，単にイオン反応式ということが多い．

例題 12-2

硫酸を水酸化カリウムで中和するときの化学反応式をかきなさい．

[**解**] 反応物は H_2SO_4 と KOH である．生成物は水(H_2SO_4 からの H^+ と KOH からの OH^-)と硫酸カリウム(K^+ と SO_4^{2-} からなる)である．硫酸カリウムの化学式は K_2SO_4 である．つり合っていない化学反応式は

$$H_2SO_4 + KOH \longrightarrow H_2O + K_2SO_4$$

最初にカリウム原子をつり合せると次のような化学反応式になる．

$$H_2SO_4 + 2\,KOH \longrightarrow H_2O + K_2SO_4$$

硫黄原子はすでにつり合っているので，次に水素原子をつり合せる．

$$H_2SO_4 + 2\,KOH \longrightarrow 2\,H_2O + K_2SO_4$$

最後に，両側の酸素原子の総数を比較する．両側とも6個で同数だからこの式はつり合っている．

▌パノラマ 12-3▐

ベーキングパウダー

私たちはふんわりしたパンとケーキに慣れすぎてしまっているので，それらをつくるときにパン種が果している役割についてはほとんど考えることがない．もしパン生地が膨らまないと，ほとんどのパンやケーキは重くて密な食欲をそそらない練り菓子になってしまう．

パン生地に何が起っているのだろうか．ふくらむ原因の一つはパン生地の水分から生じる蒸気である．膨張の30～80％がこれによって起る．私たちがパン種について考えるとき，ベーキングパウダーとイーストのどちらが心に浮かぶだろうか．イーストは砂糖を栄養源とする微生物でアルコールと二酸化炭素をつくる．二酸化炭素が発生するにつれて，パンが膨張するのである．

イーストが十分な量の二酸化炭素をつくるには長い時間がかかるので，多くのパンやケーキをつくるのにイーストの代りにベーキングパウダーが用いられている．ケーキ，クッキー，ドーナツ，パンケーキ，またピザさえも，このイーストの代用品を用いてつくられている．

　この粉末は炭酸水素ナトリウムのような膨張作用をもつ種々の成分の混合物である．実際に，炭酸水素ナトリウムはベーキングパウダーとして用いられるので，ベーキングソーダともよばれる．炭酸水素ナトリウムは酸と反応して次の式のように二酸化炭素を生成する．

$$NaHCO_{3(aq)} + H^+_{(aq)} \longrightarrow Na^+_{(aq)} + H_2CO_{3(aq)}$$
$$H_2CO_{3(aq)}(不安定) \longrightarrow CO_{2(g)} + H_2O$$

ベーキングパウダーのそのほかの成分は，H^+ を供給する酸，ベーキングソーダと酸の間の反応を遅らせるデンプンのような不活性な物質である．デンプンは空気中の水分の吸収も防ぐ．水をベーキングパウダーに加えるとベーキングソーダと酸は溶解して反応し，二酸化炭素が生成する．数種の異なった酸がベーキングパウダーに利用されている．酸の種類は水に対する溶解度の違いによって選ばれる．この溶解度の違いは，酸が炭酸水素ナトリウムと反応する速度に影響する．速く働くベーキングパウダーには酒石酸($H_2C_4H_4O_6$)，または酒石酸と酒石酸カリウム($KHC_4H_4O_6$)の混合物が用いられる．この場合，CO_2 のほとんどは水と接触するとただちに放出される．ゆっくり働くパウダーにはリン酸水素カルシウム($CaHPO_4$)のような酸が用いられる．このパウダーは生地が焼かれるときにだけ，CO_2 を放出する．

練習問題 12-2

硝酸と水酸化カリウムの中和反応の化学反応式とイオン反応式をかきなさい．

12.5 水のイオン化

10章では水がイオン結合性化合物を溶解することと,極性の強い分子化合物(共有結合性化合物)をイオン化する能力について学んだ.ごくわずかであるが水分子は他の水分子をイオン化する.25℃では5億5千万個の水分子のうちのわずか1分子が1個のヒドロニウムイオン H_3O^+ と水酸化物イオン OH^- になる.1Lの水の中での H_3O^+ と OH^- の濃度はそれぞれ 1×10^{-7} mol/L である.

$$H_2O + H_2O \rightleftharpoons H_3O^+ + OH^-$$

水のイオン化を簡単に次の反応式のようにかくことが多い.

$$H_2O \rightleftharpoons \underset{\substack{\text{水素イオン}\\(\text{プロトン})}}{H^+} + \underset{\text{水酸化物イオン}}{OH^-}$$

上の式のように,水溶液ではプロトンおよび水素イオンという用語をしばしば用いるが,単独の水素イオン H^+ は決して水中には存在しないことを知っていなければならない.すなわち,水素イオンは水分子と一緒になり,常にヒドロニウムイオン(水和プロトン)の形で存在する.

$$H^+ + \overset{H}{\underset{}{:\ddot{O}:H}} \longrightarrow \overset{H}{\underset{}{H:\ddot{O}:H}}{}^+$$

酸素と水素イオンの間に形成された共有結合では,酸素分子は結合に関与する2個の電子を提供する.このような結合,すなわち片方の原子が必要な2個の電子を提供する結合を**配位(共有)結合**(coordinate (covalent) bond)という.

12.6 水のイオン積 K_w

非常に少ない数の水分子が,水素イオン*と水酸化物イオンに解離することを前の節で述べた.純粋な水の中では,水素イオンの濃度は室温で 0.0000001 mol/L,すなわち 1×10^{-7} mol/L に過ぎない.水酸化物イオンは水素イオンと同数だけ生成するので,

---

* 水素イオンとヒドロニウムイオンという用語は同等に用いている.

OH⁻ の濃度もまた $1×10^{-7}$ mol/L である．それゆえ，

$$[\text{H}^+]×[\text{OH}^-] = (1×10^{-7})(1×10^{-7}) = 1×10^{-14} = K_w$$

ここでは[ ]は"mol／Lで表した平衡濃度"である．この数値は，**水のイオン積**(ion product of water, K_w)として知られているが，室温では常に $1×10^{-14}$ に等しい．H⁺ と OH⁻ のどちらか一方の濃度がわかれば，この式を用いてもう一方の濃度を計算することができる．

$$[\text{H}^+] = \frac{1×10^{-14}}{[\text{OH}^-]} \qquad [\text{OH}^-] = \frac{1×10^{-14}}{[\text{H}^+]}$$

例題 12-3

わずかに酸性である水溶液の水素イオン濃度を測定したところ，その値は $1×10^{-5}$ mol/L であった．この水溶液中の水酸化物イオンの濃度を求めなさい．

[解] 上の式に代入すると，次の式が成り立ち，解答が得られる．

$$[\text{OH}^-] = \frac{1×10^{-14}}{[\text{H}^+]} = \frac{1×10^{-14}}{1×10^{-5}} = 1×10^{-9}$$

(指数の計算について自信がない人は付録1を参照)．

練習問題 12-3

水酸化物イオンの濃度が次の値の水溶液の，水素イオン濃度 (mol／L) を求めなさい．
(a) $1×10^{-3}$ mol/L
(b) $5×10^{-6}$ mol/L
(c) 200 mL 中に 0.0004 mol
(d) 0.00040 mol/L
(e) 0.01 mol/L
(f) 500 mL 中に $8.00×10^{-8}$ mol

酸と塩基の濃度の測定

12.7 pH 目盛り

水素イオン濃度のわずかな変化でも，生細胞にとっては非常に重要な意味をもち，また，自然科学の多くの分野の研究に重大な影響を与える．そのため，科学者は水素イオン濃度をよく測定する．1909年デンマークの生化学者 Soren Sorenson は，負の指数(例えば 10^{-7})または小数(例えば 0.0000001)を用いるよりも便利な，pH 値を用い

■パノラマ 12-4■

pH バランスシャンプー

　市場には非常に多くのシャンプーがあり，生産者たちは自社の製品を消費者に利用してもらえるようにイメージ広告をしている．あなたは恐らく，"非アルカリ性"，"pH バランス商品"と銘うったシャンプーの広告を見たことがあるだろう．これらのシャンプーは本当にほかのものより優れているのだろうか．髪の化学と，シャンプーと髪との作用を理解することは，これらの疑問への答えを与えてくれるはずである．

　髪の大部分はケラチンである．ケラチンは約 20 の異なったアミノ酸からなるタンパク質である．髪の腰の強さの一部は，隣りあったタンパク質の陰イオンと陽イオンの間の引力(塩橋とよばれる)によっている．ほとんどの塩橋は pH が 4.1 のときに生じる．髪の pH が何かの原因で 4.1 以上に上がると，タンパク質間の引力が小さくなり，その強靭さが低下し，髪はより柔軟になる．pH が 7 付近の水にもこの作用がある．湿った髪は，なんと乾いた髪より 1.5 倍も長く伸ばせるのである．

　髪を洗う主な理由は，体内から分泌された過剰な皮脂と髪についている汚れを取り除くことである．これに必要な成分は洗剤のみである．せっけんや洗剤はアルカリ性なので，それらを使うと髪の pH は 4.1 以上になる．塩基性の高いシャンプー(pH 9.0 以上)を使うと，髪がひどくいたみ，同時に皮膚と目も刺激される．そのため，ほとんどのシャンプーの pH は 5 と 8 の間にある．これらのシャンプーは洗髪のときには水で薄められるので，その溶液の pH は 7 (水の pH) 付近になる．この値付近での pH の変化は非常に小さく，髪に目立った影響を与えることはない．したがって，非アルカリ性の pH バランスシャンプーの方が，現在売られているほかのシャンプーに比べて，とくに優れているとはいえないのである．

て水素イオン濃度を表す方法を考案した．pH は mol/L で表した水素イオンの濃度を 10 の累乗で表した負の指数である．数学的には

$$[H^+] = 1 \times 10^{-pH} \text{ または } pH = -\log[H^+]$$

室温では，純水の $[H^+]$ は 1×10^{-7} である．したがって，純水の pH は 7 である．純水の $[H^+]$ は $[OH^-]$ に等しいので，水は中性である．このことは中性溶液の pH は 7 であることを意味する．酸性溶液は水素イオン濃度が水酸化物イオンの濃度より大きい溶液である．表 12.2 から酸性溶液は 10 の指数が -7 より，より大きい負の値であることがわかる．したがって，酸性溶液の pH は 7 より小さい．塩基性溶液は水素イオン濃度が水酸化物イオン濃度より小さい溶液である．したがって，その pH は 7 より大きい(図 12.3)．

　溶液の pH が生体分子の活性に影響するので，この分野の研究では pH の測定は，重

表 12.2 pH 値と対応する水素イオンと水酸化物イオンの濃度

	[H⁺]		pH	$[OH^-] = \dfrac{1 \times 10^{-14}}{[H^+]}$
酸性	10^{0}	= 1	0	10^{-14}
	10^{-1}	= 0.1	1	10^{-13}
	10^{-2}	= 0.01	2	10^{-12}
	10^{-3}	= 0.001	3	10^{-11}
	10^{-4}	= 0.0001	4	10^{-10}
	10^{-5}	= 0.00001	5	10^{-9}
	10^{-6}	= 0.000001	6	10^{-8}
中性	10^{-7}	= 0.0000001	7	10^{-7}
	10^{-8}	= 0.00000001	8	10^{-6}
	10^{-9}	= 0.000000001	9	10^{-5}
塩基性	10^{-10}	= 0.0000000001	10	10^{-4}
(アルカリ性)	10^{-11}	= 0.00000000001	11	10^{-3}
	10^{-12}	= 0.000000000001	12	10^{-2}
	10^{-13}	= 0.0000000000001	13	10^{-1}
	10^{-14}	= 0.00000000000001	14	10^{0}

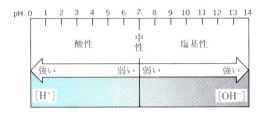

図 12.3 pH 目盛り.酸性溶液の領域は pH 0〜7,塩基性溶液の領域は pH 7〜14 である.pH 7 の溶液は中性である.

要な実験操作の一つである.例えば,バクテリアは非常にせまい pH の範囲でもっともよく成長する.したがって,培養環境の pH を注意深く調節する必要がある.酵素,すなわち生物学的触媒の最適 pH は酵素ごとにそれぞれせまい範囲に限られ,その領域は,ペプシン(胃の中の酵素)の 1 から 4 にはじまり,トリプシン(小腸の中の酵素)では 8 から 9 というように変化に富んでいる.ほとんどの体液の pH は,非常にせまい範囲に維持されていて,この範囲を越えるとその生物にはとても有害である(表 12.3).

溶液の pH は pH メータを使って測定することができる(図 12.4).この器具は,溶液中に生じる電圧が溶液の pH によって変化するということを利用している.pH メータほど正確ではないが,指示薬によっておよその pH を知ることができる.この方

表 12.3 体液の正常な pH 範囲

体液	pH	体液	pH
胃液	1.0〜3.0	血液	7.35〜7.45
ちつ分泌液	3.8	腸分泌液	7.7
尿	5.5〜7.0	胆汁	7.8〜8.8
唾液	6.5〜7.5	膵液	8

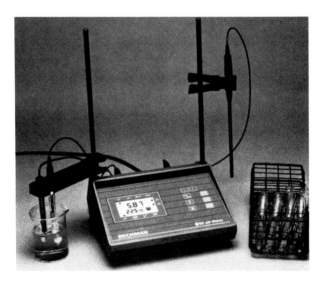

図 12.4 pH メータ.

法では酸塩基指示薬(pH 指示薬)とよばれる化学染料を用いる。これらの指示薬はある水素イオン濃度で色が変化する(表 12.4、口絵 X)。例えば、ニトラジン染料を含む紙は pH 4.5 では黄色であるが、pH 7.5 では青色である。そのような紙は尿の pH 検査に用いられる。酸性の尿(pH が 4.5 以下)はその試験紙を黄色に変化させ、これが重大な病気の診断につながることがある。

例題 12-4

この章のはじめに、大気中の汚染物質である二酸化硫黄と二酸化窒素が雨によって空気が洗われると、雨水と反応して酸性溶液になることを学んだ。酸性雨は米国だけでなく、世界全体の問題である。スウェーデンから送られてきた雨水の pH が 4 であることがわかった。

表 12.4 pH 指示薬の変色域

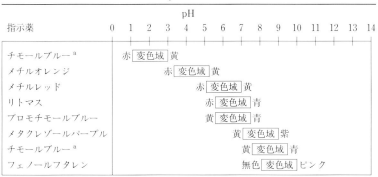

(a) この試料は酸性かそれとも塩基性か．

[解] pH が 7 より小さいので，この溶液は酸性である．

(b) この試料の H^+ と OH^- の濃度を求めなさい．

[解] $[H^+] = 1\times 10^{-pH} = 1\times 10^{-4}$

$[OH^-] = \dfrac{1\times 10^{-14}}{[H^+]} = \dfrac{1\times 10^{-14}}{1\times 10^{-4}} = 1\times 10^{-10}$

練習問題 12-4

1. 次の pH の値をもつ溶液が酸性であるか塩基性であるかを答え，また，H^+ と OH^- の濃度を求めなさい．
   (a) pH 11　　(b) pH 2　　(c) pH 5　　(d) pH 9

2. 唾液 20 mL 中に 2.0×10^{-9} mol の水素イオンが含まれるとすると，唾液の pH はいくらになるか．

12.8　滴定

溶液中の酸または塩基の定量に中和反応が利用される．酸が中和反応で 1 原子以上の水素イオンを供与する場合は複雑である．そのような場合のために，化学者は規定度という濃度の単位を考案した．この濃度単位は中和反応での有効な水素イオンの数を便利に表すものである．**規定度**(N, normality)は，溶液 1 L 当りの酸または塩基の当量数である．

$$規定度(N) = \frac{当量数(酸または塩基)}{溶液 1\,L}$$

酸の1**当量**(Eq, equivalent)は1 mol の水素イオンを供与する酸の物質量である．塩基の1当量は，ある反応で水素イオンの1 mol を中和する塩基の物質量である．例えば，1 mol の NaOH は1 mol の水素イオンを中和する．それゆえ，1 mol の NaOH は1当量の NaOH に等しい．1 mol の NaOH は40 g であるから，NaOH 1当量は40 g である．このことは1 N の NaOH 溶液は1 L 中に40 g の NaOH を含むことを意味する．

また，1 mol の硫酸(H_2SO_4)は2 mol の水素イオンを供与する．ゆえに，1 mol の H_2SO_4 は2当量の H_2SO_4 に相当する．1 mol の H_2SO_4 は98 g であるから，H_2SO_4 の1当量は98/2 g，すなわち49 g である．このことは1 N の H_2SO_4 溶液は1 L 中に49 g の H_2SO_4 を含むことを意味する．

例題 12-5

1. 3個の水素イオン全部が中和されるとすると，リン酸 H_3PO_4 の1当量の質量はいくらになるか．

[解] 1 mol の H_3PO_4 は3 mol の水素イオンを供与する．

したがって，
$$1\,mol\ \ H_3PO_4 = 3\,当量\ H_3PO_4$$

また，
$$1\,mol\ \ H_3PO_4 = 98.0\,g$$

である．これらの関係を用いて，次のように H_3PO_4 の1当量の質量が計算できる．

$$\frac{98.0\,g\ H_3PO_4}{1\,mol\ H_3PO_4} \times \frac{1\,mol\ H_3PO_4}{3\,当量\ H_3PO_4} = \frac{32.7\,g\ H_3PO_4}{1\,当量\ H_3PO_4}$$

2. H_3PO_4 4.09 g を水に溶解し，250 mL の溶液にした．この溶液の規定度はいくらか．

[解] H_3PO_4 の1 L 当りの当量数を決める必要がある．最初に，H_3PO_4 4.09 g の当量数を求める．

$$4.09\,g\ \ H_3PO_4 \times \frac{1\,当量\ \ H_3PO_4}{32.7\,g\ \ H_3PO_4} = 0.125\,当量\ \ H_3PO_4$$

0.125 当量の H_3PO_4 が250 mL に溶解しているのであるから，次にこれを1 L

当りの当量数にする.

$$\frac{0.125 \text{ 当量 } H_3PO_4}{250 \text{ mL}} \times \frac{1000 \text{ mL}}{1 \text{ L}} = \frac{0.500 \text{ 当量 } H_3PO_4}{1 \text{ L}}$$

したがって，この溶液の規定度は 0.500 N である.

練習問題 12-5

1. 次の(a), (b) の 1 当量の質量はいくらか.
   (a) HNO_3 (b) $Ca(OH)_2$
2. どのようにして，0.120 N HCl の溶液 200 mL を調製したらよいか.
3. どのようにして，0.0500 N $Ca(OH)_2$ 溶液 500 mL を調製したらよいか.

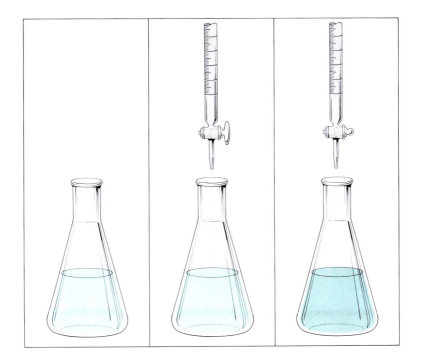

図 12.5 滴定（口絵 XI 参照）.
1. 濃度未知の酸性溶液を指示薬と一緒に三角フラスコに入れる.
2. 濃度既知の塩基性溶液をビュレットからゆっくり加える.
3. 指示薬が変色したら，ビュレットからの塩基の滴下を止める. 色の変化は，フラスコの中のすべての酸が塩基によってちょうど中和されたことを示しているのである.

溶液中の酸または塩基の量を決めるために中和反応が用いられ，その操作を**滴定**(titration)という．滴定(図12.5)では，濃度のわかっている塩基の溶液を，ビュレットを用いて濃度未知の酸の溶液に加える(または濃度既知の酸性溶液を濃度未知の塩基性溶液に加える)．中和反応はpHメータまたは酸塩基指示薬でその進行を追跡できる．塩基の当量数が酸の当量数に等しくなると，滴定の**当量点**(equivalence point)に達したことになる．滴定に用いる酸塩基指示薬には，**終点**(end point)すなわち当量点に達したときに変色するものを注意深く選択しなければならない．滴定の非常に重要な用途には，血液のアルカリ成分(塩基成分)，胃液の酸性度，または尿の酸性度を測定することなどがある．一般的に，100 mLの胃液を中和するのに，0.10 N NaOH 44 mLが必要であれば，その人は胃酸過多症であり，10 mL以下であれば胃酸欠乏症であると診断される．滴定の当量点では，酸の当量数と塩基の当量数は等しい(すなわち $Eq_a = Eq_b$)．滴定の際には，当量はわからないが，標準溶液の規定度またはモル濃度，酸と塩基のそれぞれの溶液の体積はわかるので，規定度の定義から次の式が導ける．

$$N_a = \frac{Eq_a}{V_a} \qquad N_b = \frac{Eq_b}{V_b}$$

これらの式から

$$N_a \times V_a = Eq_a \qquad N_b \times V_b = Eq_b$$

が得られる．当量点で，Eq_a は Eq_b に等しいので，次の式が得られる．

$$N_a \times V_a = N_b \times V_b \tag{3}$$

この式の両側の単位は相殺されるので，V_a と V_b は両側で同一の単位が用いられればどのような体積の単位であってもよい．式(3)を用いれば，滴定の計算が非常にらくになる．

例題 12-6

0.24 N NaOH溶液55 mLを完全に中和するのに必要な，0.36 N H_2SO_4 の体積(mL)を求めなさい．

[**解**]　式(3)に数値を入れると，当量点では次のようになる．

$$0.36 \text{ N} \times V_a = 0.24 \text{ N} \times 55 \text{ mL}$$

$$V_a = \frac{0.24 \text{ N} \times 55 \text{ mL}}{0.36 \text{ N}} = 37 \text{ mL}$$

練習問題 12-6

1. 1.5 L の硝酸溶液を完全に中和するのに，0.10 N KOH 溶液 0.75 L が必要であった．この硝酸溶液の規定度を求めなさい．
2. 胃液の滴定は臨床診断に大変有効である．胃液 100 mL を完全に中和するのに 0.10 N NaOH 溶液 27 mL が必要であった．この胃液の酸の濃度を求めなさい．

緩衝系

12.9　緩衝剤とは

　緩衝剤(buffer)とは，溶液中に存在するときに，その pH の急激な変化に抵抗する物質のことである．とくに，酸または塩基が溶液に加えられたときに，pH の大きな変化が起らないように抵抗する．生細胞はわずかな pH 変化にも非常に敏感である．前に述べたように，この敏感さの理由は，代謝反応に関与する酵素が狭い pH 範囲の中だけで作用するからである．pH の変化は酵素の活動を遅くしたり，または止めてしまう．幸い，体細胞，細胞外液，および血液は pH 変化に抵抗する緩衝系をもっている．
　もっともよい緩衝系は弱酸とその共役塩基，または弱塩基とその共役酸で成り立っている．これらの系では，酸の濃度が共役塩基の濃度に等しいか，または塩基の濃度が共役酸の濃度に等しい pH において，もっとも大きい緩衝能を示す．次に示すのは緩衝系として用いられる酸と塩基の対である．

$$H_2CO_3 + H_2O \rightleftharpoons HCO_3^- + H_3O^+$$
炭酸　　　　　　　　　炭酸水素イオン

$$CH_3COOH + H_2O \rightleftharpoons CH_3COO^- + H_3O^+$$
酢酸　　　　　　　　　酢酸イオン

$$H_2PO_4^- + H_2O \rightleftharpoons HPO_4^{2-} + H_3O^+$$
リン酸二水素イオン　　　　　リン酸一水素イオン

$$NH_3 + H_2O \rightleftharpoons NH_4^+ + OH^-$$
アンモニア　　　　　　アンモニウムイオン

12.10　体液中の pH の調節

　人の血漿の pH の正常値は 7.4 である．もしこの pH が 7.0 以下に落ちたり 7.8 より大きくなると，その結果は致命的である．血液の緩衝系は，血液の pH の大きな変化を

防ぐのにとても有効である．例えば，10.0 mol/L HCl 溶液 1 mL が緩衝作用のない pH 7 の生理的食塩水（0.15 mol/L NaCl）1 L に加えられると，pH は 2 まで下がる．しかし，10.0 mol/L HCl 溶液 1 mL を pH 7.4 の血漿 1 L に加えても，pH は 7.2 まで下がるだけである．

そのような緩衝系は，どのようにして血液の pH の変化を防ぐのだろうか．血液中の主な緩衝系は炭酸-炭酸水素塩系である．次の平衡式を考えてみよう．

$$H_2CO_3 \rightleftharpoons HCO_3^- + H^+$$

この系に強酸が加わると，H^+ の濃度は増加し，反応は左へ移動して炭酸が生成される．

$$H_2CO_3 \rightleftharpoons HCO_3^- + H^+$$

しかし，炭酸は不安定であり二酸化炭素と水に分解する．

$$H_2CO_3 \longrightarrow CO_{2(g)} + H_2O$$

生成した二酸化炭素は血液から取り除かれ，肺によって吐き出される．この緩衝系は，すべての炭酸水素塩が反応しつくされるまで pH 変化に抵抗し続ける．

種々の要因が血液中の酸濃度の異常な増加に関係している．肺気腫，うっ血性心不全または気管支肺炎による換気過少，真性糖尿病や低炭水化物/高脂肪の食事による代謝酸の生成量の増加，酸の過剰摂取，ひどい下痢による炭酸水素塩の過剰な消耗，または腎不全による水素イオンの排せつ量の減少などが要因となる．これらの条件下では，血液中の水素イオン濃度の増加と，アルカリだめとして知られる塩基成分（例えば，炭酸水素塩）の濃度の減少が起きる．その結果，血液の pH は 7.1 ないし 7.2 に下がり，**アシドーシス**（acidosis，その原因が呼吸器系にあれば呼吸器性アシドーシス，原因が呼吸器以外であれば代謝性アシドーシスとよばれる）として知られる状態となる（表 12.5）．しかしながら，身体には血液の pH を正常に戻す仕組みがある．第 1 には，炭酸から生じた過剰の二酸化炭素を，呼吸を速くして追い払うことができ，第 2 には，腎臓による H^+ の排せつ量と HCO_3^- の保持量を増加させることができる．その結果，尿は pH が約 4 の酸性になる．

炭酸-炭酸水素塩緩衝系は，その系への強塩基の添加に対しても抵抗する．塩基は水素イオンと反応し水を生成し，系の水素イオンの濃度を減少させる．これによって，反応は右へ移動する．

$$H_2CO_3 \rightleftharpoons HCO_3^- + H^+$$

血液中の塩基のこのような増加は，高熱やヒステリー症状による換気亢進，制酸剤のような塩基物質の過剰摂取，ひどい嘔吐症状などによって起る．血液の pH は 7.5 まで上昇し，**アルカローシス**（alkalosis，図 12.5）として知られる状態になる．アルカロー

表 12.5 アシドーシスとアルカローシス

アシドーシス

種類	身体の状態	原因	回復のための仕組み
呼吸器性	CO_2 の停滞 血液の pH の低下	換気過少 肺気腫 うっ血性心不全 気管支肺炎 ヒアリン膜症 脳の呼吸中枢の働き を抑制する薬品	呼吸速度の増加 腎臓が酸性の尿を排せつ
代謝性	血液中の H^+ の増加 血液の pH の低下	真性糖尿病 腎不全 アスピリンのような 酸性の薬品の摂取 HCO_3^- の減少	呼吸速度の増加 腎臓が酸性の尿を排せつ する

アルカローシス

種類	身体の状態	原因	回復のための仕組み
呼吸器性	CO_2 の急激な放出 血液の pH の上昇	換気亢進 高熱 外傷 ヒステリー	呼吸速度の低下 腎臓からの酸の排せつが 抑制される
代謝性	血液中の塩基性成分の 増加 血液の pH の上昇	ひどい嘔吐 (胃酸の減少をもたら す) 塩基性物質の過剰摂取 腎臓病	呼吸速度の低下 腎臓からの酸の排せつが 抑制される

シスはアシドーシスほど一般的ではない. pH を正常に戻すための身体の仕組みは, 肺からの二酸化炭素の放出量を減少させることと, 腎臓による HCO_3^- の排せつ量を増加させることである. この場合, 尿は pH が 7 以上のアルカリ性になる (図 12.6). 別の緩衝系, 主として細胞内でよく活動する緩衝系はリン酸緩衝系である. これは pH が 7.2 のときにもっとも強い緩衝作用を示す.

$$H_2PO_4^- \rightleftharpoons HPO_4^{2-} + H^+$$

この系に強酸が加えられると, 反応は左に移動し, $H_2PO_4^-$ の濃度は増加する. $H_2PO_4^-$ は弱い酸ではあるが, 大量の $H_2PO_4^-$ はアシドーシスをもたらすことになる. しかし, このような場合, 体はその過剰な酸を尿中に捨てることができる. この系に強塩基が加えられると, 水素イオンは塩基と反応して水になり, 反応は右へ移動する. 大量の

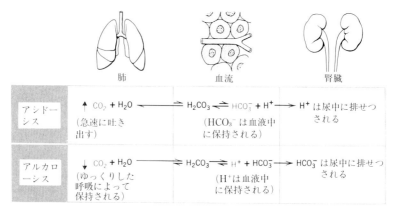

図 12.6 炭酸-炭酸水素塩緩衝系は，血液中でアシドーシスとアルカローシスの両方を防ぐように作用する．

HPO_4^{2-} はアルカローシスの状態で見出されるものだが，正常に腎臓が働いている状態では，HPO_4^{2-} は尿中に排せつされる(図12.7)．

体内の正常な代謝反応によって，酸は継続的につくられている．細胞は一人当り毎日平均して約10から20 molの炭酸を製造する．その量は濃塩酸の1から2Lに相当する．この酸は細胞から取り除かれ，血液のpHに影響することなく排せつ器官へ運ばれなければならない．これらの酸によってもたらされるであろうpHの致命的な変化を防いでいるのは，細胞と細胞外液の緩衝系による緩衝作用である．

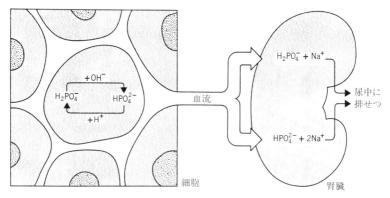

図 12.7 リン酸緩衝系は，細胞内でpHの変化を防ぐように作用する．腎臓は過剰の HPO_4^{2-} または $H_2PO_4^-$ を血液から取り除き，尿中に排せつする．

章のまとめ

酸は，水に溶解すると金属と反応して水素を発生し，酸っぱい味がし，リトマス試験紙を赤色に変える化合物である．塩基は苦い，ぬるぬるした感触の，リトマス試験紙を青色に変える溶液をつくる化合物である．酸と塩基のブレンステッド-ローリーの定義では，酸とはプロトン(H^+)を供与する物質であり，塩基とはプロトンを受容する物質である．強酸はプロトンを供与する傾向が大きい酸であり，水に溶けたときにはぼ完全にイオン化(すなわち解離)する．弱酸はわずかな分子だけがプロトンを供与する．そのため，水に加えた弱酸による水素イオン濃度の増加は，強酸の同一量を加えた場合に比べてずっと少ない．強塩基はプロトンに対して非常に強い引力をもち，一方，弱塩基は弱い引力をもつ．

酸は塩基を中和する．等量の酸と塩基が反応したら，それは中和反応である．中和滴定は，中和反応を用いて濃度未知の酸または塩基の濃度を決定する方法である．規定度は溶液1L中の酸または塩基の当量数で表した濃度の単位である．

純水中のわずかな数の水分子は解離し，水酸化物イオンと水素イオンになる．水の中では水素イオン$[H^+]$と水酸化物イオン$[OH^-]$の積は常に1×10^{-14}で，これは水のイオン積K_wとよばれる．pH目盛りは溶液の水素イオン濃度を表すのに便利である．純水は中性で，pHは7である．pHが7より小さい溶液は酸性，pHが7より大きい溶液は塩基性(アルカリ性)である．

緩衝系は弱酸とその共役塩基を，または弱塩基とその共役酸を含む系である．緩衝剤は酸または塩基の添加によってもたらされるpHの急激な変化を防ぐものである．生物は急激なpH変化に敏感であるため，細胞，細胞外液，および血液の中にそのような変化に抵抗する緩衝系を含んでいる．

重要な式

$$\text{酸} + \text{塩基} \longrightarrow \text{塩} + \text{水} \qquad [12.4]$$

$$[H^+] \times [OH^-] = 1\times10^{-14} = K_w \qquad [12.6]$$

$$[H^+] = 1\times10^{-\text{pH}} \text{ または } \text{pH} = -\log[H^+] \qquad [12.7]$$

$$\text{規定度(N)} = \frac{\text{当量数(酸または塩基)}}{1\,\text{L 溶液}} \qquad [12.8]$$

$$\text{当量点で，} N_a \times V_a = N_b \times V_b \qquad [12.8]$$

復習問題

1. ブレンステッド-ローリーの酸と塩基の定義を述べなさい. [12.1]
2. 多塩基酸とは何かを説明し, 例を二つあげなさい. [12.1]
3. 次の反応における共役酸塩基の組を示しなさい. [12.2]
    (a) $HI + H_2O \rightleftharpoons H_3O^+ + I^-$
    (b) $CO_3^{2-} + H_2O \rightleftharpoons OH^- + HCO_3^-$
    (c) $CH_3COOH + H_2O \rightleftharpoons H_3O^+ + CH_3COO^-$
    (d) $HF + NH_3 \rightleftharpoons NH_4^+ + F^-$
    (e) $O^{2-} + H_2O \rightleftharpoons OH^- + OH^-$
    (f) $NO_2^- + N_2H_5^+ \rightleftharpoons HNO_2 + N_2H_4$
    (g) $HCl + NH_2OH \rightleftharpoons NH_3OH^+ + Cl^-$
4. 表12.1を用いて, 次の組のうちどちらが強酸であるかを答えなさい. [12.2]
    (a) NH_4^+ と H_3O^+ (b) HCO_3^- と H_2CO_3
    (c) $H_2PO_4^-$ と HPO_4^{2-} (d) HCl と H_2SO_3
5. 表12.1を用いて, 次の組のうちどちらが強塩基であるかを答えなさい. [12.2]
    (a) Cl^- と OH^- (b) PO_4^{3-} と HPO_4^{2-}
    (c) NO_3^- と NH_3 (d) HCO_3^- と CO_3^{2-}
6. 次の酸の名称をかきなさい. [12.3]
    (a) HI (b) H_2SO_3
    (c) $HClO_2$ (d) $HClO_3$
7. 問題6.の酸をKOHで中和したときにできる塩の名称をかきなさい. [12.3]
8. 塩化アンモニウムと水酸化ナトリウムの反応について次の問に答えなさい. [12.4]
    (a) 反応の化学反応式をかきなさい.
    (b) 反応のイオン反応式をかきなさい.
    (c) アンモニアの臭いは, 水酸化ナトリウムを塩化アンモニウム溶液に加える前と後では, どちらが強いか. その理由も述べなさい. [12.4]
9. ヒ酸(H_3AsO_4)を水酸化ナトリウムで完全に中和するときの化学反応式とイオン反応式をかきなさい. また, 中和反応で生成した塩の名称をかきなさい. [12.4]
10. 室温における次の溶液のH^+とOH^-の濃度を求めなさい. [12.6, 12.7]
    (a) pH 1   (b) pH 6   (c) pH 12
11. 次のpHの値を酸性の強い順に並べなさい. また, どの値が塩基性, 中性, 酸性であるかを示しなさい. [12.7]

    4, 6.3, 9.5, 1.4, 7, 5.5, 8.4, 12, 7.4

12. 室温における次の溶液のpHを求めなさい. [12.6, 12.7]
    (a) $[H^+] = 0.01$ (b) $[H^+] = 1 \times 10^{-8}$ (c) $[OH^-] = 1 \times 10^{-4}$
13. 問題12.の各溶液が酸性であるか塩基性であるかを答えなさい. [12.7]
14. 次のおのおのの1当量の質量(g)を求めなさい. [12.8]
    (a) $Al(OH)_3$ (b) $HC_2H_3O_2$
    (c) $Mg(OH)_2$ (d) H_3AsO_4

(e) HBr　　　　　(f) LiOH
15. 次のおのおのは何当量か求めなさい． [12.8]
    (a) Al(OH)$_3$ 45 g　　(b) H$_2$SO$_4$ 5.8 g　　(c) NaOH 8.0 g
16. 四つの水溶液が次のように調製された． [12.7, 12.8]
    1. 36.5 mg の HCl を含む 100 mL の溶液．
    2. 2.45 g の H$_2$SO$_4$ を含む 500 mL の溶液．
    3. 0.740 mg の Ca(OH)$_2$ を含む 2.00 L 溶液．
    4. 0.400 g の NaOH を含む 100 mL の溶液．
    上の溶液のそれぞれについて次の(a)〜(d)を計算しなさい．
    (a) モル濃度　　(b) 規定度
    (c) 水素イオン濃度(mol/L)（各化合物が100%解離するとする）
    (d) pH
17. 7.30 g の HCl を含む溶液 1 L を完全に中和するのに必要な NaOH の量(g)を求めなさい．
    [12.8]
18. 6.00 N の H$_2$SO$_4$ 36.5 mL を完全に中和するのに必要な炭酸水素ナトリウムの量(g)を求めなさい． [12.8]
19. 3.40 mol/L の NaOH 200.0 mL を完全に中和するのに必要な 0.85 mol/L H$_2$SO$_4$ の量(mL)を求めなさい． [12.8]
20. 酸または塩基が酢酸-酢酸イオン緩衝系に加えられたとき，どのような仕組みでpH変化をおさえられるのか式を使って説明しなさい． [12.9]
21. 次の(a), (b)について酸性度を調節している緩衝系を答えなさい． [12.10]
    (a) 組織細胞内の流体　　(b) 血漿および赤血球
22. どのようにして体は，(a) アシドーシスおよび (b) アルカローシスの状態から回復するかを説明しなさい． [12.10]

研究問題

23. 硫化水素(H$_2$S)はホスフィン(PH$_3$)より強い酸である．これらの共役塩基 HS$^-$ と PH$_2^-$ の相対的な強さを比較しなさい．
24. NaHCO$_3$ と KHSO$_4$ の名称をかきなさい．
25. 次の(a)〜(f)について，その共役酸の名称と化学式をかきなさい．
    (a) CO$_3^{2-}$　　(b) NH$_3$　　(c) HSO$_3^-$
    (d) HPO$_4^{2-}$　(e) NH$_2^-$　(f) OH$^-$
26. 次の(a)〜(f)について，その共役塩基の名称と化学式をかきなさい．
    (a) H$_2$PO$_4^-$　(b) H$_2$SO$_3$　(c) HClO
    (d) NH$_4^+$　　(e) H$_2$O　　(f) NH$_3$
27. 次の酸と塩基の化学式をかきなさい．
    (a) 次亜臭素酸　　　　(b) 次亜塩素酸ナトリウム
    (c) 炭酸カルシウム　　(d) リン酸水素ナトリウム
    (e) 重硫酸カリウム　　(f) 硫酸アルミニウム
28. 現在の洗剤がつくられる以前には，洗濯ソーダ(Na$_2$CO$_3$)が水の酸性を弱め，せっけんの溶解性

をよくするために加えられた．この炭酸塩は炭酸(H_2CO_3)の共役塩基である．洗濯ソーダがどのようにして酸を中和するのかを示すイオン反応式をかきなさい．

29． ベーキングソーダ($NaHCO_3$)には胃酸過多性の消化不良を和らげる働きもある．どのようにしてベーキングソーダが消化不良を和らげるのかを式を用いて説明しなさい．

30． ベーキングパウダーは，ベーキングソーダとそれと反応させるためのH^+イオンの供給源となる物質からできている．H^+イオン供給源の一つの例は酒石とよばれ，酒石酸のカリウム塩$KHC_4H_4O_6$である．この混合物に水を加えて熱すると二酸化炭素が発生し，それがケーキを膨らませる．CO_2ガスを発生するベーキングソーダと酒石の間の反応のイオン反応式をかきなさい．

31． ある地域で，湖の酸性度の上昇を防ぐために，環境保護運動家が湖の中に水酸化カルシウムを投下した．どうしてこれが湖の酸性度を下げることになるのかを説明しなさい．

32． 紅茶の中にレモンジュースを入れると色が変化するが，その理由を説明しなさい．

33． 溶液AはpH 3，溶液BはpH 5である．
 (a) どちらの溶液がより酸性か．
 (b) それぞれの溶液の水素イオン濃度はいくらか．
 (c) 二つの溶液の水素イオン濃度の違いは何が原因か．

34． 雨水には大量のCO_2が溶け込んでいる．通常の雨のpHが5.6である理由を説明しなさい．

35． 南カリフォルニアで集められた二つの霧水試料は5 mLずつで，pHはそれぞれ3.0と4.0である．それぞれの試料中の水素イオンと水酸化物イオンの物質量（mol）を求めなさい．

36． pH 2のHCl溶液30 mLを完全に中和するのに必要な0.1 mol/L NaOHの体積(mL)を求めなさい．

37． ある小さな民間試験所では，排水を分析し，それらが連邦政府の公害基準にあっているかどうかを専門的に調べている．各試料の酸または塩基の濃度は滴定によって分析されている．一連の分析の結果は次の通りである．

 試料1：100.0 mLの中和に，0.100 N NaOH溶液52.0 mLを必要とした．

 試料2：1 Lの中和に，0.200 N HCl溶液150.0 mLを必要とした．

 試料3：25.0 ccの中和に，0.150 N KOH溶液30.0 mLを必要とした．

 試料4：50.0 mLの中和に，0.0900 N H_2SO_4溶液15.0 mLを必要とした．

 (a) 各試料の規定度を計算しなさい．
 (b) 各試料が酸，塩基のどちらとして取り扱われたかを明らかにしなさい．

38． $HPO_4^{2-}/H_2PO_4^-$緩衝系が，pHの大きな変化を防いで細胞を護る仕組みを表す化学反応式をかきなさい．

39． 激しい運動をすると，大量の乳酸が筋肉中につくられる．乳酸は血液によって肝臓に運ばれ，そこで分解される．激しい運動の後でも，血液のpHが急激に変化しない理由を説明しなさい．

40． 糖尿病で昏睡状態にある人は呼吸が正常値より速くなるだろうか，それとも遅くなるだろうか．尿のpHは正常値より高く（より塩基性に）なるだろうか，それとも低く（より酸性に）なるだろうか．理由も述べなさい．

総合問題

1． 20.0℃の水1 Lが55 000 calの熱を吸収した．熱を吸収した後の水の温度を計算しなさい（ヒント：2.4節）．

2. 昔，旅行者は車の前のフェンダーに水をいっぱいにしたズック製のバッグを乗せていたものだ．非常に暑いときでも，そのバッグの中の水は常に冷たかった．理由を説明しなさい．

3. 暑く，湿度の高い気候では，氷で冷やした飲料水ほど人々を満足させるものはない．アルミニウムのコップで飲むと，すぐにコップの外側に水滴がつく．しかし，コップがガラス製またはセラミックス製であると，水滴はつかない．この違いがどのようにして起きるのか説明しなさい．

4. アスパルテーム (aspartame) はソフトドリンクやフルーツヨーグルトに用いられる人工甘味料である．これは高温では分解するので，加熱の必要な食物には利用できない．ソフトドリンクの生産者が，アスパルテームをソフトドリンク 1 kg 当り 1.00 g になるように加えた場合，0.985 g/mL の密度をもつソフトドリンク 350 mL 中のアスパルテームの濃度 (重量/体積パーセント) はいくらになるか計算しなさい．

5. アスパルテームの分子式が $C_{14}H_{18}N_2O_5$ であるとすると，問題 4. のアスパルテームのモル濃度はいくらになるか計算しなさい．

6. ショック状態の人の血圧を維持するために，デキストランが通常の生理的食塩水に加えられる．最初の 24 時間に投与される推奨量は，体重 1 kg 当りデキストラン 2.00 g である．10.0% (w/v) のデキストランを含む生理的食塩水は，75 kg の男性に対し最初の 24 時間に何 mL 与えることができるか計算しなさい．

7. 胆汁は肝臓でつくられ，胆のうに貯蔵される．胆汁は脂肪の消化を助けるために，食事の後に胆のうから放出される．胆のうの容量は 40 mL にすぎない．食間に十分な量を貯蔵するために，肝臓でつくられた胆汁は最初の体積の 10% に濃縮される．胆のうの細胞は，ナトリウムイオンと塩化物イオンを胆汁から細胞間液へ活発に運ぶ．この活動がどのようにして胆汁を濃縮することに作用するのか説明しなさい．

8. 次の平衡はアンモニアとアンモニウムイオンの間で成り立つ．

$$NH_3 + H^+ \rightleftharpoons NH_4^+$$

次の (a), (b) とルシャトリエの原理を用いて，どのようにしてアンモニアが血液中から除かれ，尿を膀胱に運ぶ腎尿細管に移されるのか説明しなさい．

(a) NH_3 は細胞膜を通ることができるが，NH_4^+ は通れない．

(b) 腎尿細管の中の尿の pH の正常値は 5.5~6.5 である．

9. 硫酸バリウムは，CT スキャン検査を受ける患者の消化管を被覆するのに使われる．

(a) 塩化バリウムの溶液が硫酸ナトリウムの溶液に加えられたら沈殿は生じるだろうか．化学反応式とイオン反応式をかきなさい．

(b) 0.1 mol/L 塩化バリウム溶液 50 mL が 0.05 mol/L 硫酸ナトリウム溶液 100 mL に加えられると，何 mol の硫酸バリウムが生成するか．

10. 井戸水 100 mL の試料に次の量の汚染物質が含まれていることが判明した．ヒ素 40 ppb，カドミウム 5 ppb，水銀 5 ppb である．これらの汚染物質のうちどれが，EPA によって飲料水に対して設けられた許容限界——ヒ素 0.05 mg/L，カドミウム 0.01 mg/L，水銀 0.002 mg/L——を越えているか答えなさい．

11. 酢酸の溶液では次の平衡が成り立っている．

$$HC_2H_3O_2 + H_2O \rightleftharpoons H_3O^+_{(aq)} + C_2H_3O_2^-_{(aq)}$$

(a) 酢酸ナトリウムが溶液に加えられると，この平衡はどう変化するか．

(b) 溶液への NaOH の添加はどのような影響を及ぼすか．

12. 過食症の患者は食物を食べ過ぎて，吐くことになる．吐くことを繰り返すと，なぜ酸塩基の不均衡による重大な健康の障害が起きるのだろうか．
13. 生体微量元素であるフッ素は体内にフッ化物イオンあるいはフッ化水素酸として吸収される．主として，どちらが胃でどちらが小腸で吸収されると思うかあなたの考えを述べなさい．
14. 毎日の食事で，ナトリウム濃度の高いことが高血圧の原因となる理由を説明しなさい．
15. ある静脈注射の溶液は 0.45%(w/v) の NaCl と 5.0%(w/v) のブドウ糖 ($C_6H_{12}O_6$) を含んでいる．
  (a) この溶液の容量オスモル濃度を求めなさい．また，この溶液は血清に対して等張的，低張的，あるいは高張的のいずれであるか答えなさい．
  (b) この静脈注射液は，浮腫と低血圧症を患っている手術後の患者に注射してもよいものだろうか．
16. 共同浴場をよく利用する人は，緑膿菌に感染する機会が多い．この菌は浴槽を介して人の皮膚に感染し，痒い発疹を起させる．ハロゲン（塩素または臭素）系消毒剤を用いれば，この菌の増殖を抑えることができるが，この消毒剤の濃度が非常に低くなるか，または水があまりにもアルカリ性（塩基性）になると効果がなくなる．公衆衛生センターは，湯の遊離塩素濃度を 2 ppm 以上，pH を 7.2～7.8 に保つことを奨励している．湯の遊離塩素濃度が 0.1 mg % で，メタクレゾールパープル指示薬が紫色に変った場合，あなたはどのような手段をとるか．

付録

I 数の指数表示

極端に大きな数や小さな数を扱う際に，指数表示（または科学表示）で記述すると便利である．指数表示とは，基数とよばれる1～10の数字に，10を何乗するかという表し方である．表示の仕方は，次のように基数の次の10の数字の右上肩に10を掛ける回数をかく．

$$4.75 \times 10^3 \leftarrow 指数$$

指数の数が正数の場合，その基数に10を何回掛けるかということを表しており，例えば，

$$10^3 = 1 \times 10^3 = 1 \times 10 \times 10 \times 10 = 1\,000$$

$$4.5 \times 10^6 = 4.5 \times 10 \times 10 \times 10 \times 10 \times 10 \times 10 = 4\,500\,000$$

もし負の数字である場合には，基数を10で何回割るかということを意味する．その例は以下のように示される．

$$10^{-3} = 1 \times 10^{-3} = \frac{1}{10 \times 10 \times 10} = 0.001$$

$$4.5 \times 10^{-6} = \frac{4.5}{10 \times 10 \times 10 \times 10 \times 10 \times 10} = 0.0000045$$

次の表には指数表示のいくつかの例を示している．

数値	指数形	数値	指数形
10	1×10^1	45	4.5×10^1
100	1×10^2	356	3.56×10^2
1 000	1×10^3	8 400	8.4×10^3
10 000	1×10^4	24 500	2.45×10^4
100 000	1×10^5	680 000	6.8×10^5
1 000 000	1×10^6	7 450 000	7.45×10^6
0.1	1×10^{-1}	0.5	5×10^{-1}
0.01	1×10^{-2}	0.037	3.7×10^{-2}
0.001	1×10^{-3}	0.004	4×10^{-3}
0.0001	1×10^{-4}	0.00056	5.6×10^{-4}
0.00001	1×10^{-5}	0.000082	8.2×10^{-5}
0.000001	1×10^{-6}	0.0000091	9.1×10^{-6}
0.0000001	1×10^{-7}	0.0000002	2×10^{-7}

指数表示の数の掛け算

指数表示で示された二つの数の掛け算．
1. まず二つの基数の掛け算を行う．
2. それから，二つの指数を加える．

例えば，
(a) $(1\times 10^4)\times(1\times 10^6)=1\times 10^{(4+6)}=1\times 10^{10}$
(b) $(4\times 10^2)\times(6\times 10^5)=(4\times 6)\times 10^{(2+5)}=24\times 10^7=2.4\times 10^8$
(c) $(2\times 10^4)\times(3\times 10^{-6})=(2\times 3)\times 10^{[4+(-6)]}=6\times 10^{-2}$

例(b)の場合，指数表示では基数が10以上になると，改めてこれを1〜10の数字×10の何乗という形にかき換えるという例である．

指数表示の数の割り算

1. まず二つの基数で割り算を行う．
2. それから，分子の指数から分母の指数を引き算する．

例えば，
(a) $\dfrac{1\times 10^6}{1\times 10^4}=\dfrac{1}{1}\times 10^{(6-4)}=1\times 10^2$
(b) $\dfrac{8\times 10^7}{2\times 10^5}=\dfrac{8}{2}\times 10^{(7-5)}=4\times 10^2$
(c) $\dfrac{8\times 10^4}{3\times 10^{-2}}=\dfrac{8}{3}\times 10^{[4-(-2)]}=2.67\times 10^6$
(d) $\dfrac{4\times 10^{-3}}{8\times 10^2}=\dfrac{4}{8}\times 10^{(-3-2)}=0.5\times 10^{-5}=5\times 10^{-6}$

練習問題

1. 次の数を指数表示で示しなさい．

	数値	解答
(a)	56	5.6×10^1
(b)	476.54	4.7654×10^2
(c)	0.00046	4.6×10^{-4}
(d)	75 340 000	7.534×10^7
(e)	1 278	1.278×10^3
(f)	0.03	3×10^{-2}
(g)	0.6	6×10^{-1}
(h)	890 000	8.9×10^5
(i)	0.00009	9×10^{-5}
(j)	0.0000000000012	1.2×10^{-12}

2. 次の計算を行いなさい．

問題	解答
(a) $\dfrac{(3\times 10^3)\,(8\times 10^{10})}{(6\times 10^4)\,(1\times 10^6)}$	4×10^3
(b) $\dfrac{(1.5\times 10^2)\,(4.0\times 10^6)}{(5.0\times 10^{10})\,(2.5\times 10^5)}$	4.8×10^{-8}
(c) $\dfrac{(7.5\times 10^{-3})\,(9.0\times 10^6)}{(1.5\times 10^2)\,(2.5\times 10^{-8})}$	1.8×10^{10}
(d) $\dfrac{(2.0\times 10^{-6})\,(4.2\times 10^{-2})}{(1.4\times 10^{-11})\,(1.0\times 10^5)}$	6.0×10^{-2}

II 有効数字の使い方

1.9節で有効数字の考え方について紹介した.有効数字は,測定がなされたときの正確さを示すときに使われる.実験データの数学的処理を行うときに必要であり,有効数字の正しい扱い方を理解しておかなければならない.

計算における有効数字の数の決定について.

以下のガイドラインに従って,与えられた測定値の有効数字の決定を行うとよい.

1. 1~9の数はすべて有効数字になり得る.したがって,例えば,27は二つの有効数字をもち,3.584は四つの有効数字をもつ.
2. 数字0は,そのおかれる位置により有効数字になる場合とならない場合がある.
   (a) 0以外の数字に挟まれた0は有効数字になる.例えば,1003は四つの有効数字であり,1.03は三つの有効数字をもつ.
   (b) 小数点より右側にある0は1番外側であっても有効数字となる.例えば,39.0,3.90および0.390は,いずれも三つの有効数字をもつことになる.
   (c) 小数点以下の位を示すために使われている0は,有効数字とならない.例えば,0.178や0.00178は,いずれも三つの有効数字をもつ.
   (d) 整数で末端から連続している0は有効数字にならない.例えば,1800の有効数字は二つである.0が有効数字であるかどうかが混乱しないように表記する方法を次に示す.すなわち,指数表示で示すことにより,明確に0が有効数字に含まれるかどうか示すことができる.例えば,4800という数字は次のように表すことができる.

$$4.8 \times 10^3 \qquad 有効数字 \quad 二つ$$
$$4.80 \times 10^3 \qquad 有効数字 \quad 三つ$$
$$4.800 \times 10^3 \qquad 有効数字 \quad 四つ$$

練習問題 1

次のそれぞれの数について有効数字の数を示しなさい.

	数値	解答
(a)	458.7	4
(b)	0.004	1
(c)	1.704	4
(d)	325	3
(e)	63.0	3
(f)	0.27650	5
(g)	3×10^3	1
(h)	1.0003	5
(i)	9.00×10^4	3
(j)	0.0056	2
(k)	45.67	4

絶対数

化学計算で使う数がすべて測定値であるわけではない．定義のなかで与えられる数(1 m は 1000 mm など)や数えられる数 (1 ダースの卵は 12 個) は，絶対数といわれる．計算のなかで絶対数を扱う場合には，これらは無限の有効数字をもつとする．それゆえに，解答を出すときに絶対数は有効数字算出の対象としない．

(卓上)計算機

(卓上)計算機は実験データを数学的に処理をするときに有用であるが，扱いには十分注意しなくてはならない．計算機は多くの桁の数字を即座に計算してくれるが，以下のルールにしたがって，計算機で計算した数字に対して正しい有効数字になるように処理する必要がある．

ルール 1　足し算，引き算

数を加えたり引いたりするときは，小数のもっとも低い桁の数まで含めて計算する．こうして得られた答えには計算に使われたすべての数の不確実な要素が含まれている．

ルール 2　掛け算，割り算

掛けたり割ったりする場合，答えの有効数字は，そこで使われたすべての数字の中の有効数字の最小のものと同じにする．

ルール 3　まるめかた

計算の結果に基づいて，正しい有効数字を算出する手順は次のようにする．

(a) 有効数字の次の桁の数が 5 未満である場合には切り捨てる．例えば，32.233 で有効数字が 4 桁のときは，計算値は 32.23 となる．

(b) 有効数字の次の桁の数字が 5 より大きいとき，切り上げて有効数字の最後の桁の数を一つ増やす．例えば，32.236 で有効数字が 4 桁の場合，計算値は 32.24 となる．

(c) 有効数字の最後の桁の次の数字が 5 (または 5 に 0 がつづいているとき) の場合，有効数字の最後の数が奇数のときには 1 を加え，偶数の場合には何も加えない．例えば，32.235 で有効数字が 4 桁の場合には，計算値は 32.24 となり，同様に 32.2250 で有効数字が 4 桁の場合には，計算値は 32.22 となる．

例題 1

1. 次に表す四つの数字，25, 1.278, 127.1, 5.45 を加算して，正しい有効数字で答えなさい．

   [解]　　　25
   　　　　　 1.278
   　　　　 127.1
   　　　　　 5.45
   　　　　―――――
   　　　　 158.828　(計算値)

   四つの数字の中で，末端の有効数字の位がもっとも高いのは数字 25 なので，この計算値に対して有効数字を考慮すると，答えは 159 となる．

2. 19.57 から 1.286 を引き算して，正しい有効数字で答えなさい．

[解]　　　19.57
　　　　－ 1.286
　　　　　18.284（計算値）

不正確さは，小数点以下 3 桁目になるので，3 桁目を四捨五入して，答は 18.28 となる．

3. 13.6 に 0.004 を掛けて，答えを正しい有効数字で示しなさい．

[解]　$13.6 \times 0.004 = 0.0544$（計算値）

13.6 の有効数字の桁数は 3 で，0.004 の有効数字の桁数は 1 であるので，答えの有効数字の桁数は 1 となり，0.0544 を有効数字 1 桁にまとめると，答えは 0.05 となる．

4. 67.0 を 563 で割り，答えを正しい有効数字で示しなさい．

[解]　$\dfrac{67.0}{563} = 0.1190053$（計算値）

被除数と除数の両者の有効数字が 3 桁なので，4 桁目を四捨五入して，正しい答えは 0.119 となる．

練習問題 2

1. 次に示すそれぞれの数値を 2 桁の有効数字で示しなさい．

	数値	解答
(a)	1.598	1.6
(b)	7.35	7.4
(c)	26.3	26
(d)	386	390 または 3.9×10^2
(e)	4.250	4.2
(f)	0.03457	0.035
(g)	0.9246	0.92
(h)	0.1486	0.15

2. 次の計算を行い，計算値を整理して，正しい有効数字で答えなさい．

	問題	計算機による計算値	有効数字を考慮した値
(a)	$43.67 + 27.4 + 0.0265$	71.0965	71.1
(b)	$156 + 32.7 + 4.38$	193.08	193
(c)	$1.4651 - 0.53$	0.9351	0.94
(d)	$256 - 139.48$	116.52	117
(e)	$1.48 \times 39.1 \times 0.312$	18.054816	18.1
(f)	$67.84 \div 4.6$	14.747826	15
(g)	$\dfrac{9.50 \times 784}{1465}$	5.083959	5.08
(h)	$\dfrac{0.036 \times 25.78}{1.4865 \times 169}$	0.0036943	0.0037

III 各章の練習問題の解答

1 章

練習問題 1-1

1. (a) 4.8 cm　(b) 3 200 mm　(c) 30 m　(d) 250 in　(e) 12 km
   (f) 29.8 yd
2. (a) 42.2 km　(b) 4.92 min/mi　(c) 3.05 min/km

練習問題 1-2

1. (a) 0.235 mg　(b) 3 200 g　(c) 5 000 mg　(d) 12 oz　(e) 1.50 lb
   (f) 849 g
2. 1.83 lb

練習問題 1-3

1. (a) 2 500 mL　(b) 0.345 L　(c) 25 cc　(d) 1 300 L　(e) 5.6 qt
   (f) 2.00 pt
2. 3 本の 12 オンスびんのほうがよい．

練習問題 1-4

1. (a) −65℃　(b) 105℉　(c) 55.6℃　(d) 89.6℉　(e) −131℃
   (f) 310 K
2. 106℉
3. 327℃，600 K

練習問題 1-5

1. 11.3 g/cm^3　2. 3.0 cm^3　3. 373 g

練習問題 1-6

(a) 1.11 g/cm^3　(b) 1.11　(c) エチレングリコール

2 章

練習問題 2-1

1. 9 200 kcal　2. 16.5 kcal

3章

練習問題 3-1

1. (a) p=88, e⁻=88, n=134　(b) p=24, e⁻=24, n=27
   (c) p=80, e⁻=80, n=123
2. $Z=15$, $M=31$, 元素記号=P

練習問題 3-2

原子量=28.1

練習問題 3-3

(a) ナトリウム, $1s^2 2s^2 2p^6 3s^1$

1s	2s	2p$_x$	2p$_y$	2p$_z$	3s
↑↓	↑↓	↑↓	↑↓	↑↓	↑

(b) リン, $1s^2 2s^2 2p^6 3s^2 3p^3$

1s	2s	2p$_x$	2p$_y$	2p$_z$	3s	3p$_x$	3p$_y$	3p$_z$
↑↓	↑↓	↑↓	↑↓	↑↓	↑↓	↑	↑	↑

(c) 塩素, $1s^2 2s^2 2p^6 3s^2 3p^5$

1s	2s	2p$_x$	2p$_y$	2p$_z$	3s	3p$_x$	3p$_y$	3p$_z$
↑↓	↑↓	↑↓	↑↓	↑↓	↑↓	↑↓	↑↓	↑

4章

練習問題 4-1

1. (a) Rb·　(b) ·Si·　(c) :Ï:
2. (a) K· + ·Ï: ⟶ K⁺:Ï:⁻
   (b) :Ï· + ·Mg· + ·Ï: ⟶ Mg²⁺ + 2 [:Ï:]⁻

練習問題 4-2

(a) KI　(b) MgI_2

練習問題 4-3

(a) H:C̈l:　　H—Cl
(b) H:N̈:H　　H—N—H
　　　H　　　　　|
　　　　　　　　　H

(c) $\ddot{\text{S}}::\text{C}::\ddot{\text{S}}$ $\text{S}=\text{C}=\text{S}$

練習問題 4-4

(a) Ca: 2+, Cl: 1− (b) H: 1+, O: 2−, S: 6+ (c) O: 2−, Cl: 1+
(d) H: 1+, O: 2−, C: 4+ (e) Mn: 4+, O: 2− (f) P: 5+, O: 2−

練習問題 4-5

(a) ヨウ化マグネシウム
(b) 酸化鉄(II), または酸化第一鉄
(c) 二酸化硫黄
(d) 硫化水素
(e) 硫酸水素ナトリウム, または重硫酸ナトリウム
(f) 二クロム酸カリウム, または重クロム酸カリウム

練習問題 4-6

(a) MgO (b) $NiCl_2$ (c) K_2S (d) SO_3 (e) SiF_4
(f) N_2O_5 (g) $SnCl_4$ (h) $Cu(HSO_4)_2$ (i) $Ca_3(PO_4)_2$

5章

練習問題 5-1

(a) $4P + 5O_2 \to P_4O_{10}$ (b) $2NOCl \to 2NO + Cl_2$
(c) $CH_4 + 2O_2 \to CO_2 + 2H_2O$ (d) $Ca(OH)_2 + 2HCl \to CaCl_2 + 2H_2O$
(e) $2Mg + O_2 \to 2MgO$ (f) $2PbS + 3O_2 \to 2PbO + 2SO_2$
(g) $Na_2CO_3 + Mg(NO_3)_2 \to MgCO_3 + 2NaNO_3$

練習問題 5-2

(a) Mg：酸化される元素, 還元剤
    Br：還元される元素, 酸化剤
    $Mg + Br_2 \to MgBr_2$
(b) Cl：酸化される元素, 還元剤
    Mn：還元される元素, 酸化剤
    $2KCl + MnO_2 + 2H_2SO_4 \to K_2SO_4 + MnSO_4 + Cl_2 + 2H_2O$
(c) Cu：酸化される元素, 還元剤
    N：還元される元素, 酸化剤
    $3Cu + 8HNO_3 \to 3Cu(NO_3)_2 + 2NO + 4H_2O$

練習問題 5-3

1. (a) 9.85 g   (b) 131 g   (c) 3.21 g   (d) 1.01×10^{-2} g

2．(a) 0.300 mol Ag　(b) 34.9 mol Si　(c) 1.00×10^{-3} mol Ne　(d) 19.9 mol U

練習問題 5-4

1．(a) 254　(b) 20.0　(c) 239　(d) 123　(e) 342　(f) 58.1
2．(a) 20.0 g　(b) 123 g　(c) 342 g
3．254 g

練習問題 5-5

1．(a) 127 g　(b) 674 g　(c) 4.30 g　(d) 1370 g
2．(a) 25.0 mol　(b) 0.299 mol　(c) 0.0107 mol
3．1.50×10^{22} 個

練習問題 5-6

1．1分子のメタンが2分子の酸素ガスと反応して，1分子の二酸化炭素と2分子の水が生成した．
2．1 mol のメタンが 2 mol の酸素ガスと反応して，1 mol の二酸化炭素と 2 mol の水が生成した．
3．メタン 16 g が酸素ガス 64 g と反応して，二酸化炭素 44 g と 36 g の水が生成した．

練習問題 5-7

1．177 g MgO
2．25.6 g HCl，0.146 g HCl

6 章

練習問題 6-1

0.868 atm，660 torr

練習問題 6-2

1．$P_2 = 600$ torr　2．$V_2 = 884$ mL

練習問題 6-3

1．$T_2 = 35$ ℃　2．1270 mL

練習問題 6-4

(a) 7.98 L　(b) 7.57 L　(c) -68 ℃　(d) 882 torr

練習問題 6-5

$P_{O_2} = 731$ torr

7章

練習問題 7-1

1. (a) $^{226}_{88}Ra \longrightarrow {}^{222}_{86}Rn + {}^{4}_{2}He$ (b) $^{28}_{13}Al \longrightarrow {}^{28}_{14}Si + {}^{0}_{-1}e$
   (c) $^{227}_{89}Ac \longrightarrow {}^{223}_{87}Fr + {}^{4}_{2}He$
2. (a) $^{45}_{20}Ca \longrightarrow {}^{45}_{21}Sc + {}^{0}_{-1}e$ (b) $^{14}_{6}C \longrightarrow {}^{14}_{7}N + {}^{0}_{-1}e$
   (c) $^{149}_{62}Sm \longrightarrow {}^{145}_{60}Nd + {}^{4}_{2}He$
3. $^{137}_{55}Cs \longrightarrow {}^{137}_{56}Ba + {}^{0}_{-1}e + \gamma$

練習問題 7-2

79.8 時間または 3 日後

練習問題 7-3

(a) $^{27}_{13}Al + {}^{1}_{0}n \longrightarrow {}^{24}_{11}Na + {}^{4}_{2}He$ (b) $^{35}_{17}Cl + {}^{1}_{0}n \longrightarrow {}^{35}_{16}S + {}^{1}_{1}p$
(c) $^{7}_{3}Li + {}^{1}_{1}p \longrightarrow {}^{7}_{4}Be + {}^{1}_{0}n$ (d) $^{198}_{78}Pt + {}^{1}_{0}n \longrightarrow {}^{199}_{79}Au + {}^{0}_{-1}e$

9章

練習問題 9-1

1. (a) 吸熱   (b) 吸収
   (c) $C_{(s)} + H_2O_{(g)} + 31.4 \text{ kcal} \longrightarrow CO_{(g)} + H_{2(g)}$
2.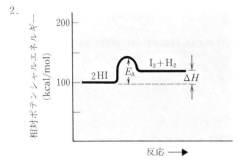

練習問題 9-2

(a) O_2 の平衡濃度は減少する．
(b) O_2 の平衡濃度は減少する．
(c) O_2 の平衡濃度は減少する．
(d) O_2 の平衡濃度は増加する．
(e) O_2 の平衡濃度は変化しない．

10章

練習問題 10-1

1. (a) 沈殿する　(b) 沈殿しない　(c) 沈殿する　(d) 沈殿する
2. (a) $Mg^{2+}_{(aq)} + 2OH^-_{(aq)} \longrightarrow Mg(OH)_{2(s)}$
   (b) 沈殿しない．
   (c) $2Cl^-_{(aq)} + Pb^{2+}_{(aq)} \longrightarrow PbCl_{2(s)}$　(d) $Ba^{2+}_{(aq)} + SO_4^{2-}_{(aq)} \longrightarrow BaSO_{4(s)}$
3. $Ca^{2+}_{(aq)} + CO_3^{2-}_{(aq)} \longrightarrow CaCO_{3(s)}$

11章

練習問題 11-1

1. (a) Na_2CO_3 5.30 g を水に溶かして 250 mL の溶液にする．
   (b) H_3PO_4 110 g を水に溶かして 1.5 L にする．
   (c) $KMnO_4$ 14.2 g を水に溶かして 150 mL の溶液にする．
2. 625 mL
3. 正常値の範囲に入る．139 mmol Na^+/L

練習問題 11-2

1. (a) NaCl 16.1 g を水に溶かして 350 mL の溶液にする．
   (b) K_2CO_3 0.121 g を水に溶かして 55 ml の溶液にする．
   (c) ブドウ糖 20 mg を水に溶かして 25 mL の溶液にする．
2. 80 mL の血液
3. 33.0 g のブドウ糖

練習問題 11-3

CCl_4	多い，1.6 ppb	セレン	少ない，0.0052 ppm
鉛	少ない，0.044 ppm	水銀	少ない，0.84 ppb

練習問題 11-4

1. (a) 39.1 g　(b) 35.5 g　(c) 48.0 g　(d) 48.0 g
2. 6.72 g
3. 94 mmol/L

練習問題 11-5

1. (a) NaCl 265 g を少量の水に溶かし，それから十分な量の水を加えて 1.65 L の溶液にする．
   (b) 4.12 mol/L の NaCl 保存液 1.10 L に水を加えて 1.65 L の溶液にする．
2. 2.75 mol/L の NaCl を 1 容とり，これに 5 倍容の水を加えれば 0.458 mol/L の NaCl 水溶液となる．

12章

練習問題 12-1

1. HI：ヨウ化水素酸　　HIO：次亜ヨウ素酸　　HIO$_2$：亜ヨウ素酸
   HIO$_3$：ヨウ素酸　　HIO$_4$：過ヨウ素酸
2. (a) NaHSO$_4$　　(b) IO$_4^-$

練習問題 12-2

(a) KOH$_{(aq)}$ + HNO$_{3(aq)}$ ⟶ H$_2$O$_{(l)}$ + KNO$_{3(aq)}$
(b) OH$^-_{(aq)}$ + H$^+_{(aq)}$ ⟶ H$_2$O$_{(l)}$

練習問題 12-3

(a) $[H^+] = 1 \times 10^{-11}$ mol/L　　(b) $[H^+] = 2 \times 10^{-9}$ mol/L
(c) $[H^+] = 5 \times 10^{-12}$ mol/L　　(d) $[H^+] = 2.5 \times 10^{-11}$ mol/L
(e) $[H^+] = 1 \times 10^{-12}$ mol/L　　(f) $[H^+] = 6.25 \times 10^{-8}$ mol/L

練習問題 12-4

1. (a) 塩基性　$[H^+] = 1 \times 10^{-11}$ mol/L　$[OH^-] = 1 \times 10^{-3}$ mol/L
   (b) 酸性　　$[H^+] = 1 \times 10^{-2}$ mol/L　　$[OH^-] = 1 \times 10^{-12}$ mol/L
   (c) 酸性　　$[H^+] = 1 \times 10^{-5}$ mol/L　　$[OH^-] = 1 \times 10^{-9}$ mol/L
   (d) 塩基性　$[H^+] = 1 \times 10^{-9}$ mol/L　　$[OH^-] = 1 \times 10^{-5}$ mol/L
2. pH = 7

練習問題 12-5

1. (a) 63.0 g　　(b) 37.0 g
2. (a) HCl 0.876 g を水に溶かして 200 mL の溶液にする．
   (b) Ca(OH)$_2$ 0.925 g を水に溶かして 500 mL の溶液にする．

練習問題 12-6

1. 0.050 N　　2. 0.027 N

用語解説

悪性腫瘍	malignant	自律的に増殖し分裂する細胞のこと	
アクチノイド	actinoid	原子番号89から103の15元素	[3.9]
アシドーシス	acidosis	血液のpHが7.3以下になったときに起る症状	[12.10]
圧力	pressure	単位面積当りに加わる力	[6.3]
アテローム性動脈硬化症	atherosclerosis	動脈硬化症のもっとも一般的な型で,動脈壁の内層が脂質の堆積により厚くなることが原因	
アボガドロ数	Avogadro's number	1 mol中に存在する粒子の数：6.02×10^{23}	[5.4]
アボガドロの法則	Avogadro's law	同温同圧下において,同じ体積の空間に存在する気体の物質量(モル数)はすべて等しい	[6.6]
RNA	RNA	(リボ核酸［有機・生化学編］を参照)	
アルカリ金属	alkali metals	周期表1族の元素	[3.9]
アルカリ性	alkaline	塩基性(酸性でない)：pH>7	
アルカリ土類金属	alkaline earth metals	周期表2族の元素	[3.9]
アルカローシス	alkalosis	血中pHが7.5より上昇した場合に起る症状	[12.10]
α線	alpha radiation	高エネルギーヘリウム原子核(記号：$_2^4$He)の流れ	[7.2]
イオン	ion	正または負に荷電した原子または分子	[3.7]
イオン化エネルギー	ionization energy	気体原子からその最外殻電子またはもっとも離れやすい電子を取り去るために必要なエネルギー量	[3.11]
イオン結合	ionic bond	1個または2個以上の電子がある原子から他の原子に転移して生じるイオン間の引力による結合	[4.2]
イオン結合性化合物	ionic compound	正反対の電荷をもつイオンが規則正しく配列している化合物で電気的に中性であるような比で結合している	[4.2]
遺伝子工学	genetic engineering	(組換えDNA技術［有機・生化学編］を参照)	

用語解説 351

陰イオン	anion	負に荷電したイオン	[3.7]
運動エネルギー	kinetic energy	運動のエネルギー	[2.2]
運動論	kinetic theory	気体の粒子の運動に基づいて気体の性質を説明する理論	[6.12]
AMP	AMP	(アデノシン一リン酸［有機・生化学編］を参照)	
ATP	ATP	(アデノシン三リン酸［有機・生化学編］を参照)	
ADP	ADP	(アデノシン二リン酸［有機・生化学編］を参照)	
液体	liquid	物質の三つの状態の一つでこの状態の粒子は互いに密接に隣り合っているが，位置が入れ替わり，形は固定していない	[6.2]
SI 単位系	SI units	国際単位系の略語でメートル法に代る計量法や度量法	[1.11]
X 線	X ray	γ 線によく似た高エネルギー電離放射線で，X 線管でつくられる	[2.6]
エネルギー	energy	仕事を行うときに必要な熱量	[2.1]
エネルギー準位	energy level	電子によって占有される原子核の周辺のエネルギーの値	[3.5]
エネルギー保存の法則	law of conservation of energy	(熱力学第一法則を参照)	
エリスロサイト	erythrocyte	赤血球	
LET（線エネルギー移動）	LET (linear energy transfer)	電離放射線が組織を通過する際の単位長さ当りのエネルギー量	[8.2]
塩	salt	中和反応によって水とともに生成する化合物	[12.4]
塩基（ブレンステッド-ローリーの定義）	base	水素イオン（プロトン）を受け取る能力のある物質；プロトン受容体	[12.1]
円鋸歯状形成	crenation	赤血球が高張液中におかれたとき，赤血球の中の水が失われて変形すること	[11.10]
エントロピー	entropy	系における乱雑さや無秩序状態の尺度	[2.8]
黄疸	jaundice	血中ビリルビンの増加による症状で，胆管の封鎖や肝臓の機能不全が原因となる	
オキソ酸	oxoacid	水素と酸素とその他の非金属元素一つを有する酸	[12.3]
オクテット則（八隅説）	octet rule	1 族から 17 族までの各原子が最外殻エネルギー準位に 8 個の価電子を収容して安定な結合をしようとする傾向をもつこと	[4.1]

352　用語解説

オスモル	osmol	いろいろな粒子の数の総計がアボガドロ数になったものを1オスモルという	[11.9]
温度	temperature	物質粒子の平均運動エネルギーの尺度	[1.15]
^{14}C-年代決定法	carbon-14 dating	生命活動のない組織中の ^{14}C と ^{12}C の存在比を調べることにより，その生物が生存していた年代を決定する方法	[7.5]
界面活性剤	surfactant (surface active agent)	水の表面張力を下げる作用のある物質	[10.2]
化学	chemistry	物質の構造や相互作用を研究する自然科学	
化学エネルギー	chemical energy	物質を構成する原子の種類とその配置とから計算される，物質内に貯えられている位置エネルギー	[2.3]
化学記号	chemical symbol	元素の1原子を1文字あるいは2文字の略号で表現したもの	[1.4]
化学結合	chemical bond	化学物質において原子同士を互いに結びつけている力の形態	[4.1]
化学式	chemical formula	物質が化学反応する最小単位において，物質を構成する原子の元素記号と各原子の数で物質の元素組成を示す式	[4.4]
科学的方法	scientific method	自然を研究する過程で，観察に基づいて仮説をたて，さらにその仮説が正しいかどうかを検証するために実験を行うというやり方	[1.7]
化学反応式	chemical equation	化学反応で起る内容を元素記号を用いて表記した式	[5.1]
化学平衡	chemical equilibrium	正方向の反応速度と逆方向の反応速度が等しく，見かけ上反応が進行しないように見える動的状態	[9.4]
化学変化	chemical change	反応物の基本的な構成原子の組み換えが起る変化のこと	[1.6]
核	nucleus	(a) 原子の中心部分で陽子と中性子をもつ (b) 核膜によって囲まれた細胞小器官の一つでクロモゾームと核小体をもつ	
拡散	diffusion	高濃度領域から低濃度領域への粒子の自発的な移動	[6.8]
核分裂	nuclear fission	重い不安定な原子核が中性子によって衝撃を加えられたとき，二つのより小さい核といくつかの中性子と膨大な量のエネルギーに分裂する過程	[7.7]

用語解説 353

核変換	nuclear transmutation	高速で原子核同士が衝突することによって別の原子核がつくり出される反応	[7.6]
核融合	nuclear fusion	いくつかの小さな原子核が融合してより大きく安定な原子核と膨大な量のエネルギーを形成する過程	[7.10]
化合物	compound	二つ以上の元素が一定の質量比で化学結合して生ずる物質	[1.3]
華氏($°F$)	Fahrenheit	水の凝固点($32°F$)と水の沸点($212°F$)の間を180度としたイギリス式の温度目盛り	[1.15]
数の指数表示	number in exponential form	1から10の間の数字掛ける10の累乗として表される数	
仮説	hypothesis	科学的データに基づく仮の説明あるいは示唆で，これを完全な理論とするためにはさらなる研究や実験による裏付けが必要である	[1.7]
家族性高コレステロール血症	familial hypercholesterolemia (FH)	遺伝病の一つであり，血中コレステロール値が正常の2から10倍高い値になる	
カチオン	cation	正に荷電したイオン	[3.7]
活性化エネルギー	activation energy	二つの粒子が衝突して，ある化学反応を引き起すために必要な最小量のエネルギー	[9.1]
活性錯体	activated complex	化学反応において反応出発物質から反応生成物が生成する過程で生ずる化学的に不安定な粒子の集合体	[9.1]
価電子	valence electron	原子の最外殻エネルギー準位の電子	[3.9]
過飽和	supersaturated	その温度で飽和状態にある溶液を冷却すると一時的に過飽和状態になる溶液の状態のこと	[11.1]
鎌状赤血球貧血	sickle cell anemia	ヘモグロビン分子の先天的欠陥から生じる貧血症	
カロリー(cal)	calorie	1gの水の温度を正確に1℃上昇させるのに必要なエネルギーの量	[2.4]
還元	reduction	一般に電子を獲得すること．有機化学においては有機化合物または有機物イオンが水素原子を獲得するか酸素原子を失う反応をさす	[5.3]
還元剤	reducing agent	反応物分子を還元する物質	[5.3]

用語解説

用語	英語	説明	節
換算係数	conversion factor	一般に，二つの量の間で定量的な変換を行う際に用いられる係数をいう．例えば，時間単位の1分を秒に変換する換算係数は60となる	[1.10]
緩衝液	buffer	水素イオンや水酸化物イオンをある溶液に加えたとき，その溶液のpHの急激な変化を防ぐ作用のある溶液	[12.9]
γ線	gamma radiation	天然に存在する高エネルギー電磁波でX線と同様高い透過力をもつ	[2.6, 7.4]
気圧(atm)	atomosphere	760 mmの高さの水銀柱を支える単位面積当りの力と等しい圧力の単位	[6.3]
希ガス(貴ガス)	rare gas (noble gas)	周期表18族の元素（He, Ne, Ar, Kr, Xe, Rn)で，これらはすべて化学的に非常に安定である	[3.9]
基礎代謝率	basal metabolism rate (BMR)	生体の基礎的作用を維持するために身体が1日に必要とする最少のエネルギー量	[2.4]
気体	gas	物質の三つの状態の一つで，気体を構成する粒子は互いに非常に離れていて無秩序に高速で動いている	[6.12]
基底状態	ground state	原子がもっているすべての電子がもっとも低いエネルギー状態にあるときのこと	[3.7]
規定度(N)	normality	溶液1L当りに含まれる酸または塩基の当量を表す濃度表示	[12.8]
軌道(オービタル)	orbital	1個または2個の電子の存在する確率が高い原子核の周りの領域のこと．s軌道，p軌道，d軌道，f軌道とよばれる4種類の軌道がある	[3.5]
軌道図	orbital diagram	原子の電子配置を表した図	[3.6]
揮発	volatile	急速に蒸発する物質の状態	
逆二乗の法則	inverse square law	被爆した表面部の放射線の強度は放射線源から距離の二乗ずつ減少するという法則	[8.4]
吸熱反応	endothermic reaction	反応の継続を維持するために外部からの熱エネルギーを必要とする反応	[2.5, 9.2]
キュリー	curie	放射線源の活量を表す単位(1 Ci = 3.7 × 10^{10} Bq = 10^{10} 壊変/秒)	[8.2]
凝縮	condensation	気体状態にある物質が液体状態に変る相変化	[6.2]
共役塩基	conjugate base	酸が水素イオンを放出したときに生じる物質	[12.1]

共役酸	conjugate acid	塩基が水素イオンを受け取って生じる物質	[12.1]
共有結合	covalent bond	原子の間で一つまたはそれ以上の電子対が共有されることにより形成される結合	[4.5]
共有結合性化合物	covalent compound	共有結合でできた電気的に中性な化合物	[4.5]
極性	polar	共有結合，あるいは共有結合分子の正電荷部分と負電荷部分の中心が一致していないこと	[4.7]
キロカロリー（kcal）	kilocalorie	1000 gの水の温度を1℃高めるのに必要な熱エネルギーの量(1 000 cal＝1 kilocalorie＝1 kcal)	[2.4]
均一	homogeneous	すべての溶質が溶媒と均一に混ざりあっている状態	
金属	metal	一般に光沢があり，密度が大きく，融点が高く，電気を伝導する	[3.10]
グラム	gram	質量のメートル法単位(454 g＝1 pound)	[1.13]
グラム当量	gram-equivalent weight	物質1当量を含む質量をグラム単位で表したもの	[11.5]
グルコース負荷試験	glucose tolerance test	高濃度のグルコースを摂取したあとで血糖値を調べる；しばしば糖尿病の診断に用いられる	
グレアムの気体流出の法則	Graham's law	比重の小さい気体は比重の大きい気体よりも速く流出するという法則	[6.8]
グレイ（Gy）	Gray	照射を受けた組織が吸収するエネルギーの量を表すSI単位	[8.2]
クレブス-オルニチン回路	Krebs ornithine cycle	（尿素回路［有機・生化学編］を参照）	
血液透析	hemodialysis	透析による血液からの老廃物除去過程	[11.11]
結晶格子	crystal lattice	結晶性固体における繰り返し三次元立体構造	[4.2]
結晶性固体	crystalline solid	粒子が規則正しい繰り返し構造で配列された固体	[6.1]
血糖	blood sugar	グルコースに対して使われる用語	
ケルビン絶対温度（K）	Kelvin	水の凝固点(273.15 K)と水の沸点(373.15 K)との間を100ケルビンとするSI単位の温度目盛り	[1.15]
原子	atom	その元素の特性をもつ物質の最小単位	[1.3]
原子質量単位（u）	atomic mass unit	元素の相対的な質量の比較をするために確立された測定法の任意の単位	[3.4]

356　用語解説

原子番号	atomic number	各元素について，その元素の原子核に存在する陽子の数	[3.2]
原子量	atomic weight	天然に存在するその元素の同位体の質量の存在度を考慮した平均値で，原子質量単位で表される	[3.4]
原子炉	nuclear reactor	核分裂反応を制御しながら行い，連続的にエネルギーを生産する装置	[7.8]
元素	element	同一の原子からなる物質で，それらのすべての原子核は同数の陽子をもっている	[1.3]
元素記号	symbol of element	ある元素を表す略記法で，例えば炭素はCと表す	[1.4]
懸濁	suspension	やがては沈殿するような粒子を含む不均一な混合物の状態	[10.3]
高-	hyper-	"普通より高い"ということを示す接頭語．例えば，高血圧，高コレステロール血症，高張	
高血圧	hypertension	血圧が高いこと	
甲状腺	thyroid	首にある内分泌腺でホルモンであるチロキシンやカルシトニンを分泌する	
甲状腺機能亢進	hyperthyroid	甲状腺がホルモンのチロキシンを通常以上の量産生するときの状態	
構造異性体	structural isomers ; constitutional isomers	同じ分子式であるが原子が異なる順序で結合した分子	
高張液	hypertonic solution	標準液よりも溶質濃度の高い溶液	[11.10]
固体	solid	物質の三つの状態の一つで，この状態の粒子は互いに接近し堅い構造配列をとっている	[6.1]
コロイド	colloid	沈殿しない粒子(1～1000 nm)を含む混合物	[10.4]
混合物	mixture	2種以上の物質が不均一な状態でまざりあったもの	[1.3]
コンピュータ化体軸断層撮影装置	computerized axial tomography (CT) scanner	多くのX線透視画像をコンピュータ処理することにより，断層画面として表すための診断用装置	[8.6]
細胞外液	extracellular fluids	体組織の中に見出される体液で，細胞の外側に分泌される	
細胞内液	intracellular fluid	細胞内にみられる流体	

酸（ブレンステッド-ローリーの定義）	acid	水素イオン（プロトン）を与える物質；プロトン供与体	[12.1]
酸-塩基指示薬	acid-base indicator	ある特定のpH領域において色が変化する化学染料	[12.7]
酸化	oxidation	原子，イオン，分子において1個またはそれ以上の電子を失うことで，有機化学では有機分子またはイオンが水素を失うこと，または酸素を獲得すること	[5.3]
酸化還元反応	redox reaction；oxidation-reduction reaction	reduction-oxidation 反応の略語で，反応物から別の物質へ電子が移動する反応	[5.3]
酸化剤	oxidizing agent	反応分子に酸化を起させる物質	[5.3]
酸化数	oxidation number	化学結合内の電子すべてが，より電気陰性度の大きい原子に移行すると仮定したときに生じる原子の電荷	[4.11]
三重結合	triple bond	2個の原子が3組の電子対（または6個の電子）を共有している化学結合	[4.6]
酸性塩	acid salt	多塩基酸の中和により形成される塩の一種	[12.3]
シーベルト (Sv)	sievert	吸収線量のSI単位（1 Sv = 100 rem）	[8.2]
赤外線	infrared radiation	ヒトの目には見えないが，熱エネルギーをもつ電磁線	[2.6]
紫外線照射	ultraviolet radiation	日焼けの原因となる高エネルギー電磁線による照射	[2.6]
式	formula	（化学式を参照）	
磁気共鳴断層診断技術	magnetic resonance imaging (MRI)	強い静磁場下に人体をおき，特定の周波数の電磁波をあて，返って来る信号を受信し，この信号を処理して画像にする	
式量	formula weight	物質の化学式において表されているすべての原子の原子量の総和	[5.5]
指示薬	indicator	ある特定の水素イオン濃度により色が変化する化学染料	[12.7]
質量	mass	速度や方向性の変化によって生じる物体の抵抗力を表す尺度	[1.1]
質量数	mass number	原子核内の陽子と中性子の数の和	[3.2]
質量保存の法則	law of conservation of mass	化学反応において反応物の質量と生成物の質量とが等しいという法則	[5.1]
シャルルの法則	Charles' law	一定の圧力において一定のモル数の気体の体積は絶対温度に比例するという法則	[6.5]

周期	period	周期表の横列のこと	[3.9]
周期性	periodicity	元素の化学的な性質は一定の周期をもって原子番号順に配列されている	[3.8]
周期表	periodic table	原子番号順に元素を配列した表で元素グループ間で化学的類似性を示している	[3.8]
周期律	periodic law	元素の多くの特性はその元素の原子番号の増加により周期的に繰り返されるという法則	[3.11]
終点	end point	中和滴定において酸-塩基指示薬の色が変化する pH 値	[12.8]
重量	weight	静止物体に作用する重力の大きさをいう	[1.1]
ジュール（J）	joule	SI 単位でのエネルギー単位(4.18 J = 1 cal)	[2.4]
準安定	metastable	通常より高エネルギー状態にあること	[8.7]
昇華	sublimation	固体の状態から直接気体の状態に変化する過程あるいはこの逆の過程	[6.2]
蒸気圧	vapor pressure	ある気体が同じ物質の液体と平衡状態にあるときの圧力を，その液体の蒸気圧といい，蒸気圧のことを飽和蒸気圧と同義に使うことがある	[6.10]
晶質	crystalloid	水中で真の溶液を形成する非常に小さい粒子(1 nm 以下)からなる物質	[10.6]
状態の変化	change in state	固体の融解や液体の蒸発のように，物質のある相(固体，液体，気体)から他の相に変ること	[2.5]
蒸発	evaporation	物質が液相から気相に変化する現象	[6.2]
蒸発熱	heat of vaporization	1 g の物質が(沸点において)液体から気体へ変化するために必要なエネルギーの量	[6.2]
正味のイオン反応式	net-ionic equation	化学反応の中で，反応に関与するイオンだけに注目してかかれた化学反応式	[10.9]
静脈内注射	intravenous injection	静脈内に注射により投与すること	
触媒	catalyst	反応において消費されることなく化学反応の速度を変化させる物質	[9.3]
心筋梗塞	myocardial infarction	心臓発作の一つ	
神経伝達物質	neurotransmitters	神経細胞で合成される化学物質で神経細胞間の化学伝達物質として働く	
親水性	hydrophilic	水を引き付ける性質のこと：一般に極性の強い原子団や物質に用いられる	

用語	英語	説明	章節
真性赤血球増加症	polycythemia	赤血球生成組織の特発性増殖により，赤血球が過剰につくられ，末梢血液中に増加する状態	[8.8]
真性糖尿病	diabetes mellitus	一般に"糖尿病"として知られるインスリンホルモンの絶対的な欠損あるいは低値の結果として起る疾病	
浸透	osmosis	低濃度溶液から半透膜を通って高濃度溶液へ移動する水分子の流れ	[11.8]
浸透圧	osmotic pressure	溶液が半透膜によって純水から分離されている場合，その溶液に水が浸透するのを防ぐのに要する圧力	[11.8]
水酸化物イオン，OH^-	hydroxide ion	水分子がイオン化して形成される陰イオン	[12.5]
水素イオン	hydrogen ion	プロトンと同義語で，この用語はしばしば酸-塩基の化学においてヒドロニウムイオン(H_3O^+)の代りとして用いられる	[12.5]
水素結合	hydrogen bond	他の分子同士あるいは同一分子上の異なる領域において，部分的に正電荷の水素原子と部分的に負電荷の他の原子(酸素，フッ素，窒素など)の間の静電引力	[4.9]
水溶液	aqueous solution	水を溶媒とする溶液	[10.6]
水和した	hydrated	水分子によって囲まれること	[10.6]
スルフヒドリル基	sulfhydryl group	$-SH$ 基の名称	
正確さ	accuracy	真の値に対して測定値がどれだけ近いかを表す尺度	[1.8]
生成物	product	化学反応によって生じる物質	[5.1]
精度	precision	測定を再現できる度合い	[1.8]
生理的食塩水(生理的塩類溶液)	saline solution	血漿と等張の塩化ナトリウム溶液	[11.10]
摂氏(℃)	Celsius	1気圧下での水の凝固点(0℃とする)と沸点(100℃)の間を100度としたメートル法での温度目盛り	[1.15]
絶対数	exact number	定義により与えられるか，あるいは対象を数えた結果として得られる数で，これの有効数字の桁数は無限である	
絶対零度	absolute zero	0 K または-273.15℃：物質内のすべての運動が停止する温度	[6.12]
遷移元素	transition element	周期表上の3~11族元素のこと	[3.9]

遷移状態	transition state	（活性錯体を参照）	
潜水病	bends	深海潜水者が海面に急に浮上した際，組織中に窒素気泡を生ずることによって起る痛みを伴う病気	[6.9]
選択的透過性膜	differentially permeable membrane	水分子は通過できるが溶質粒子は通過できないような選択性をもった膜	[11.8]
双極子イオン	dipolar ion	正と負の領域をもつアミノ酸のようなイオン	
増殖(型原子)炉	breeder reactor	原子核エネルギー生産の過程において，使用した燃料以上の核燃料(プルトニウム)を産生する原子炉の一種	[7.8]
族	group；chemical family	周期表における縦の列	[3.9]
束一的性質	colligative properties	溶液において，溶質の粒子数のみに依存する溶液の性質	[11.7]
疎水性	hydrophobic	水をはじく性質のこと：非極性である原子団や物質に用いられる用語	
多塩基酸	polyprotic acid	2個以上の水素イオンを供与することができる酸	[12.1]
多原子イオン	polyatomic ion	荷電した共有結合性原子団で，ほとんどの化学反応において1単位としてふるまっているもの	[4.10]
単位係数	unit factor	（換算係数を参照）	
単結合	single bond	2個の原子が1対の電子対(2個の電子)を共有することによってつくられる化学結合	[4.6]
チオール基	thiol group	（スルフヒドリル基[有機・生化学編]を参照）	
チモーゲン	zymogen	（プロ酵素[有機・生化学編]を参照）	
中性	neutral	酸性でも塩基性でもない溶液の状態，あるいは正味の電荷をもたない粒子で構成されている溶液の状態をいう	
中性子	neutron	質量1uで電荷をもたない粒子	[3.1]
中和	neutralization	酸性または塩基性溶液を中性溶液に変化させること	[12.4]
調節酵素	regulatory enzyme	（アロステリック酵素[有機・生化学編]を参照）	
調節部位	regulatory site	（アロステリック部位[有機・生化学編]を参照）	

用語解説　361

チロキシン	thyroxine	甲状腺から分泌されるヨウ素を含むホルモンの一つ	
チンダル効果	Tyndall effect	コロイド粒子によって光が散乱される現象	[10.5]
沈殿物	precipitate	化学反応によって溶液中に生成する固体	[10.9]
低-	hypo-	"普通より低い"ことを示すときに用いられる接頭語．例えば，低血糖症，低張，低体温症など	
DNA	DNA	(デオキシリボ核酸［有機・生化学編］を参照)	
低温症	hypothermia	体内温度が通常より低い状態の症状	
TCA回路(クレブス回路)	tricarboxylic acid (TCA) cycle	(クエン酸回路［有機・生化学編］を参照)	
低張液	hypotonic solution	標準的な溶液よりも溶質濃度が低い溶液	[11.10]
定比例の法則	law of definite proportions	ある化合物の成分元素の質量比は一定であるという法則	[1.3]
滴定	titration	例えば，濃度未知の酸または塩基の溶液を測定する実験操作	[12.8]
転移(悪性腫瘍の)	metastasis	生体の他の部位に腫瘍のがん細胞が転移すること	[8.7]
電解質	electrolyte	水溶液中で電気伝導体となるような物質	[10.7]
電気陰性度	electronegativity	二原子間で共有されている電子をそれぞれの原子が自分の方に引き付ける能力	[4.7]
典型元素	representative element	周期表1, 2, 12~18族の元素	[3.9]
電子	electron	原子核の周辺のある領域(オービタルとよばれている)に分布して存在する素粒子で，質量は1/1837 uで負の荷電の最小単位である	[3.1]
電磁エネルギー	electromagnetic energy	電磁場の強度の波動変動によって電磁波として伝播されるエネルギー	[2.6]
電子親和力	electron affinity	気体状態の中性原子に電子が取り込まれる際に放出されるエネルギーの量	[3.11]
電磁スペクトル	electromagnetic spectrum	輻射エネルギーの全範囲をさし，可視光，電波，赤外線，紫外線，X線，γ線を含む	[2.6]
電子伝達系	electron transport chain	(呼吸鎖［有機・生化学編］を参照)	
電子配置	electron configuration	原子核の周辺のある領域(オービタル，軌道)に分布する電子のもっとも安定な配置	[3.6]

用語解説

点電子図	electron dot diagram	原子，分子，イオンの価電子を点で表す表記法	[4.3]
電離放射線	ionizing radiation	α線，β線，γ線のような放射線のことで，生体組織内で不安定なイオンや反応性に富んだイオンを発生させる	[8.11]
同位体	isotopes	核内の陽子の数は等しいが，中性子の数が異なる原子	[3.3]
透析	dialysis	低分子やイオン（コロイド粒子ではない）が，膜を通過して移動すること	[11.11]
等張液	isotonic solution	標準的な溶液と溶質濃度が等しい溶液	[11.10]
動脈硬化症	arteriosclerosis	一般に動脈が硬化して引き起される疾病	
当量(Eq)	equivalent	(a) 1 mol の電荷（正負どちらか）を有する物質の量 (b) 1 mol の水素イオンを与える酸の量 (c) 1 mol の水素イオンを中和する塩基の量	[11.5]
当量点	equivalence point	溶液中のすべての水素イオン（あるいは水酸化物イオン）が中和された pH の値	[12.8]
トリグリセリド	triglyceride	（トリアシルグリセロール［有機・生化学編］を参照）	
トル	torr	1 mmHg と等しい圧力の単位	[6.3]
ドルトン	Dalton	1 u に等しい質量の単位	[3.4]
ドルトンの分圧の法則	Dalton's law	混合気体の全圧は混合気体を形成するそれぞれの気体の分圧の和に等しい	[6.10]
内部遷移元素	inner transition elements	周期表下部の2列に示される原子番号 57～71 と 89～103 の元素	[3.9]
二元化合物	binary compound	2 種類の元素からつくられる化合物	[4.11]
二原子	diatomic	二つの原子をもつこと	[4.5]
二重結合	double bond	二つの電子対（四つの電子）が二つの原子によって共有される結合	[4.6]
熱力学第一法則	first law of thermodynamics	無からエネルギーは生成されないし，逆に消滅もしないでただエネルギーの形の変化のみ起るという法則	[2.7]
熱力学第二法則	second law of thermodynamics	エントロピーまたは宇宙の無秩序さは常に増加する傾向にあるという法則	[2.8]
熱量計	calorimeter	物質の熱量測定に用いる装置	[2.4]
粘性	viscosity	液体の流れやすさを表す尺度	[6.2]
濃度	concentration	溶液に溶けている溶質の相対的数量	[11.1-11.5]

用語	英語	説明	章節
肺気腫	emphysema	肺組織がひどい損傷を受けているために，血中に適切な濃度の酸素が供給できない疾病で，呼吸困難を引き起す	
パーセント濃度	percent concentration	重量/体積パーセント濃度（weight/volume(w/v)percent）：溶液 100 mL 当りの溶質の質量(g) ミリグラムパーセント(milligram percent(mg %))：溶液 100 ml 当りの溶質の質量(mg)	[11.3]
配位共有結合	coordinate covalent bond	共有結合において 2 個の電子を一方の原子だけが供与している結合	[12.5]
パスカル(Pa)	pascal	圧力を示す SI 単位(133.3 Pa＝1 torr)	[6.3]
波長	wavelength（λ）	電磁放射の波の山と山の間の距離	[2.6]
バックグラウンド放射線	background radiation	天然からもたらされる電離放射線	[8.5]
発熱反応	exothermic reaction	エネルギーが熱として放出される反応	[2.5, 9.2]
ハロゲン	halogen	周期表における 17 族の元素	[3.9]
半金属	metalloid；semimetal	ある状態では金属の性質をもち，またある状態では非金属性の性質をもつ元素で，これらの元素は周期表において金属元素と非金属元素の間に分布している	[3.10]
半減期	half-life	試料中の放射性核種の 1/2 が放射崩壊するのに要する時間の長さ	[7.5]
反応熱（ΔH）	heat of reaction	化学反応において吸収あるいは放出されるエネルギーの量	[9.2]
反応物	reactant	化学反応での出発物質	[5.1]
ピーエイチ（水素イオン指数）	pH	水溶液中の水素イオン濃度を表す指数 $pH = -\log[H^+]$，または $[H^+] = 1 \times 10^{-pH}$	[12.7]
ピーピーエム(ppm)	parts per million	濃度の単位：溶液 1 L 当りの溶質の質量をミリグラム数で表したもの，百万分率	[11.4]
ピーピービー(ppb)	parts per billion	濃度の単位：溶液 1 L 当りの溶質の質量をマイクログラム数で表したもの，十億分率	[11.4]
非極性	nonpolar	共有結合を有する分子で，正電荷の中心と負電荷の中心が一致していること	[4.7]
非金属	nonmetal	一般に，密度および融点が低く，電気を通さず，そのものが固体である場合には形が壊れやすい	[3.10]

比重	specific gravity	ある液体の質量と同体積の純水の質量の比	[1.16]
非電解質	nonelectrolyte	溶液になったとき電気を通さない物質	[10.7]
ヒドロニウムイオン，H_3O^+	hydronium ion	水素イオンが水分子に結合したときに形成されるイオン	[12.5]
比熱	specific heat (specific heat capacity)	1gの物質の温度を1℃高めるのに要する熱エネルギー量	[2.4]
標準気圧	standard atmospheric pressure	0℃において水銀柱の高さが760 mmのときの圧力	[6.3]
標準状態	STP	standard temperature and pressure（標準温度と標準圧力）の略語：0℃，1 atmのこと	[6.3]
表面張力	surface tension	液体の表面に働く収縮力	[6.2]
微量元素	trace element	正常細胞の生育や発育のために必要な微量の元素	[3.12]
貧血症	anemia	赤血球数が少ないことによって引き起される一連の症状で，例として溶血性貧血，鉄欠乏性貧血，悪性貧血などがある	
不均一	heterogeneous	均一でない状態	
複合糖質	complex carbohydrate	糖以外の構成員を含む糖質	
浮腫	edema	細胞間質の水分量増加により起る組織の膨張	[11.10]
物質	matter	ある空間を占めていて質量をもつもの	[1.1]
物質の状態	states of matter	物質の三つの状態のことで，一般に固体，液体，気体の状態のことをいう	[1.5]
沸点	boiling point	物質が沸騰する温度（液体が気体に変化する温度），通常物質の沸点は気圧が760 mmHgのときに沸騰する温度である	[6.2]
物理変化	physical change	物質の化学的性質は変化せずその状態が変化すること	[1.6]
不飽和溶液	unsaturated solution	溶質がその温度で溶解できる限度以下の濃度で溶けている溶液	[11.1]
プラーク	plaque	(a) 歯科医学においての歯に付着する細菌によって形成される粘着性のある物質 (b) 心臓病学において動脈血管内に平滑筋細胞や脂肪や瘢痕組織が堆積すること	
ブラウン運動	Brownian movement	コロイド粒子の不規則かつ無秩序な運動	[10.5]

用語	English	解説	節
フリーラジカル	free radical	高反応性の無電荷粒子	[8.1]
分圧	partial pressure	混合気体においてそのうちの一つの気体が示す圧力	[6.10]
分子	molecule	2個以上の原子が互いに共有結合によって結合して生じた電気的に中性な物質単位の一つ	[4.5]
分子クローニング	molecular cloning	(組換えDNA技術［有機・生化学編］を参照)	
平衡	equilibrium	(化学平衡を参照)	
平衡定数 K_c	equilibrium constant	化学反応が平衡に達しているときの平衡定数の値	[9.5]
平衡定数の式	equilibrium constant expression	各生成物のモル濃度に化学反応式のそれぞれの係数をべき数としてつけ，掛け合わせたものを，各反応物のモル濃度にそれぞれの係数をべき数としてつけ，掛け合わせたもので割った式	[9.5]
ベータ酸化	beta-oxidation	(脂肪酸回路［有機・生化学編］を参照)	
β 線	beta radiation	高エネルギー電子の流れ(記号：$_{-1}^{0}e$)	[7.3]
ベータ配置(β配置)	beta configuration (β configuration)	(βプリーツシート［有機・生化学編］を参照)	
ベクレル(Bq)	becquerel	放射性物質の放射活性量を表すSI単位(1 Bq＝1崩壊/秒)	[8.2]
変異株	mutant	変異したDNAを有する株	[8.1]
変異原物質	mutagen	化学的作用によって突然変異を起させるような物質	
ヘンリーの法則	Henry's law	液体に対する気体の溶解度は圧力が高くなればなるほど増大するという法則	[6.9]
ボイルの法則	Boyle's law	一定温度において一定量の気体の体積は圧力に反比例するという法則	[6.4]
崩壊系列	decay series; disintegration series	不安定な核種が放射性壊変あるいは崩壊を経て安定な核種に移行する壊変の系列	[7.1]
放射性核種	radionuclide	放射性同位体	[7.1]
放射性トレーサー	radioactive tracer	放射性同位元素を天然に存在する化合物に組み込んで，目的とする化学的性質や作用をもつ化学薬品としたもので，代謝経路の追跡などにに用いられる	[8.6]
放射性崩壊	radioactive decay	不安定な核種が核粒子やγ線を放出してより安定な状態に移行する過程	[7.1]

用語	英語	説明	章節
放射能	radioactivity	特定の同位体が放射線を放出する現象	[7.1]
飽和溶液	saturated solution	ある一定の温度で溶質を最大限まで溶媒に溶かした溶液	[11.1]
ポテンシャルエネルギー	potential energy	位置のエネルギー	[2.3]
ホメオスタシス	homeostasis	外部環境が常でないときでもほとんど一定の内部環境を保つ体の調節機能	
マイクロ波放射	microwave radiation	食品の調理に利用される低エネルギー電磁波（電子レンジ）	[2.6]
マクロミネラル	macromineral	正常細胞の成長や発達に必要な元素のうちの次の7元素 K, Mg, Na, Ca, P, S, Cl	[3.12]
水のイオン積 (K_w)	ion product constant of water	$K_w = [H^+][OH^-] = 1 \times 10^{-14}$	[12.6]
密度	density	物質の単位体積当りの質量(g/cm^3)	[1.16]
ミリ当量	milliequivalent (mEq)	血中のイオン濃度を表す単位（1000 mEq＝1 Eq）	[11.5]
mmHg	millimeter of mercury (mmHg)	圧力の単位で1 mmHgは1/760気圧と等しい	[6.3]
無定型固体	amorphous solid	粒子が乱雑に配列された非結晶性固体	[6.1]
メートル	meter (metre)	メートル法での長さの単位(1 m＝3.28 feet)	[1.12]
メートル法	metric system	十進法に基づいた測定法	[1.11]
メラニン	melanin	紫外線照射から生体を保護するために生成される褐色の皮膚色素	
モル (mol)	mole	12 gの炭素-12の中に存在する原子と同数の粒子を含む物質量(6.02×10^{23} atoms)	[5.4]
モル濃度 (mol/L)	molarity	溶液1 Lに含まれる溶質の物質量をモルの数であらわした濃度の単位	[11.2]
融解熱	heat of fusion	1 gの物質が（融点において）固体から液体へ変化するのに必要なエネルギー量（カロリー）	[6.1]
有効数字	significant figures (significant digits)	測定値を表す数値で，確実な数値の後に不確実な1桁の数字を加えて有効数字という	[1.9]
融点	melting point	固体が液体に変化する温度	[6.1]
溶液	solution	溶媒に1種類以上の溶質を均一な状態で溶かしているもの	[10.6]

溶解度	solubility	一定の体積または質量の溶媒に溶解する溶質量	[10.8]
溶血	hemolysis	低張液中に細胞がおかれたとき(または別の原因で)起る赤血球の破裂	[11.10]
陽子(プロトン)	proton	質量1uで1単位の正電荷をもつ核子	[3.1]
溶質	solute	溶液中に溶解している物質	[10.6]
陽電子放射断層撮影技術	positron emission tomography (PET)	特定の組織のイメージをつくりだすために陽電子放射性トレーサーを利用する映像技術の一つ	[8.6]
溶媒	solvent	溶液中で溶質が溶けている物質	[10.6]
容量オスモル濃度	osmolarity	溶液中の総粒子数をあらわす濃度単位；1L当りのオスモル数で示される	[11.9]
ラド	rad	照射された組織のエネルギー吸収量を表す放射線量の単位	[8.2]
ランタノイド	lanthanide	原子番号57〜71の15元素	[3.9]
理想気体の法則	ideal gas law	$PV = nRT$ で表される気体の状態の法則	[6.7]
立体異性	stereoisomerism	(シス-トランス異性体［有機・生化学編］を参照)	
リットル	liter (litre)	体積を表す単位で1単位は1000立方センチメートルと等しい（1L＝1.06 quarts）	[1.14]
流出	effusion	気体が小さな穴から低濃度領域へ移動すること	[6.8]
量子力学モデル	quantum mechanical model	原子核の周りの電子配置を電子が分布する確率を基に計算された軌道とよばれる領域で表した原子モデル	[3.5]
両性	amphoteric	酸性，塩基性の両方の性質をもつこと	[12.1]
臨界質量	critical mass	核分裂性連鎖反応が起るために必要な同位元素の最小量	[7.7]
類　系統	family	(族を参照)	
ルシャトリエの原理	Le Chatelier's principle	平衡状態にある系は，温度，圧力，反応物や生成物の濃度が変化したときに，その変化を打ち消す方向に平衡は移動するという原理	[9.7]
ルミネセンス	luminescence	励起された原子が可視光としてエネルギーを放出する現象	
励起原子	excited atom	エネルギー準位が基底準位より高い電子を一つあるいはそれ以上もった原子	[3.7]

レム	rem	治療用X線の1ラドと同じ生物学的効果を引き起すために必要な放射線の吸収線量の単位	[8.2]
連鎖反応	chain reaction	ある一つの反応が起ることによって、さらに一つあるいはそれ以上の反応が引き起されることによって、連続的に進行する反応	[7.7]

写真の出典

1章 Opener: Ron Crandall/Stock, Boston. Page 6: NASA. Page 10: From *The Playbook of Metals: Including Personal Narratives of Visits to Coal, Lead, Copper and Tin Mines* by John Henry Pepper, Routledge Publishing, London, 1869. Page 11 (top left): Stefan Bloomfield. Page 11 (top right): Phyllis Lefohn. Page 11 (bottom left): Mimi Forsyth/Monkmeyer. Page 11 (bottom right): Phyllis Lefohn. Page 19: New York Public Library Picture Collection. Page 23: Courtesy Scientech. **2章** Opener: Emilio Mercado/Jeroboam. Page 39: Courtesy Canadian Pacific Railroad. Page 40 (top): E. R. Degginger. Page 40 (bottom): AP/Wide World Photos. Page 42 (top): Peter Menzel/Stock, Boston. Page 42 (bottom): Milan Chuckovich. Page 49: Courtesy Environmental Analysis Department/HRB-Singer, Inc. Page 51: Richard Hutchings/Photo Researchers. Page 56: Dr. Robert L. Wood. **3章** Opener: Arogonne National Lab. Page 62: Peter Menzel/Stock, Boston. Page 69: Courtesy 3M Corporation. Page 74: New York Public Library Picture Collection. **4章** Opener: Bob Daemmrich/The Image Works. Page 94: Courtesy American Museum of Natural History. Page 100: Courtesy The Nitrogen Company, Inc. Page 105: Courtesy Nutra Sweet Corporation. **5章** Opener: Hazel Hankin/Stock, Boston. Page 131: Library of Congress, Prints & Photographs Division. Page 133: AIP Neils Bohr Library. **6章** Opener: Phyllis Lefohn. Page 150: Cuerdo Advertising Design, Denver. Page 153 (left): Courtesy American Museum of Natural History. Page 153 (right): Runk/Shoenberger/Grant Heilman. Page 154: Mark Antman/The Image Works. Page 155: Paul J. Sutton/Duomo. Page 161: Yoav Levy/Phototake, Inc. Page 168: University of Florida Health Science Center/Peter Arnold, Inc. **7章** Opener: Karen Kasauski/Woodfin Camp. Page 186: AIP Neils Bohr Library. Page 187: Courtesy Brookhaven National Lab. Page 191: Vernon Miller/Brooks Institute of Photography. Page 198: Otto Hahn, *A Scientific Autobiography*, NY. Scribners, 1966. Page 200: U.S. Department of Energy. **8章** Opener: Phyllis Lefohn. Page 207: Courtesy Michael Huntington, M.D., Radiation Oncology Department, Good Samaritan Hospital. Page 211: Courtesy Argonne National Lab. Page 213: U.S. Department of Agriculture. Page 215 and 216: Phyllis Lefohn. Page 220: Spectrum One: Nuclear Cardiology Systems: courtesy of Ohio-Nuclear Inc. Pages 221 and 222: Courtesy General Electric Medical Systems Division. Page 223: Courtesy Siemens Medical Systems. Page 225: Courtesy William K. Lloyd, M.D., Special Imaging Department, Good Samaritan Hospital. Page 226: Courtesy Varian Associates, Palo Alto, CA. **9章** Opener: AP/Wide World Photos. Page 238: Mark Antman/The Image Works. Page 230 and 240: AP/Wide World Photos. Page 241: UPI/Bettmann Archive. Page 242: Wilford L. Miller/Photo Researchers. Page 245: John Wiley & Sons Photo Library. **10章** Opener: Sarah Putnam/The Picture Cube. Page 266: UPI/Bettmann Archive. Page 270: Fundamental Photographs. Page 271: David Powers/Stock, Boston. Page 275: Peter Lerman. **11章** Opener: Bernard Lawrence/McNeil Pharmaceutical. Page 299: Eric Kamp/Phototake. Page 300: Courtesy Sterling Drug Inc. **12章** Opener: Alice Kandel/Photo Researchers. Page 314: Ron Nelson. Page 317: Jeffry W. Myers/Stock, Boston. Page 322: Courtesy Beckman Instruments.

口絵の出典

口絵 Ia: Mike Isaacson/Cornell University.
口絵 Ib: R. Becker/Custom Medical Stock Photo.
口絵 Ic: Hale Observatories.
口絵 II: Runk/Schoenberger/Grant Heilman.
口絵 III: AGE Photo Stock/Peter Arnold.
口絵 V and VI: Richard Megna/Fundamental Photos.
口絵 VII: Photo by Ken Karp.
口絵 VIIIa: Ken Karp-OPC, Inc.
口絵 VIIIb: Runk/Schoenberger/Grant Heilman.
口絵 VIIIc: E. R. Degginger.
口絵 VIIId: Department of Energy, Energy Technology Visuals Collection.
口絵 IX: Richard Megna/Fundamental Photos.
口絵 X: OPC, Inc.
口絵 XI: Richard Megna/Fundamental Photos.

索引

あ

IUPAC	76
悪性	210
アシドーシス	328
アスピリン	252, 253
圧力	157
圧力と体積の関係	159
アニオン	73
Ernest Rutherford	194
アボガドロ数	133, 138
アボガドロの法則	164
アルカリ金属	78
アルカリ土類金属	78
アルカローシス	328
α 線	185
α 粒子	185
安定同位体	193

い

イオン	95
イオン化エネルギー	81, 98
イオン化合物	93
イオン結合	92, 127
イオン結合性	
——化合物	93, 272
——固体	276
イオンの名称	108
イオン反応式	
正味の——	277
医学的診断	219

う

ウイルス	17
ウラン	195
運動エネルギー	38

え

英国系単位	16, 17
液相	10
液体	154
SI 単位	16
——系	16
STP	157
X 線	50
エネルギー	36, 38
エネルギー殻	68
エネルギー準位	68
エネルギー保存の法則	51, 52
MRI	222
塩	315
塩基	308, 310
延性	78
エントロピー	52, 54

お

黄疸	48
応用化学連合	76
オキソ酸	313
オクテット則	92
オスモル	297
オゾン層	50
温湿布	275
温度	26, 39
体積と——の関係	162

か

ガイガー計数管	219
ガイガー-ミュラー計数管	215
界面活性剤	266
化学エネルギー	42
化学計算	132
化学結合	92
化学式	97, 108
——の書き方	114
化学的変化	7, 10
科学的方法	12, 13
化学反応式	120, 121

——のつり合わせ方	123	希釈	292
化学反応の速度	232	気相	10
化学平衡	245	基礎代謝率	45
化学変化	12	気体の拡散	173
科学理論	13	気体分子運動論	175
核エネルギー	38	気体流出の法則	
核磁気共鳴	222	グレアムの——	167
核燃料サイクル	218	基底状態	73
核廃棄物	201	規定度	323
核爆弾	195	軌道図	71
核分裂	196	逆二乗法則	217
核融合	202	吸収線量	212
化合物	7	吸熱性	234
過酸化水素	244	吸熱的	47
華氏	26	吸熱反応	233
可視光線	50	キュリー	212
仮説	12	凝縮	155
——の検証	13	強電解質	274
カチオン	73	共役酸塩基対	311, 312
活性化エネルギー	232	共有化合物	98
活性錯体	232	共有結合	97, 127
価電子	76, 95	共有結合性化合物	101
過ビリルビン血症	48	極性共有結合	103
過飽和	283	極性分子	103
カルシウム	61	極性溶媒	275
カロリー	43	均一系	7
環境保全局	182	均一な	8
間隙水	274	金属	78, 79
還元	127, 128		

く

還元剤	127
感光フィルム	
赤外線——	49
がん細胞	210
観察	13
換算係数	16, 21, 137, 138
——法	15
緩衝剤	327
緩衝作用	328
がん性	210
間接作用	210
γ 線	50, 188

グラム	22
グラム当量	290
クリスタロイド	272
グレアムの気体流出の法則	167
グレイ	212

け

蛍光	68
結合図	99
血漿	274
結晶格子	93
結晶性固体	152
欠乏症	95
ケルビン	28

き

希ガス	78

原子	6, 7, 60
——の内部構成	62
励起された——	73
原子核	62
——変換	194
原子軌道	69
原子番号	63
検出	
放射線の——	215
原子量	66
原子炉	195, 199
元素	7, 63
——の記号	9
——の周期表	74
——の名称	9
懸濁液	268, 269

こ

格子構造	265
酵素	244
高張溶液	298
呼吸作用	173
国際度量衡局	22
固相	10
固体	151
コバルト-60	212
コロイド	268, 269
コロイド分散系	269
混合物	7, 8, 268
コンピュータ化体軸断層撮影装置	220

さ

細菌	17
サイクロトロン	195, 219
細胞内液	274
酸	308, 310
——の命名	312
酸塩基指示薬	322
酸化	127, 128
酸化還元	127
三角錐形	104
酸化剤	127
酸化状態	109
酸化数	109

三重結合	99
酸性塩	314
酸素酸	313

し

ジェネレータ	224
紫外線	50
磁気共鳴断層診断技術	222
式量	136
質量	5, 22
質量数	63
質量保存の法則	122
CT スキャナ	221
シーベルト	212, 214
弱電解質	274
写真	131
シャルルの法則	162
周期	75
周期性	74
周期表	74
周期律	80
終点	326
12 原子質量単位	65
重量	6
重量/体積(w/v)パーセント	285
重量パーセント	8
出発物質	122
ジュール	43
準安定	224
純物質	7
昇華	156
晶質	272
状態変化	47
蒸発	155
蒸発熱	156, 267
正味のイオン反応式	277
触媒	243, 250
食品	95
人工腎臓	301
シンチレーション計数管	216
浸透	295
浸透圧	295
診療 X 線	218

す

水銀のミリメートル数	157
水素イオン濃度	319
水素結合	107
水溶液	272
ストック方式	112

せ

正確さ	13
制酸剤	109, 314
正四面体	104
生成物	122
成層圏	50
生物学的濃縮	288
精密さ	13
生理的食塩水	297
赤外線	49
——感光フィルム	49
摂氏温度目盛り	27
絶対零度	28, 175
接頭語	18
セレン	85
遷移金属	77
遷移元素	77
遷移状態	232
線源	218
線量	218

そ

相対質量	62
相変化	266
族	76
束一的性質	295

た

体積	24
——と温度の関係	162
圧力と——の関係	159
多塩基酸	311, 314
多原子イオン	108
多重結合	99
単位系	16
単位係数	16
単共有結合	99
炭素-12	193
炭素-13	190
炭素-14	193

ち

窒素-13	190
中性	315
中性子	7, 62
中和反応	315
直接作用	210
チンダル効果	270, 271
沈殿	276

て

DNA 分子	17
DNA らせん構造	17
低温殺菌	213
低温症	36, 238
低張溶液	298
T 2ファージ	17
定比例の法則	8
滴定	323, 326
転移	224
電解質	273
電気陰性度	102
電気的パルス	216
典型元素	77
電子	7, 62
電磁エネルギー	47
電子親和力	82
電子配置	67, 70
電子レンジ	49
展性	78
点電子図	96
ルイスの——	95
電離放射線	209
——被曝	218

と

同位体	65
透析	300
透析膜	300
等張	297

等張溶液	297
当量	290, 324
当量点	326
突然変異細胞	210
トル	158
ドルトンの分圧の法則	170, 171
鈍鋸歯状形成	298

な

内部遷移元素	77

に

二元化合物	110
2原子分子	98
二重結合	99

ね

熱エネルギー	43
熱力学第一法則	52
熱力学第二法則	54
熱量計	44, 45
粘性	154

の

濃度	281, 283
——反応物の——	239

は

配位共有結合	318
配位結合	318
Pauling	102
パスカル	158
パーセント濃度	285
波長	47
バックグラウンド放射線	218
白血球	17
発光塗料	60
発熱性	233
発熱的	47
発熱反応	233
ハロゲン	78
半金属	79
半減期	190
半導体	79

半透膜	295
反応物	122
——の濃度	239
万能溶媒	264

ひ

pH	319, 327
pH 指示薬	322
pH バランスシャンプー	320
非極性共有結合	102
非極性分子	103
非極性溶媒	275
非金属	78, 79
——元素	98
比重	29, 31
非電解質	273
比熱	44, 267
比熱容量	44
ピーピーエム (ppm)	287
ピーピービー (ppb)	287
日焼け止め	50
標準圧力	157
標準温度	157
標準気圧	157
標準状態	157
標準食塩水	297
表面活性剤	265
表面張力	154, 265
微量元素	83
ビリルビン	49

ふ

フィルムバッジ	216, 217
不均一系	7
不均一な	8
物質	5
——の三態	10
——の状態	151
——の測定	12
沸点	156, 264
沸騰	156
物理的変化	7, 10, 11
不飽和	282
不飽和溶液	281

ブラウン運動	270	ホメオスタシス	233
フリーラジカル	209		
プルトニウム	195	**ま**	
ブレンステッド-ローリーの定義	308	マイクロ波	49
プロトン	310	マイクロ波オーブン	49
——供与体	310	マクロミネラル	82
——受容体	310	マリー・キュリー	185
分圧の法則			
ドルトンの——	170, 171	**み**	
分散媒	269	水分子	264
分子	7, 98	密度	29, 264
分裂	196	ミリグラムパーセント	286
		ミリ当量	290
へ		mmHg	157
平衡状態	282		
平衡定数	247	**む**	
——の式	247	無定形固体	152
平衡の移動	248		
ベクレル	212	**め**	
β 線	187	命名法	108
β 粒子	187	メタロイド	78, 79
ヘンリーの法則	168	メートル系単位	16, 17
		Mendeleev	76
ほ			
ボイルの法則	159	**も**	
崩壊系列	183	モル	120, 132, 137, 138
崩壊速度	212	——の概念	132
放射性核種	184, 190, 223	モル体積	164
放射性降下物	218	モル濃度	283
放射性同位体(元素)	184		
放射性トレーサー	219	**や**	
放射性廃棄物	201	薬剤単位系	20
放射線計測	215		
放射線検出器	215	**ゆ**	
放射線治療	226	融解熱	153, 267, 268
放射線の検出	215	有効数字	14
放射線被曝	217	融点	152, 264
放射線防護	217		
放射線量	212	**よ**	
放射能	183	溶液	268, 272
飽和	282	溶解度	276
飽和溶液	281	溶血	298
ポケット線量計	216	陽子	7, 62
ポテンシャルエネルギー	41, 234	溶質	272

陽電子放射断層撮影技術	223	りん光	68
溶媒	269, 272		**る**
容量オスモル濃度	297	ルイスの点電子図	95
	ら	ルシャトリエの原理	251
ラジウム	61, 188, 212	ルミネセンス	68
ラジオアイソトープ	184, 224		**れ**
ラド	212	励起された原子	73
	り	冷湿布	275
リーザ・マイトナー	197	レム	212, 214
理想気体の法則	165	連鎖反応	196
リトマス紙	308		**ろ**
量子力学模型	67, 68	炉心溶融事故	202
両性	310		
臨界質量	197		

訳者の現職

伊藤　俊洋　北里大学教養部　教授　農学博士
伊藤　佑子　創価大学工学部　助教授　医学博士
岡本　義久　北里大学教養部　助教授　薬学博士
北山　憲三　東京工業大学理学部　助教授　理学博士
清野　　肇　北里大学理学部　助教授　工学博士
松野　昂士　北里大学医学部　助教授　理学博士

生命科学のための基礎化学
無機物理化学編

平成 7 年 3 月 25 日　発　　　行
令和 7 年 2 月 10 日　第 27 刷発行

訳　者　伊藤俊洋　伊藤佑子
　　　　岡本義久　北山憲三
　　　　清野　肇　松野昂士

発行者　池　田　和　博

発行所　丸善出版株式会社
〒101-0051 東京都千代田区神田神保町二丁目17番
編集：電話(03)3512-3263／FAX(03)3512-3272
営業：電話(03)3512-3256／FAX(03)3512-3270
https://www.maruzen-publishing.co.jp

Ⓒ Toshihiro Itoh, Yuko H. Itoh, Yoshihisa Okamoto,
Kenzo Kitayama, Hajime Sheino, Takashi Matsuno, 1995

組版・株式会社 そうご／印刷・錦明印刷株式会社
製本・株式会社 松岳社

ISBN 978-4-621-31093-9 C 3043　　　Printed in Japan

本書の無断複写は著作権法上での例外を除き禁じられています。

単位の換算

質　量　　1 kilogram (kg) = 2.20 pounds (lb)
　　　　　　454 grams (g) = 1 pound (lb)
　　　　　　28.3 grams (g) = 1 ounce (oz)

長　さ　　1 kilometer (km) = 0.621 mile (mi)
　　　　　　1 meter (m) = 3.28 feet (ft)
　　　　　　2.54 centimeters (cm) = 1 inch (in)

体　積　　3.79 liters (L) = 1 gallon (gal)
　　　　　　1 liter (L) = 1.06 quarts (qt)
　　　　　　29.6 milliliters (mL) = 1 liquid ounce (liq oz)

圧　力　　1 atmosphere (atm) = 760 mm Hg
　　　　　　1 torr = $\frac{1}{760}$ atmosphere (atm)

エネルギー　1 calorie (cal) = 4.184 joules (J)